计算机前沿技术丛书

爬虫逆向进阶实战

李玺 / 著

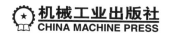

机械工业出版社
CHINA MACHINE PRESS

本书以爬虫逆向方向的相关技术和岗位要求进行撰写，总结了爬虫的架构体系、主流框架和未来发展。书中包括各种自动化工具、抓包工具、逆向工具的使用。核心内容以 Web Js 逆向、安卓逆向、小程序逆向为主，结合三十多个实战案例进行分析，内容从易到难，循序渐进。另外还对主流的反爬虫技术进行了讲解，包括传输协议、验证码体系、字符集映射、行为和指纹等。扫描封底二维码，可获得反爬虫补充知识；扫描节中二维码，可获得配套视频讲解知识。

本书适合对爬虫逆向感兴趣，想进一步提升自我的程序员参考阅读。

图书在版编目（CIP）数据

爬虫逆向进阶实战/李玺著．—北京：机械工业出版社，2022.4
（2023.7 重印）
（计算机前沿技术丛书）
ISBN 978-7-111-70452-2

Ⅰ.①爬…　Ⅱ.①李…　Ⅲ.①软件工具－程序设计　Ⅳ.①TP311.561

中国版本图书馆 CIP 数据核字（2022）第 050846 号

机械工业出版社（北京市百万庄大街 22 号　邮政编码 100037）
策划编辑：杨　源　责任编辑：杨　源
责任校对：徐红语　责任印制：张　博
北京建宏印刷有限公司印刷
2023 年 7 月第 1 版第 5 次印刷
184mm×240mm · 23.25 印张 · 664 千字
标准书号：ISBN 978-7-111-70452-2
定价：139.00 元

电话服务	网络服务
客服电话：010-88361066	机　工　官　网：www.cmpbook.com
010-88379833	机　工　官　博：weibo.com/cmp1952
010-68326294	金　　书　　网：www.golden-book.com
封底无防伪标均为盗版	机工教育服务网：www.cmpedu.com

前　言

PREFACE

大数据时代下，传统的数据采集方法已经无法满足高质量研究的需求，网络爬虫通常能在有限的资源下保障数据的质量和数量，但是各种各样的反爬虫方式导致了爬虫工程师所需的技术栈越来越广泛。

撰写本书的目的有两点，一是为了对自己多年的从业经验做一个总结，二是为了对工作或学习到一定阶段感到迷茫和遇到瓶颈的爬虫工程师提供方向和方法。

笔者从招聘网上采集了月薪在两万元以上的高级爬虫工程师、爬虫架构师的岗位要求，总结出了以下进阶必备技能，本书也主要对这些技能进行分享和案例讲解。

- 精通爬虫框架，如 Scrapy、Pyspider、Webmagic、Nutch、Heritrix 等。
- 熟悉 Fiddler、Charles、httpCanary 等抓包工具。
- 具有 Js 逆向、App 逆向、小程序抓取相关经验。
- 熟悉 Android 的 Hook 技术，熟悉各类 Hook 框架如 Xposed、Frida、Unidbg 等。
- 熟悉模拟器、Selenium、Pyppeteer、Airtest 等自动化工具。
- 掌握验证码识别技术。
- 有信息抽取、文本分类、数据处理、机器学习等相关工作经验。

本书分 10 章，包括：网络爬虫架构、Python 爬虫技巧、Web Js 逆向、自动化工具的应用、抓包工具的应用、Android 逆向、小程序逆向、抓包技巧汇总、Android 逆向案例、验证码识别技术。 工具皆为企业级应用工具，在全书 30 多个实战案例中都有对应的应用场景。

本书对于大家所擅长的开发语言并没有要求，进阶为高级爬虫工程师需要了解和掌握的技术内容十分广泛，不局限于编程语言，不拘泥于采集方法。

本书适合有一定基础的读者，笔者跳过了一些细枝末节的东西，更多地在讲述如何应用和解决方法，案例代码以 Python 语言为主。

相对于其他同类书来说，笔者选择去掉那些食之无味的安装教程，秉承让大家多在互联网上练习资源检索能力的目的，一些容易找到的软件也没有提供下载地址和安装步骤。

代 码 库

本书工具和代码库：https://Github. com/lixi5338619/lxBook。

关注微信公众号"Pythonlx"获取群聊二维码和最新学习资源。

案例终会过期，但本书并不是终点，笔者会在博客上更新案例并发布新的技术文章。

技术更新迭代很快，尽信书不如无书！

致谢

感谢 lx 交流群的各位群友对笔者的支持和鼓励，以及对本书内容和方向的建议。

谨以此书献给热爱爬虫逆向的朋友！

CONTENTS 目录

第1章 网络爬虫架构

现阶段高级爬虫工程师主要分为架构和逆向两种方向，如何搭建一个大规模的采集系统是至关重要的，所以前两章内容主要分享网络爬虫基本架构和一些常用的采集框架。

本章内容主要介绍一下爬虫的发展史和爬虫系统的基本架构，包括目前常见的两种分布式爬虫架构，以及爬虫采集时可采用的遍历策略。

1.1 爬虫发展史

在大数据时代下，传统的数据采集方法已经无法满足高质量研究的需求，此时网络爬虫应运而生，相对于传统采集，网络爬虫通常能在有限的资源下保障数据的质量和数量。目前爬虫技术逐渐成为一套完整的系统性工程技术，涉及的知识面广，平台多，技术越来越多样化，对抗性也日益显著。本节内容将回顾一下近几年爬虫技术的发展路线，介绍当今几种主流的爬虫技术和前沿的爬虫技术发展趋势和方向。

首先从网页数据采集开始，爬虫从最开始的单一化请求变成分布式采集，导致了人机验证的出现，比如滑块、图文、点选等验证方法，为了做相应的对抗，出现了很多自动化工具，比如 Selenium、Puppeteer 等。同时网站为了保证数据接口不被滥用，出现了以 JS 为主的混淆加密和签名技术，不过也可以使用 Nodejs 或者 Chrome 来加载原生代码进行模拟。

随着爬虫的增多和爬虫与反爬虫之间的不断对抗，导致很多大厂会把比较重要的数据只会在移动端的 App 展示，甚至部分厂家只有移动端。因为 App 逆向技术本身具有一定的灰度和风险，在市面上并不被推广，而且逆向技术在目前依旧有比较高的门槛。以 Android 为例，从之前的 Java 层混淆加密已经下沉到了 C/C++的 Native 层，Native 中通常会存在混杂代码、花指令、Ollvm，另外还有各种安全公司做的壳。为了在不改变应用本身的前提下获取 App 数据，以 Xposed 和 Frida 为首的 Hook 工具的应用日渐增长，另外还有一些 App 自动化测试工具也开始被使用起来，比如 Appnium、Airtest，还有无障碍工具 Autojs 等。

除了 Web 端到移动端的数据载体变化外，还有数据类型的增加，比如从单一的文本数据变成了图片、短视频等，还有数据通信协议的变化，从之前的 HTTP/HTTPS 变成了 SPDY、Protobuf 以及一些私有协议。

各种各样的反爬虫方式导致了爬虫工程师所需的技术栈越来越广泛，在后续的章节中，作者会根据自己的经验，结合实战案例倾心讲解。

1.2 爬虫基本架构

一个爬虫任务的基本流程由四部分组成，确定采集目标、发起请求、数据解析、数据存储。确定采集目标是任务的第一步，需要开发者提前准备好目标 URL 或者通过某种规则去获取目标 URL，发起请求是通过某种协议对目标 URL 进行连接，一般在连接成功后，都会得到服务端的响应内容，以便进行第三步的数据解析，最后就是对解析完成的数据进行存储或者提交。

传统网络爬虫的架构也是基于单个爬虫的任务流程演变出来的，我们可以看如图 1-1 所示的结构图。在数据解析的基础上增加了对新任务的处理。

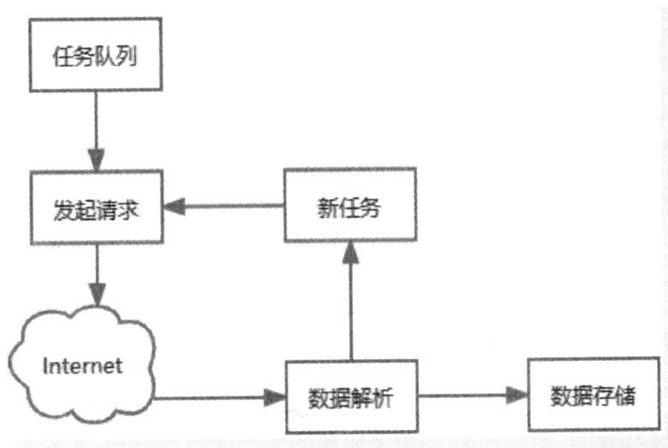

● 图 1-1

那么我们在真实工作中的爬虫开发流程是什么样的，笔者梳理了一下工作流程，以便于我们在接下来的章节中更快地沉浸进去，如图 1-2 所示。

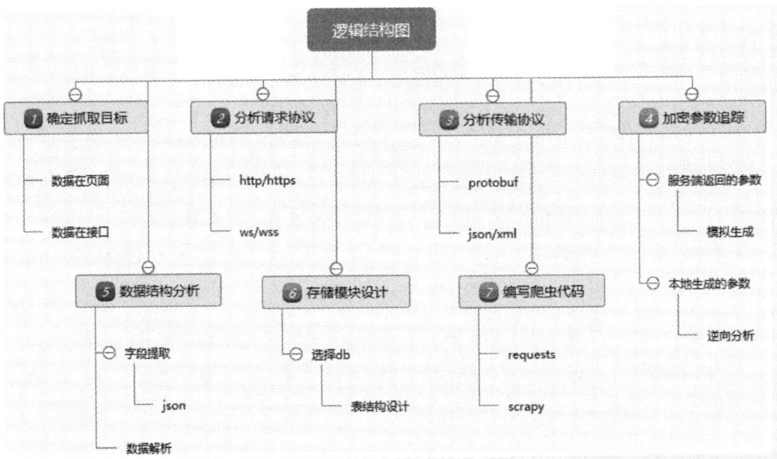

● 图 1-2

我们平时大部分的时间都会用在接口分析和加密逆向上，在代码上并没有投入太多的时间，同样因为经常使用开源框架，而对爬虫架构的本身并没有过多的关注，所以在接下来的小节中，学习一下爬虫常用的分布式架构和遍历策略。

```
下面分享一个经典爬虫面试题,打开一次网页都会发生些什么:
DNS 解析:将域名解析成 IP 地址
TCP 连接:TCP 三次握手
发送报文:发送 HTTP 请求报文
接收响应:服务器处理请求并返回 HTTP 报文
页面渲染:浏览器解析渲染页面
断开连接:TCP 四次挥手
```

1.3 分布式爬虫架构

分布式爬虫是指多台服务器或者多个工作节点对爬虫任务的同时处理，可以极大程度提升采集效率，并具有良好的稳定性和可扩展性。爬虫中的分布式一般需要配合消息队列使用，目前使用比较多的是结合 Redis 数据库共享队列，或者结合 Celery 分布式任务队列、RabbitMQ 消息队列等。本节中笔者给大家分享目前两种常用的分布式爬虫架构。

1.3.1 主从分布式

主从分布式是目前使用最多的爬虫分布式架构，采用 master-slaver 体系，一个 master 多个 slaver，如图 1-3 所示。master 端是主控制节点，负责任务管理调度分发，slaver 端是工作子节点，负责爬虫采集、解析以及存储任务。比如 Python 的分布式框架 Scrapy-Redis，Java 中的 WebMagic 框架，Go 中的 Zerg 框架。

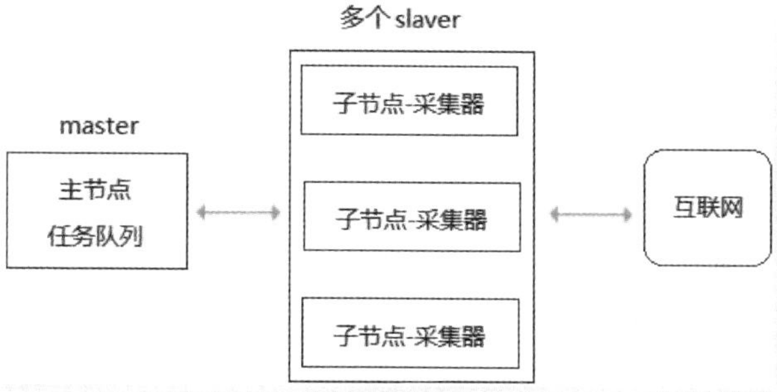

● 图 1-3

图 1-4 是笔者之前工作时设计的主从分布采集系统架构，主节点从数据库中取出待采集的种子交给任务队列，多个工作节点去获取种子，每个工作节点维护自己的所需资源，比如账号、IP 等通过设备融合后，以协程并发的形式进行采集，采集后将响应内容交给下载模块，下载模块负责对数据存储和异常处理以及风控预警等，并将采集流程执行的结果或者新增任务重新回调给主节点进行调度。

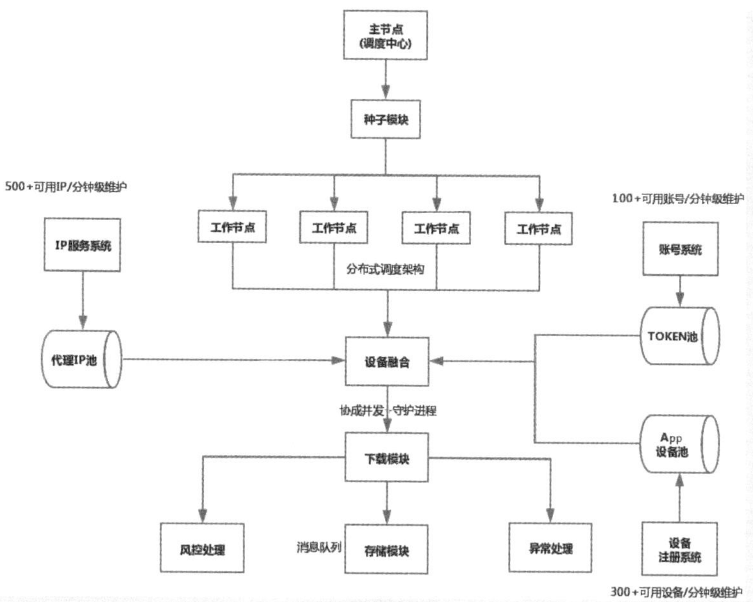

● 图 1-4

大家也可以基于该架构进行设计，结合采集需求设计一套自己的分布式爬虫框架。

1.3.2 对等分布式

对等分布式是指分布式系统中的所有工作节点间没有主从之分，虽然在相同的环境下具有相同的功能，但是既没有控制中心主节点，也没有被调度的子节点，组成分布式系统的所有节点都是对等的。

在爬虫架构中的具体体现是每个对等节点根据特定规则主动从共享任务队列取出自己负责的采集任务，然后开始负责各自的采集工作，各个对等节点互不干扰，如图 1-5 所示。

这里的特定规则在对等分布式爬虫中也叫作取模算法，算法可以自己实现，比如目前任务队列中有以 Baidu、Tencent、Taobao、Jingdong 为主域名的 URL，或者 URL 长度分别为 10、20、30、40，或者每个 URL 中都有特殊标识 flag1、flag2、flag3、flag4。此时可以根据规则将所有的 URL 进行 hash 分类编号，每个对等节点根据取模算法取出自己负责的种子 URL，如果取到了不属于自己的种子，则传递给另一个对等节点。按照这样的架构，每个服务器节点可以制定特定的采集规则，也可以根据服务器性能来合理分配任务，如图 1-6 所示。

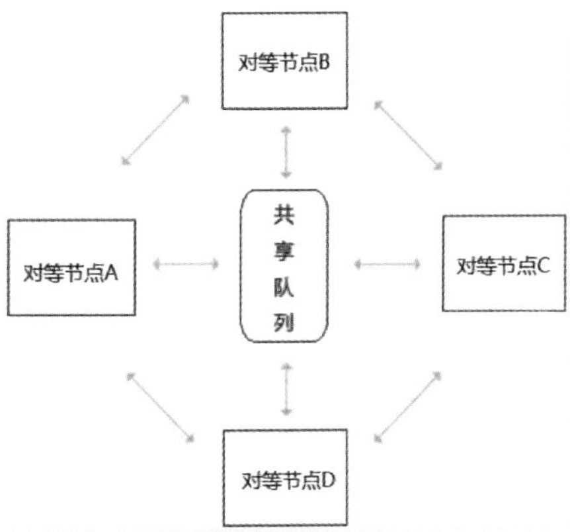

● 图 1-5

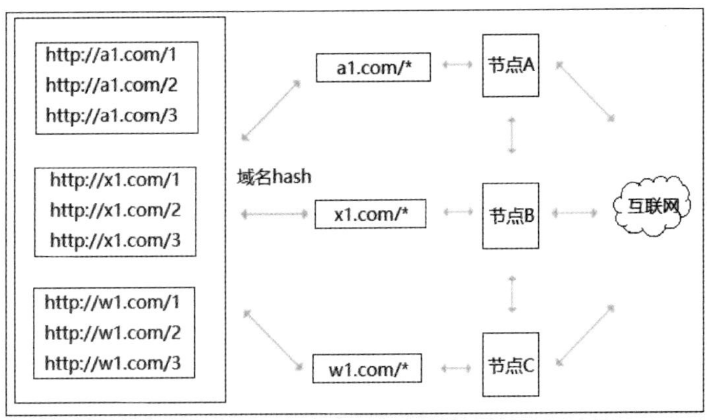

● 图 1-6

那么主从分布和对等分布的优缺点在哪里呢？

主从式分布爬虫对任务分配比较合理，可以有效利用采集节点的资源，但是由于只有一个 master 端的限制，当任务队列非常庞大时，可能会影响 master 端的任务调度，或者在 master 端出现异常时，会导致整个爬虫系统崩溃。

对等分布式爬虫虽然不会牵一发而动全身，一个采集节点宕机后，其他节点依旧正常工作，但是由于任务分配的限制，在某节点宕机或者新加采集节点时，每台抓取服务器的取模算法都需要进行更新。

1.4 网络爬虫遍历策略

网络爬虫分为通用爬虫和聚焦爬虫，我们平时的开发任务大都以聚焦爬虫为主，采集策略比较清晰。

而遍历策略更适用于搭建搜索引擎时通用爬虫的抓取策略，目前遍历策略分为三大类：广度优先策略、深度优先策略和最佳优先策略。

1.4.1 广度优先策略

广度优先策略是指在抓取过程中，在完成当前层次的搜索后，才进行下一层次的搜索。

该算法可以让网络爬虫并行处理，并且能有效避免爬虫陷入循环。

如图 1-7 二叉树的爬取顺序是 A-B-C-D-W-E-F-G-H。

我们通过 Python 实现广度优先。

```
def breadth_tree ( tree ) :
    if tree is None :
        return
    queues = [ ]
    node = tree
    queues. Append ( node )
    while queues:
        node = queues. pop ( 0 )
        ...
        if node. lchild is not None :
            queues. Append ( node. lchild )
        if node. rchild is not None :
            queues. Append ( node. rchild )
```

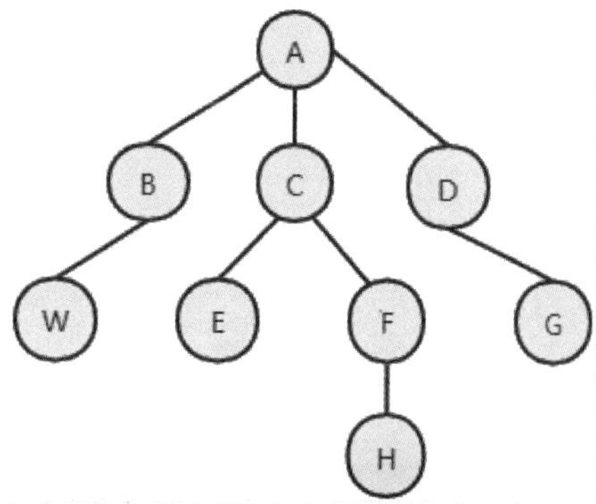

• 图 1-7

1.4.2 深度优先策略

深度优先是指网络爬虫会从起始页开始，先从一个链接开始采集，在该链接的页面中解析到其他链接时，会选择一个链接继续跟踪，直到处理完或者找不到链接再返回上一层的节点处理。

如图 1-8 二叉树的爬取顺序是 A-B-D-G-W-C-E-F-H。

通过 Python 递归实现也很简单。

```
def depth_tree ( tree ) :
    if tree is not None :
        ...
        if tree. _left is not None :
            return depth_tree ( tree. _left )
        if tree. _right is not None :
            return depth_tree ( tree. _right )
```

深度优先在很多情况下会导致爬虫陷入困境，所以在使用时，需要进行一些特殊的处理，避免在虚拟 Web 空间循环和重复。

常见的避免措施有规范化 URL、限制 URL 长度、设置访问黑名单、内容指纹、人工监视等。规范化 URL 是避免站点链接出现语法上的别名，限制 URL 的最大长度可以避免在主域名下的无限循环，内容指纹是页面内容进行去重避免重复采集。

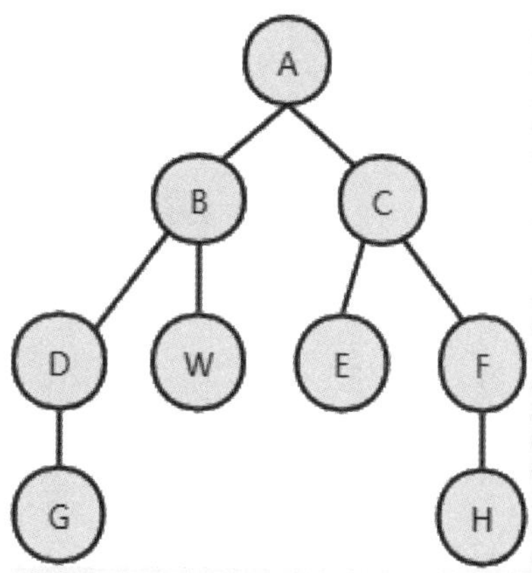

• 图 1-8

1.4.3 最佳优先策略

最佳优先策略是通过一些网页分析算法，预测 URL 与抓取目标的相似度或与页面主题的相关性，从而筛选出最优的 URL 进行采集。比如通过主域名或者 URL 后缀进行筛选，或者提前制定好站点优先度，然后进行，或者通过网页类型识别算法对 URL 进行筛选，如图 1-9 所示。

这种策略也会有一定的局限性，它只会采集预测结果中最符合的网页。这样会导致种子路径上的很多相关 URL 被忽略掉，因此最佳优先策略需要结合具体的应用进行调整。

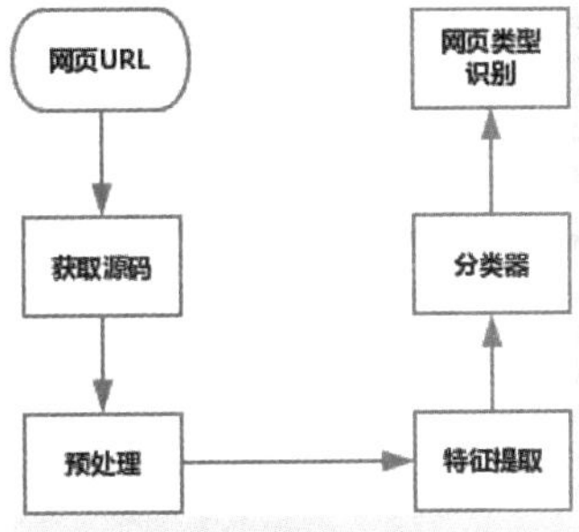

● 图 1-9

1.5 智能采集系统架构

智能采集系统的含义是无须编写代码，通过进行需求描述或者简单的操作即可开始复杂的数据采集任务。这种系统的架构往往建立在复杂的采集逻辑上，目前市面上没有较好的开源智能采集系统，大部分公司以此为核心产品进行大数据采集。像一些基于可配置规则的本地采集工具，比如神箭手、火车头等产品，其采集逻辑隶属于智能采集系统架构的一部分。还有一些提供页面智能解析服务的厂家，其智能解析算法也属于架构的一部分。那么想要实现一个智能采集系统，具体的架构是什么呢？可以先查看下面这张图，如图 1-10 所示。

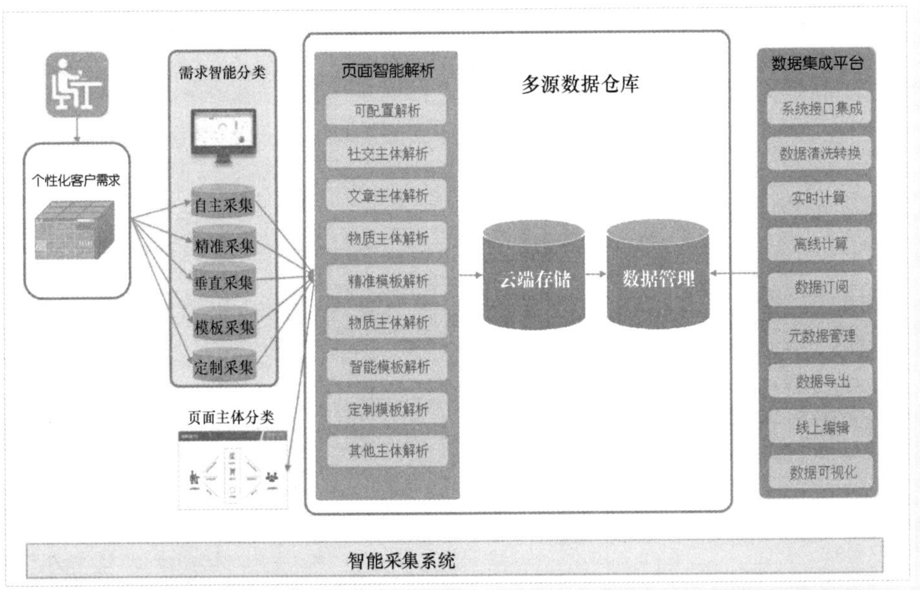

● 图 1-10

这个是笔者之前设计的一套智能采集系统，流程上主要分为三部分，采集需求分类、根据分类选择解析方式、数据存储和管理，如图 1-11 所示。

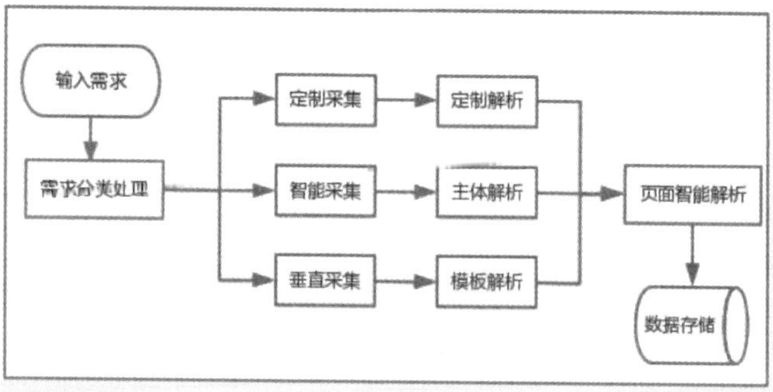

● 图 1-11

1.5.1 采集需求分类

采集需求分类是一种对客户需求的智能理解方法，当收到文字描述的需求后，系统对输入的文字需求进行处理。主要使用自然语言处理技术和语义识别技术，将输入内容进行分词和词性识别，提取名词、动词、副词、数词、形容词等完成命名实体识别。然后对命名实体识别结果进行采集规则分类。提供智能采集、垂直采集、精准采集等多种选择标签，也可以让使用者选择自主采集或者定制采集的需求分类规则，如图 1-12 所示。

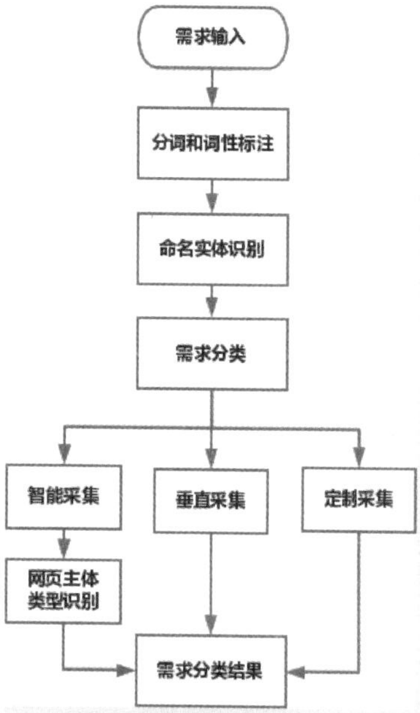

● 图 1-12

智能采集是根据某一项关键信息所进行的数据挖掘，是对领域和范围准确度要求不高的相关数据采集。首先根据输入的需求基于算法进行需求类型匹配，亦可由输入者选择需求类型，确定需求类型之后，筛选采集目标网站的网址，亦可由输入者直接输入网址，根据待采集的目标进行网页类型自动识别，然后智能解析网页内容。

垂直采集是指针对某一特定站点的聚焦数据采集。根据现有采集模板生成的解析策略，是需要根据特定站点来匹配的。比如已有采集模板：淘宝网、京东网，使用者的需求也是这两个网站，那么直接使用垂直采集方法进行采集。

精准采集是具有针对性的目标，选择完全符合采集需求的采集模板。

自主采集是让使用者自行配置采集地址，在系统页面提供可配置的 xpath 解析方式。

1.5.2 页面智能解析

在分类完成之后，根据对应的解析策略解析页面数据，采集系统中提供了大量的解析方式，可以依据数据主体类型来匹配页面解析规则，如图 1-13 所示。

比如具有文章主体类型的页面：如新闻资讯、博客论坛、媒体文章、论文等信息发布型网站；具有物质主体类型的页面：具有对某一物质进行描述的性质（电商商品、美团美食、携程酒店、景区景点等产品展示型网站）；具有社交平台类型的页面：围绕某一主题进行交互的社交型网站（知乎、微博、天涯）。

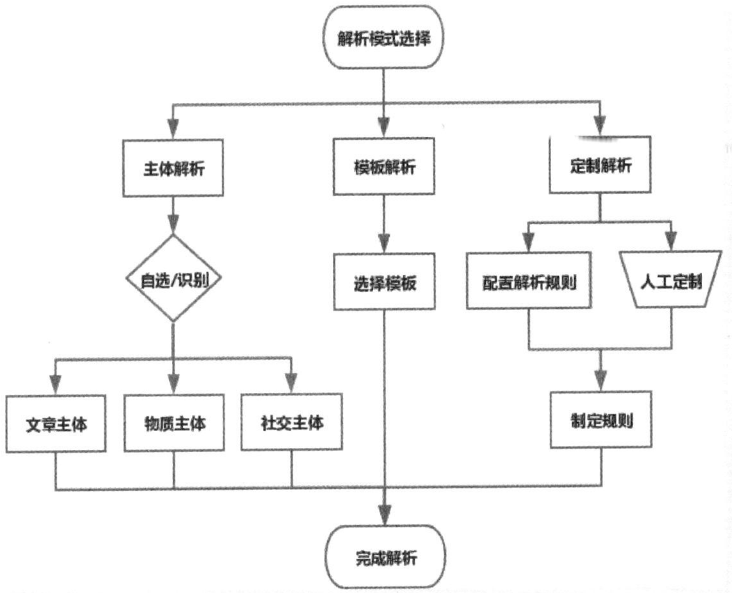

● 图 1-13

1.5.3 数据管理模块

数据管理模块主要基于数据集成平台实现，提供数据存储、数据清洗和转换、离线计算、元数据管理、数据导出、数据可视化等功能，如图 1-14 所示。因为网络请求模块和之前章节的分布式爬虫架构相似，所以就不再重申了。

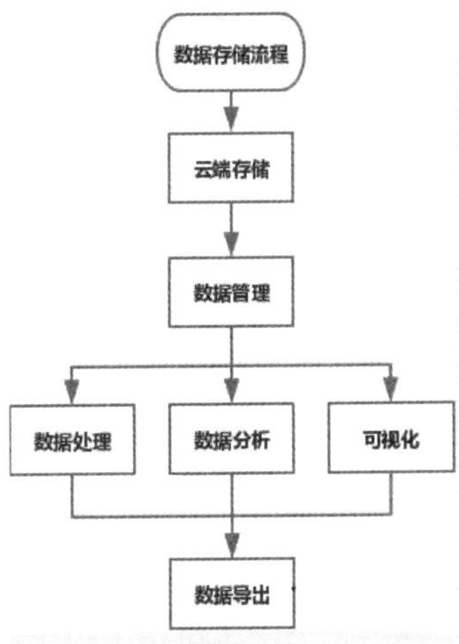

● 图 1-14

采集完成的数据会进行云端存储，使用者可选择存储类型，比如关系型、文档型、音视频文件型等，并实时查看当前采集内容和采集效率。存储的数据可以按照规则进行去重、过滤、清洗、转换、分组等，可进行数据分析和数据可视化。也可以导出数据分析和可视化结果，支持多种导出类型，比如 html、txt、excel、csv、word、pdf 等。

智能采集系统主要面向不同领域的企业和人群，实现人人都可采集数据的功能。而对开发者来说，是一次非常好的锻炼机会，可以了解到整个采集系统的生命周期，对开发者之后的发展很有帮助。

第2章

Python 爬虫技巧

本书内容对于开发语言没有限制，无论是以 Python、Java 还是以 Go、PHP 等其他语言为第一开发语言都可以正常阅读，但是 Python 灵活的脚本特性和丰富的开源库能为开发者节省大量时间和人力。本章内容主要分享 Python 在做爬虫时的技巧和主流的 Python 爬虫框架。

2.1 Utils

笔者总结了一些能提高爬虫开发效率的工具库，包括常用的文本格式处理、时间格式处理、请求头生成和格式化，以及爬虫智能解析库等。

一些在线版的工具就不再详细介绍了，这里简单列一下，如表 2-1 所示。

表 2-1 在线版工具

链 接	简 介
https：//spidertools. cn	爬虫工具库
https：//www. json. cn/	Json 解析网站
https：//base64. us/	Base64 编码解码
https：//www. runoob. com/runcode	Html 代码转页面
https：//alisen39. com/	httpRaw 转 Python
http：//httpbin. org/get	查看本地请求信息
http：//tool. chinaz. com/tools/unicode. aspx	站长工具编码解码集合
http：//web. chacuo. net/netproxycheck	代理服务器连接测试工具
http：//tool. yuanrenxue. com/	爬虫分析工具

2.1.1 爬虫工具包

lxpy 库是笔者把自己开发时常用的工具进行集成的一个工具库，包括时间处理、xml 检查、html 去除标签、jsonp 格式化、正则 xpath、生成随机 UA、请求头字符串转字典等处理方法。

Github 地址：https：//Github. com/lixi5338619/lxpy

安装方法很简单：pip install lxpy

也可以到 Github 下载源码，然后自己进行修改。因为代码过于简单，如何导入使用就不再讲解了，可以直接从源码进行分析，如图 2-1 所示。

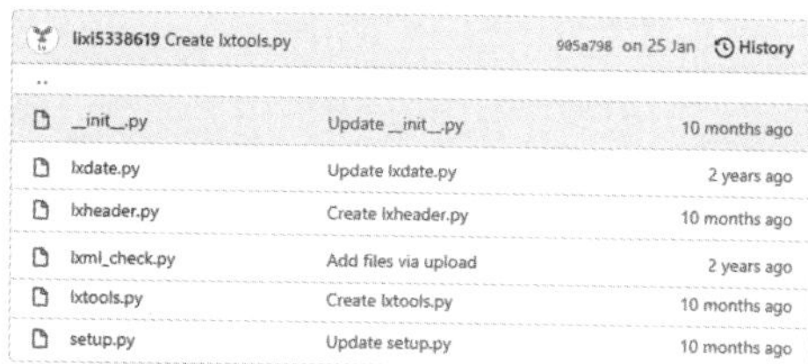

图 2-1

首先查看 init 文件，里面通过_all_表示了可以引用的类和方法，使用时查看该文件中的列表成员即可。

lxdate 文件中存放了时间处理类 DateGo，类中有很多对时间格式的处理方法，如表 2-2 所示。

表 2-2 对时间格式的处理方法

方法名	简介
now_data	获取当前时间
now_ymd	获取当前年月日
timec_change_dtime	把时间戳转换为年月日时分格式
dtime_to_timec	把年月日时分转换为时间戳格式
yesterday_timec	获取昨天开始的时间戳
difference_time	两个时间的差，返回秒
weibo_date	刚刚/分钟/小时/天转换为时间格式
youku_date	昨天/前天/一周前/一月前转换为时间格式
difference_timenow	当前时间和指定时间的差，返回秒
difference_time_two	两个时间的差，返回秒
date_befor_minutes	几分钟前/后的时间
date_befor_hours	几小时前/后的时间
date_befor_days	几天前/后的时间
netimec_to_dtime	负数时间戳转换/转换 1970 年之前的时间戳
java_date	Java 时间格式转换为 Python 日期格式

lxheader 文件中放了两个方法，一个是将浏览器复制下来的 user-agent 转成请求时要使用的字典格式，一个是随机生成 user-agent。方法很简单，大家可以看一下。

```
def copy_headers_dict(headers_raw):
    # 随机生成 user-agent
    headers = headers_raw.splitlines()
    headers_tuples = [header.split(":", 1) for header in headers]
    result_dict = {}
    for header_item in headers_tuples:
        if not len(header_item) == 2:
            continue
        item_key = header_item[0].strip()
        item_value = header_item[1].strip()
        result_dict[item_key] = item_value
    return result_dict

import random
def get_ua():
    # user-agent 转换
    first_num = random.randint(55, 62)
    third_num = random.randint(0, 3200)
    fourth_num = random.randint(0, 140)
    os_type = [
            '(Windows NT 6.1; WOW64)',
            '(Windows NT 10.0; WOW64)',
            '(X11; Linux x86_64)',
            '(Macintosh; Intel Mac OS X 10_12_6)'
```

```
    ]
    chrome_version ='Chrome/{}.0.{}.{}'.format(first_num, third_num, fourth_num)
    ua =''.join(['Mozilla/5.0', random.choice(os_type), 'AppleWebKit/537.36','(KHTML, like
Gecko)', chrome_version, 'Safari/537.36'])
    userAgent = {"user-agent":ua}
    return userAgent
```

lxml_check 文件主要是对 html 数据进行检查，解决有时候在 etree. HTML 解析后 html 数据会丢失的问题。

lxtools 则是一些工具方法，比如字符串去除 html 标签，jsonp 快速转 json，在 xpath 中使用正则表达式，从 URL 中快速提取 params 等。

```
import re

def html_format(string):
    """ html 去除标签 """
    dr = re.compile(r'<[^>]+>', re.S)
        not_format = dr.sub('', string)
    return not_format

def jsonp_to_json(jsonp):
    """ jsonp 转 json """
    result = re.findall(r'\w+[(]{1}(.*)[)]{1}',jsonp,re.S)
    return result

def re_xpath(node,compile):
    """ xpath 中使用正则匹配 """
    namespaces = {"re":"http://exslt.org/regular-expressions"}
    result = node.xpath(compile, namespaces=namespaces)
    return result
```

在 1.3.0 版本中，lxpy 新增了常用加密算法的加解密实现、一些编码的实现，以及一些加密技术（凯撒密码、摩斯密码、栅栏密码等）的实现，如图 2-2 所示。

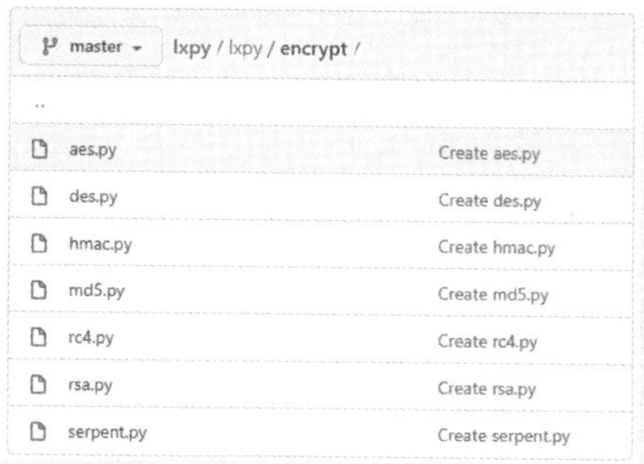

● 图 2-2

该工具库有一段时间没更新了，之后笔者会在库中集成一些网络协议处理、多线程多进程模板、单文件版 Scrapy 等工具。

2.1.2 智能解析库

在做网络舆情爬虫的时候，通常需要大规模采集新闻网站和论坛博客的文章正文。假设有 1000 个不同规则的页面，如果手动去写 re、xpath、bs4 这些页面解析方法，就需要写 1000 次，这对开发成本和人力消耗是极大的挑战。

为了解决这个问题，目前已有三种页面智能提取方法：基于文档内容的提取方法、基于 DOM 节点的提取方法、基于视觉信息的提取方法。下面介绍两个开源的智能解析库。

1. Newspaper

Github：https：//Github. com/codelucas/newspaper

这是一种基于页面 html 标签 DOM 节点的正文内容提取方法。

2. GeneralNewsExtractor

https://github.com/GeneralNewsExtractor/GeneralNewsExtractor

这是一种基于网页文本密度与符号密度对网页进行正文内容提取的方法。

这两个库目前只适用于新闻或者文章页面的信息提取，部分页面可能抽取结果不符合预期，也会有一些基于正则表达式抽取的字段匹配失败。所以源码中的一些方法需要根据自己的需求来优化和修改。

2.2 Scrapy

Scrapy 目前应该是使用人数最多，扩展和插件最为丰富的 Python 爬虫框架，在普通爬虫框架的基础上支持下载解析中间件、断点续爬、信号回调、异常捕获、深度广度采集策略等。我们需要注意的概念是 Scrapy 是基于 twisted 的多线程爬虫框架，如何理解这句话呢？首先 twisted 是异步网络请求框架，Scrapy 在请求时采用的是异步请求策略，而在处理时使用的是多线程处理模式，可以说 Scrapy 是单线程，也可以说是多线程的。

网上的教程十分丰富，相对基础的东西就不过多阐述了。笔者挑了一些个人认为比较重要的知识点和大家分享。

2.2.1 Scrapy 架构

Scrapy 的核心处理流程由五大模块构成，分别是调度器（Scheduler）、下载器（Downloader）、爬虫（Spiders）、实体管道（Item Pipeline）和引擎（Scrapy Engine），如图 2-3 所示。

引擎是整个框架的核心，它用来控制调试器、下载器、爬虫，相当于计算机的 CPU。调度器相当于任务中心，可以假设成为一个存放 URL 的优先队列，由它来决定采集目标，同时支持去重。下载器即是根据抓取目标从网络上下载资源，下载器是基于在 twisted 异步框架上的，保障采集效率和稳定性。爬虫文件是开发时操作最多的地方，用来定制自己的页面解析规则，从特定的网页中提取自己需要的信息，即实体（Item），也可以从中提取出链接，把抓取目标回调给调度器来分配任务。实体管道用来传输实体（Item）进行持久化操作，也可以在管道中进行数据过滤和处理。

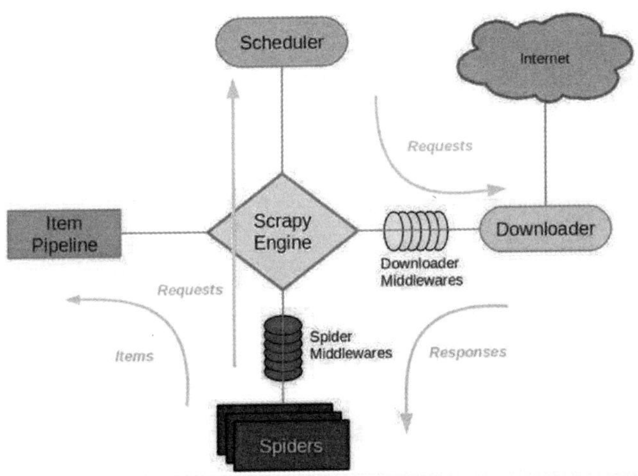

● 图 2-3

Scrapy 工作流程如下：

（1）将网址传递给 Scrapy 引擎。

（2）Scrapy 引擎将网址传给下载中间件。

（3） 下载中间件将网址给下载器。

（4） 下载器向网址发送 request 请求进行下载。

（5） 网址接收请求，将响应返回给下载器。

（6） 下载器将收到的响应返回给下载中间件。

（7） 下载中间件与 Scrapy 引擎通信。

（8） Scrapy 将 response 响应信息传递给爬虫中间件。

（9） 爬虫中间件将响应传递给对应的爬虫进行处理。

（10） 爬虫处理之后，会提取出数据和新的请求信息，将处理的信息传递给爬虫中间件。

（11） 爬虫中间件将处理后的信息传递给 Scrapy 引擎。

（12） Scrapy 接收到信息之后，会将项目实体传递给实体管道进行进一步处理，同时将新的信息传递给调度器。

（13） 随后再重复执行 1～12 步，一直到调度器中没有网址或异常退出为止。

框架的流程很重要，因为这也是目前单机爬虫的采集流程，很多框架都是基于这种模式，比如 Java 爬虫框架 Webmagic 和 2.3 节要讲的 Asyncpy。

2.2.2 Scrapy 信号

Scrapy 可以扩展（extensions）捕捉一些信号（Signals）来完成额外的工作或添加额外的功能，也可以通过信号 Api 来连接或发送自己的信号。本节来了解一下常用的信号（Signals）方法。

engine_started：Scrapy.signals.engine_started()

当 Scrapy 引擎启动时发送该信号。该信号可能会在信号 spider_opened 之后被发送，这取决于 spider 的启动方式。所以不要依赖该信号会比 spider_opened 更早被发送。

engine_stopped：Scrapy.signals.engine_stopped()

当 Scrapy 引擎停止时发送该信号（例如爬取结束）。

item_scraped：Scrapy.signals.item_scraped（item，response，spider）

当通过 Item Pipeline 后（没有被丢弃（dropped），发送该信号。

item_dropped：Scrapy.signals.item_dropped（item，exception，spider）

当通过 Item Pipeline 后，有些 pipeline 抛出 DropItem 异常并丢弃 item 时，发送该信号。

spider_closed：Scrapy.signals.spider_closed（spider，reason）

当某个 spider 被关闭时，该信号被发送。该信号可以用来释放每个 spider 在 spider_opened 时占用的资源。

spider_opened：Scrapy.signals.spider_opened（spider）

当 spider 开始爬取时发送该信号。该信号一般用来分配 spider 的资源。

spider_idle：Scrapy.signals.spider_idle（spider）

当 spider 进入空闲（idle）状态时，该信号被发送。空闲意味着 requests 正在等待被下载，或者 requests 被调度，或者 items 正在 item pipeline 中被处理。当该信号的所有处理器（handler）被调用后，如果 spider 仍然保持空闲状态，引擎将会关闭该 spider。当 spider 被关闭后，spider_closed 信号将被发送。

spider_error：Scrapy.signals.spider_error（failure，response，spider）

当 spider 的回调函数产生错误时（例如抛出异常），该信号被发送。

request_scheduled：Scrapy.signals.request_scheduled（request，spider）

当引擎调度一个 Request 对象用于下载时，该信号被发送。

request_dropped：Scrapy. signals. request_dropped（request，spider）

当引擎计划稍后下载的请求被调度程序拒绝时发送。

response_received：Scrapy. signals. response_received（response，request，spider）

当引擎从 downloader 获取到一个新的 Response 时，发送该信号。

response_downloaded：Scrapy. signals. response_downloaded（response，request，spider）

当一个 HTTPResponse 被下载时，由 downloader 发送该信号。

在实际开发中的使用方法也很简单，比如想在 spider 启动后进行一个提示，那么在 extensions 扩展类中要将 spider_opened 信号与提升函数关联起来，这样 Scrapy 在初始化 spider 时，会触发 spider_opened 信号。

```
from Scrapy import signals

class spider_open(object):
    @ classmethod
    def from_crawler(cls, crawler):
            extend =cls()
            crawler.signals.connect(extend.spider_opened,signal=signals.spider_opened)
            return extend

    def spider_opened(self, spider):
            print('spider is opened! ')
```

2.2.3 Scrapy 异常

Scrapy 的异常捕获通常是通过中间件来实现的，先了解一下 Scrapy 中内置的异常。

DropItem：exception Scrapy. exceptions. DropItem

该异常由 item pipeline 抛出，用于停止处理 item。

CloseSpider：exception Scrapy. exceptions. CloseSpider（reason='cancelled'）

该异常由 spider 的回调函数（callback）抛出，来暂停/停止 spider。

DontCloseSpider：exception Scrapy. exceptions. DontCloseSpider

该异常由 spider_idle 信号处理程序抛出，不关闭 spider 操作。

IgnoreRequest：exception Scrapy. exceptions. IgnoreRequest

该异常由调度器（Scheduler）或其他下载中间件抛出，声明忽略该 request。

NotConfigured：exception Scrapy. exceptions. NotConfigured

该异常通常由某些组件抛出，声明其仍然保持关闭。这些组件包括 Extensions、Item pipelines、middlwares。

NotSupported：exception Scrapy. exceptions. NotSupported

该异常声明一个不支持的特性。

而关于请求和响应中的异常捕获，需要自己导入一些异常类型在中间件的 process_exception 进行处理，比如添加上 TimeoutError、DNSLookupError、ConnectError、TCPTimedOutError。代码如下：

```
from twisted.internet import defer
from twisted.internet.error import *
from twisted.web.client import ResponseFailed
from Scrapy.core.downloader.handlers.http11 import TunnelError
```

```
class LxDownloadMiddleware(object):
    def _init_(self):
    self. ALL_EXCEPTIONS = (defer. TimeoutError, TimeoutError, DNSLookupError,
                          ConnectionRefusedError, ConnectionDone, ConnectError,
                          ConnectionLost, TCPTimedOutError, ResponseFailed,
                          IOError, TunnelError)

    def process_request(self, request, spider):
        ...

    def process_exception(self, request, exception, spider):
        if isinstance(exception, TimeoutError):
            return request

        elif isinstance(exception, self. ALL_EXCEPTIONS):
            ...
        else:
            ...
```

2.2.4 Scrapy 去重

在 Scrapy 使用时接触到的去重可以分为请求去重和数据去重。

先说一下 Scrapy 内置的请求去重，指纹过滤器（Request Fingerprint duplicates filter）。当它被启用后，会自动记录所有成功响应的 URL，并将其以文件（requests. seen）方式保存在项目目录中。新请求的 URL 如果在指纹库中有记录，就自动跳过该请求。

指纹过滤器 RFPDupeFilter 继承了 BaseDupeFilter 并对其重写。

```
class BaseDupeFilter(object):

    @ classmethod
    def from_settings(cls, settings):
        return cls()

    def request_seen(self, request):
        return False
```

RFPDupeFilter 实现源码如下：

```
class RFPDupeFilter(BaseDupeFilter):
    """Request Fingerprint duplicates filter"""

    def _init_(self, path=None , debug=False):
        self.file = None
        self.fingerprints = set()
        self.debug = debug
        if path:
            self.file = open(os.path.join(path, 'requests.seen'), 'a+')
            self.file.seek(0)
            self.fingerprints.update(x.rstrip() for x in self.file)
```

```
    def request_seen(self, request):
        fp =self.request_fingerprint(request)
        if fp in self.fingerprints:
            return True
        self.fingerprints.add(fp)
        if self.file:
        self.file.write(fp + os.linesep)
```

默认情况下这个过滤器是自动启用的，但是在 start_requests 中是关闭的，也可以通过 dont_filter 参数来控制启动。

那么在 Scrapy 中对数据进行去重的方法，可以通过 Pipeline 来实现，在 Pipeline 中创建一个 set 集合，根据 set 的不重复性进行数据去重。

```
from Scrapy.exceptions import DropItem

class DuplicatedPipeline(object):

    def _nit_ ( self ) :
        self. _set = set ( )

    def process_item ( self, item, spider ) :
        name = item ['name']
        if name in self. _set:
            raise DropItem ('Duplicate:%s' % item )
        self. _set. add ( name )
        return item
```

相对于这些去重过滤方法之外，还有一些其他可用的方法，比如使用 Scrapy-Redis 中的指纹过滤，或者自己构建一个布隆过滤中间件都是可以的。

2.2.5 Scrapy 部署

现在爬虫框架的部署有时不能直接丢到服务器上“裸奔”，那样会难以实现某些需求，为了更完善地进行调度和管理，可以通过一些插件来进行部署。现在比较常用的是 Scrapyd 和 Gerapy，还有 Scrapy-web、Scrapy-admin 这些基于 Scrapyd 接口开发的管理平台，Scrapyd 年久失修，部署简单但是页面优化不太乐观，这里重点说一下 Gerapy。

Gerapy 是 Scrapyd 的进阶版，基于 Django 框架的一个 Web 端爬虫部署，在 Gerapy 上，能更直观地查看爬虫状态，更方便地控制爬虫运行，实时查看爬取结果，实现主机统一管理，如图 2-4 所示。

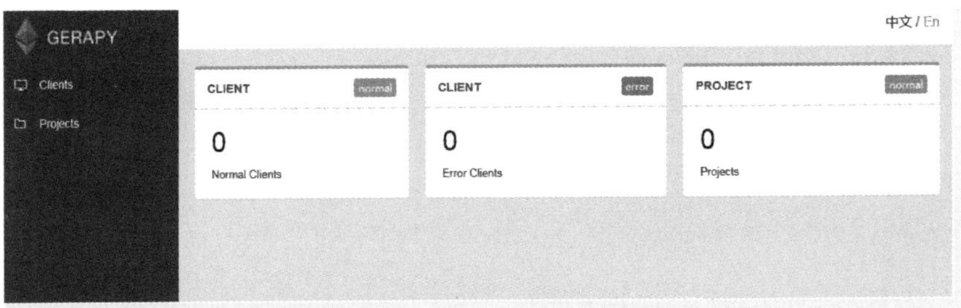

● 图 2-4

2.2.6 Scrapy 监控

Scrapy-monitor 是针对 Scrapy 框架设计的实时监控爬虫状态系统。使用 Flask 搭建 Web 服务，监控原理是 StatcollectorMiddleware 中间件在每个 request 发出时，将当前 crawler 的 status 保存到 Redis。前端 Ajax 实时请求当前状态信息，通过 Flask 从 Redis 中读取，然后用 Echart 渲染出图片，如图 2-5 所示。

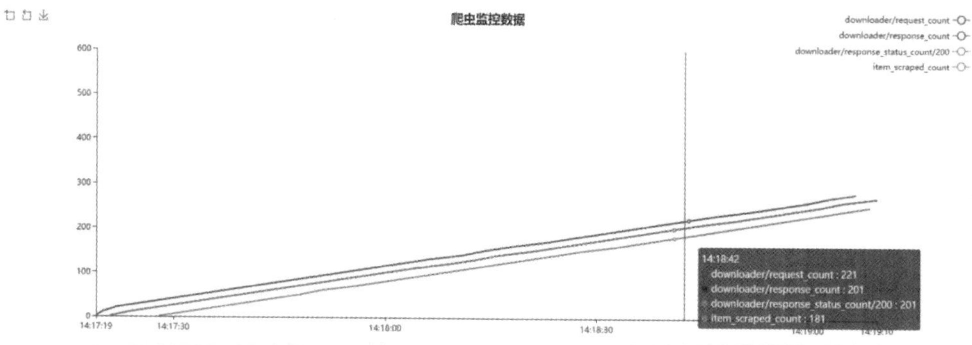

● 图 2-5

主要功能有数据的实时更新，图表的下载保存，以及可控监控时间和数据类型，如图 2-6 所示。

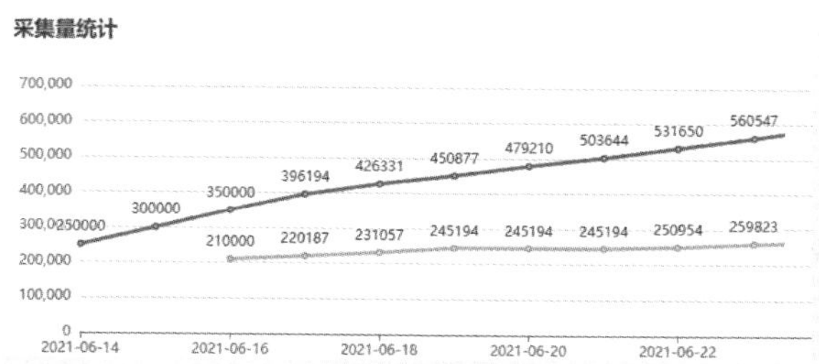

● 图 2-6

也可以根据 Scrapy 的日志或者数据库数据量来进行监控，计算出 Scrapy 的请求次数和任务完成次数，做一个自己的采集监控平台。

2.3 Asyncpy

Asyncpy 是笔者基于 Asyncio 和 Siohttp 开发的一个轻便高效的爬虫框架，采用了 Scrapy 的设计模式，参考了 Github 上一些开源框架的处理逻辑，如图 2-7 所示。

● 图 2-7

Github 地址：https：//Github. com/lixi533-8619/asyncpy

Asyncio 是 Python 3. 4 版本引入用来编写

并发代码的标准库，直接内置了对异步 IO 的支持。它的编程模型就是一个单线程的消息循环，从 Asyncio 模块中直接获取一个 EventLoop 的引用，然后把需要执行的协程扔到 EventLoop 中执行，就实现了异步 IO。

Aiohttp 是基于 Asyncio 实现的 HTTP 框架。Aiohttp 强调的是异步并发。提供了对 Asyncio/await 的支持，可以实现单线程并发 IO 操作。

2.3.1 Asyncpy 架构

在总体的架构上和 Scrapy 相似，都是通过五大模块来进行流程管理，具体每一部分的作用就不再重复描述了，如图 2-8 所示。

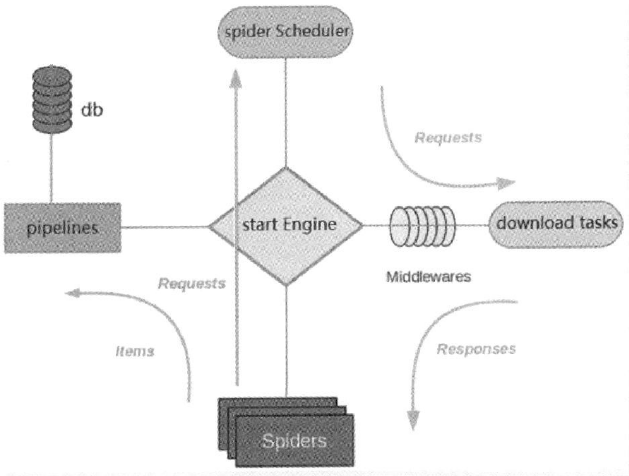

• 图 2-8

Asyncpy 相对于 Scrapy 的优势在哪里呢。首先线程是基于系统的，协程是基于线程的，Scrapy 的多线程在上下文切换时有陷入内核态的消耗，而协程更轻量，并且 Python 的 GIL 阻止两个线程在同一个程序中同时执行，导致多线程并没有异步的单线程速度快。所以在某些特定场景下，需要高频采集时使用 Asyncpy 就会事半功倍。而且 Scrapy 在任务分配上是多线程的，在请求时是基于 Twisted 的异步网络模型，而 Asyncpy 在整个流程上都是基于异步的。所以在执行某些任务时，可以通过 Asyncpy 框架来提高工作效率。

2.3.2 Asyncpy 安装

首先安装 Asyncpy 时，Python 的版本需要超过 3.5，然后直接使用命令安装即可。

安装命令：pip install asyncpy。

如果无法 pip 到本地，可以到 https：//pypi. org/project/asyncpy/下载最新版本的 whl 文件，下载后再使用 pip 安装。

最后可在命令行输入 asyncpy --version。

可查看是否成功安装，如图 2-9 所示。

• 图 2-9

2.3.3 Asyncpy 使用

使用 cmd 命令创建一个 demo 项目，输入命令：asyncpy genspider demo。

创建成功之后，打开项目文件，项目结构如图 2-10 所示。

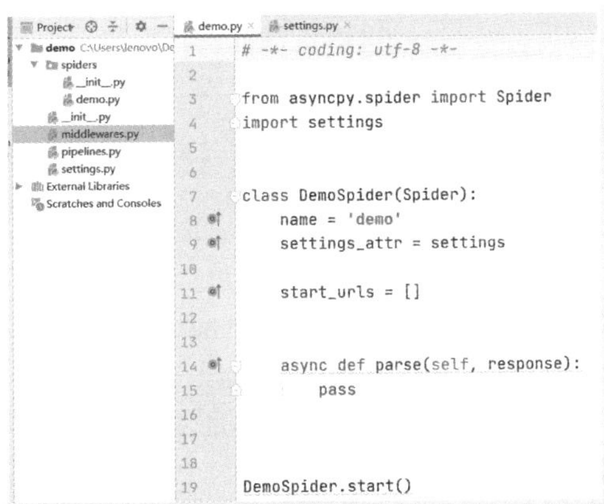

• 图 2-10

目录结构很简单，spiders 目录存放爬虫文件，middlewares. PY 是中间件文件，pipelines. PY 是管道文件，settings. PY 是配置文件。

接下来编写一个简单的 get 请求。修改 demo. PY 文件，在 start_url 列表中添加一个链接，在 parse 中打印出响应状态码和内容。

```
from asyncpy.spider import Spider
import settings

class DemoSpider(Spider):
    name ='demo'
    settings_attr = settings

    start_urls = ['http: //httpbin. org/get']

    Async def parse ( self, response ) :
        print ( response. status )
        print ( response. text )

DemoSpider. start ( )
```

直接启动即可进行抓取。

接下来进行一次 POST 请求。导入 Asyncpy 的 Request 模块，清空 start_urls，然后重写 start_requests 方法完成 Post 请求。

```
from asyncpy.spider import Spider
import settings
from asyncpy.spider import Request
   class DemoSpider(Spider):
    name ='demo'
    settings_attr = settings

    start_urls = []

    Async def start_requests(self):
        url ='http://httpbin.org/post'
        yield Request(callback=self.parse,url=url,method="POST",data={"Say":"Hello asyncpy"})

    Async def parse(self, response):
        print(response.status)
        print(response.text)

DemoSpider.start()
```

启动后，在响应内容中可以看到 Post 提交的参数。


```
"files": {},
"form": {
  "Say": "Hello Asyncpy"
},
"headers": {
  "Accept": "*/*",
  "Accept-Encoding": "gzip, deflate",
  "Content-Length": "17",
  "Content-Type": "application/x-www-form-urlencoded",
  "Host": "httpbin.org",
  "User-Agent": "Python/3.7 aiohttp/3.6.2",
  "X-Amzn-Trace-Id": "Root=1-5eca6fdc-1ff7955c5a4a7ba8e6fea69c"
},
"json": null,
```

目前响应内容中的 User-Agent 暴露了我们程序请求的属性，所以需要添加一个 UA 来掩饰身份，打开 middlerwares 文件，给 request 添加请求头。

```
from Asyncpy.middleware import Middleware
from Asyncpy.request import Request
from Asyncpy.spider import Spider

middleware = Middleware()

@ middleware.request
Async def UserAgentMiddleware(spider:Spider, request:Request):
    ua ="Mozilla/5.0 (Windows NT 10.0; Win64; x64) AppleWebKit/537.36 (KHTML, like Gecko)
Chrome/60.0.3100.0 Safari/537.36"
    request.headers.update({"User-Agent":ua})
```

中间件添加完成之后，到 demo. PY 文件中，在 DemoSpider. start( ) 启动位置添加上 middleware 参数。即 DemoSpider. start （middleware=middleware）。

启动爬虫文件后，可以看到响应内容中已经有了伪造的 UA 身份。


```
"form": {
  "Say": "Hello Asyncpy"
},
"headers": {
  "Accept": "*/*",
  "Accept-Encoding": "gzip, deflate",
  "Content-Length": "17",
  "Content-Type": "application/x-www-form-urlencoded",
  "Host": "httpbin.org",
  "User-Agent": "Mozilla/5.0 (Windows NT 10.0; Win64; x64) AppleWebKit/537.3
  "X-Amzn-Trace-Id": "Root=1-5eca7403-5f8bd8487759870439ccc76c"
},
```


如果需要修改请求频率、下载延时、超时限制、设置日志等，打开 settings 文件修改对应的参数即可。

还有更多使用方法和技巧就不多提了，感兴趣的读者可以查看 Asyncpy 文档。

2.4 Feapder

Feapder 是一款上手简单，功能丰富的 Python 爬虫框架，支持断点续爬、数据去重、数据防丢、监控报警、浏览器渲染下载、数据自动入库等功能。Feapder 自带三种爬虫模板：轻量级爬虫 AirSpider、分布式爬虫 Spider、分布式批次（周期性）爬虫 BatchSpider。

Github 地址：https：//Github. com/Boris-code/Feapder

官网地址：http：//Feapder. com

2.4.1 Feapder 架构

先看一下笔者在官网发布的框架流程图，如图 2-11 所示。

从架构图上看，spider 通过 start_request 生产出请求目标，把请求目标添加到任务队列 request_buffer 中，然后任务收集器 collector 从任务队列中批量取任务到内存 request_buffer 中，数据下载器 request 读取请求并进行下载，下载后将封装好的 response 先返回给 parser_control，再调度到对应的 parser 中去解析 response。解析后的数据再通过 parser_control 将数据 item 及新产生的 request 分发到 item_buffer 与

request_buffer 中。item_buffer 会进行数据存储，新任务则被调度到对应的位置继续执行，如表 2-3 所示。

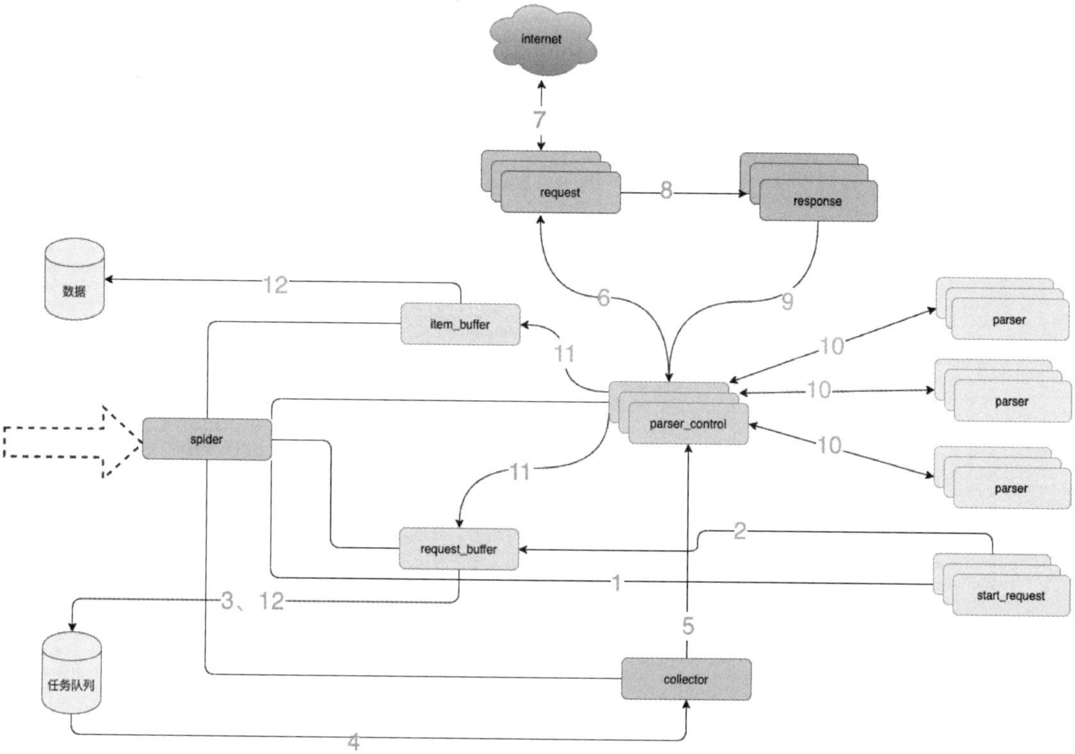

● 图 2-11

表 2-3　各模块说明

模 块 名	简　介
spider	框架调度核心
start_request	初始任务下发函数
collector	任务收集器，负责从任务队列中取任务
parser	数据解析器
parser_control	模板控制器，负责调度 parser
request_buffer	请求任务缓冲队列
request	数据下载器，封装了 requests
response	请求响应，封装了 response
item_buffer	数据缓冲队列

从源码上来看，框架整体内容并不复杂，各模块内容分布鲜明，很适合阅读研究。比如 buffer 中定义了 request_buffer 和 item_buffer，core 文件中则是框架整体的线程调度，netword 中包括了采集时的 request 和 response，以及 cookie 池、代理池等，如图 2-12 所示。

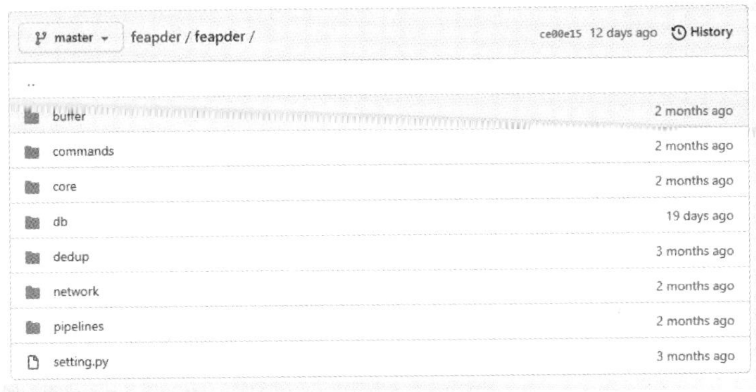

● 图 2-12

想快速掌握一个爬虫框架，必须先梳理清楚框架的架构和运行流程，这对开发和使用来说是非常重要的。

2.4.2 Feapder 使用

本小节以最简单的示例来展示 Feapder 的使用。

Feapder 安装命令：pip install Feapder

Feapder 创建爬虫：Feapder create -s first_spider

创建后生成的爬虫文件如下：

```
import Feapder

class FirstSpider(Feapder.AirSpider):
    def start_requests(self):
        yield Feapder.Request("https://www.baidu.com")

    def parse(self, request, response):
        print(response)

if _name_ == "_main_":
    FirstSpider().start()
```

爬虫程序可以直接运行，这其实已经完成了一次简单的请求任务。因为 Feapder 中的 response 是对 requests 库返回的 response 的封装，所以支持其原有的所有方法，另外支持了 xpath 选择器、CSS 选择器、正则表达式、bs4 的直接调用。

如果有多层的请求任务，就使用 yield Feapder. Request( ) 进行回调即可，这些内容相对比较基础，所以就不多说了。

2.4.3 Feapder 部署

Feaplat 命名源于 Feapder 与 platform 的缩写，是 Feapder 的专属管理平台，当然 Feaplat 也支持部署其他爬虫脚本，不过目前免费版只能部署 10 个任务。具体的使用和部署大家参考文档进行安装即可。

Github 地址：https：//Github. com/Boris-code/Feaplat

Feaplat 搭建成功后，在 Web 页面的任务列表里可以配置启动命令，如图 2-13 所示，包括调度周期以及爬虫数等。通过修改爬虫数可一键启动几十至上百份爬虫。另外 Feaplat 根据配置的爬虫数，动态生成工作节点 Worker，爬虫启动时才会创建 Worker，爬虫结束时销毁。

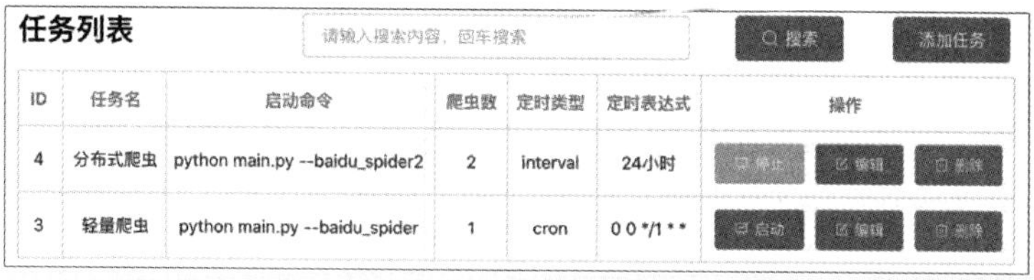

任务列表

ID	任务名	启动命令	爬虫数	定时类型	定时表达式	操作
4	分布式爬虫	python main.py --baidu_spider2	2	interval	24小时	停止 编辑 删除
3	轻量爬虫	python main.py --baidu_spider	1	cron	0 0 */1 * *	启动 编辑 删除

• 图 2-13

因为系统架设在 Docker Swarm 集群上，一台服务器宕机不会影响到其他爬虫，Worker 也会自动迁移到其他服务器节点。

Feaplat 支持对 Feapder 爬虫的运行情况进行监控，除了数据监控和请求监控外，用户还可自定义监控内容，如图 2-14 所示。

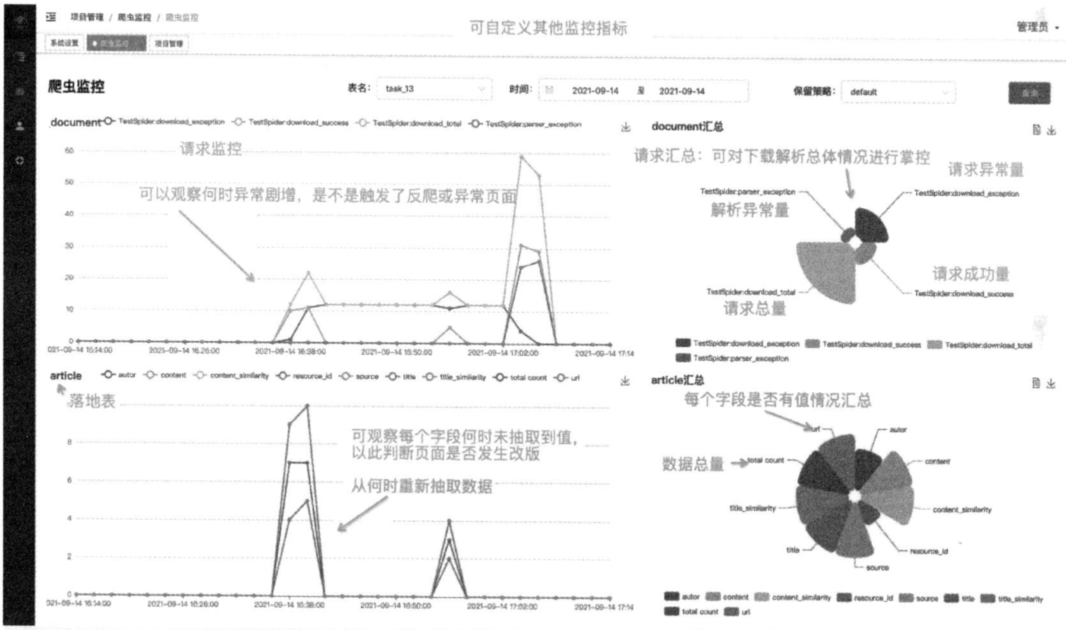

• 图 2-14

更多内容大家可以自己进行探索。

2.5 Scrapy-Redis

Scrapy-Redis 是一个基于 Redis 的 Scrapy 组件，用于快速实现 Scrapy 项目的分布式部署，通过 Scrapy-Redis 可以快速搭建一个分布式爬虫。安装配置这些就不再说了，都比较简单，一些个人认为比较重要的知识点如下。

Github 地址：https：//Github. com/rmax/Scrapy-Redis

2.5.1 运行原理

Scrapy-Redis 是在 Scrapy 原有的架构上，修改了队列调度，将种子从 start_urls 里分离出来，改为从 Redis 读取，这样多个客户端可以同时读取同一个 Redis，从而实现了分布式的爬虫，其运行原理如图 2-15 所示。

如果按照主从分布的模式来看，其运行原理如图 2-16 所示。

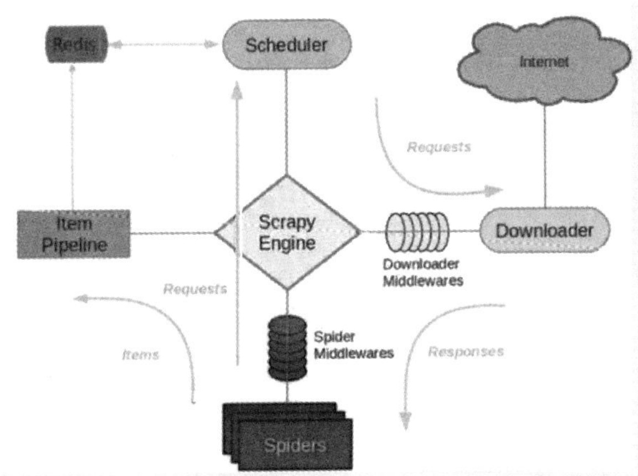

● 图 2-15

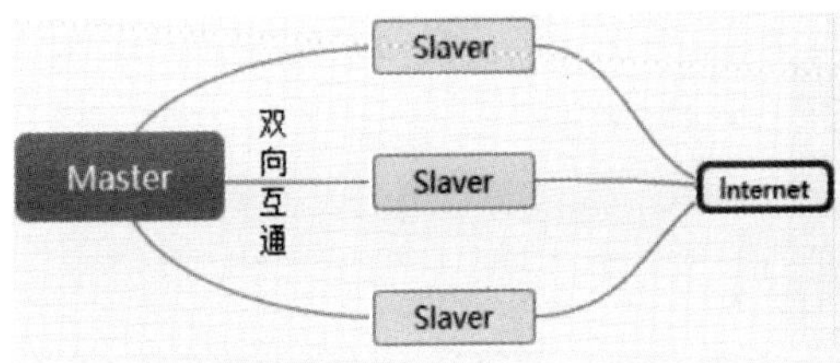

● 图 2-16

Master 端是来自 Redis 的任务队列，Slaver 端从 Master 端取任务（Request/url/ID）。在抓取数据的同时，如果生成新任务，Slaver 将任务再抛给 Master。Master 端只对接了一个 Redis 数据库，负责对 Slaver 提交的任务进行去重和存入任务队列。

2.5.2 源码解析

Scrapy-Redis 的源码并不多，查看源码可以看到主要由 connection. PY、dupefilter. PY、pipelines. PY、queue. PY、scheduler. PY 组成，分别是连接、过滤、管道、队列、调度，如图 2-17 所示。

connection. PY 中包含了一些基础配置，主要用于返回一个 Redis 实例。

dupefilter. PY 中实现了在 Scrapy-Redis 的去重，主要利用了 Redis 集合不重复的特性。调度器从引擎接收 request，将 request 的指纹存入 Redis 的集合并检查是否重复，不重复的 request push 写入 Redis 的 request queue。引擎请求 request 时，调度器从 request queue 里根据优先级 pop 出一个 request 返回给引擎，引擎再发给 spider 进行采集。

pipelines. PY 主要实现了把采集的 Item 存入 Redis 的 items queue，可以很方便地根据 key 从 items queue 提取 item，从而实现 items processes 集群。

queue. PY 文件中主要是三种队列类型。按先进先出规则排序的 FifoQueue（FIFO），按后进先出规则排序的 LifoQueue（LIFO），以及优先队列 PriorityQueue。FIFO 等同于广度优先，LIFO 等同于深度优先，而默认的规则是 PriorityQueue。使用 PriorityQueue 优先队列时，返回的总是优先级最高的元素。

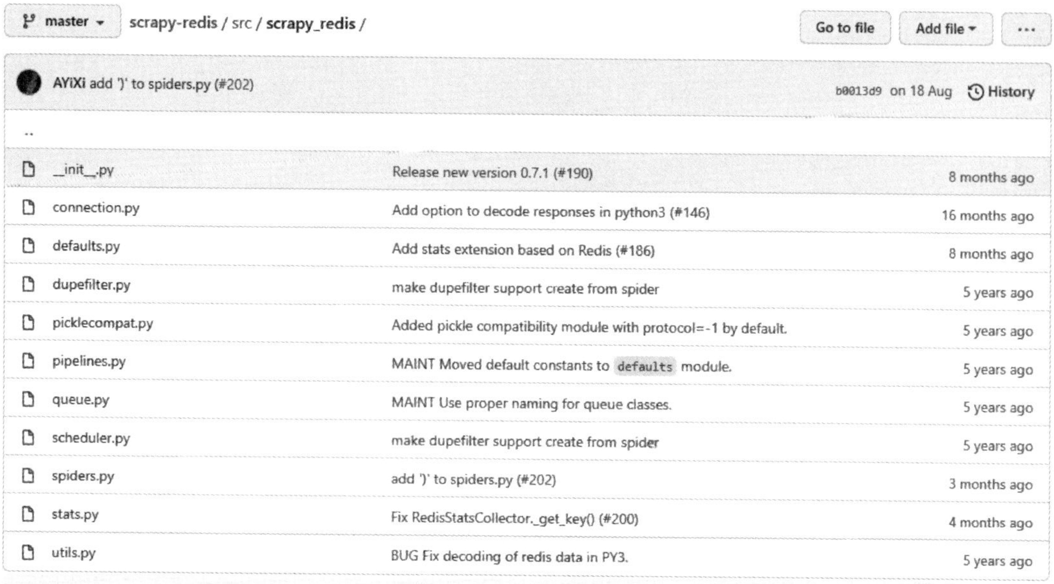

● 图 2-17

scheduler. PY 主要实现了基于 Redis 的调度器，用于接收消息调度任务。

2.5.3 集群模式

Scrapy-Redis-sentinel 在 Scrapy-Redis 的单机模式基础上新增了哨兵（Sentinel）连接模式以及集群（Cluster）连接模式。

Github 地址：https：//Github. com/crawlaio/Scrapy-Redis-sentinel

可以查看 Sentinel 集群模式的源码，在 Scrapy-Redis 源码的基础上进行了修改，比如在 connection. PY 中新增了哨兵（Sentinel）和集群（Cluster）的连接配置代码，在 queue. PY 文件中对 PriorityQueue 类的 pop 方法增加了支持集群的事务操作，其他主要模块都进行了调整。

具体的使用方法不多说了，大家到 Github 查看使用文档即可。

2.6 Scrapy 开发

这一节的内容是基于 Scrapy 开发的动态可配置爬虫框架。笔者所了解的开源框架有以 Scrapy 为内核开发的 Scrapy_helper、Portia。有基于 Java 爬虫框架 Webmagic 为内核的 Webmagicx。它们都可以自定义配置解析规则、动态匹配相同模板的内容。

2.6.1 Scrapy_helper

Scrapy_helper 是一个基于 Django 和 Scrapy 的动态可配置化爬虫框架。

Github 地址：https：//Github. com/facert/Scrapy_helper

项目启动后，可以在 Web 界面上快速配置抓取地址和解析规则，通过 Scrapy 模板添加采集任务，通过 Django 进行爬虫调度，虽然界面简单，但是具有不错的扩展空间，如图 2-18 所示。

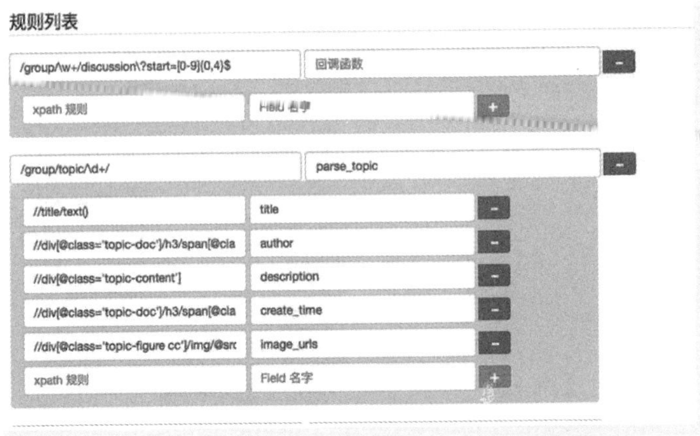

● 图 2-18

不过项目中 Django 使用的 1.11.5 版本太低了，用虚拟环境配置或者修改项目代码都不太方便。

2.6.2 Webmagicx

Webmagicx 是一款基于 Webmagic 的可配置爬虫框架。无须持续编写任何代码，只需熟悉正则表达式和 xpath，通过简单的配置便可实现一个爬虫。

Gitee 地址：https：//gitee. com/luosl/Webmagicx

在 Webmagicx 的基础上实现了深度抓取，也实现了基于 corn 的定时调度功能。另外提供了简单通用的存储功能，能够将抓取的数据轻松存入数据库和文件，如图 2-19 所示。

不过目前 Web 界面有些单调，没有多少交互的地方。这个就不多说了，感兴趣的读者可以去下载源码运行测试。

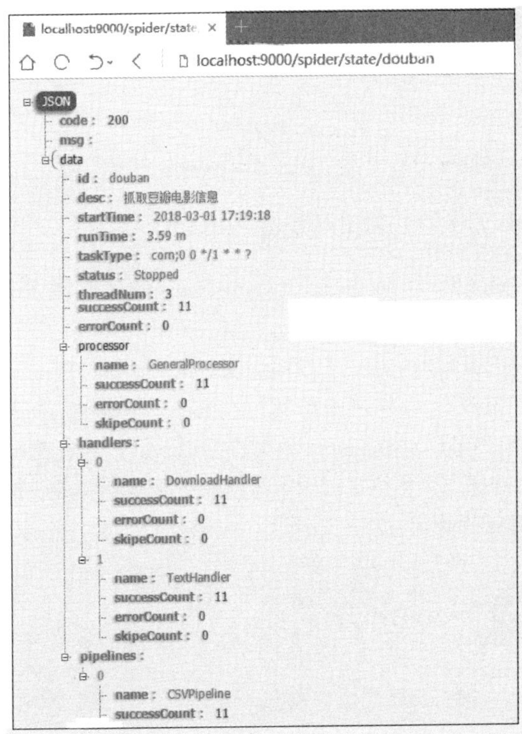

● 图 2-19

2.7 Crawlab

笔者也开发过一个采集器管理平台 Crawlx，当时参考了很多开源平台，比如 Gerapy、Spider-admin、Scrapyweb 这些基于 Scrapyd-Api 的平台，并没有太多可扩展空间。

而基于 Golang 的分布式网络爬虫管理平台 Crawlab，可以运行任何语言和框架，精美的 UI 界面，支持分布式爬虫、节点管理、爬虫管理、任务管理、定时任务、结果导出、数据统计、消息通知、可配置爬虫、在线编辑代码等功能。无疑是众星之子，也是本节重点介绍的内容。Crawlab 在未来很可能会像 Scrapy 一样成为每个爬虫工程师必备的技能之一，如图 2-20 所示。

Github 地址：https：//Github. com/Crawlab-team/Crawlab

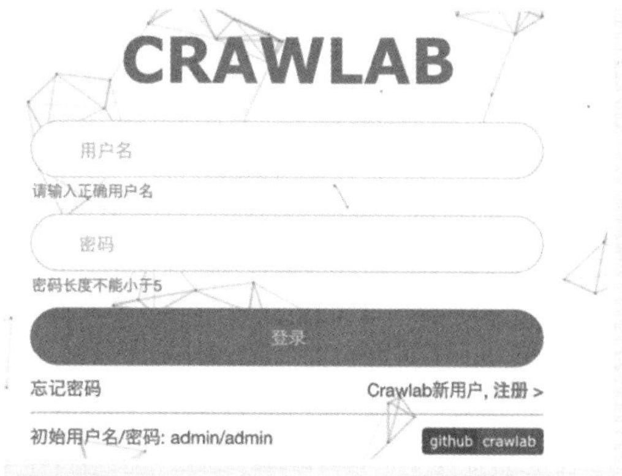

● 图 2-20

2. 7. 1 Crawlab 架构

Crawlab 的架构包括了一个主节点（Master Node）和多个工作节点（Worker Node），以及负责通信和数据存储的 Redis 和 MongoDB 数据库，如图 2-21 所示。

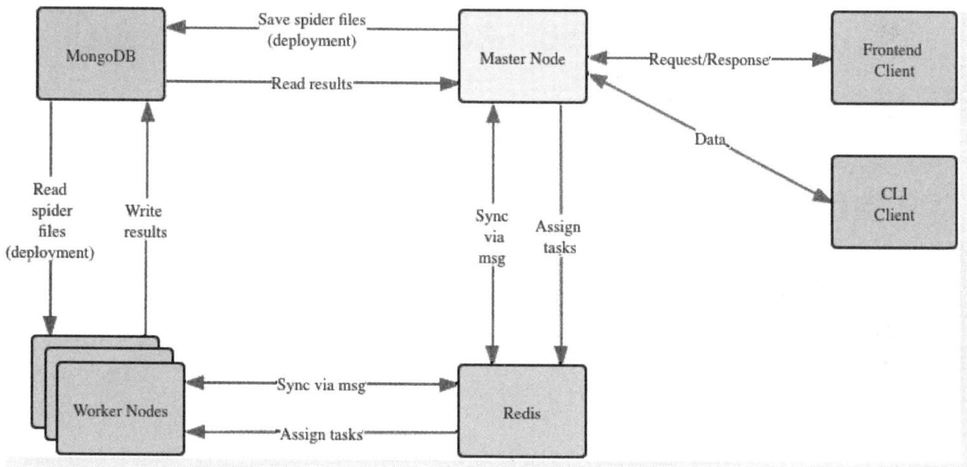

● 图 2-21

前端应用向主节点请求数据，主节点通过 MongoDB 和 Redis 来执行任务派发调度以及部署，工作节点收到任务之后，开始执行爬虫任务，并将任务结果存储到 MongoDB。架构相对于 v0. 3. 0 之前的 Celery 版本有所精简，去除了不必要的节点监控模块 Flower，节点监控主要由 Redis 完成，如图 2-22 所示。

主节点是整个 Crawlab 架构的核心，属于 Crawlab 的中控系统。主节点负责与前端应用进行通信，并通过 Redis 将爬虫任务派发给工作节点。同时，主节点会同步（部署）爬虫给工作节点，通过 Redis 和 MongoDB 的 GridFS。

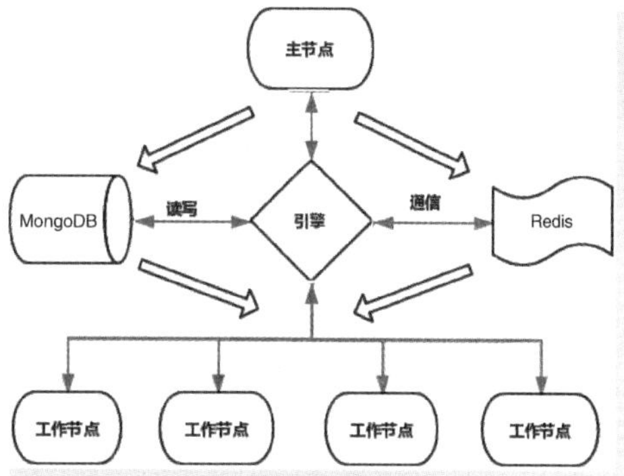

● 图 2-22

工作节点的主要功能是执行爬虫任务和存储抓取数据与日志，并且通过 Redis 的 PubSub 跟主节点通信。通过增加工作节点数量，Crawlab 可以做到横向扩展，不同的爬虫任务可以分配到不同的节点上执行。

MongoDB 是 Crawlab 的运行数据库，存储有节点、爬虫、任务、定时任务等数据，另外 GridFS 文件存储方式是主节点存储爬虫文件并同步到工作节点的中间媒介。

Redis 是非常受欢迎的 Key-Value 数据库，在 Crawlab 中主要实现节点间数据通信的功能。例如节点会将自己的信息通过 HSET 存储在 Redis 的 nodes 哈希列表中，主节点根据哈希列表来判断在线节点。

2.7.2 Crawlab 部署

Github 中提供了三种部署方式，分别是 Docker、Kubernetes、源码部署，如图 2-23 所示。

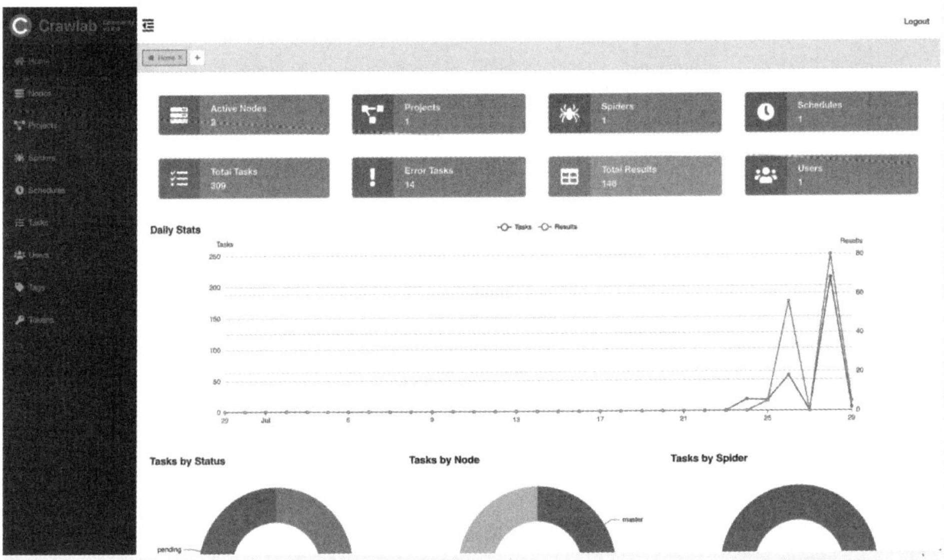

● 图 2-23

其中最为简便的是通过 Docker-Compose 来安装。只需要提前安装好 Docker 和 Docker-Compose，然后通过命令 Docker-Compose up 即可完成部署。

如果用户有多台机器，那么可以使用 Kubernetes 来部署，这样可以降低管理分布式应用的成本。具体安装流程可参考 Crawlab 安装文档。

中文文档链接：https：//docs. Crawlab. cn/zh

2.8 代理 IP 工具

代理 IP 大家都不陌生，在开发中一般都是购买高质量的独享代理 IP。而网络中也有一些可用的代理 IP，能在用户做一些项目或者测试时节约成本。而代理池的主要功能就是定时采集网上发布的免费代理，定时验证入库的代理，保证代理的可用性。本节内容推荐的是 Github 中开源的代理池项目。

2.8.1 Proxy_pool

Github 万星项目：https：//Github. com/jhao104/proxy_pool

Proxy_pool 是一个代理 IP 抓取、评估、存储、展示的一体化工具。主要使用 Flask 搭建 Web 服务，通过爬虫定时抓取，用 Redis 进行存储和通信，项目可通过 Docker 部署。

Proxy_pool 目前实现了十多家免费代理网站的采集，如图 2-24 所示。

具体的环境搭建就不再描述了，大家按照 Requirements 安装即可。

启动 Web 服务后，默认会开启 5010 端口的 Api 接口服务。使用时按照接口描述请求代理即可，如图 2-25 所示。

代理名称	状态	更新速度	可用率	地址	代码
米扑代理	✔	★	*	地址	freeProxy01
66代理	✔	★★	*	地址	freeProxy02
Pzzqz	✔	★	*	地址	freeProxy03
神鸡代理	✔	★★★	*	地址	freeProxy04
快代理	✔	☆	*	地址	freeProxy05
极速代理	✔	★★★	*	地址	freeProxy06
云代理	✔	★	*	地址	freeProxy07
小幻代理	✔	★★	*	地址	freeProxy08
免费代理库	✔	☆	*	地址	freeProxy09
89代理	✔	☆	*	地址	freeProxy13
西拉代理	✔	★★	*	地址	freeProxy14

● 图 2-24

api	method	Description	params
/	GET	api介绍	None
/get	GET	随机获取一个代理	可选参数: ?type=https 过滤支持https的代理
/pop	GET	获取并删除一个代理	可选参数: ?type=https 过滤支持https的代理
/all	GET	获取所有代理	可选参数: ?type=https 过滤支持https的代理
/count	GET	查看代理数量	None
/delete	GET	删除代理	?proxy=host:ip

● 图 2-25

该项目的架构虽然很简单，但是作者一直在维护，很适合个人上手搭建。

2.8.2 Pyproxy-Async

Pyproxy-Async 是基于 Asyncio 协程+Redis 实现的代理池。目前支持使用同一个 Redis 地址，实现集群 IP 检测以及抓取。

Github 地址：https：//Github. com/pjialin/Pyproxy-Async

项目服务流程如图 2-26 所示。

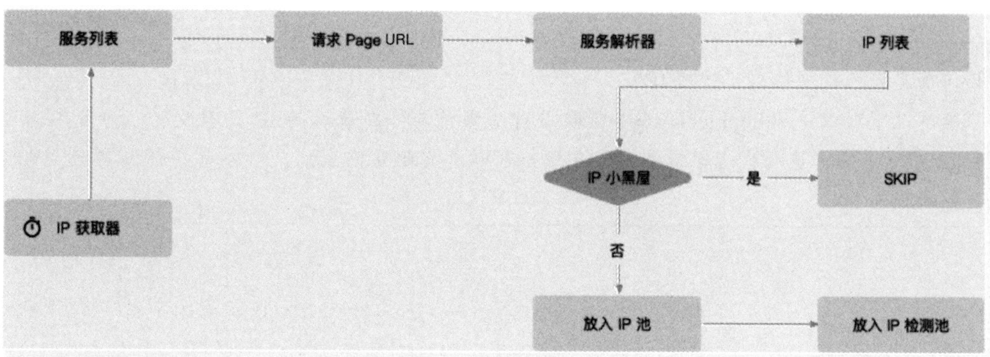

● 图 2-26

代理检测流程如图 2-27 所示。

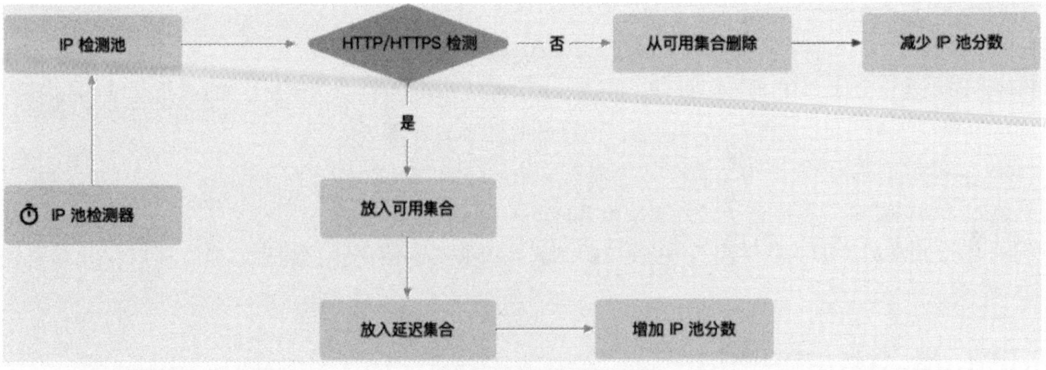

● 图 2-27

代理推送流程如图 2-28 所示。

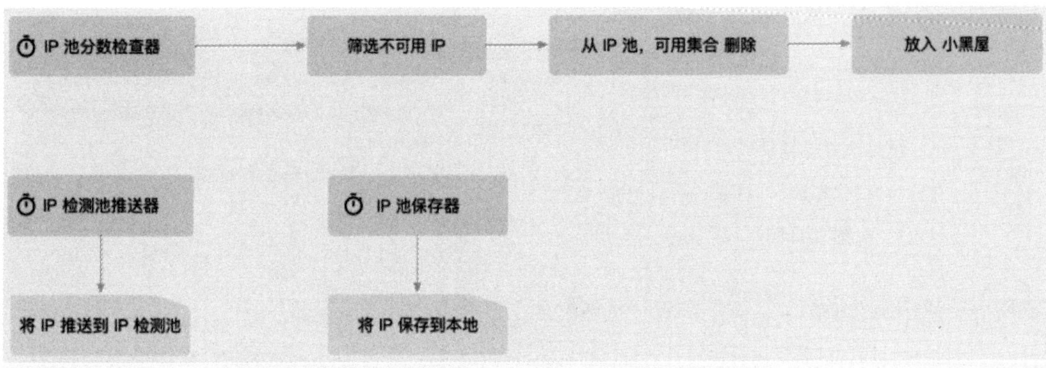

● 图 2-28

通过 Pyproxy-Async 项目可以对代理池有一个更清晰的认识，大家可参照流程图自行搭建一个代理池。

项目安装和部署都很简单，大家按照文档安装即可。

小技巧

如何确定自己成功使用了代理 IP?

一般情况下可以访问 httpbin. org/get 获取当前请求信息，查看访问 IP 是否改变。另外不同类型的代理 IP 质量不同，透明代理很容易被服务端识别到真实的访问来源，所以要多进行测试，尽量选择高质量的代理 IP。

第3章

Web Js 逆向

Web 页面大家都不陌生，在 Web 开发中后端负责程序架构和数据管理，前端负责页面展示和用户交互，有一种不严谨的说法是：前端代码给浏览器看，后端代码给服务器看。

有开发经验的读者对前后端交互的理解也会更深一点，在这种前后端分离的开发方式中，以接口为标准来进行联调整合。为了保证接口在调用时数据的安全性，也为了防止请求参数被篡改，大多数接口都进行了请求签名、身份认证、动态 Cookie 等机制。另外部分网站会对返回的数据进行加密，通常利用 AES、RSA 等加密方式，也有在传输时对数据进行序列化，比如 Protobuf 等，这些会在后面进行详细讲解。

请求签名十分常见，比如 URL 中的加密参数 sign，身份认证也有很多例子，比如动态 Cookie。这些参数的生成方法都是由 Js 来控制的，如果要想直接从接口上获取数据，就要去调试分析 JavaScript 的调用逻辑、堆栈调用关系来弄清楚网站加密的实现方法，根据网站的参数生成规则还原加密参数，可以称这个过程为 Js 逆向。

笔者总结了一下目前加密参数的常用逆向方式，一种是根据源码的生成逻辑还原加密代码，另一种是补环境 Copy 源码模拟加密参数生成，还有一种是通过 RPC 的方式远程调用。笔者用得最多的是补环境跑源码，整体来看会相对方便和高效。

而在一些逆向案例中，其中的关键就是将浏览器环境移植到 Node 环境中，Node Js 采用的内核也为 V8 引擎，该引擎调用对方 Js 的可行性并不是 100%，同时由于 Node 没有界面渲染，因此在浏览器中可使用的例如 window、navigator、dom 等操作在 node 中是不存在的，所以对于 Node Js 的环境搭建和浏览器环境补齐也是 Js 逆向需要掌握的。

值得一提的是 Chrome 作为 Js 逆向的核心工具，熟练掌握 Chrome 的控制台、插件编写就足够应对绝大多数的抓包、调试、Hook 等，这些内容都会在后续进行讲解。

3.1 逆向基础

下面讲解一下逆向基础内容。

3.1.1 语法基础

Js 调试相对方便，通常只需要 chrome 或者一些抓包工具、扩展插件，就能顺利完成逆向分析。但是 Js 的弱类型和语法多样，各种闭包、逗号表达式等语法让代码可读性变得不如其他语言顺畅。所以需要学习以下基础语法，如表 3-1 到表 3-8 所示。

表 3-1　基本数据类型

String	字　符　串
Number	数字
Boolean	布尔
Null	空值
Undefined	未定义
Symbol	独一无二的值

表 3-2　引用数据类型

Object	对　象
Array	数组
Function	函数

表 3-3　语句标识符

do... while	在条件为 true 时重复执行
while	在条件为 true 时执行
for	循环遍历
If... else...	条件判断
switch	根据情况执行代码块
break	退出循环
try... catch... finally	异常捕获
Throw	抛出异常
const	声明固定值的变量
class	声明类
return	停止函数并返回
let	声明块作用域的变量
var	声明变量
debugger	断点调试
this	当前所属对象

表 3-4　算术运算符

+	加
-	减
*	乘
/	除
%	除余
++	累加
--	递减

表 3-5　比较运算符

==	等　于
===	相等值或者相等类型
!=	不等于
!==	不相等值或者不相等类型
>	大于
<	小于
>=	大于等于
<=	小于等于

表 3-6　条件（三元）运算符

(*)?" *1":" *2"	如果*满足或存在，则*1，否则*2

表 3-7　逻辑运算符

&&	and
||	or
!	not

表 3-8　位运算符

&	如果两位都是 1，则设置每位为 1
|	如果两位之一为 1，则设置每位为 1
~	反转所有位
^	异或运算
<<	零填充左位移
>>	有符号右位移
>>>	零填充右位移

在 JavaScript 中将数字存储为 64 位浮点数，但所有按位运算都以 32 位二进制数执行。在执行位运算之前，JavaScript 将数字转换为 32 位有符号整数。执行按位操作后，结果将转换回 64 位 JavaScript 数。

3.1.2　作用域

Js 中有一个被称为作用域（Scope）的特性。作用域是在运行时代码中的某些特定部分中变量、函数和对象的可访问性。换句话说，作用域决定了代码区块中变量和其他资源的可见性。就像 Python 中的 LEGB 一样，作用域最大的用处就是隔离变量，不同作用域下同名变量不会有冲突。

Js 的作用域分为三种：全局作用域、函数作用域、块级作用域。全局作用域可以让用户在任何位置进行调用，需要注意的是最外层函数和在最外层函数外面定义的变量拥有全局作用域，所有未定义直接赋值的变量会自动声明为拥有全局作用域，所有 window 对象的属性也拥有全局作用域。函数作用域也就是说只有在函数内部可以被访问，当然函数内部是可以访问全局作用域的。块级作用域则是在 if 和 switch

的条件语句或 for 和 while 的循环语句中，块级作用域可通过新增命令 let 和 const 声明，所声明的变量在指定块的作用域外无法被访问。

在浏览器上定义一个全局属性，用 var name="lx";。

可以看到图 3-1 的取值方法，全局作用域的属性可以直接通过名字调用，或者用 window. * 来调用，也可以用 window [*] 来调用。

接下来定义一个方法，方法中定义了一个 user，此时在 console 中直接调用就会报错 not defined，如图 3-2 所示。

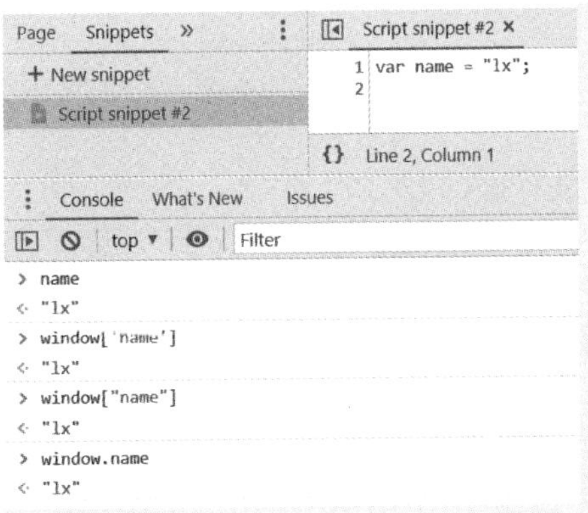

● 图 3-1

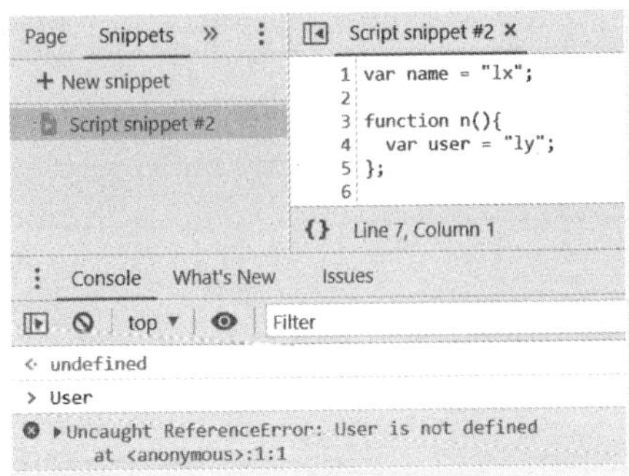

● 图 3-2

此时我们对 n 进行断点，再来调用 n 中的 user 就可以进行查看了，如图 3-3 所示。

所以在以后调试时，当需要查看某一个方法或属性时，就通过断点在控制台进行 console。或者修改 Js 文件，将其定义给一个全局属性。

这关系到以后在调试中的调用问题，所以需要熟练掌握 Js 的作用域规则。

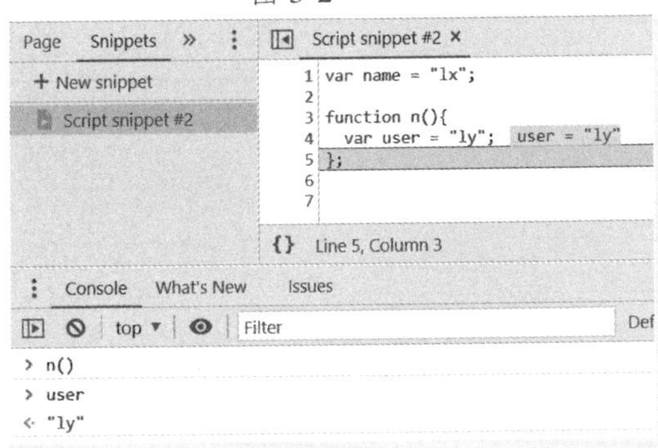

● 图 3-3

3.1.3 窗口对象属性

笔者列出了浏览器 window 的常见属性和方法。因为很多环境监测都是基于这些属性和方法的，在补环境前，需要了解 window 对象的常用属性和方法。

1. Window

Window 对象表示浏览器当前打开的窗口，如表 3-9 所示。

表 3-9 Window

document	Document 对象
history	History 对象
location	Location 对象
navigator	Navigator 对象
screen	Screen 对象

（续）

scrollBy( )	按照指定的像素值来滚动内容
scrollTo( )	把内容滚动到指定的坐标
setInterval( )	定时器
setTimeout( )	延时器
alert( )	弹出警告框
prompt( )	弹出对话框
open( )	打开新页面
close( )	关闭页面

2. Document

载入浏览器的 HTML 文档，如表 3-10 所示。

表 3-10　Document

body	<body>元素
cookie	当前 cookie
domain	文档域名
lastModified	文档最后修改日期和时间
referrer	访问来源
title	文档标题
URL	当前 URL
getElementById( )	返回指定 id 的引用对象
getElementsByName( )	返回指定名称的对象集合
getElementsByTagName( )	返回指定标签名的对象集合
open( )	打开流接收输入输出
write( )	向文档输入

3. Navigator

Navigator 对象包含的属性描述了当前使用的浏览器，可以使用这些属性进行平台专用的配置，如表 3-11所示。

表 3-11　Navigator

userAgent	用户代理
AppCodeName	浏览器代码名
AppName	浏览器名称
AppVersion	浏览器版本
browserLanguage	浏览器语言
cookieEnabled	指明是否启用 cookie 的布尔值
cpuClass	浏览器系统的 cpu 等级

（续）

userAgent	用户代理
onLine	是否处于脱机模式
platform	浏览器的操作系统平台
plugins	插件，所有嵌入式对象的引用
webdriver	是否启用驱动
product	引擎名
hardwareConcurrency	硬件支持并发数
connection	网络信息
javaEnabled( )	是否启用 Java
taintEnabled( )	是否启用数据污点

4. Location

Location 对象包含有关当前 URL 的信息，如表 3-12 所示。

表 3-12　Location

hash	URL 锚
host	当前主机名和端口号
hostname	当前主机名
href	当前 URL
pathname	当前 URL 的路径
port	当前 URL 的端口号
protocol	当前 URL 的协议
search	设置 URL 查询部分
assign( )	加载新文档
reload( )	重新加载文档
replace( )	替换当前文档

5. Screen

每个 Window 对象的 screen 属性都引用一个 Screen 对象。Screen 对象中存放着有关显示浏览器屏幕的信息，如表 3-13 所示。

表 3-13　Screen

availHeight	屏幕高度
availWidth	屏幕宽度
bufferDepth	调色板比特深度
deviceXDPI	显示屏每英寸水平点数
deviceYDPI	显示屏每英寸垂直点数
fontSmoothingEnabled	是否启用字体平滑

（续）

availHeight	屏 幕 高 度
height	显示屏高度
pixelDepth	显示屏分辨率
updateInterval	屏幕刷新率
width	显示屏宽度

6. History

History 对象包含用户在浏览器窗口中访问过的 URL，如表 3-14 所示。

表 3-14　History

length	浏览器历史列表中的 URL 数量
back( )	加载前一个 URL
forward( )	加载下一个 URL
go( )	加载某个具体页面

Window 中还有很多属性和方法，这里就不再过多描述，需要大家自行查看。

3.1.4　事件

HTML 事件是一种浏览器行为，也可以说是一种用户行为。笔者总结了 Js 中的常见触发事件，这在后续调试或者流程分析时很有帮助，如表 3-15 所示。

表 3-15　HTML 事件

事　件	描　述
onclick	当用户单击 HTML 元素时触发
ondblclick	当用户双击对象时触发
onmove	当对象移动时触发
onmoveend	当对象停止移动时触发
onmovestart	当对象开始移动时触发
onkeydown	当用户按下键盘按键时触发
onkeyup	当用户释放键盘按键时触发
onload	当某个页面或图像被完成加载
onselect	当文本被选定
onblur	当元素失去焦点
onchange	当 HTML 元素改变时触发
onfocusin	当元素将要被设置为焦点之前触发
onhelp	当用户在按 F1 键时触发
onkeypress	当用户按下字面键时触发

（续）

事　件	描　述
onmousedown	当用户用任何鼠标按钮单击对象时触发
onmousemove	当用户将鼠标划过对象时触发
onmouseover	当用户在一个 HTML 元素上移动鼠标
onmouseout	当用户从一个 HTML 元素上移开鼠标
onmouseup	当用户在对象之上释放鼠标按钮时触发
onmousewheel	当鼠标滚轮按钮旋转时触发
onstop	当用户单击停止按钮或离开页面时触发
onactivate	当对象设置为活动元素时触发
onreadystatechange	当在对象上发生对象属性更改时触发
ondragend	当用户拖曳操作结束后释放鼠标时触发

顺便说一下 HTML 中绑定事件的几种方法，分别是行内绑定、动态绑定、事件监听、bind 和 on 绑定。

行内绑定是指把触发事件直接写到元素的标签中，如图 3-4 所示。

动态绑定是指先获取到 dom 元素，然后在元素上绑定事件，如图 3-5 所示。

```
<li>
  <div onclick="xxx()">点击</div>
</li>
```

● 图 3-4

```
<script>
    var xx = document.getElementById('lx');
    xx.onclick = function(){}
</script>
```

● 图 3-5

事件监听主要通过 addEventListener( ) 方法来实现，如图 3-6 所示。

bind( ) 和 on( ) 绑定都是属于 JQuery 的事件绑定方法，bind( ) 的事件函数只能针对已经存在的元素进行事件的设置，如图 3-7 所示。

```
<script>
  var xx = document.getElementById('lx');
  xx.addEventListener('click',function(){})
</script>
```

● 图 3-6

```
$("button").bind("click",function(){
  $("p").slideToggle();
});
```

● 图 3-7

on( ) 支持对将要添加的新元素设置事件，如图 3-8 所示。

JQuery 中还有 live( )、delegate( ) 等事件绑定方法，目前并不常用。

```
$(document).ready(function(){
  $("p").on("click",function(){});
});
```

● 图 3-8

3.2 浏览器控制台

先介绍一下浏览器控制台的使用，以开发者使用最多的 chrome 为例。Windows 操作系统下的 F12 键可以打开控制台，mac 操作系统下用 Fn+F12 键打开。笔者选择平时使用较多的模块进行介绍，一些不常用的便不再讲解了。

3.2.1 Network

Network 是 Js 调试的重点，面板上由控制器、过滤器、数据流概览、请求列表、数据统计这五部分组成，如图 3-9 所示。

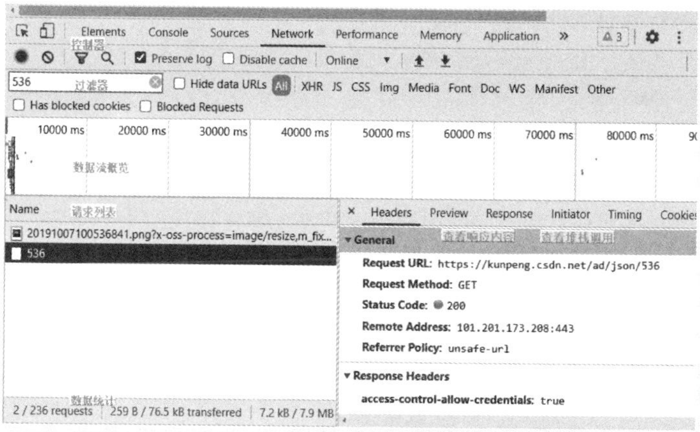

● 图 3-9

控制器：Presserve Log 是保留请求日志的作用，在跳转页面的时候勾选上可以看到跳转前的请求。Disable cache 是禁止缓存的作用，Offline 是离线模拟。

过滤器：根据规则过滤请求列表的内容，可以选择 XHR、JS、CSS、WS 等。

数据流概览：显示 HTTP 请求、响应的时间轴。

请求列表：默认是按时间排序，可以看到浏览器所有的请求，主要用于网络请求的查看和分析，可以查看到请求头、响应状态和内容、Form 表单等。

数据统计：请求总数、总数据量、总花费时间等。

3.2.2 Sources

Sources 按列分为三列，从左至右分别是文件列表区、当前文件区、断点调试区，如图 3-10 所示。

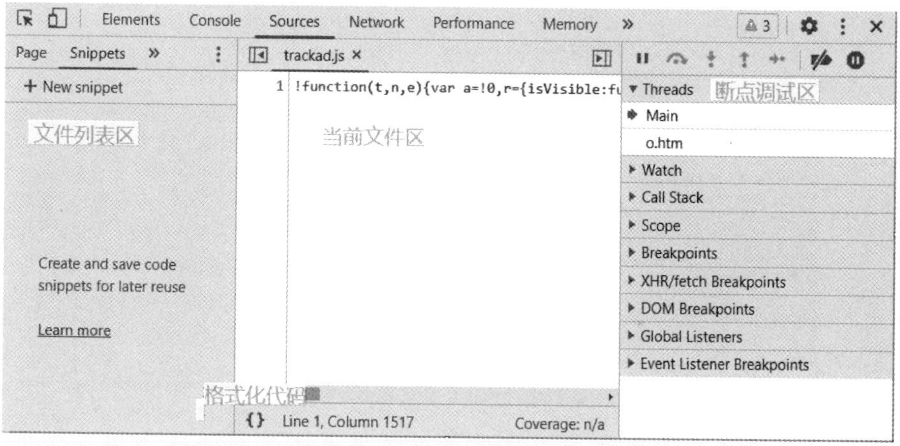

● 图 3-10

文件列表区中有 Page、Snippets、FileSytem 等。Page 可以看到当前所在的文件位置，在 Snippets 中单击 New Snippets 可以添加自定义的 Js 代码，FileSytem 可以把本地的文件系统导入到 chrome 中。

当前文件区是需要重点操作的区域，当从 Network 的 Preview 或 Response 中使用鼠标右键单击 Open in Sources panel，会自动跳转到 Sources 中，此时单击下方的{}来格式化代码，就能看到美观的 Js 代码，然后可以根据指定行数进行断点调试。

断点调试区也非常重要，每个操作点都需要了解是什么作用。最上方的功能区分别是暂停（F8 键）、跳过（F10 键）、进入（F11 键）、跳出（Shift+F11 键）、步骤进入（F9 键）、禁用断点（Ctrl+F8 键）、异常断点。

Watch：变量监听，对加入监听列表的变量进行监听。

Call Stack：断点的调用堆栈列表，完整地显示了导致代码被暂停的执行路径。

Scope：当前断点所在函数执行的作用域内容。

Breakpoints：断点列表，将每个断点所在文件/行数/改行简略内容进行展示。

DOM Breakpoints：DOM 断点列表。

XHR/fetch Breakpoints：对达到满足过滤条件的请求进行断点拦截。

Event Listener Breakpoints：打开可监听的事件监听列表，可以在监听事件并且触发该事件时进入断点，调试器会停留在触发事件代码行。

3.2.3 Application

Application 是应用管理部分，主要记录网站加载的所有资源信息。包括存储数据（Local Storage、Session Storage、InDexedDB、Web SQL、Cookies）、缓存数据、字体、图片、脚本、样式表等。Local Storage（本地存储）和 Session Storage 中可以查看和管理其存储的键值对。这里使用最多的是对 Cookies 的管理了，有时候调试需要清除 Cookies，可以在 Application 的 Cookies 位置单击鼠标右键，选择 Clear 进行清除，或者根据 Cookies 中指定的 Name 和 Value 来进行清除，便于进一步调试，如图 3-11所示。

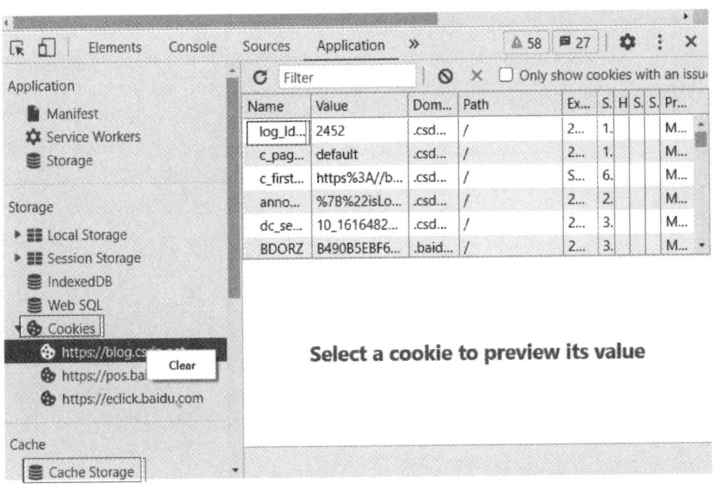

● 图 3-11

小技巧

我们辨别 cookie 来源时，可以看 httpOnly 这一栏，有√的是来自于服务端，没有√的则是本地生成的。

3.2.4 Console

谷歌控制台中的 Console 区域用于审查 DOM 元素、调试 JavaScript 代码、查看 HTML 解析，一般是通过 Console.log()来输出调试信息。在 Console 中也可以输出 window、document、location 等关键字查看浏览器环境，如果对某函数使用了断点，也可以在 Console 中调用该函数，如图 3-12 所示。

```
< ▼console {debug: ƒ, error: ƒ, info: ƒ, log: ƒ, warn: ƒ, …}
  ▶assert: ƒ assert()
  ▶clear: ƒ clear()
  ▶context: ƒ context()
  ▶count: ƒ count()
  ▶countReset: ƒ countReset()
  ▶debug: ƒ debug()
  ▶dir: ƒ dir()
  ▶dirxml: ƒ dirxml()
  ▶error: ƒ error()
  ▶group: ƒ group()
  ▶groupCollapsed: ƒ groupCollapsed()
  ▶groupEnd: ƒ groupEnd()
  ▶info: ƒ info()
  ▶log: ƒ log()
   memory: (...)
  ▶profile: ƒ profile()
  ▶profileEnd: ƒ profileEnd()
```

● 图 3-12

console.assert()对输入的表达式进行断言，只有表达式为 False 时，才输出相应的信息到控制台。
console.count()统计代码被执行的次数。
console.dir()将 Dom 节点以 Dom 树的结构进行输出，可以查看对象的方法等。
console.trace()可以打出 Js 的函数调用栈。

3.3 加密参数定位方法

想要找到 Js 加密参数的生成过程，就必须要找到参数的位置，然后通过 debug 来进行观察调试。笔者总结了目前通用的调试方式。每种方法都有其独特的运用之道，大家只有灵活运用这些参数定位方法，才能更好地提高逆向效率。

3.3.1 巧用搜索

搜索操作比较简单，打开控制台，通过快捷键 Ctrl+F 打开搜索框。在 Network 中的不同位置使用 Ctrl+F会打开不同的搜索区域，有全局搜索、页面搜索，如图 3-13 所示。

另外关于搜索也是有一定技巧的，如果加密参数的关键词是 signature，可以直接全局搜索 signature，搜索不到可以尝试搜索 sign 或者搜索接口名。如果还没有找到位置，则可以使用下面几种方法。

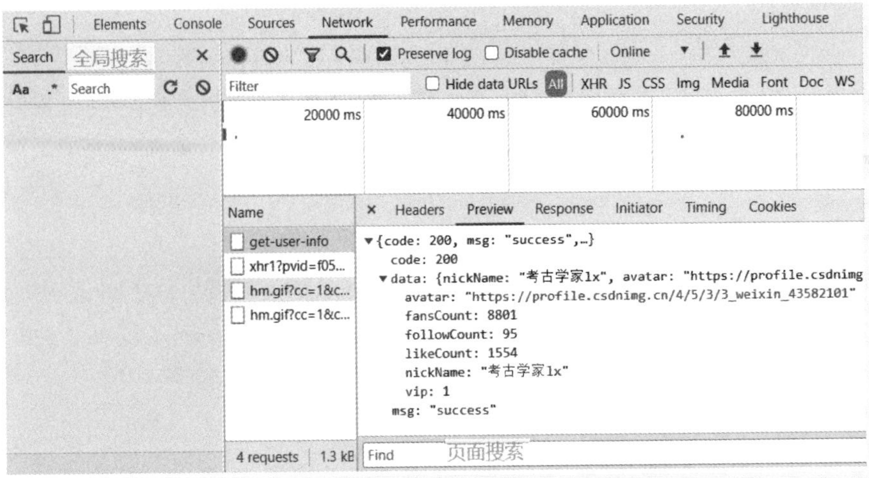

● 图 3-13

3.3.2 堆栈调试

控制台的 Initiator 堆栈调试是笔者最喜欢的调试方式之一，不过新版本的谷歌浏览器才有，如果没有 Initiator，记得更新 chrome 版本。Initiator 主要是为了监听请求是怎样发起的，通过它可以快速定位到调用栈中。

具体使用方式是先确定请求接口，然后进入 Initiator，单击第一个 Request call stack 参数，进入 Js 文件后，在跳转行上打上断点，然后刷新页面等待调试，如图 3-14 所示。

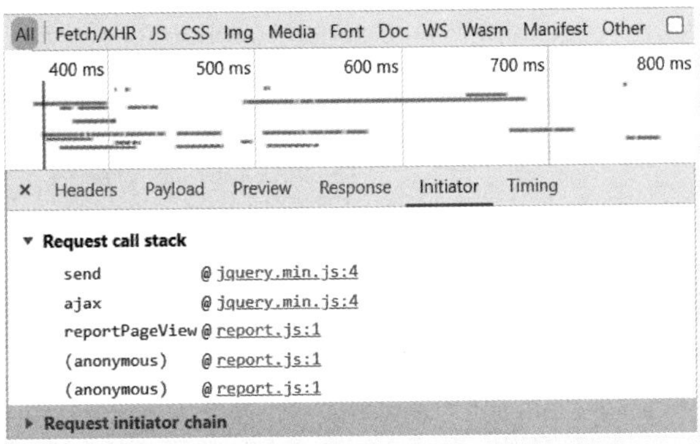

● 图 3-14

3.3.3 控制台调试

控制台的 Console 中可以由 console.log( ) 方法来执行某些函数，该方法对于开发调试很有帮助，有时通过输出会比找起来更便捷。在断点到某一位置时，可以通过 console.log( ) 输出此时的参数来查看状态和属性，console.log( ) 方法在后面的参数还原中也很重要。

3.3.4 监听 XHR

XHR 是 XMLHttpRequest 的简称，通过监听 XHR 的断点，可以匹配 URL 中 params 参数的触发点和调用堆栈，另外 post 请求中 From Data 的参数也可以用 XHR 来拦截。

使用方法：打开控制台，单击 Sources，右侧有一个 XHR/fetch Breakpoints，单击+号即可添加监听事件。像一些 URL 中的_signature 参数就很适合使用 XHR 断点，如图 3-15 所示。

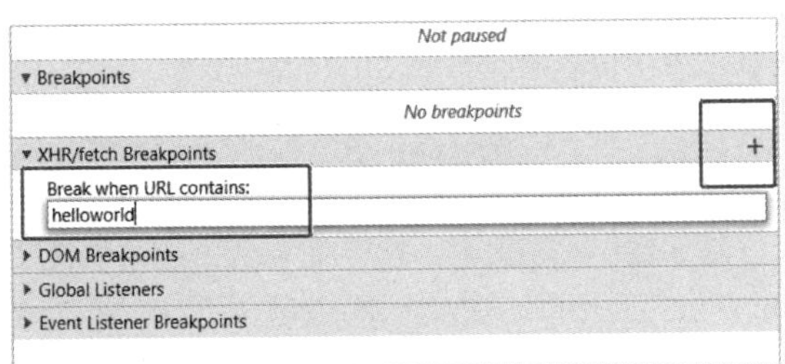

● 图 3-15

3.3.5 事件监听

这里其实和监听 XHR 有些相似，为了方便记忆，笔者将其单独放在了一个小节中。有的时候找不到参数位置，但是知道它的触发条件，此时可以使用事件监听器进行断点，在 Sources 中有 DOM BREAKpoints、Global Listeners、Event Listener Breakpoints，都可以进行 DOM 事件监听，如图 3-16 所示。

比如需要对 Canvas 进行断点，就在 Event Listener Breakpoints 中选择 Canvas，勾选 Create canvas context 时就是对创建 canvas 时的事件进行了断点。

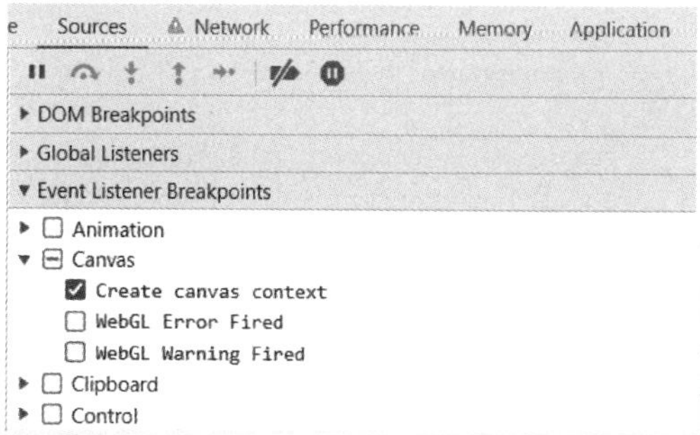

● 图 3-16

3.3.6 添加代码片

在控制台中添加代码片来完成 Js 代码注入，也是一种不错的方式。

使用方法：打开控制台，单击 Sources，然后单击左侧的 Snippets，新建一个 Script Snippet，就可以在空白区域编辑 Js 代码了，如图 3-17 所示。

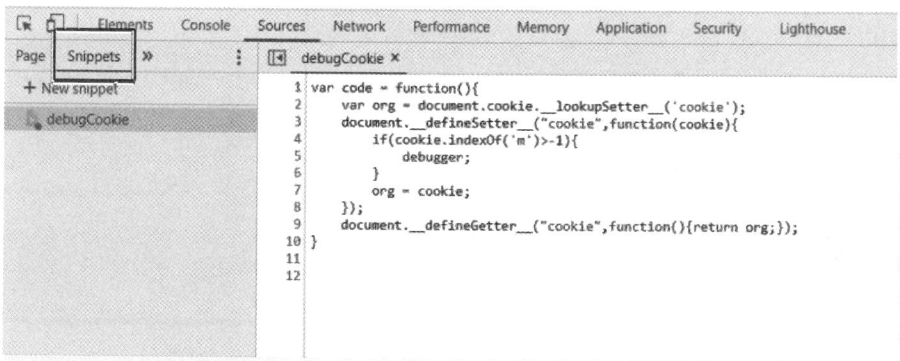

● 图 3-17

3.3.7 注入和 Hook

在 Js 中也需要用到 Hook 技术，例如当想分析某个 cookie 是如何生成时，如果想通过直接从代码里搜索该 cookie 的名称来找到生成逻辑，可能会需要审核非常多的代码。这个时候，如果能够用 hook document. cookie 的 set 方法，那么就可以通过打印当时的调用方法堆栈或者直接下断点来定位到该 cookie 的生成代码位置。本小节内容以浏览器扩展程序为主要讲解内容，来通过注入脚本实现加密参数定位。

比如下面这段 Js 代码，可以来定位 cookie 中的参数位置：

```
var code = function(){
    var org = document.cookie._lookupSetter_('cookie');
    document._defineSetter_("cookie",function(cookie){
        if(cookie.inDexOf('参数名')>-1){
```

```
                debugger;
            }
            org = cookie;
        }),
        document._defineGetter_("cookie",function(){return org;});
    }
    var script = document.createElement('script');
    script.textContent = '(' + code + ')()';
    (document.head||document.documentElement).AppendChild(script);
    script.parentNode.removeChild(script);
```

用谷歌或者 360 浏览器可以添加一些扩展程序，也就是一些自定义的 Js 脚本文件，方法和添加代码片比较相似，但是使用起来会更便捷高效。这里笔者给出了自己之前编写的 chrome 插件，下载地址为：

https：//download. csdn. net/download/weixin_43582101/16060114

下载完成后，解压到本地。打开 chrome 浏览器，单击界面右上角的一排竖点。在这个菜单中，将鼠标移到“更多工具”一项上，单击“扩展程序”命令，如图 3-18 所示。

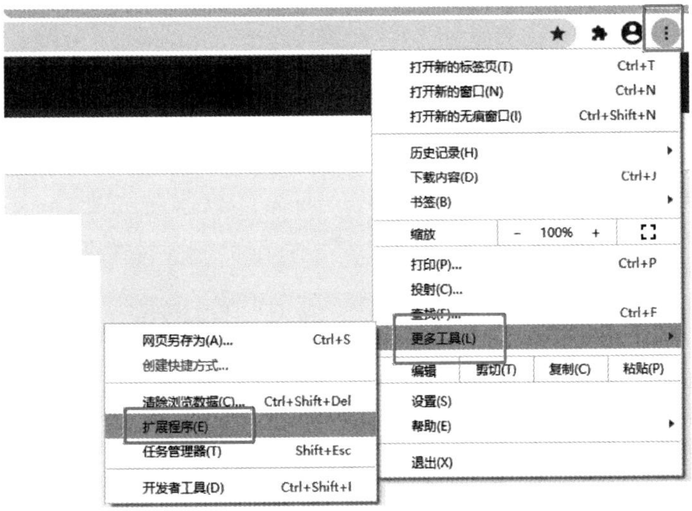

● 图 3-18

之后将会打开 chrome 浏览器的扩展程序列表。在这个列表中可以单击每个扩展程序右下角的开关，以便启用或禁用，如图 3-19 所示。

● 图 3-19

接下来需要先添加扩展程序，单击加载已解压的扩展程序，选择之前下载的文件夹，如图 3-20 所示。

添加成功后，可以单击扩展程序右下角的开关启动扩展程序，如图 3-21 所示。

在使用之前还需要根据自己要找的参数名修改钩子方法，比如要找 cookie 中的 m，如图 3-22 所示。

● 图 3-20

● 图 3-21

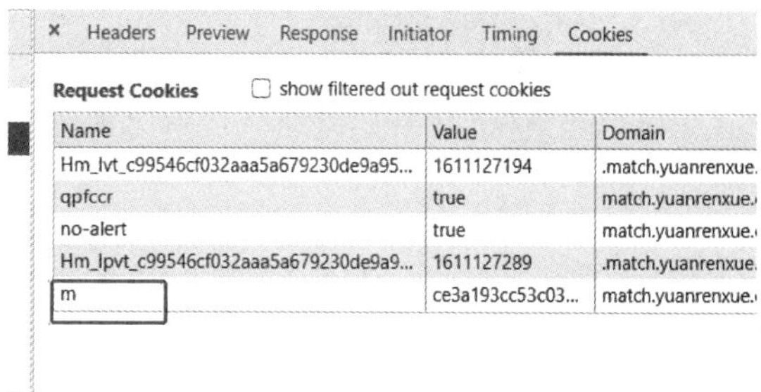

● 图 3-22

打开 Js 文件，request-hook \ js \ cookie. js，修改文件中的 cookie. inDexOf（' lxlxlx '），修改为 cookie. inDexOf（' m '），修改后刷新扩展程序，并重新开启扩展程序。

然后触发新的 Cookie，可看到断点（可以直接删除当前 cookie 再刷新重试），如图 3-23 所示。

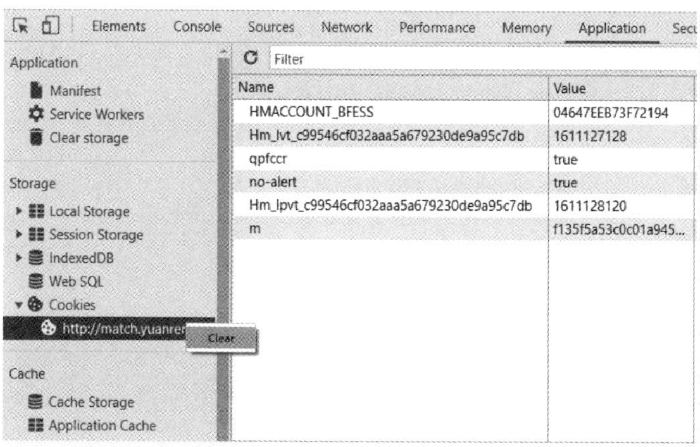

● 图 3-23

断点被触发后，即可根据 call stack 进行调试，如图 3-24 所示。

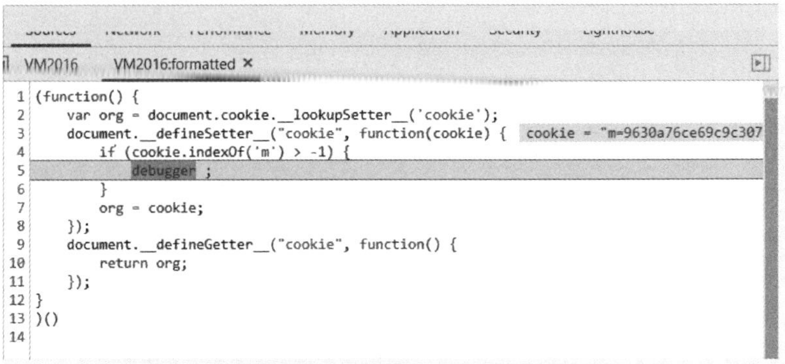

● 图 3-24

关于如何开发 chrome 插件就不多做说明了，感兴趣的读者可以自行修改插件脚本。

3.3.8 内存漫游

笔者觉得这是目前加密参数代码逻辑定位的有效方案，可以很快定位到代码位置。方案来源于 Github 的开源库 ast-hook-for-js-RE，基于 AST 和 Hook 构建的内存漫游工具。所谓的内存漫游工具，是指借助此工具可以随意检索 chrome 浏览器内存中的数据。

Github 地址：https：//Github. com/CC11001100/ast-hook-for-js-RE

这与前面的断点定位调试不同，之前是通过变量名 key 来进行定位，而它是对变量值 value 进行定位。原理是在响应内容经过存储处理后，通过 Hook 方法来对内存中的数据进行监控。

实现方法：通过设置 Anyproxy 代理服务器拦截响应，并通过 AST 实时处理，让所有涉及变量改动的地方都经过 Hook 方法，这样所有变量值的改动都可以捕获并保存到一个变量数据库中。接下来就能根据变量值搜索到存储这个字符串的变量及变量所在的代码位置，hook. search(""），单击代码位置可以自动切换到 Source 面板并自动定位到变量位置，如图 3-25 所示。

> hook.search("F30EBA212C0C4B131DB6D2C10946FBC6");
共搜到2条结果：
变量名
变量值
变量类型
所在函数
(index):147
(index):148
p
F30EBA212C0C4B131DB6D2C10946FBC6
var-init
(index):154
https://www.xiniudata.com/_next/static/chunks/commons
(index):156
(index):157
l.sig
F30EBA212C0C4B131DB6D2C10946FBC6
assign
(index):154
https://www.xiniudata.com/_next/static/chunks/commons
(index):156
(index):157

● 图 3-25

3.4 常见的压缩和混淆

在 Web 系统发展早期，Js 在 Web 系统中承担的职责并不多，Js 文件比较简单，也不需要任何的保护。随着 Js 文件体积的增大和前后端交互增多，为了加快 http 传输速度并提高接口的安全性，出现了很多的压缩工具和混淆加密工具。

代码混淆的本质是对于代码标识符和结构的调整，从而达到不可读不可调试的目的，常用的混淆有字符串、变量名混淆，比如把字符串转换为_0x，把变量重命名等，从结构的混淆包括控制流平坦化、虚假控制流和指令替换。代码加密主要有通过 eval 方法去执行字符串函数、通过 escape( ) 等方法编码字符串、通过转义字符加密代码、自定义加解密方法（RSA、Base64、AES、MD5 等），或者通过一些开源工具进行加密。

另外目前市面上比较常见的混淆还有 ob 混淆（obfuscator），特征是定义数组、数组位移。不仅 Js 中的变量名混淆，运行逻辑等也高度混淆，应对这种混淆可以使用已有的工具 ob-decrypt 或者 AST 解混淆或者使用第三方提供的反混淆接口。大家平时可以多准备一些工具，在遇到无法识别的 Js 时，可以直接使用工具来反混淆和解密，当然逆向工作本身就很看运气。

3.4.1 webpack

webpack 是当前前端最热门的模块化管理和打包工具，本质上 webpack 只是一个现代 JavaScript 应用程序的静态模块打包工具，并不是混淆工具，尽管 webpack 有一些插件可以把代码混淆化，所以现在很多网站都把 webpack 和 obfuscator 混淆工具结合使用，这二者结合起来，前端的代码会变得难以阅读和分析，如图 3-26 所示。

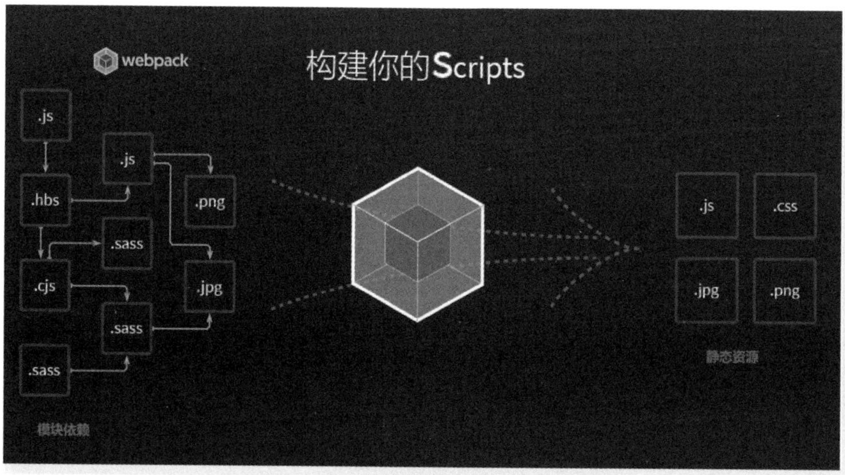

● 图 3-26

webpack 打包后的 Js 有 webpack_require 这一显著特征，并且代码中有一个在自执行函数内的入口，这个入口可能会在函数数组上边或者其他文件夹中。目前针对打包后的 Js 文件有通用的函数导出方法，方法如下：

```
var lx ;
! function (e){
    var report = {};
    function o(n){
        if (report[n])
```

```
            return report[n].exports;
        var t = report[n] = {
            i:n,
            l:! 1,
            exports:{}
        };
        return e[n].call(t.exports,t,t.exports,o),
            t.l = ! 0,
        t.exports
    }
    lx = o;
}({
    //添加 webpack 模块
    // "method":function(e){}
});
//调用模块函数
// var t = lx("method");
```

如果实在调试困难的话，可以使用 debundle 工具来进行拆包还原，但是拆包后难免会丢失一些元数据。

3.4.2 eval 混淆

eval 是浏览器 v8 引擎定义的一个方法，该方法具有执行 Js 代码的能力。eval（string）方法中传入的是字符串，字符串是要计算的 JavaScript 表达式或要执行的语句。

可以自己先定义一个方法来通过 eval 进行混淆，如图 3-27 所示，定义方法 n( )，通过浏览器的内置方法 btoa 将方法的文本进行 base64 转换，然后用 atob 方法进行解码并通过 eval 去执行文本。

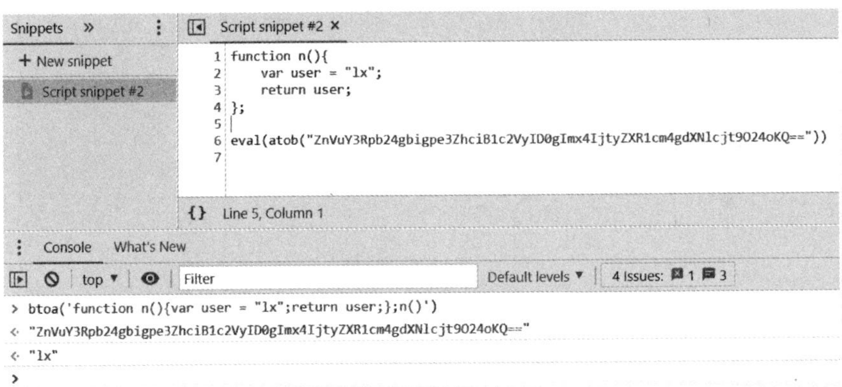

● 图 3-27

这一段 eval（atob（""））就等于一个 eval 混淆的实现。当然也可以把 btoa 换成其他的编码、加密方法，或者再次使用 eval，将内层的 eval 连同文本一起编码。

3.4.3 aa 和 jj 混淆

JavaScript 语言支持 unicode 编码，也就是说支持全球国家的标准语言。比如定义一个英文 O 和一个古希腊文'O，两者看起来很相似，但是指向了不同的变量。那么通过这种不同却相似的字符进行搭配，可以生成很多混淆变量名，比如ʻOOOʻO和ʻOOʻOO，不仔细看着实难以分辨，如图 3-28 所示。

● 图 3-28

aa 混淆（aaencode/aadecode）就是利用了 unicode 的特性进行混淆，主要是把 Js 代码转成常用的网络表情。可以利用在线加密工具查看一下具体应用。

链接：https：//www. sojson. com/aaencode. html

输入 Js 代码 console. log（"lx"），点击加密，如图 3-29 所示。

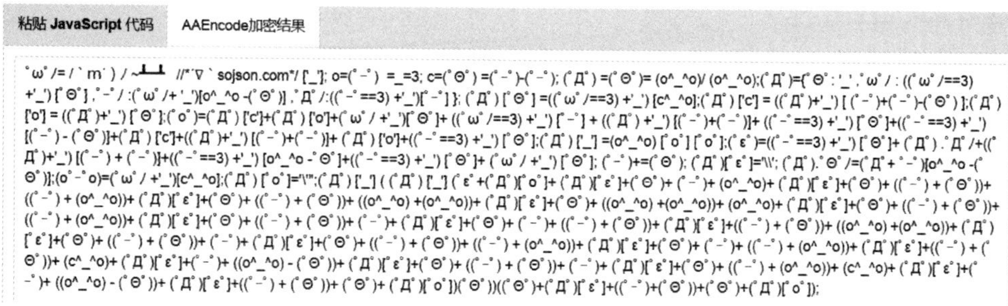

● 图 3-29

可以看到加密结果是一大堆字符的奇怪文本，但是放到控制台执行能够输出结果。这段文本就是通过加密之后进行混淆的结果。

jj 混淆（jjencode/jjdecode）和 aa 差不多，主要是将 Js 代码转换成只有符号的字符串。代码中会有很多的 $ 符号，如图 3-30 所示。

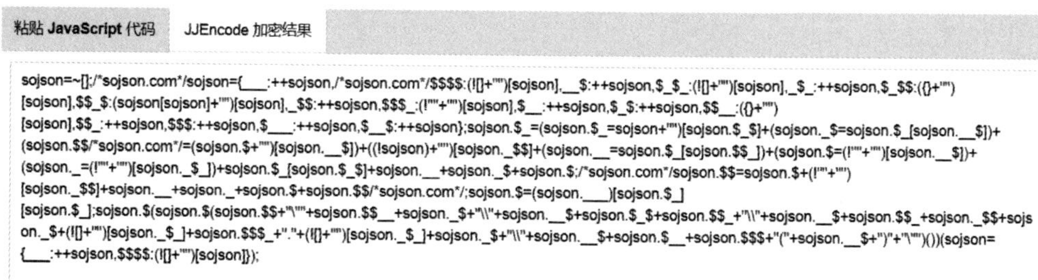

● 图 3-30

关于这种混淆代码的解码方法，一般直接复制到控制台运行或者用解码工具进行转换，如果运行失败，就需要按分号分割语句，逐行调试分析源码。

3.4.4 Jsfuck 混淆

Js 中还有其他有趣的特征，比如无论什么类型加上引号都会变成字符串，代码［0］+" "，输出会

返回字符串"0"；任何两个值中间加上 | 都会变成 1，比如 0 | true，输出结果 1；利用取反让代码！（0）返回 true；还有 Js 中采用的 IEEE 754 的双精度标准，导致"0. 1+0. 2＝0. 30000000000000004"，"2. 3+3. 4＝5. 699999999999999"。

Jsfuck 利用了上面所说的特征，使用了 6 个不同的字符"［］！（）+"进行代码混淆。比如 false 可以表示为！［］，true 可以表示为！！［］，Nan 表示为+［！［］］。可以利用在线工具进行 Jsfuck 混淆测试，如图 3-31 所示。

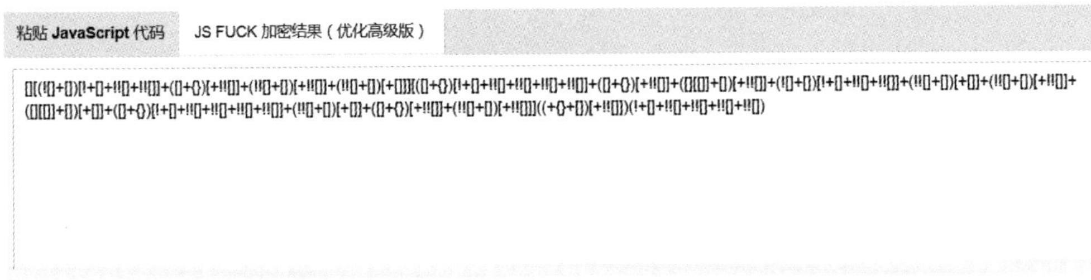

● 图 3-31

测试链接：https：//www. sojson. com/jsfuck. html

关于这种混淆代码的解码方法，还是和前面所述相同，用控制台运行调试或者用解码工具转换。还有其他的方法，比如根据 Jsfuck 的特性，这段混淆必须由 eval 或者 Function 去执行，所以通常可以在控制台使用 toString 方法进行还原。另外在之后的章节学会使用 AST 后，可以尝试使用 AST 进行还原。

在线解码网站：http：//codertab. com/JsUnFuck

3. 4. 5　OLLVM 混淆

OLLVM（Obfuscator-LLVM）是瑞士西北应用科技大学安全实验室于 2010 年 6 月发起的一个项目，该项目旨在提供一套开源的针对 LLVM 的代码混淆工具，以增加对逆向工程的难度。OLLVM 有三大功能，分别是：Control Flow Flattening（控制流平坦化）、Bogus Control Flow（虚假控制流）、Instructions Substitution（指令替换）。

控制流平坦化是 OLLVM（代码混淆工具）中使用到的一种代码保护方式，会降低代码运行速度，增加代码量。控制流平坦化的主要思想就是以基本块为单位，通过一个主分发器来控制程序的执行流程。

一个常见的 if-else 分支结构的程序可以是这样的，如图 3-32 所示。

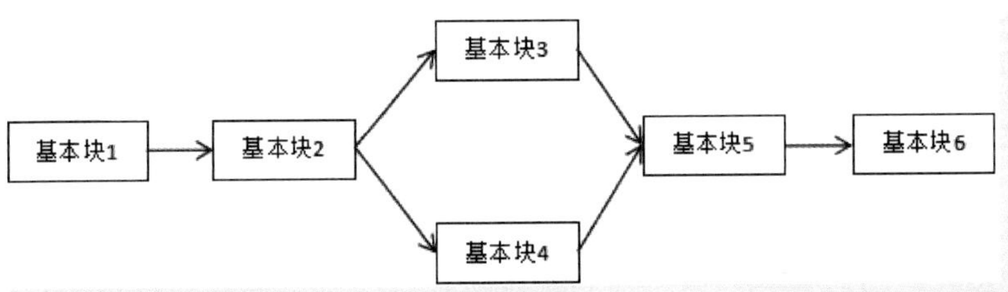

● 图 3-32

经过控制流平坦化之后，形成了一个相当平坦的流程图，如图 3-33 所示。

控制流平坦化在代码上体现出来可以简要地理解为 while+switch 的结构，其中的主分发器可以理解为

switch。这样的好处是可以模糊基本块之间的前后关系，增加程序分析的难度，同时这个流程也很像 VM 的执行流程。

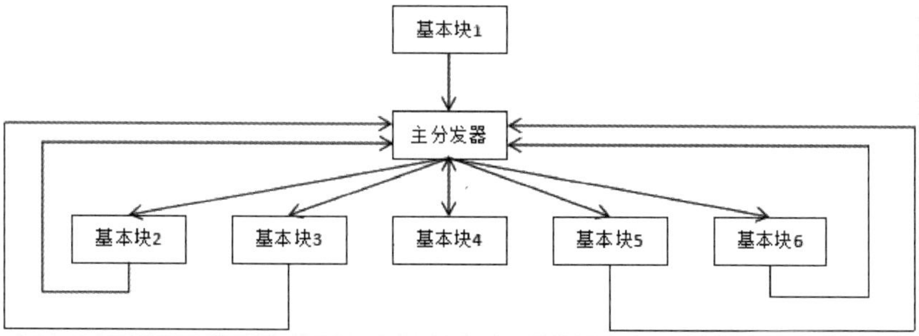

● 图 3-33

虚假控制流是把原来的一个基本块膨胀成若干个虚假的基本块与该基本块的比较判断结构，通过一个控制变量保证控制流能运行到原来的那个基本块，其他基本块都是虚假的。这种混淆方式的代码膨胀率还是很高的。

指令替换是对标准二进制运算（比如加、减、位运算）使用更复杂的指令序列进行功能等价替换，当存在多种等价指令序列时，随机选择一种。这种混淆并不直截了当，而且并没有增加更多的安全性，因为通过重新优化可以很容易地把替换的等价指令序列变回去。然而提供一个伪随机数，就可以使指令替换给二进制文件带来多样性。

目前去 OLLVM 混淆的有效办法是利用符号执行或者使用 AST 语法树。符号执行是一种重要的形式化方法和软件分析技术，通过使用符号执行技术，将程序中变量的值表示为符号值和常量组成的计算表达式，符号是指取值集合的记号，程序计算的输出被表示为输入符号值的函数，其在软件测试和程序验证中发挥着重要作用，并可以应用于程序漏洞的检测。AST 是指抽象语法树，可以将混淆的源代码转为 AST 语法树，树上的每个节点都表示源代码中的一种结构，可以对 AST 做很多的操作，以便于混淆源码的分析和逆向。

这里不做过多说明，可以在后面的小节中进行查看。总之看似很复杂的混淆，其实都只是几种混淆规则、互相嵌套造成的。只要多花一点时间，借助调试、反混淆工具、AST 等完成部分反混淆规则，即可正常阅读代码。

3.4.6 soJson 加密

soJson 是一个加密工具，是一个集合了所有高级反调试和反逆向于一身的加密工具。

测试链接：https：//www. jsjiami. com/sojson. v5. html

一般加密后的 Js 文件开头会有特征，比如 soJson. com. v5、jsjiami. com. v6。soJson 的最牛加密是目前加密较难的一种，如图 3-34 所示。

soJson 的应用也很广泛，比如裁判文书网、人民银行官网等。不过大家先对它有个了解就行，等把整个 Js 逆向章节看完后再回来研究它。它的禁止控制台调试、禁止 console. log、内存爆破、死代码这些反调试都可以在后续的章节中进行学习。

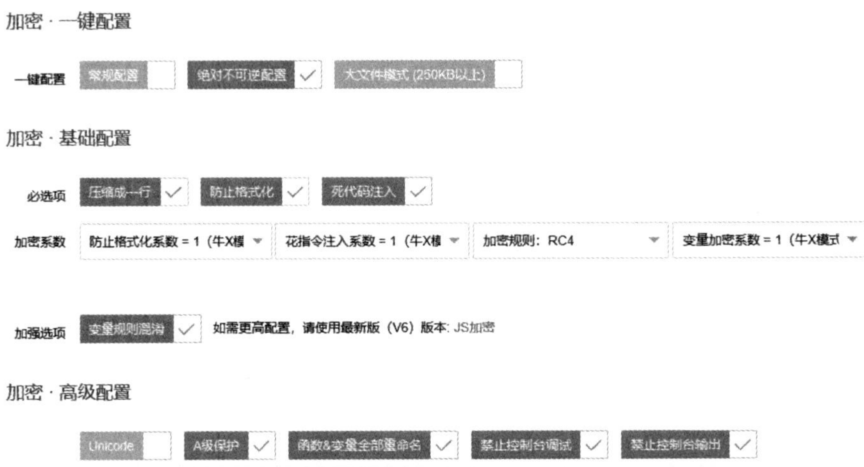

图 3-34

3.4.7 lsb 隐写

隐写术严格来讲并不属于混淆和加密，原理是将 Js 代码隐藏到了特定的介质中，其通过最低有效位（LSB）算法嵌入到图片的 RGB 通道（三原色）、隐藏到图片 EXIF 元数据或者 HTML 的空白字符中，比如曾经的图片木马。现在网站或者 App 为了数据安全，也会使用隐写术将文本数据隐藏到图片中，比较出名的就是大众点评。

隐写的方式同样需要程序执行，所以破解的方式是在源码的上下文中劫持或者替换关键函数的调用，将其修改为文本输出，即可得到载体中隐藏的代码。

Python 实现 LSB 隐写示例：

```python
from PIL import Image

def plus(str):
    # 返回指定长度的字符串,原字符串右对齐,前面填充 0。
    return str.zfill(8)

def get_key(strr):
    str_ = ""
    for i in range(len(strr)):
        # 将要隐藏的文件内容转换为二进制并拼接起来
        str_ = str_ + plus(bin(ord(strr[i])).replace('0b', ''))
    return str_

def mod(x, y):
    return x % y

def func(old_img, str2, new_img):
    # str1 为载体图片路径,str2 为隐写文件,str3 为加密图片保存的路径
    im = Image.open(old_img)
```

```python
    # 获取图片的宽和高
    width = im.size[0]
    height = im.size[1]
    count =0
    key = get_key(str2)
    keylen = len(key)
    for h in range(0, height):
        for w in range(0, width):
                pixel = im.getpixel((w, h))
                a = pixel[0]
                b = pixel[1]
                c = pixel[2]
                if count == keylen:
                    break
                # 信息隐藏:分别将每个像素点的 RGB 值余 2,去掉最低位的值
                # 再从需要隐藏的信息中取出一位,转换为整型,两值相加
                a = a - mod(a, 2) + int(key[count])
                count +=1
                if count == keylen:
                    im.putpixel((w, h), (a, b, c))
                    break
                b = b - mod(b, 2) + int(key[count])
                count +=1
                if count == keylen:
                    im.putpixel((w, h), (a, b, c))
                    break
                c = c - mod(c, 2) + int(key[count])
                count +=1
                if count == keylen:
                    im.putpixel((w, h), (a, b, c))
                    break
                if count % 3 == 0:
                    im.putpixel((w, h), (a, b, c))
        im.save(new_img)

    # 原图
    old_img = r"timg.jpg"
    new_img = r"timg2.jpg"
    func(old_img,"Lx Is Good Man",new_img)
```

本小节仅做一下知识补充，更多内容需要大家自行了解。

3.5 常见的编码和加密

常见的编码有 base64、unicode、urlencode 编码，加密有 MD5、SHA1、HMAC、AES、DES、RSA 等。本节简单介绍一下常见的编码加密和其在 Js 代码中的特征，同时附上 Js 和 Python 实现加密的方法。

3.5.1 base64

base64 是一种基于 64 个可打印 ASCII 字符对任意字节数据进行编码的算法，其在编码后具有一定意

义的加密作用。在逆向过程中经常会碰到 base64 编码（不论是 Js 逆向还是安卓逆向）。

浏览器中提供了原生的 base64 编码、解码方法，方法名就是 btoa 和 atob，如图 3-35 所示。

但是本地是没有 btoa 和 atob 两个方法的，在原生 Js 实现 base64 需要自己编写代码，由于代码量太多就不贴出来了，大家自己查一查资料即可。

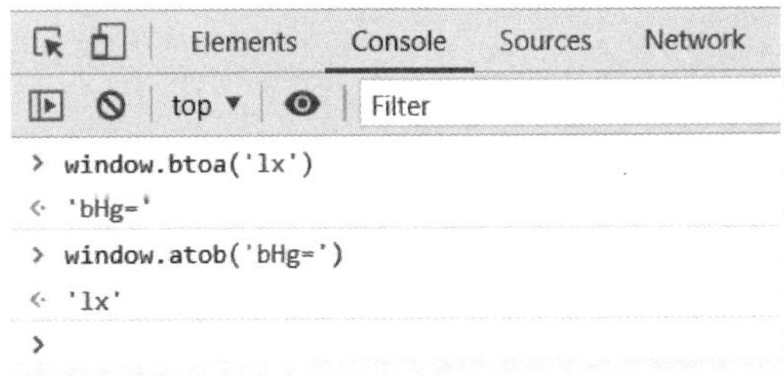

● 图 3-35

在 Nodejs 中使用 base64：

```
var str1 = "lx";
var str2 = "bHg=";
var strToBase64 = new Buffer (str1 ).toString('base64');
var base64ToStr = new Buffer (str2 , 'base64').toString();
```

Python 实现代码：

```
import base64
print(base64.b64encode('lx'.encode()))
print(base64.b64decode('bHg='.encode()))
```

unicode 和 urlencode 比较简单，unicode 是计算机中字符集、编码的一项业界标准，被称为统一码、万国码，表现形式一般以"\u"或"&#"开头。urlencode 是 URL 编码，也称作百分号编码，用于把 URL 中的符号进行转换。

3.5.2 MD5

MD5 消息摘要算法（英文：MD5 Message-Digest Algorithm），一种被广泛使用的密码散列函数，可以产生出一个 128 位（16 字节）的散列值（hash value），用于确保信息传输完整一致。MD5 加密算法是不可逆的，所以解密一般都是通过暴力穷举方法，以及网站的接口实现解密。

在 Js 逆向分析时，如果参数是长度为 32 位的字符，可尝试搜索 MD5 相关关键词来检索加密位置。

Js 可以通过 crypto-js 加密库进行算法实现。

```
const CryptoJs = require ('crypto-js');
//MD5 加密
let password = "lx123";
let encPwd = CryptoJs.MD5(password).toString();
console .log(encPwd);
```

Python 实现代码：

```
import hashlib
m =hashlib.md5()
m.update(str.encode("utf8"))
m.hexdigest()
```

3.5.3 SHA1

SHA1（Secure Hash Algorithm）安全哈希算法主要适用于数字签名标准（Digital Signature Standard DSS）里面定义的数字签名算法（Digital Signature Algorithm DSA），SHA1 比 MD5 的安全性更强。对于长

度小于 2^64 位的消息，SHA1 会产生一个 160 位的消息摘要。

一般在未高度混淆的 Js 代码中，SHA1 加密的关键词就是 Sha1。

```
const CryptoJs = require ('crypto-js');
let password = "lx123";
let encPwd = CryptoJs. SHA1(password).toString();
console .log(encPwd);
```

Python 实现代码：

```
import hashlib
sha1 =hashlib.sha1()
data ='lx'
sha1.update(data.encode('utf-8'))
sha1_data = sha1.hexdigest()
```

3.5.4 HMAC

HMAC 全称：散列消息鉴别码（Hash Message Authentication Code）。HMAC 加密算法是一种安全的基于加密 hash 函数和共享密钥的消息认证协议。实现原理是用公开函数和密钥产生一个固定长度的值作为认证标识，用这个标识鉴别消息的完整性。

以 HMAC 中的 SHA256 加密为例，还是通过 crypto-js 实现：

```
const CryptoJs = require ('crypto-js');
let key = "key";
let text = "lx";
let hash = CryptoJs.HmacSHA256(text, key);
let hashInHex= CryptoJs.enc .Hex.stringify(hash);
console .log(hashInHex);
```

Python 实现代码：

```
import hmac
import hashlib
key ='key'.encode()
text ='lx'.encode()
mac =hmac.new(key,text,hashlib.sha256)
mac.digest()
mac.hexdigest()
```

3.5.5 DES

DES 全称：数据加密标准（Data Encryption Standard），属于对称加密算法。DES 是一个分组加密算法，典型的 DES 以 64 位为分组对数据加密，加密和解密用的是同一个算法。它的密钥长度是 56 位（因为每个第 8 位都用作奇偶校验），密钥可以是任意的 56 位数，而且可以任意时候改变。

Js 逆向时，DES 加密的搜索关键词有 DES、mode、padding 等。

```
const CryptoJs = require ('crypto-js');
let password = CryptoJs.enc .Utf8.parse("123456");
```

```
let key = CryptoJs.enc.Utf8.parse("1234567");
cfg = {
mode :CryptoJs.mode.ECB,
padding :CryptoJs.pad.Pkcs7
};
// DES 加密
let encPwd = CryptoJs.DES.encrypt(password, key, cfg).toString();
// DES 解密
decPwd = CryptoJs.DES.decrypt(encPwd, key, cfg).toString(CryptoJs.enc.Utf8);
```

Python 实现代码：

```
import binascii
from pyDes import des, CBC, PAD_PKCS5

def des_encrypt(secret_key, s):
    iv = secret_key
    k = des(secret_key, CBC, iv,pad=None, padmode=PAD_PKCS5)
    en = k.encrypt(s,padmode=PAD_PKCS5)
    return binascii.b2a_hex(en)

def des_decrypt(secret_key, s):
    iv = secret_key
    k = des(secret_key, CBC, iv,pad=None, padmode=PAD_PKCS5)
    de = k.decrypt(binascii.a2b_hex(s), padmode=PAD_PKCS5)
    return de

secret_str = des_encrypt('999', 'lx-message')
clear_str = des_decrypt('999', secret_str)
```

3.5.6 AES

AES 全称：高级加密标准（英文：Advanced Encryption Standard），在密码学中又称 Rijndael 加密法，是美国联邦政府采用的一种区块加密标准。AES 也是对称加密算法，如果能够获取到密钥，那么就能对密文解密。

AES 填充模式常用的有三种，分别是 NoPadding、ZeroPadding、Pkcs7，默认为 Pkcs7。

Js 逆向时，AES 加密的搜索关键词有 AES、mode、padding 等。

```
let password = "lx123";
let key = "1234567890abcdef"
// AES 加密
cfg = {
  mode :CryptoJs.mode.ECB,
  padding :CryptoJs.pad.Pkcs7
}
let encPwd = CryptoJs.AES.encrypt(password , key , cfg).toString()

// AES 解密
let key = CryptoJs.enc.Utf8.parse("1234567890abcdef")
cfg = {
```

```
  mode :CryptoJs.mode .ECB ,
  padding :CryptoJs.pad .Pkcs7
}
encPwd = "+4X1GzDcLdd5yb3PiZLxdw=="
decPwd = CryptoJs.AES.decrypt (encPwd , key , cfg ).toString(CryptoJs.enc.Utf8) // 指定解码方式
console.log(decPwd)  // 1x123
```

Python 实现代码：

```
import base64
from Crypto.Cipher import AES

# AES
# 需要补位,str 不是 16 的倍数那就补足为 16 的倍数
defadd_to_16(value):
    while len(value) % 16 != 0:
        value +='\0'
    return str.encode(value)  # 返回 bytes

# 加密方法
def encrypt(key, text):
    aes = AES.new(add_to_16(key), AES.MODE_ECB)  # 初始化加密器
    encrypt_aes = aes.encrypt(add_to_16(text))  # 先进行 aes 加密
    encrypted_text = str(base64.encodebytes(encrypt_aes), encoding='utf-8')
    return encrypted_text

# 解密方法
def decrypt(key, text):
    aes = AES.new(add_to_16(key), AES.MODE_ECB)  # 初始化加密器
    base64_decrypted = base64.decodebytes(text.encode(encoding='utf-8'))
    decrypted_text = str(aes.decrypt(base64_decrypted), encoding='utf-8').replace('\0', '')
  # 执行解密并转码返回 str
    return decrypted_text
```

3.5.7 RSA

RSA 全称：Rivest-Shamir-Adleman，RSA 加密算法是一种非对称加密算法，在公开密钥加密和电子商业中 RSA 被广泛使用，它被普遍认为是目前最优秀的公钥方案之一。RSA 是第一个能同时用于加密和数字签名的算法，它能够抵抗目前为止已知的所有密码攻击。

注意 Js 代码中的 RSA 常见标志 setPublickey。

Js 实现加密可以使用 jsencrypt 加密库，另外需要生成好公钥和私钥，可以到在线网站去生成。

```
window = global ;
const JSEncrypt = require ('jsencrypt');
publickey = '公钥';

// 加密
let jse = new JSEncrypt();
jse.setPublicKey(publickey );
```

```
var encStr = jse.encrypt('username');

//解密
privatekey = '私钥';
jse.setPrivateKey(privatekey);
var Str = jse.decrypt (encStr);
```

Python 实现代码:

```
import base64
import rsa
fromrsa import common

class RsaUtil(object):
    PUBLIC_KEY_PATH ='public_key.pem'  #公钥
    PRIVATE_KEY_PATH = 'private_key.pem'  #私钥

    #初始化 key
    def _init_(self,
               company_pub_file=PUBLIC_KEY_PATH,
               company_pri_file=PRIVATE_KEY_PATH):

        if company_pub_file:
            self.company_public_key = rsa.PublicKey.load_pkcs1_openssl_pem(open(company_
pub_file).read())
        if company_pri_file:
            self.company_private_key = rsa.PrivateKey.load_pkcs1(open(company_pri_file).
read())

    def get_max_length(self, rsa_key, encrypt=True):
        """加密内容过长时需要分段加密换算每一段的长度.
            :param rsa_key:钥匙.
            :param encrypt:是否是加密.
        """
        blocksize = common.byte_size(rsa_key.n)
        reserve_size =11  #预留位为 11
        if not encrypt:  #解密时不需要考虑预留位
            reserve_size = 0
        maxlength = blocksize - reserve_size
        return maxlength

    def encrypt_by_public_key(self, message):
        """使用公钥加密.
            :param message:需要加密的内容.
            加密之后需要对结果进行 base64 转码
        """
        encrypt_result = b''
        max_length = self.get_max_length(self.company_public_key)
        while message:
            input = message[:max_length]
            message = message[max_length:]
            out = rsa.encrypt(input,self.company_public_key)
            encrypt_result += out
```

```
        encrypt_result = base64.b64encode(encrypt_result)
        return encrypt_result

    def decrypt_by_private_key(self, message):
        """使用私钥解密.
            :param message:需要加密的内容.
            解密之后的内容直接是字符串,不需要进行转义
        """
        decrypt_result = b""

        max_length = self.get_max_length(self.company_private_key, False)
        decrypt_message = base64.b64decode(message)
        while decrypt_message:
            input = decrypt_message[:max_length]
            decrypt_message = decrypt_message[max_length:]
            out = rsa.decrypt(input,self.company_private_key)
            decrypt_result += out
        return decrypt_result

    def sign_by_private_key(self, data):
        """私钥签名.
            :param data:需要签名的内容.
            使用 SHA-1 方法进行签名(也可以使用 MD5)
            签名之后,需要转义后输出
        """
        signature = rsa.sign(str(data), priv_key=self.company_private_key, hash='SHA-1')
        return base64.b64encode(signature)

    def verify_by_public_key(self, message, signature):
        """公钥验签.
            :param message:验签的内容.
            :param signature:对验签内容签名的值(签名之后,会进行 b64encode 转码,所以验签前也需转码).
        """
        signature = base64.b64decode(signature)
        return rsa.verify(message, signature, self.company_public_key)
```

3.6 加密参数还原与模拟

加密参数还原的逻辑很简单，找到代码中加密参数的生成过程，然后模拟出相同的方法。很多时候会先卡到加密参数定位上，然后遇到混淆加密过的复杂 Js，导致还原的过程无比艰辛。下面的小节中笔者准备了由易到难的逆向案例，带大家体验精彩的逆向过程。

3.6.1 Virustotal 逆向入门案例

Virustotal 是一个提供免费的可疑文件分析服务的网站，笔者之前在查看该网站搜索接口的时候，发现请求头中有一个 x-vt-anti-abuse-header 的加密参数，逆向难度不大，很适合初学者来理解 Js 逆向原理，如图 3-36所示。

● 图 3-36

参数定位很轻松，使用 Ctrl+F 快捷键全局搜索一下就能找到，如图 3-37 所示。

```
main.441e2dca3018a4880400.js    main.441e2dca30...0.js:formatted ×
            switch (this.tool && (i["X-Tool"] = this.tool),
            this.appVersion && (i["X-app-version"] = this.appVersion),
            e) {
            case o.c.Api:
                if (null === (t = this.user) || void 0 === t || null === (n = t.attributes) |
                    throw new Error("The API key must be defined");
                i["X-Apikey"] = this.user.attributes.apikey;
                break;
            case o.c.Ui:
                const r = this._getCookie("VT_SESSION_HASH");
                r && (i["x-session-hash"] = r);
                const a = sessionStorage && sessionStorage.getItem("captchaResponse");
                a && (i["x-recaptcha-response"] = a),
                i["Accept-Ianguage"] = "en-US,en;q=0.9,es;q=0.8",
                i["X-VT-Anti-Abuse-Header"] = this.computeAntiAbuseHeader(),
                this.recaptchaGeneratedToken && (i["X-anti-abuse-header-v2"] = this.getRecapt
                break;
            default:
                throw new Error("Invalid top level end point: " + e)
            }
            return Object.assign(i, this.headersToInclude)
        }
        post(e) {
            const t = JSON.stringify({
                data: e.data || null
            });
            return this.request({
x-vt-anti-abuse-header
Line 24085, Column 20
```

• 图 3-37

继续查看 computeAntiAbuseHeader，可以发现该参数对应的生成方法，如图 3-38 所示。

```
        }
        return ""
    }
    computeAntiAbuseHeader() {
        const e = Date.now() / 1e3;
        return btoa(`${(()=>{
            const e = 1e10 * (1 + Math.random() % 5e4);
            return e < 50 ? "-1" : e.toFixed(0)
        }
        )()}-ZG9udCBiZSBldmls-${e}`)
    }
    initializeRecaptcha() {
```

• 图 3-38

复制到控制台查看，可直接运行，如图 3-39 所示。

```
> function s(){
            const e = Date.now() / 1e3;
            return btoa(`${(()=>{
                const e = 1e10 * (1 + Math.random() % 5e4);
                return e < 50 ? "-1" : e.toFixed(0)
            }
            )()}-ZG9udCBiZSBldmls-${e}`)
        }
<· undefined
> s()
<· "MTM5NjcwOTMxNzAtWkc5dWRDQmlaU0JsZG1scy0xNjI1NTQ2NTM2LjYwNg=="
> |
```

• 图 3-39

接下来就在本地去模拟生成，这里的代码量很少，可以直接用其他语言复写。笔者用 Python 的 execjs 来执行该段 Js 代码。

```
import execjs
js ='''
function get_anti(){
        const e = Date.now() / 1e3;
        return Buffer.from((`${(()=>{
            const e = 1e10 *  (1 + Math.random() % 5e4);
            return e < 50 ? "-1":e.toFixed(0)
        }
        )()}-ZG9udCBiZSBldmls-${e}`)).toString('base64');
    }
'''
xvt_anti = execjs.compile(js).call('get_anti')
```

需要注意的 btoa-atob 模块是浏览器的内置方法，execjs 不能直接使用。所以在使用的时候，使用 Buffer 来替换 btoa-atob。如果是其他无法替换的方法，可以通过 Jsdom 来构建浏览器，或者启动一个 chromedriver 来执行 Js。

3.6.2 Newrank 榜单逆向案例

本节内容是分析新榜榜单接口的加密参数，网页上的微信榜、微博榜、抖音榜、快手榜、bilibili 榜、资讯等都使用了相同的参数，如图 3-40 所示。

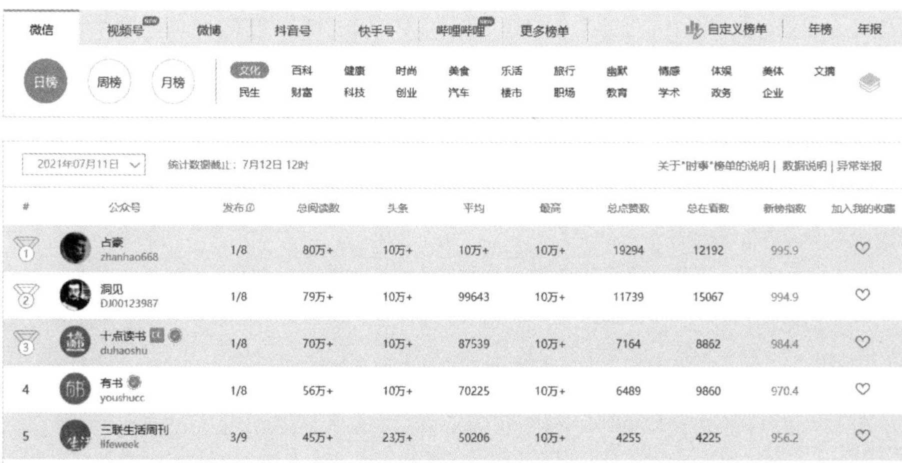

• 图 3-40

网站链接：https：//www. newrank. cn/public/info/list. html

首先通过控制台进行抓包，以微信榜单的文化日榜为例查看接口，如图 3-41 所示。

已知 post 请求，再看 Form Data，发现两个加密参数 nonce 和 xyz，如图 3-42 所示。

通过 Ctrl+F 快捷键全局搜索 nonce 和 xyz 关键字，如图 3-43 所示。

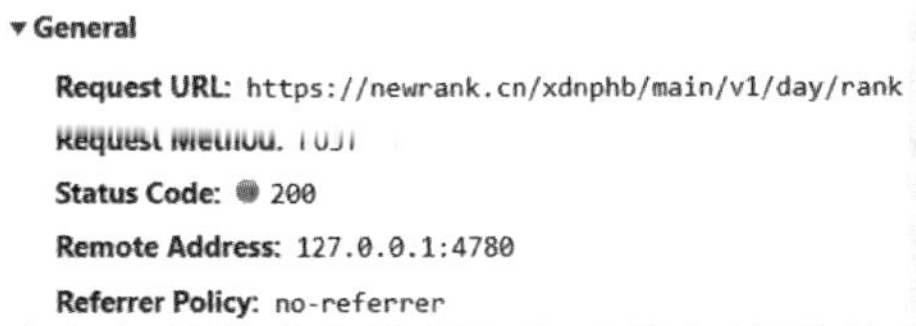

▼General
Request URL: https://newrank.cn/xdnphb/main/v1/day/rank
Status Code: 200
Remote Address: 127.0.0.1:4780
Referrer Policy: no-referrer

● 图 3-41

● 图 3-42

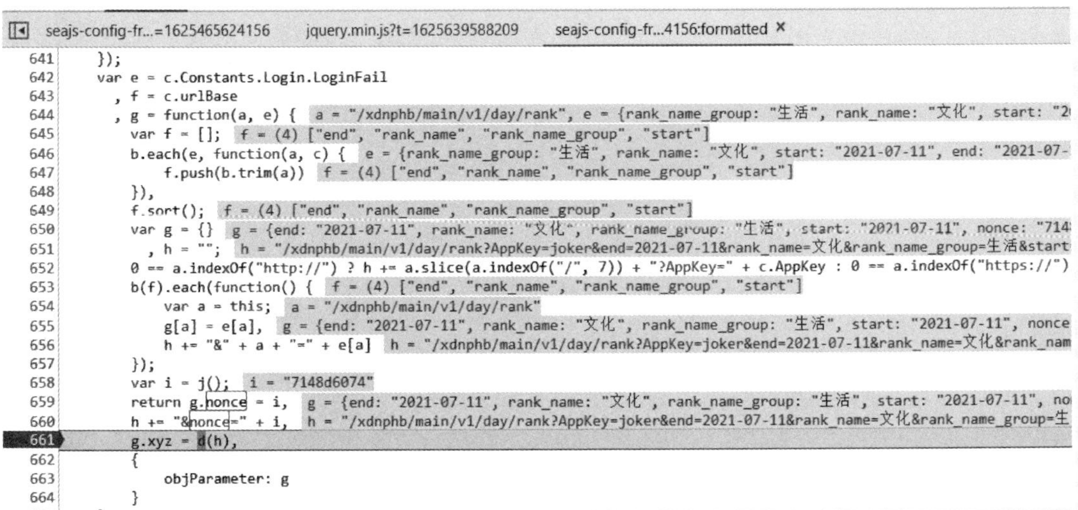

seajs-config-fr...=1625465624156
jquery.min.js?t=1625639588209
seajs-config-fr...4156:formatted ×
});
var e = c.Constants.Login.LoginFail
, f = c.urlBase
, g = function(a, e) { a = "/xdnphb/main/v1/day/rank", e = {rank_name_group: "生活", rank_name: "文化", start: "2
var f = []; f = (4) ["end", "rank_name", "rank_name_group", "start"]
b.each(e, function(a, c) { e = {rank_name_group: "生活", rank_name: "文化", start: "2021-07-11", end: "2021-07-
f.push(b.trim(a)) f = (4) ["end", "rank_name", "rank_name_group", "start"]
}),
f.sort(); f = (4) ["end", "rank_name", "rank_name_group", "start"]
var g = {} g = {end: "2021-07-11", rank_name: "文化", rank_name_group: "生活", start: "2021-07-11", nonce: "714
, h = ""; h = "/xdnphb/main/v1/day/rank?AppKey=joker&end=2021-07-11&rank_name=文化&rank_name_group=生活&start
0 == a.indexOf("http://") ? h += a.slice(a.indexOf("/", 7)) + "?AppKey=" + c.AppKey : 0 == a.indexOf("https://")
b(f).each(function() { f = (4) ["end", "rank_name", "rank_name_group", "start"]
var a = this; a = "/xdnphb/main/v1/day/rank"
g[a] = e[a], g = {end: "2021-07-11", rank_name: "文化", rank_name_group: "生活", start: "2021-07-11", nonce
h += "&" + a + "=" + e[a] h = "/xdnphb/main/v1/day/rank?AppKey=joker&end=2021-07-11&rank_name=文化&rank_nam
});
var i = j(); i = "7148d6074"
return g.nonce = i, g = {end: "2021-07-11", rank_name: "文化", rank_name_group: "生活", start: "2021-07-11", no
h += "&nonce=" + i, h = "/xdnphb/main/v1/day/rank?AppKey=joker&end=2021-07-11&rank_name=文化&rank_name_group=生
g.xyz = d(h),
{
objParameter: g
}

● 图 3-43

可以在控制台输入 j 查看该方法内容，如图 3-44 所示。

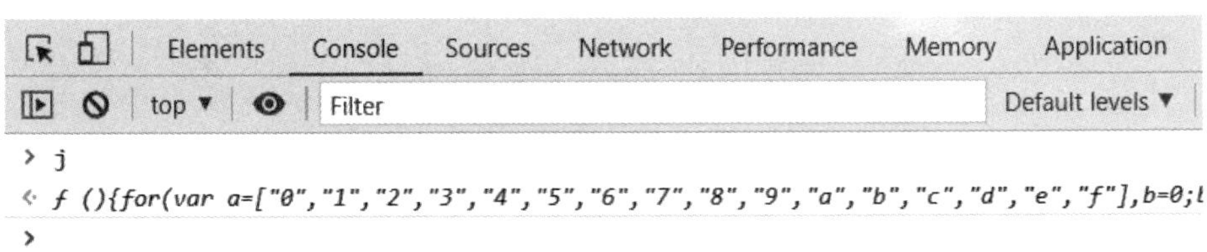

● 图 3-44

可用鼠标双击函数跳转查看，如图 3-45 所示。

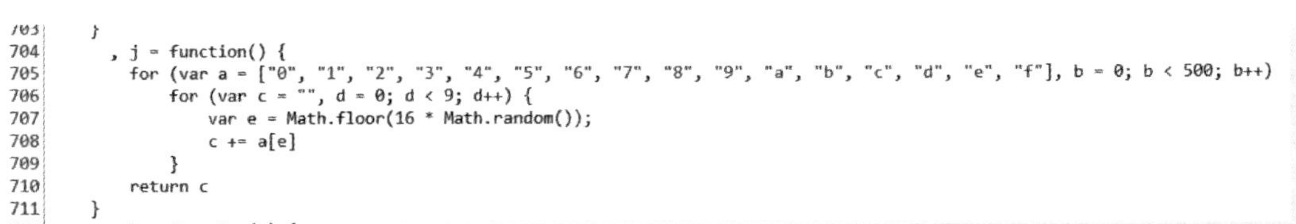

● 图 3-45

回到刚才的位置，按 F11 键往下走一步，如图 3-46 所示。

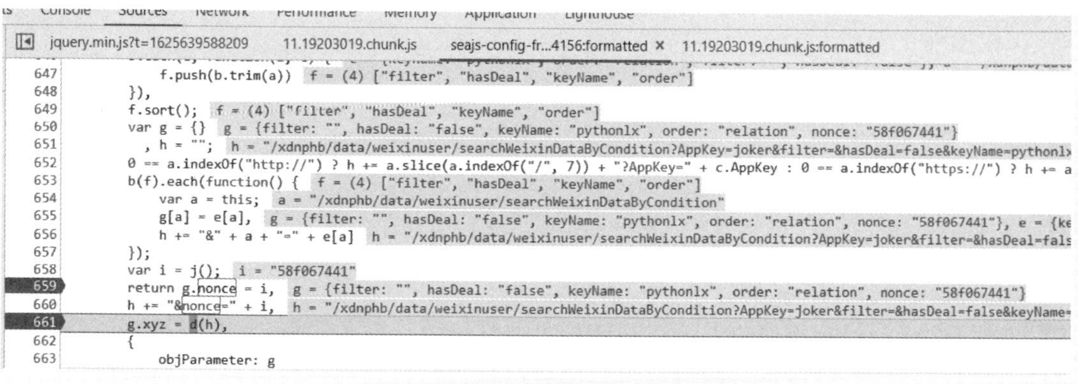

jquery.min.js?t=1625639588209
11.19203019.chunk.js
seajs-config-fr...4156:formatted ×
11.19203019.chunk.js:formatted
647 f.push(b.trim(a)) f = (4) ["filter", "hasDeal", "keyName", "order"]
648 }),
649 f.sort(); f = (4) ["filter", "hasDeal", "keyName", "order"]
650 var g = {} g = {filter: "", hasDeal: "false", keyName: "pythonlx", order: "relation", nonce: "58f067441"}
651 , h = ""; h = "/xdnphb/data/weixinuser/searchWeixinDataByCondition?AppKey=joker&filter=&hasDeal=false&keyName=pythonlx
652 0 == a.indexOf("http://") ? h += a.slice(a.indexOf("/", 7)) + "?AppKey=" + c.AppKey : 0 == a.indexOf("https://") ? h += a
653 b(f).each(function() { f = (4) ["filter", "hasDeal", "keyName", "order"]
654 var a = this; a = "/xdnphb/data/weixinuser/searchWeixinDataByCondition"
655 g[a] = e[a], g = {filter: "", hasDeal: "false", keyName: "pythonlx", order: "relation", nonce: "58f067441"}, e = {ke
656 h += "&" + a + "=" + e[a] h = "/xdnphb/data/weixinuser/searchWeixinDataByCondition?AppKey=joker&filter=&hasDeal=fals
657 });
658 var i = j(); i = "58f067441"
659 return g.nonce = i, g = {filter: "", hasDeal: "false", keyName: "pythonlx", order: "relation", nonce: "58f067441"}
660 h += "&nonce=" + i, h = "/xdnphb/data/weixinuser/searchWeixinDataByCondition?AppKey=joker&filter=&hasDeal=false&keyName=
661 g.xyz = d(h),
662 {
663 objParameter: g

● 图 3-46

可以发现 h 是当前的 Api 加一些 params，其中包括 keyName。

接着通过 d（h）点进去查看，如图 3-47 所示。

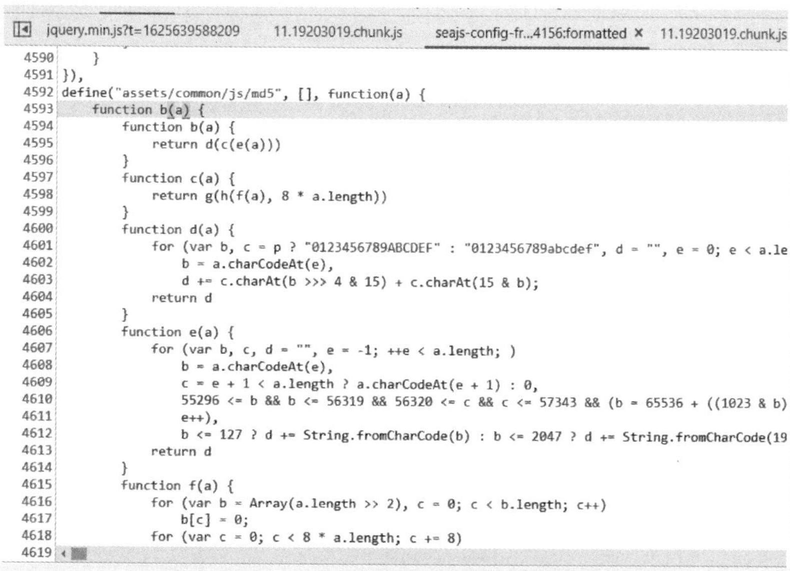

jquery.min.js?t=1625639588209
11.19203019.chunk.js
seajs-config-fr...4156:formatted ×
11.19203019.chunk.js
4590 }
4591 }),
4592 define("assets/common/js/md5", [], function(a) {
4593 function b(a) {
4594 function b(a) {
4595 return d(c(e(a)))
4596 }
4597 function c(a) {
4598 return g(h(f(a), 8 * a.length))
4599 }
4600 function d(a) {
4601 for (var b, c = p ? "0123456789ABCDEF" : "0123456789abcdef", d = "", e = 0; e < a.le
4602 b = a.charCodeAt(e),
4603 d += c.charAt(b >>> 4 & 15) + c.charAt(15 & b);
4604 return d
4605 }
4606 function e(a) {
4607 for (var b, c, d = "", e = -1; ++e < a.length;)
4608 b = a.charCodeAt(e),
4609 c = e + 1 < a.length ? a.charCodeAt(e + 1) : 0,
4610 55296 <= b && b <= 56319 && 56320 <= c && c <= 57343 && (b = 65536 + ((1023 & b)
4611 e++),
4612 b <= 127 ? d += String.fromCharCode(b) : b <= 2047 ? d += String.fromCharCode(19
4613 return d
4614 }
4615 function f(a) {
4616 for (var b = Array(a.length >> 2), c = 0; c < b.length; c++)
4617 b[c] = 0;
4618 for (var c = 0; c < 8 * a.length; c += 8)
4619

● 图 3-47

到这里就结束了，b 中的具体运算这里不做深究，整体流程分析完毕，此时将 b（a）复制出来即可。

Js 模拟示例：

```
function j () {
    for (var a = ["0", "1", "2", "3", "4", "5", "6", "7", "8", "9", "a", "b", "c", "d", "e", "
f"], b = 0; b < 500; b++)
        for (var c = "", d = 0; d < 9; d++) {
            var e = Math .floor(16 * Math .random());
```

```
            c += a[e]
        }
    return c
    }

var nonce = j ();
var a = "/xdnphb/main/v1/day/rank? AppKey=joker&nonce="+nonce ;

function b () {
//省略,此处为 b(a)
}
```

经过调试发现，每个接口对应的 a（"/xdnphb/＊＊＊＊＊"）是不同的，所以要根据不同接口进行修改。

3.6.3 MD5 加密逆向案例

一般来说，登录是网站中使用 Js 加密比较多的地方，本节案例通过朝夕网的登录来看一下 MD5 的应用和模拟。

网站链接：https：//www.zhaoxi.net/

首先在控制台进行抓包，可以看到 Form Data 中有一个长度为 32 位的 txtpassword 加密参数，如图 3-48 所示。

● 图 3-48

全局搜索参数名，结果没找到。单击 Initiator 堆栈调试，先选择第一个 send 进去后断点，重新触发登录请求，查看相关调用。

通过 send 进来之后并没有发现和该参数相关的方法，那么根据控制台右侧的 Call Stack，继续往下点，点到 CheckForm 的时候可以发现在 Ajax 方法前有一个#txtpassword，如图 3-49 所示。

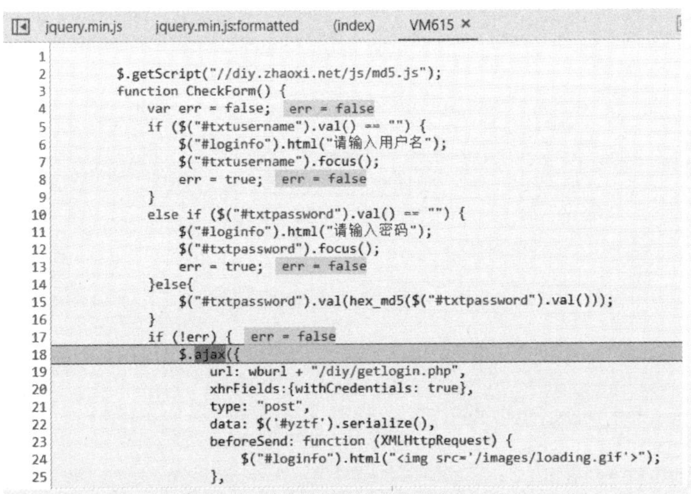

● 图 3-49

这里 $ ("#txtpassword") .val (hex_md5 ($ ("#txtpassword") .val())); 是一个明显的 MD5 加密，可以在控制台 console 中输入 hex_md5，双击进入该方法进行查看，如图 3-50 所示。

```
jquery.min.js    jquery.min.js:formatted    (index)    VM615    md5.js?_=1626677526634 ×

var hexcase = 0;
var b64pad  = "";
var chrsz   = 8;

function hex_md5(s){ return binl2hex(core_md5(str2binl(s), s.length * chrsz));}
function b64_md5(s){ return binl2b64(core_md5(str2binl(s), s.length * chrsz));}
function str_md5(s){ return binl2str(core_md5(str2binl(s), s.length * chrsz));}
function hex_hmac_md5(key, data) { return binl2hex(core_hmac_md5(key, data)); }
function b64_hmac_md5(key, data) { return binl2b64(core_hmac_md5(key, data)); }
function str_hmac_md5(key, data) { return binl2str(core_hmac_md5(key, data)); }

|
function md5_vm_test()
{
  return hex_md5("abc") == "900150983cd24fb0d6963f7d28e17f72";
}

```

● 图 3-50

其实能确认是 MD5 加密之后，就可以用其他语言复写了。笔者用在线加密工具进行加密，可以发现生成的值和 Form Data 中的值相同，如图 3-51 所示。

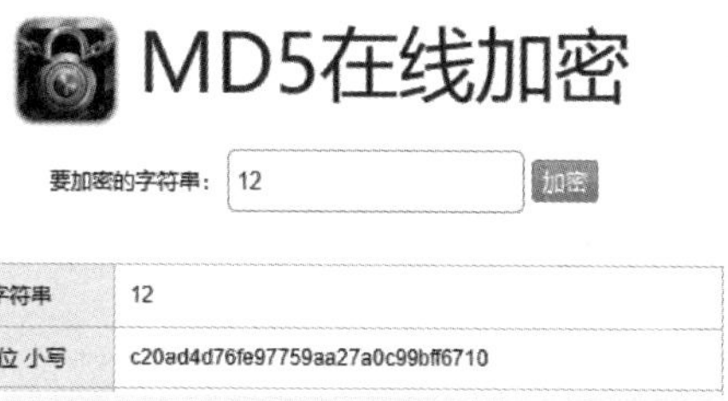

● 图 3-51

我们再用 Python 实现一下 MD5 加密：

```python
import hashlib
m =hashlib.md5()
m.update(b'12')
print(m.hexdigest())
```

输出结果：c20ad4d76fe97759aa27a0c99bff6710

3.6.4 RSA 参数加密逆向案例

本节是对 RSA 加密的逆向案例，主要内容是对登录参数的 RSA 加密分析。

网站链接：https://login.10086.cn/html/login/email_login.html

首先抓包查看接口，如图 3-52 所示。

▾ **General**

Request URL: https://login.10086.cn/login.htm
Request Method: POST
Status Code: ● 200 OK
Remote Address: [2409:8089:1020:6010:7001::20]:443
Referrer Policy: strict-origin-when-cross-origin

● 图 3-52

可以发现 POST 的请求接口中有经过加密的账号和密码，如图 3-53 所示。

直接全局搜索关键词 password，可以发现有 encrypt 的方法，如图 3-54 所示。

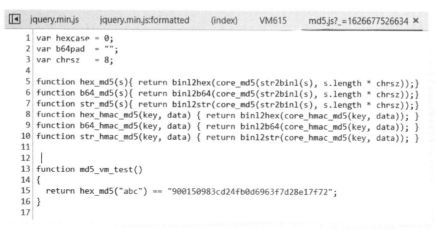

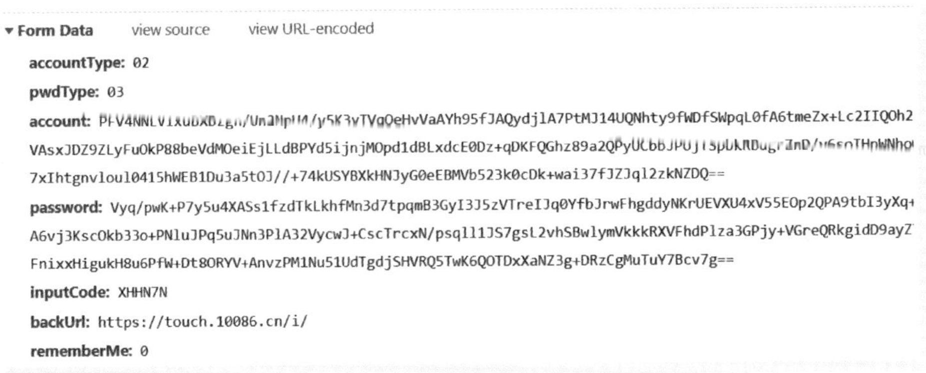

● 图 3-53

点击进入查看并进行断点，如图 3-55 所示。

触发断点后进入 encrypt 中查看具体内容，如图 3-56 所示。

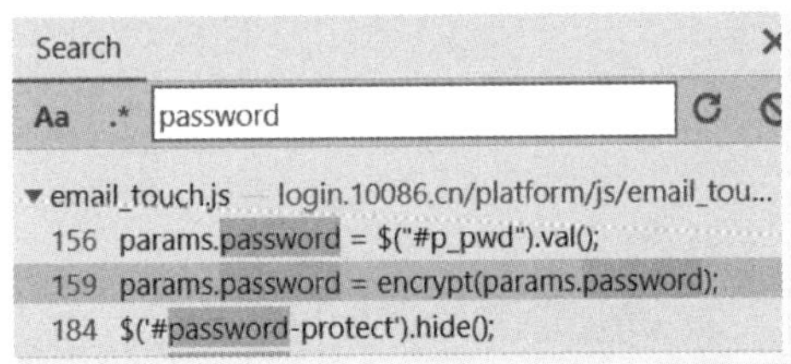

● 图 3-54

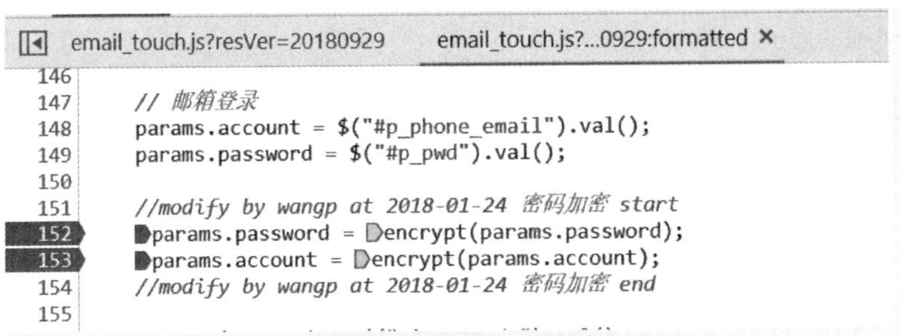

email_touch.js?resVer=20180929
email_touch.js?...0929:formatted
// 邮箱登录
params.account = $("#p_phone_email").val();
params.password = $("#p_pwd").val();
//modify by wangp at 2018-01-24 密码加密 start
params.password = encrypt(params.password);
params.account = encrypt(params.account);
//modify by wangp at 2018-01-24 密码加密 end

● 图 3-55

email_touch.js?resVer=20180929
email_touch.js?...0929:formatted
encrypt.js?resVer=20141125
//add by wangp at 2018-01-23 密码加密方法 start
function encrypt(pwd){
var key = "MIIBIjANBgkqhkiG9w0BAQEFAAOCAQ8AMIIBCgKCAQEAsgDq4OqxuEisnk2F0EJFmw4xKa5Ir
var encrypt = new JSEncrypt();
encrypt.setPublicKey(key);
var encrypted = encrypt.encrypt(pwd);
return encrypted;
}
//add by wangp at 2018-01-23 密码加密方法 end

● 图 3-56

发现有明显的 RSA 标志 setPublickey，接下来就用代码进行还原，然后通过生成的结果和接口中的数据进行对比，如果对比无误，则还原成功。

```
from Cryptodome.PublicKey import RSA
from Cryptodome.Cipher import PKCS1_v1_5

def encrypt_str(data):
    key = "MIIBIjANBgkqhkiG9w0BAQEFAAOCAQ8AMIIBCgKCAQEAsgDq4OqxuEisnk2F0EJFmw4xKa5Ir
cqEYHvqxPs2CHEg2kolhfWA2SjNuGAHxyDDE5MLtOvzuXjBx/5YJtc9zj2xR/0moesS+Vi/xtG1tkVaTCba+TV+
Y5C61iyr3FGqr + KOD4/XECu0Xky1W9ZmmaFADmZi7 + 6gO9wjgVpU9aLcBcw/loHOeJrCqjp7pA98hRJRY +
MML8MK15mnC4ebooOva+mJlstW6t/1lghR8WNV8cocxgcHHuXBxgns2MlACQbSdJ8c6Z3RQeRZBzyjfey6JCC
fbEKouVrWIUuPphBL3OANfgp0B+QG31bapvePTfXU48TYK0M5kE+8LgbbWQIDAQAB"
rsakey = RSA.import_key(base64.b64decode(key))
    cipher = PKCS1_v1_5.new(rsakey)
    cipher_text = base64.b64encode(cipher.encrypt(data.encode(encoding="utf-8")))
return cipher_text
```

Cryptodome 是第三方库，属于对 PyCrypto 库的扩展，所以需要进行安装。Windows 和 Linux 的安装方法不同，大家需要注意一下。Windows 安装命令 pip install pycryptodome，Linux 安装命令 pip install pycryptodome。

3.6.5 AES 数据加密逆向案例

前面小节中的案例是对接口中的参数进行逆向还原，本节内容来看一下针对行行查网站响应内容的加密逆向案例。

网站链接：https：//www. hanghangcha. com

通过控制台可以发现，该网站返回的 response 都是经过加密的，如图 3-57 所示。

● 图 3-57

首先通过堆栈调试进行断点，在调用中看到了一个名为 feachDate 的堆栈，应该就是要找的部分，点进去进行查看，如图 3-58 所示。

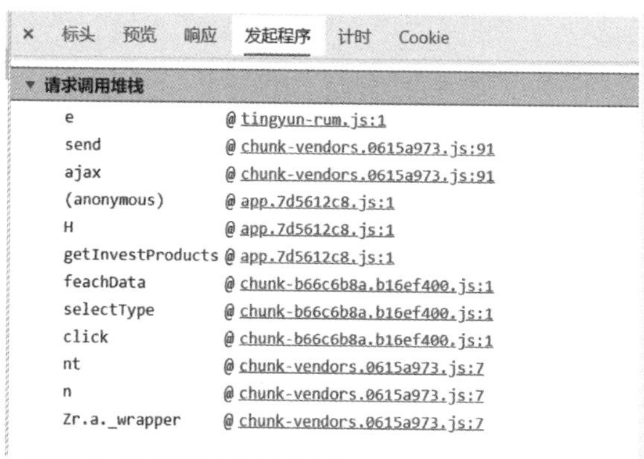

● 图 3-58

看到有 decrypt 和 JSON. parse，在这里进行断点，如图 3-59 所示。

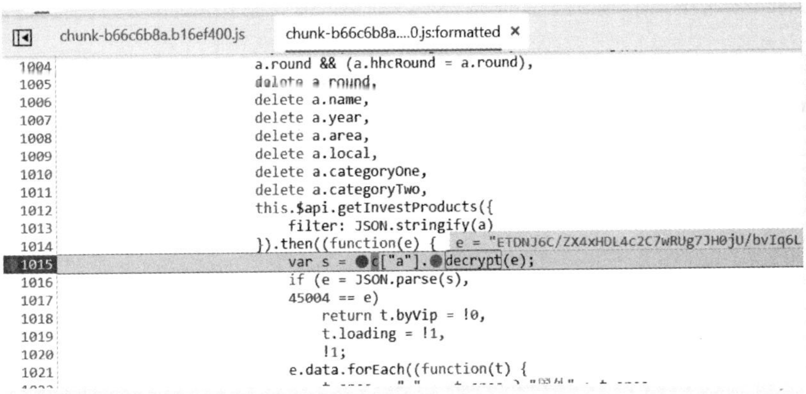

● 图 3-59

触发断点，可以看出来 c ［"a"］. decrypt 就是解密，如图 3-60 所示。

点击进入该方法查看详细内容，如图 3-61 所示。

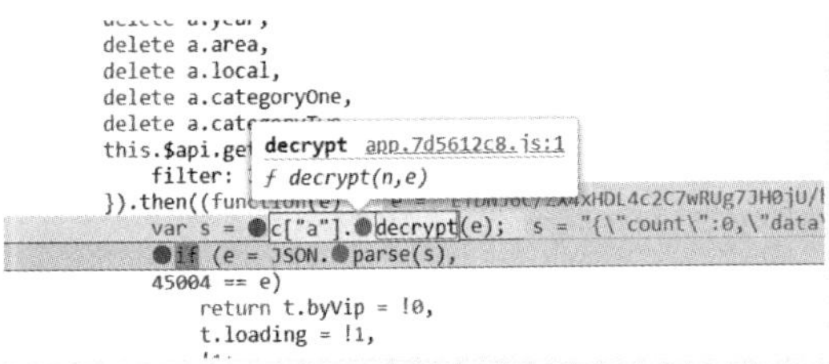

● 图 3-60

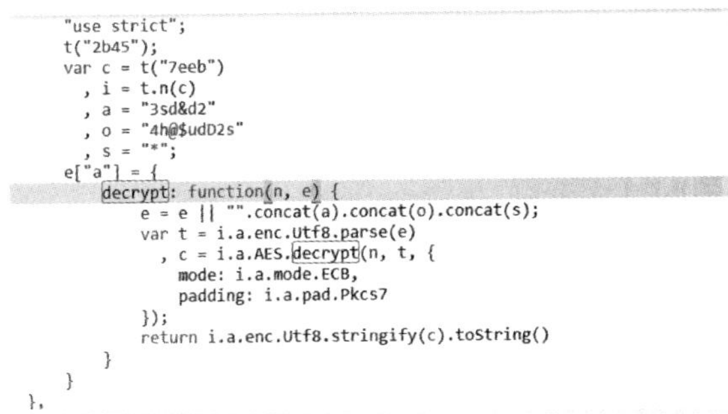

● 图 3-61

这就不难看出来是一个 AES 加密了，继续断点看一下，如图 3-62 所示。

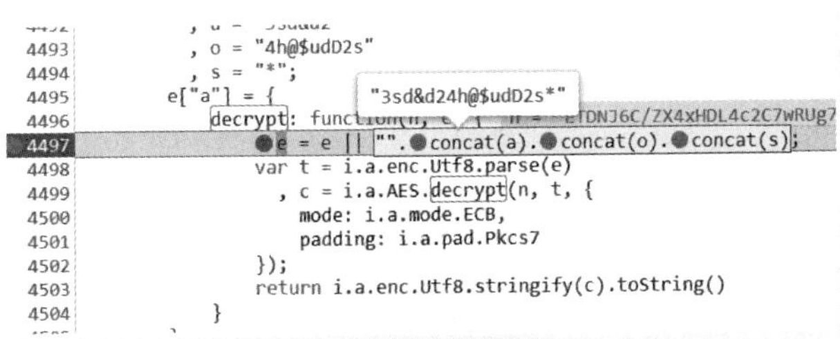

● 图 3-62

可以发现密钥是 3sd&d24h@ $udD2s *，mode 是 ECB，padding 是 Pkcs7。解密算法分析完成，接下来就可以编写还原代码了。

```
import requests
import base64,json,re
```

```python
from Crypto.Cipher import AES

def decrypt(info:str) -> list:
    key ='3sd&d24h@ $ udD2s* '.encode(encoding='utf-8')
    cipher = AES.new(key, mode=AES.MODE_ECB)
    json_str = str(cipher.decrypt(base64.b64decode(info)), encoding='utf-8')
    data = re.sub('[\x00-\x09|\x0b-\x0c|\x0e-\x1f]', '', json_str)
    return json.loads(data)

headers = {} # 需要把你的 header 复制进去

url ="https://Api.hanghangcha.com/hhc/tag"  #产业图谱接口
res = requests.get(url,headers=headers)
payload =json.loads(res.content)['data']
data = decrypt(payload)
print(data)
```

运行代码，可以看到解密成功。部分数据如图 3-63 所示。


```
[
  {
    'id': 38,
    'createdDate': '2018-12-01 15:40:28.000',
    'lastModifiedDate': '2018-12-01 15:40:28.000',
    'tagType': 'category',
    'lv': 1,
    'name': '信息科技',
    'parentId': None,
    'defaultFile': False,
    'lable2': [
      {
        'id': 54,
        'createdDate': '2018-12-01 15:47:21.000',
        'lastModifiedDate': '2018-12-01 15:47:21.000',
        'tagType': 'category',
        'lv': 2,
        'name': '大数据',
        'parentId': 38,
        'defaultFile': False,
        'lable3': [
          {
            'id': 717,
            'createdDate': None,
            'lastModifiedDate': None,
            'tagType': 'category',
            'lv': 3,
            'name': '网络可视化',
            'parentId': 54,
            'defaultFile': False
          },
```


● 图 3-63

3.6.6 AES 链接加密逆向案例

目标网站列表页链接：http：//ggzy. zwfwb. tj. gov. cn/queryContent-jyxx. jspx?

该网站的列表页 URL 在访问详情页时会进行加密，用简单的静态搜索没有找到有用的生成逻辑，通过 Initiator 堆栈调试也没有找到有用的生成逻辑。

经过分析，发现这个加密是在点击之后触发的，后来在 DOM 事件监听上进行断点，如图 3-64 所示。

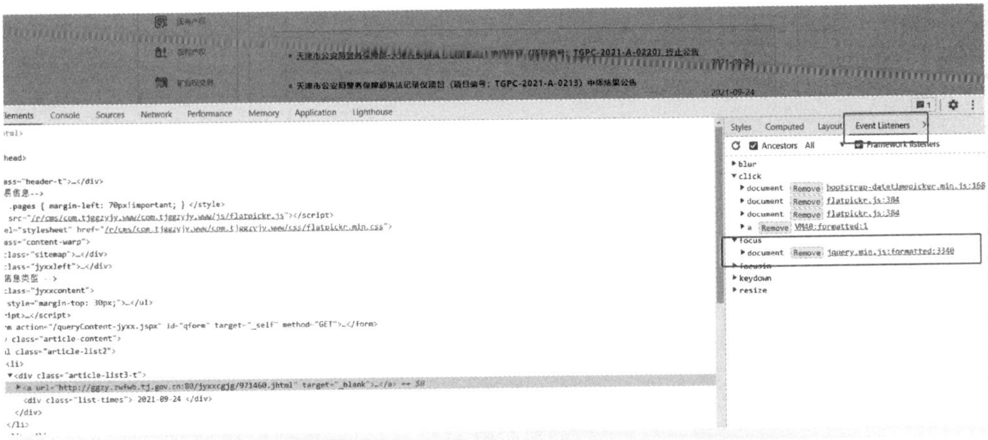

● 图 3-64

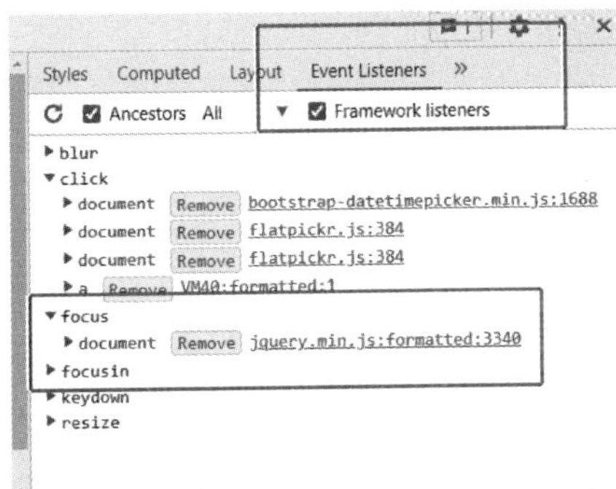

● 图 3-65

首先点击到列表页 URL 的 a 标签上，选择元素后，通过右侧的 event listeners 找到 focus 中的事件。点击到 3340 行后进行断点，如图 3-65 所示。

触发断点后，按 F11 键往下走两步就跳入到 VM 中，成功发现加密部分的代码。采用的 AES 加密，mode 为 ECB，padding 为 Pkcs7，如图 3-66 所示。

继续在该部分进行断点，查看相关参数值，完成逆向分析。

加密代码如下：

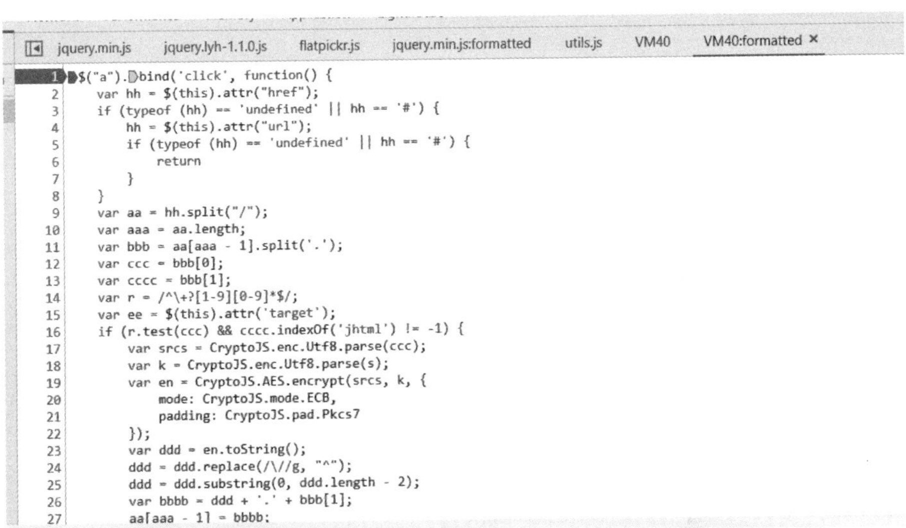


```
$("a").bind('click', function() {
    var hh = $(this).attr("href");
    if (typeof (hh) == 'undefined' || hh == '#') {
        hh = $(this).attr("url");
        if (typeof (hh) == 'undefined' || hh == '#') {
            return
        }
    }
    var aa = hh.split("/");
    var aaa = aa.length;
    var bbb = aa[aaa - 1].split('.');
    var ccc = bbb[0];
    var cccc = bbb[1];
    var r = /^\+?[1-9][0-9]*$/;
    var ee = $(this).attr('target');
    if (r.test(ccc) && cccc.indexOf('jhtml') != -1) {
        var srcs = CryptoJS.enc.Utf8.parse(ccc);
        var k = CryptoJS.enc.Utf8.parse(s);
        var en = CryptoJS.AES.encrypt(srcs, k, {
            mode: CryptoJS.mode.ECB,
            padding: CryptoJS.pad.Pkcs7
        });
        var ddd = en.toString();
        ddd = ddd.replace(/\//g, "^");
        ddd = ddd.substring(0, ddd.length - 2);
        var bbbb = ddd + '.' + bbb[1];
        aa[aaa - 1] = bbbb;
```

● 图 3-66

```
var CryptoJS = require ("crypto-js");

function lx(hh) {
    var aa = hh.split("/");
    var aaa = aa.length;
    var bbb = aa[aaa - 1].split('.');
    var ccc = bbb[0];
    var cccc = bbb[1];
    var r = /^\+?[1-9][0-9]*$/;

    var srcs = CryptoJS.enc.Utf8.parse(ccc);
    var s = "qnbyzzwmdgghmcnm";
    var k = CryptoJS.enc.Utf8.parse(s);
    var en = CryptoJS.AES.encrypt(srcs, k, {
        mode:CryptoJS.mode.ECB,
        padding:CryptoJS.pad.Pkcs7
    });
    var ddd = en.toString();
    ddd = ddd.replace(/\//g, "^");
    ddd = ddd.substring(0, ddd.length - 2);
    var bbbb = ddd + '.' + bbb[1];
    aa[aaa - 1] = bbbb;
    var uuu = '';
    for (i = 0; i < aaa; i ++) {
        uuu += aa[i] + '/'
    }
    uuu = uuu.substring(0, uuu.length - 1);
    return uuu;
}
var hh="http://ggzy.zwfwb.tj.gov.cn:80/jyxxcgjg/970369.jhtml";
console.log(lx(hh));
```

本小节的内容并不复杂，但是独特地展现出了以链接加密和以 DOM 事件监听调试的分析逻辑，丰富了大家的逆向经验。

3.6.7 CNVD 加速乐分析案例

本小节的案例内容是 CNVD 漏洞共享平台的 cookie 生成分析，该网站采用了加速乐（JSL）的混淆和加密，特征比较明显，cookie 会经过多次请求后生成。

第一步分析接口，查看数据包。先通过控制台 Application 中的 cookie 位置，删除现有的 cookie，然后刷新页面查看数据包，开一个无痕界面也可以，如图 3-67 所示。

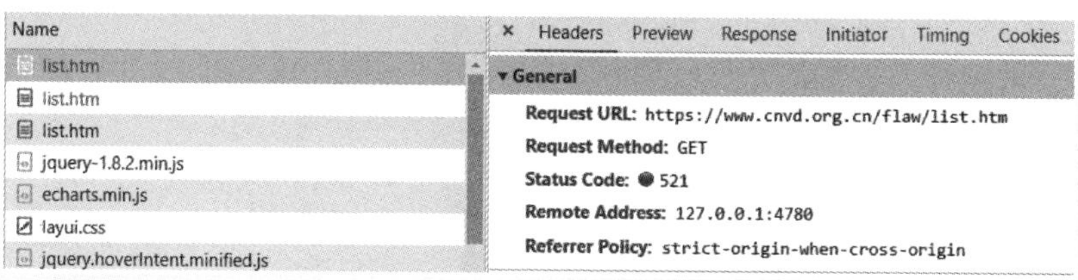

图 3-67

可以发现，请求时页面加载了三次。

第一次请求，response 的 cookie 中有_jsluid_s，请求失败。

第二次请求，cookie 多了一个_jsl_clearance_s，请求失败。

第三次请求，cookie 的_jsl_clearance_s 发生了变化，请求成功获得响应。

只要按流程进行分析，根据这个逻辑进行模拟请求就能解决问题。

对第一次请求内容进行分析，_jsluid_s 可以通过请求在 set-cookie 中直接获得。全局搜索_jsl_clearance_s，能找到这段 script 代码，如图 3-68 所示。

但是在浏览器中无法显示响应内容，此时需要用抓包工具或者代码进行请求，查看响应结果。打开 charles，发现返回的是一段经典的字符混淆，如图 3-69 所示。

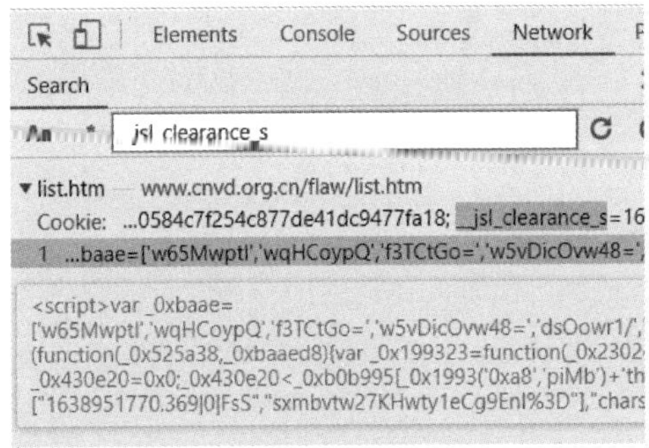

● 图 3-68

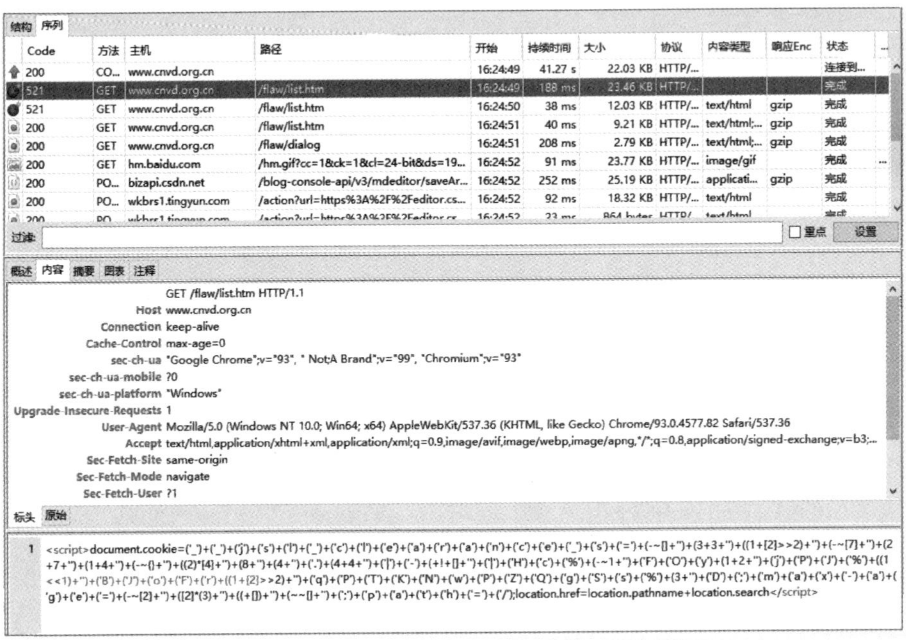

● 图 3-69

这种混淆很好处理，直接复制到控制台输出就可以。可以发现返回的是_jsl_clearance_s 的第一次值。

接下来对第二次请求进行分析，如图 3-70 所示。

这看起来像是经典的 ob 混淆，ob 混淆的特征是开头就是大串数组，所以找一个工具在线解一下，在第 2 章中有常用工具列表，如图 3-71 所示。

把解混淆后的文本复制到本地，格式化查看，如图 3-72 所示。

整段代码的意思大概是方法执行后添加了一个 cookie，如图 3-73 所示。

可以发现_0x1c3e6f 是传进去的参数，_0x1c3e6f ['tn'] 就是上面的_jsl_clearance_s，说明执行这里后更新了_jsl_clearance_s。

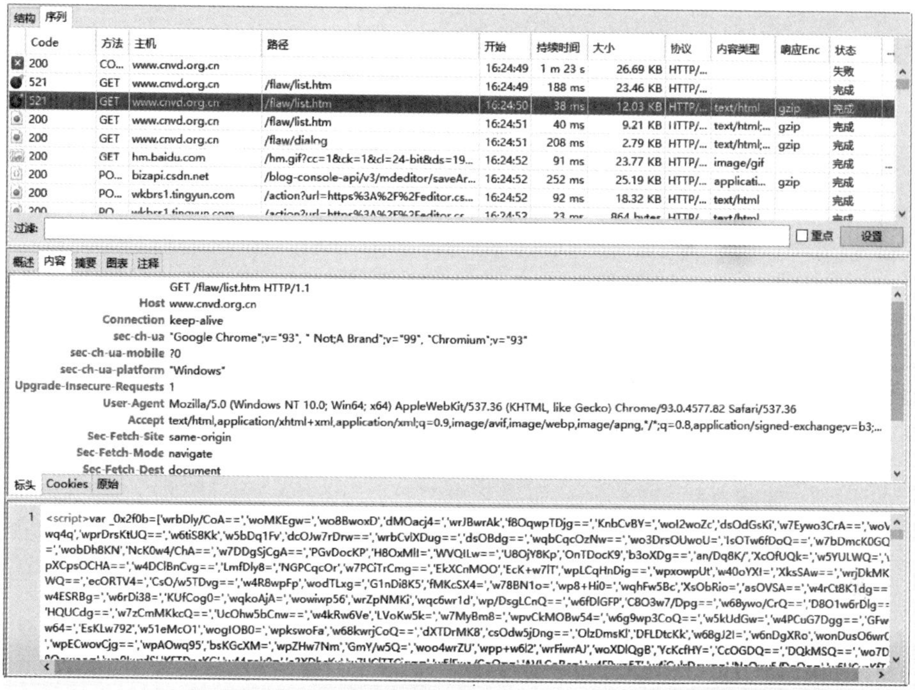

图 3-70

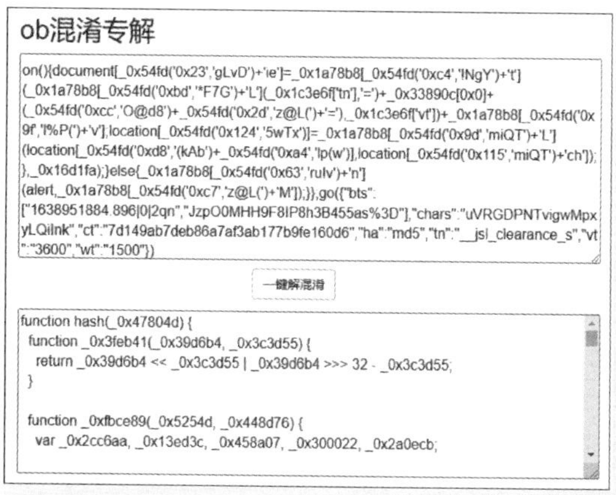

图 3-71

```
function hash(_0x47804d) {...}

function go(_0x1c3e6f) {...}

go( _0x1c3e6f: {
  "bts": ["1638951884.896|0|2qn", "JzpO0MHH9F8IP8h3B455as%3D"],
  "chars": "uVRGDPNTvigwMpxyLQiInk",
  "ct": "7d149ab7deb86a7af3ab177b9fe160d6",
  "ha": "md5",
  "tn": "__jsl_clearance_s",
  "vt": "3600",
  "wt": "1500"
});
```

图 3-72

```
    setTimeout( handler: function () {
      document["cookie"] = _0x1c3e6f["tn"] + "=" + _0x33890c[0] + ";Max-age="
      location["href"] = location["pathname"] + location["search"];
    }, _0x16d1fa);
  } else {
    alert("\u8BF7\u6C42\u9A8C\u8BC1\u5931\u8D25");
  }
}
```

图 3-73

其实到这里就分析完了，在第三次请求中没有其他参数，携带着前两次生成的 cookie 即可进行请求。

但是想要在本地运行这段 Js 代码还需要去补一些环境，比如 window = { }，window. navigator = { }，具体如何补环境可以参考下一节内容。所以把 Js 保存到本地比较方便一点，当然也可以通过编辑字符串动态去添加环境。

接下来根据分析出的流程来编写代码，还原的过程中发现了一些问题，不同页面的 Js 是不一样的，是通过 ha 这个参数控制的，比如首页是 sha255，漏洞列表是 MD5，还有 sha1 的。所以说使用哪种加密需要根据返回的情况进行处理，如图 3-74 所示。

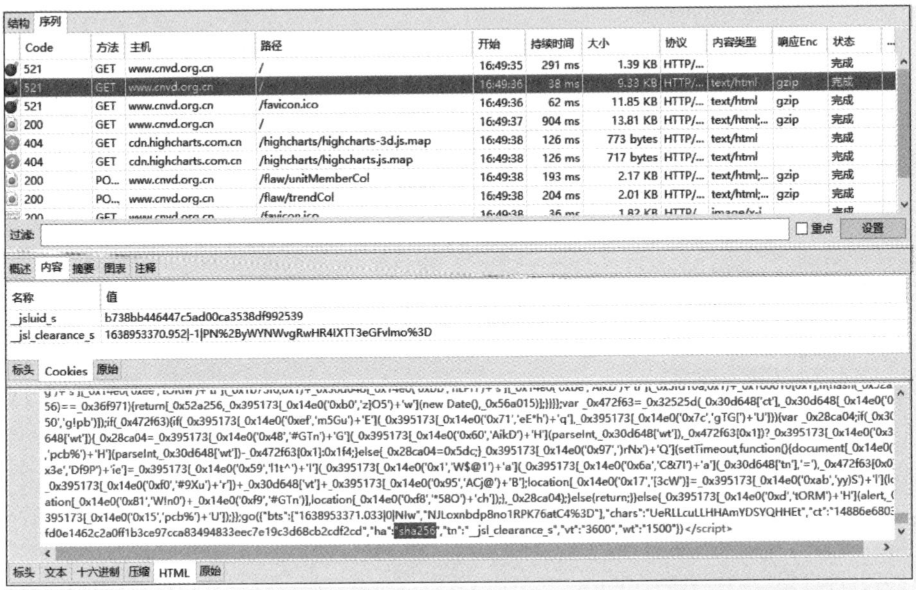

● 图 3-74

因为 Js 内容过多，代码只是示例的一部分，完整的代码需要到代码库中查看。

```
import requests
import re
import execjs

headers = {'User-Agent':'...'}
url = 'https://www.cnvd.org.cn/flaw/list.htm'
sess = requests.session()

def start():
    r =sess.get(url,headers=headers)
    cookie = re.search('<script>document.cookie=(.* ?);location',r.text).group(1)
    x = execjs.eval(cookie).split(';')[0].split('=')
        sess.cookies[x[0]] = x[1]

def then():
    '''获取第二次请求的 cookie'''
    r1 = sess.get(url,headers=headers)
```

```
text = r1.text
data = re.search(';go\((.* ?)\)</script>',text).group(1)
hash = re.search('"ha":"(.* ?)",',data).group(1)
# exec_cookie 方法是根据提取出的 ha 执行对应的 Js 文件
cookie = exec_cookie(data,hash).split(';')[0].split('=')
sess.cookies[cookie[0]] =cookie[1]
```

本节内容到这里结束了，案例难度并不是非常高，逆向是一个循序渐进的过程，前期需要很多练习去积累经验。

3.7 浏览器环境补充

现在很多网站的 Js 都引入了浏览器的特征，就是检测浏览器环境和浏览器使用的一些方法。比如用 Node 直接去运行复制下来的 Js 代码，可能会报未定义的错误或者找不到方法，导致无法运行或者得到的结果与浏览器不一致。因为 Node 环境和浏览器具有一定的区别，比如 window 对象区别、this 指向区别、Js 引擎区别，以及一些 DOM 操作区别，很多网站也会以此检测来判断是不是真实用户，此时就需要对 Js 代码进行补充。

又比如对浏览器一些参数的设置，网站设置了 window、navigate 的某一个属性，在模拟的时候没有进行这些设置，就会被检测到。

通常情况下简单的补充只需要填补上 window 或者 document 以及定义一些变量，比如直接在开头定义一个 window=global；或者根据报错和调试结果缺啥补啥。但是不同网站的检测标准和补充难度参差不齐，先来看看哪些环境是经常被检测的。

3.7.1 常被检测的环境

在常被检测的环境中，有 window、location、navigate、document、native、canvas 等。除了这些属性外，还有针对自动化的检测、Node 环境的检测，以及浏览器指纹检测、TLS 指纹校验等。下面列出了一些经常用来做检测的属性和方法，如图 3-75 所示。

window 检测：

- window 是否为方法
- window 对象是否 freeze
- 各属性检测

location 检测：

- hostname
- protocol
- host
- hash
- origin

navigator 检测：

- AppName
- AppVersion

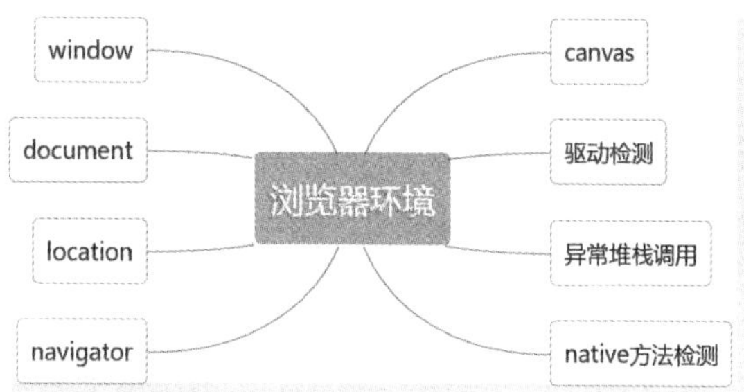

图 3-75

- cookieEnabled
- language
- userAgent
- product
- platform
- plugins 浏览器插件
- javaEnabled( )方法
- taintEnabled( )方法

document 检测：

- referrer
- cookie
- createElement( )方法

canvas 指纹：

- 不同类型图片的 canvas 指纹应当不一样，如 . jpg、. png
- 不同质量 quality 的 canvas 指纹应该不一样
- 不同属性的 canvas 指纹应该不一样
- 同一个条件的 canvas 多次绘制时应该保持一致

浏览器指纹信息：

- window. screen 屏幕分辨率/宽高
- navigator. useragent
- location. href/host
- navigator. platform 平台、语言等信息
- canvas 2D 图像指纹
- navigator. plugin 浏览器插件信息
- webgl 3D 图像指纹
- 浏览器字体信息
- 本地存储的 cookie 信息

除了上面列出的之外，还有对自动化痕迹的检测，比如 chromedriver 属性检测。还有异常堆栈检测，通过检测堆栈来判断所处的执行环境。native 方法检测，检测某个方法是否被重写。这里不再多说了，在接下来的小节中来了解一下补充环境时的几种方案。

3.7.2 手动补充环境

一般在手动补充时，根据报错信息缺什么补什么。比如'window' is not defined，就补上 window=global；或者 window={}；当然也有通过 Proxy 一键输出浏览器环境的脚本，该脚本后续会上传到本书代码库中。

如果报错没有 plugin，可以在 navigator 中写上 plugins。同时用 Symbol. toStringTag 标识一下该对象的类型标签，因为目前有很多 toString 检测，而 toStringTag 也能被 toString( )方法识别并返回。

```
var navigator = {
    plugins :{
```

```
        0:{
            0:{description:"",type:""},
            name:"",
            length:1,
            filename:"",
            description:"",
            length:1
        }
    }
};
navigator.plugins[Symbol.toStringTag] = "PluginArray";
navigator.plugins[0][Symbol.toStringTag] = "Plugin";
```

如果报错没有 getElementByTagName，就到 document 中去定义一个，但是参数和方法中具体实现，以及返回内容都需要根据调试结果来进行补充。

```
document = {
    getElementsByTagName:function (x){
        return {}
    },
    createElement:function (x){
        return {}
    }
}
```

如果报错没有 canvas，那么可以用 createElement 去创建一个简单的元素节点，通过此方法可返回一个 canvas 对象。

```
var document = {
    createElement:function createElement (x) {
        if (x=="canvas"){
            return {
                toDataURL:function toDataURL () {
                    return "data:image/png;base64,******";
                }
            }
        }
    }
}
```

在 Js 中万物皆对象。方法（function）是对象，方法的原型（function. prototype）也是对象。对象具有属性 proto，还有自己的原型属性 prototype，prototype 包含所有实例共享的属性和方法。可以通过_proto_去构造一些属性和方法。

```
var _getXxx = {
    toString:function () {
        return ""
    }
};
_getXxx._proto_.getA = function getA (x) {
    return {}
};
```

```
_getXxx ._proto_.getB = function getB (x) {
    return []
};

document = {
    getXxx:function (x){
        return _getXxx ;
    }
};
console .log(document .getXxx.getA())
console .log(document .getXxx.getB())
```

3.7.3 JSDOM 环境补充

JSDOM 对浏览器环境的还原非常到位，它可以被当作无头浏览器使用。一般来说，在 node 环境下需要补充最多的就是 document 和 window 对象。通过下面的代码来看 JSDOM 是如何模拟成浏览器的。

通过 HTML 文本来创建一个 JSDOM 的实例，然后就可以通过实例取得 window 对象和 document 对象。JSDOM 生成的 window 对象下还实现了 history、location、postMessage、setTimeout、setInterval 等熟悉的 Api。

```
const { JSDOM } = require ('jsdom');

const NewjsDom = new JSDOM(`
  <! DOCTYPE html>
  <html>
        <body>
  <div>
        <p> 爬虫逆向开发实战</p>
            </div>
        </body>
  </html>
`);
const window = NewjsDom.window ; // window 对象
const document = window.document ; // document 对象
```

另外要提的一点是 Python 中的 execjs 库也可以切换成 jsdom 来执行含有 document、window 等对象的 Js 代码。

JSDOM 全局安装：npm i jsdom -g、查看 jsdom 位置：npm root -g。

代码示例：

```
signature= execjs.compile(js, cwd=jsdom_path).call("sign")
```

JSDOM 能满足大部分测试场景下对浏览器环境的还原，但在一些场景下也会被检测出来。某些时候并不知道网站检测了什么属性，也不知道修补环境时，可以使用真实的浏览器驱动来加载 Js 代码。比如像抖音 Web 版、头条新闻页面，这两个站点的 Js 代码都具备深度检测浏览器身份的功能。

3.7.4 Selenium 环境模拟

笔者比较喜欢用的方法是使用 selenium 来驱动浏览器，先把 Js 和参数都写到本地的 html 文件，然后用 selenium 打开 html 文件加载 Js，生成加密参数。当然也可以使用其他的 Web 自动化测试工具，比如

Pyppeteer、htmlunit 等。

具体方法如下：

```
# -*- coding:utf-8 -*-
import os
from selenium import webdriver

ua ='Mozilla/5.0 (Windows NT 10.0; Win64; x64)'
PRO_DIR = os.path.dirname(os.path.abspath(_file_))

s1 ="""
    <! DOCTYPE html>
    <html style="font-size:50px;">
    <head>
        <meta http-equiv="Content-Type" content="text/html; charset=UTF-8">
        <title>signature-hook</title>
    </head>
    <body></body>

    <script type="text/javascript">
    """
s2 ="""
    </script>
    </html>
    """

def driver_sig(html_file):
    option =webdriver.ChromeOptions()
    option.add_argument('headless')
    option.add_argument('--no-sandbox')
    option.add_argument('--user-agent={}'.format(ua))
    driver =webdriver.Chrome(chrome_options=option)
    driver.get('file:///'+ PRO_DIR + html_file)
    sig = driver.title
    driver.quit()
    return sig

sign_js ='''
window.navigator = {
    userAgent:"
    };
function get_sign() {
        ... //此处省略N行代码
        return sign
    }
var signature = get_sign();
document.clear();
document.write(signature);
'''
```

```
if _name_ == '_main_':
    doc = sign_js.replace("userAgent:''","userAgent:'{}'".format(ua))
    html_file 'get_sign html'
    with open(html_file, 'w', encoding='utf-8') as fw:
        fw.write(s1 + doc + s2)
    sig = driver_sig(html_file)
    print(sig)
```

3.7.5 puppeteer 环境模拟

puppeteer 是一个 Node.js 的库，支持调用 Chrome 的 Api 来操纵 Web，相比较 Selenium 或是 PhantomJs，它最大的特点就是操作 DOM 可以完全在内存中进行模拟，既在 V8 引擎中处理，又不打开浏览器，而且这个是 Chrome 团队在维护，会拥有更好的兼容性和发展前景。

安装命令（如果没有外网就用百度搜索一下其他安装方法）：npm i puppeteer

这种模拟方式和方案一差不多，所以不做过多介绍了。

下面是简单的调用代码：

```
const puppeteer = require ('puppeteer');

(Async () => {
    const browser = await (puppeteer.launch({
    executablePath :'需要指定 chromium 地址',
    timeout :15000,
    ignoreHTTPSErrors :true ,
    devtools :false ,
    headless :false // headless 模式，是否打开浏览器
        }));
        const page = await browser.newPage();
        await page.goto ('https://www.baidu.com');
        browser.close();
    })();
```

手动补充环境相对耗时耗力，如果采集频率要求不高时，直接在浏览器中模拟环境调用即可，在接下来的小节中来学习一下对浏览器环境的监测。

3.8 浏览器环境监测

平时大部分时候都不会主动去看浏览器环境，一般是根据报错来进行补充。但是想更清晰明了地知道浏览器使用了哪些环境，可以使用 Proxy 和 Object.defineProperty 方法来监测。

3.8.1 Proxy-intercept

Proxy 也就是代理，它可以帮助完成很多事情，例如对数据的处理，对构造函数的处理，对数据的验证，其实就是在访问对象前添加了一层拦截，可以自定义过滤规则和处理规则。

```
window = new Proxy (global, {
    get:function (target, key, receiver) {
```

```
        console .log("window.get", key, target[key]);
        if (key == "location") {
            location = new Proxy (target[key], {
                get:function (_target, _key, _receiver) {
                    console .log("window.get", key, _key, _target[_key]);
                    if (_key == "port") {
                        console .log("公众号【Pythonlx】")
                    }
                    return _target[_key];
                }
            })
        }
        return target[key];
    },set:function (target, key, value, receiver) {
        console .log("window.set", key, value);
        target[key] = value;
    }
});
```

3.8.2 Object-hook

Object.defineProperty 是一种 Hook 方法，可以直接在一个对象上定义一个新属性，或者修改一个对象的现有属性，也就能够实现对象属性的监听。

使用示例如下：

```
var obj = new Object ();
var value ;
Object .defineProperty(obj ,'name',{
    get:function () {
        console .log('GET METHOD');
        return value ;
    },
    set:function (newvalue) {
        console .log('SET METHOD');
        value = newvalue;
    }
});
console .log(obj );
console .log(obj .name );
obj .name = "LX";
console .log(obj .name );
```

可以根据 Object.defineProperty 的特性来使用递归，解决深层对象的遍历问题。

```
function observe (obj){
    if (! obj ||typeof obj != 'object'){
        return
    }
    for (var i in obj){
        definePro (obj, i, obj[i]);
    }
```

```
}
function definePro (obj, key, value){
    observe (value);
    object .defineProperty(obj, key, {
        get:function (){
            return value;
        },
        set:function (newval){
            console .log('检测变化',newval);
            value =newval;
        }
    })
}
```

但是根据环境的不同，一些流程可能无法很完整地被监测到。所以说逆向任重道远，调试需要耐心。

3.9 加密方法远程调用

加密方法的远程调用主要是使用了 RPC 协议，RPC（Remote Procedure Call）是远程调用的意思。RPC 的应用十分广泛，比如在分布式中的进程间通信、微服务中的节点通信。

在 Js 逆向时，本地可以和浏览器以服务端和客户端的形式通过 webSocket 协议进行 RPC 通信，这样可以直接调用浏览器中的一些函数方法，不必去在意函数具体的执行逻辑，可以省去大量的逆向调试时间。

在 RPC 中，发出请求的程序是客户端，而提供服务的程序是服务端，所以大家的浏览器是客户端，本地是服务端。

学习了 Web 自动化工具之后，可以通过自启一个浏览器来拦截 Js 文件实现 RPC 服务，熟练掌握后，各种难度的 Js 都能操作起来。

3.9.1 微博登录参数 RPC

本节内容以新浪微博网页版的登录为例，来讲解一下如何在 Web 上使用 RPC 协议完成加密参数的获取。

网站链接：https：//weibo. com

首先输入账号 11111111111，密码 111 进行登录，通过控制台进行抓包，可以发现 POST 的登录接口：

https：//login. sina. com. cn/sso/login. PHP？ client = ssologin. js （v1. 4. 19）

在 Form Data 中有很多经过加密的参数 pcid、su、rsakv、sp，如图 3-76 所示。

此时如果按照正常的逆向流程，需要对每个加密参数进行分析和逆向，比较浪费时间和精力。

先通过搜索定位一个加密参数的位置，比如全局搜索关键词 rsakv，只有一个 Js 文件中有该关键词，点击进去并格式化代码，继续搜索准确位置，如图 3-77 所示。

如果有很多搜索结果，而且不确定具体位置，就在所有关键词前打上断点进行分析。

简单分析一下代码，可以看到 a 是账号 = 11111111111，b 是密码 = 111111，e. sp 是对 b 进行加密后的结果，如图 3-78 所示。

Headers
Preview
Response
Initiator
Timing
pagerefer: https://passport.weibo.com/
pcid: gz-154d9b65c48ac50cf933172e15613b9e5b86
door: uznye
vsnf: 1
su: MTExMTExMTExMTE=
service: miniblog
servertime: 1627712156
nonce: MU9WOF
pwencode: rsa2
rsakv: 1330428213
sp: 6f713877d0da9fcfdc6923854628bd25ee8cef86372faa435b62a627a3ef91c2df968c9f8a667589850f0139f6c1caf6664e07e711f
5b92c1874de5b181347c358ba52642a8e779b4ad28203fa441a6ae5ce7bf726b5cf0c0628bb5e82d6577ad1db7dee0728b2ae6bb30217fb
20095bc46a26572
sr: 1536*864

● 图 3-76

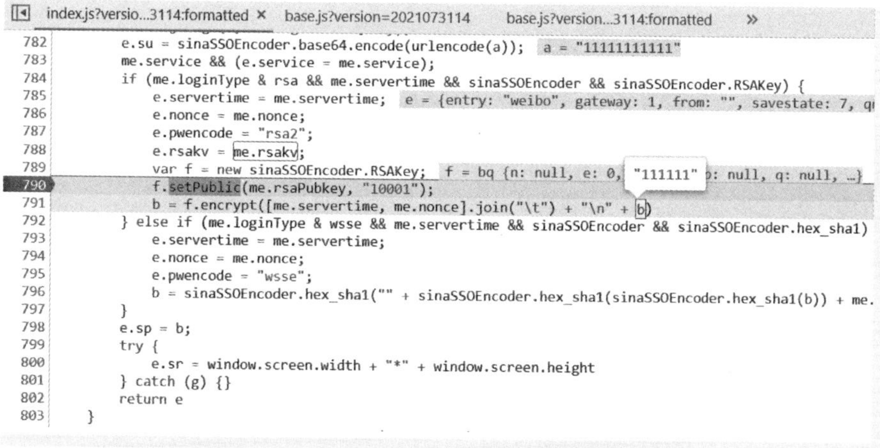
index.js?versio...3114:formatted
base.js?version=2021073114
base.js?version...3114:formatted
e.su = sinaSSOEncoder.base64.encode(urlencode(a)); a = "11111111111"
me.service && (e.service = me.service);
if (me.loginType & rsa && me.servertime && sinaSSOEncoder && sinaSSOEncoder.RSAKey) {
e.servertime = me.servertime; e = {entry: "weibo", gateway: 1, from: "", savestate: 7,
e.nonce = me.nonce;
e.pwencode = "rsa2";
e.rsakv = me.rsakv;
var f = new sinaSSOEncoder.RSAKey; f = bq {n: null, e: 0, "111111" : null, q: null, …}
f.setPublic(me.rsaPubkey, "10001");
b = f.encrypt([me.servertime, me.nonce].join("\t") + "\n" + b)
} else if (me.loginType & wsse && me.servertime && sinaSSOEncoder && sinaSSOEncoder.hex_sha1)
e.servertime = me.servertime;
e.nonce = me.nonce;
e.pwencode = "wsse";
b = sinaSSOEncoder.hex_sha1("" + sinaSSOEncoder.hex_sha1(sinaSSOEncoder.hex_sha1(b)) + me.
}
e.sp = b;
try {
e.sr = window.screen.width + "*" + window.screen.height
} catch (g) {}
return e
}

● 图 3-77

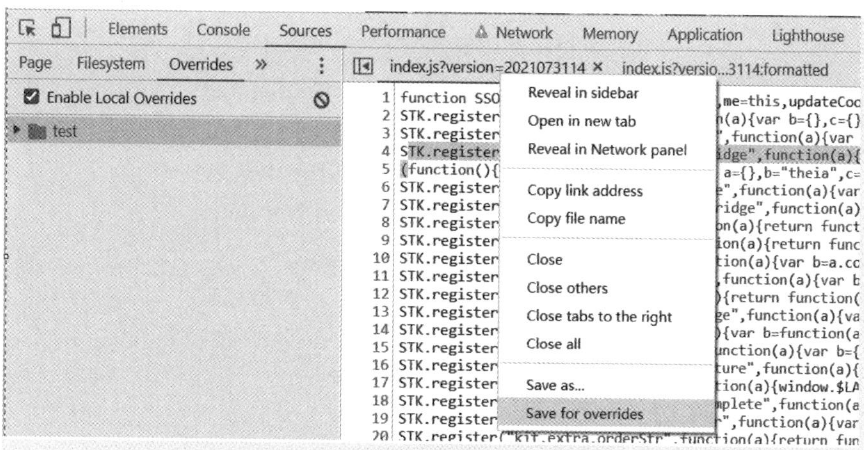
Elements
Console
Sources
Performance
Network
Memory
Application
Lighthouse
Page
Filesystem
Overrides
index.js?version=2021073114
index.js?versio...3114:formatted
Enable Local Overrides
test
Reveal in sidebar
Open in new tab
Reveal in Network panel
Copy link address
Copy file name
Close
Close others
Close tabs to the right
Close all
Save as...
Save for overrides

● 图 3-78

找到方法后，直接在控制台输入 makeRequest 查看调用，如图 3-79 所示。

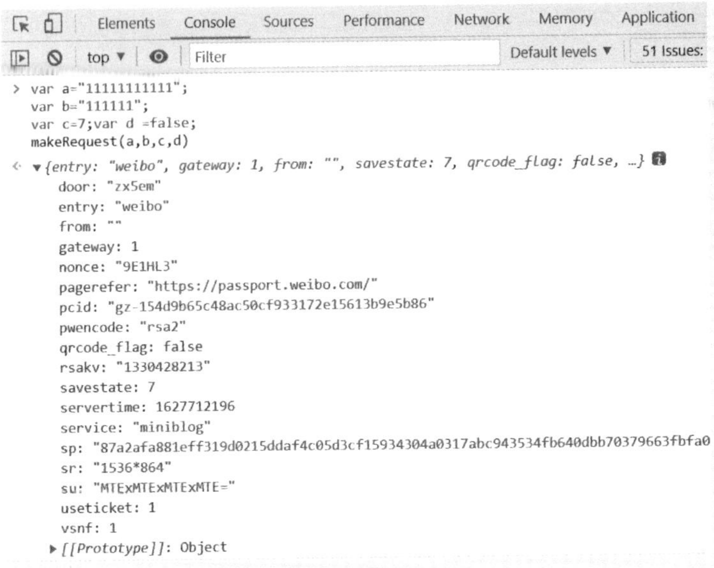

● 图 3-79

调用成功后，接下来可以对 Js 文件进行修改，添加一个 WebSocket 客户端，供大家进行 RPC 调用。

首先需要修改 Js 文件，鉴于方便操作和讲解，笔者选择通过控制台的 Overriders 来进行 Js 文件替换。当然也可以选择通过 Fiddler、Mitmproxy 等抓包工具替换，或者通过谷歌的 GRPC 协议来进行 Js 内容替换。

在 Source 中选择 Overrides，然后创建一个本地目录。需要勾选 Enable Local Overrides，如图 3-80 所示。

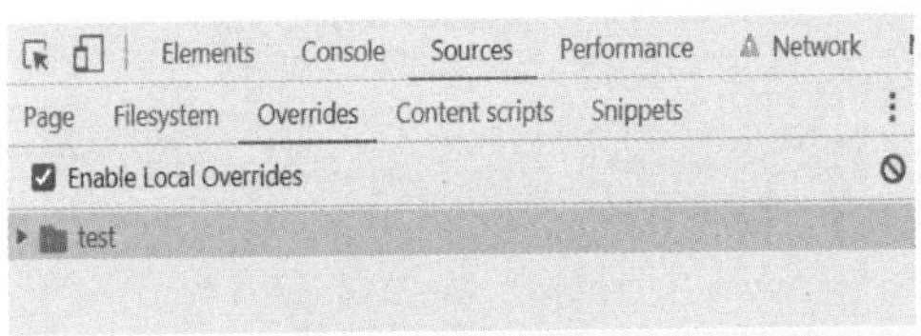

● 图 3-80

然后在没有格式化的 Js 文件上单击鼠标右键，选择【Save for overrides】命令，如图 3-81 所示。

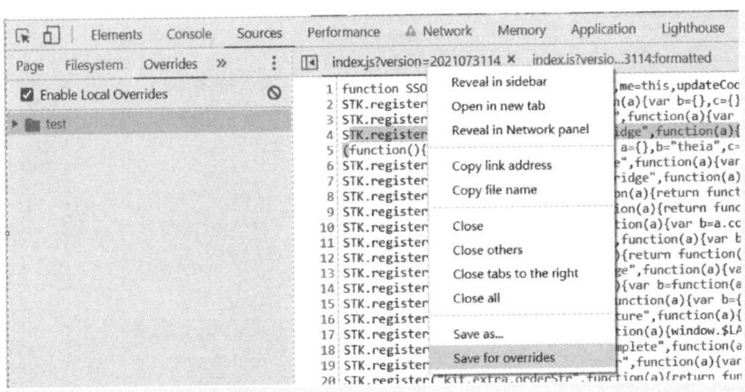

● 图 3-81

接下来就可以进行修改了，将格式化后的代码复制到 save 的文件中，然后按 Ctrl+s 快捷键进行保存（注意微博的 inDex. js 文件，它每隔一个小时会进行重命名，所以需要重新进行覆盖），如图 3-82 所示。

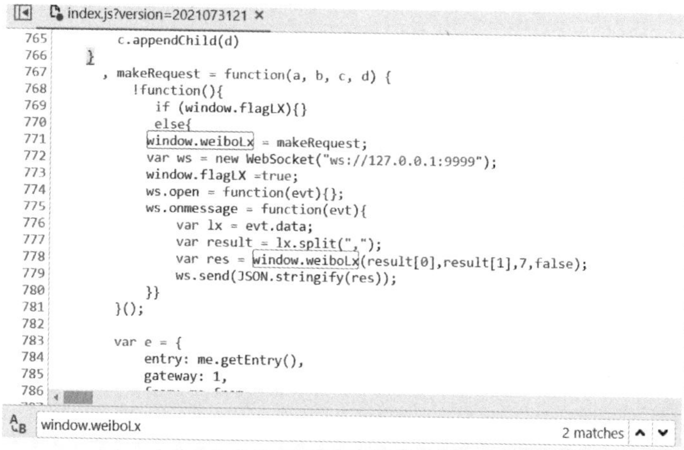

● 图 3-82

接着要做的是选择一个位置来创建一个 webSocket 连接供大家进行 RPC 调用。

首先要确定代码注入位置，可以写到 makeRequest = function （a，b，c，d） {} 中，然后手动激活该函数，如图 3-83 所示。

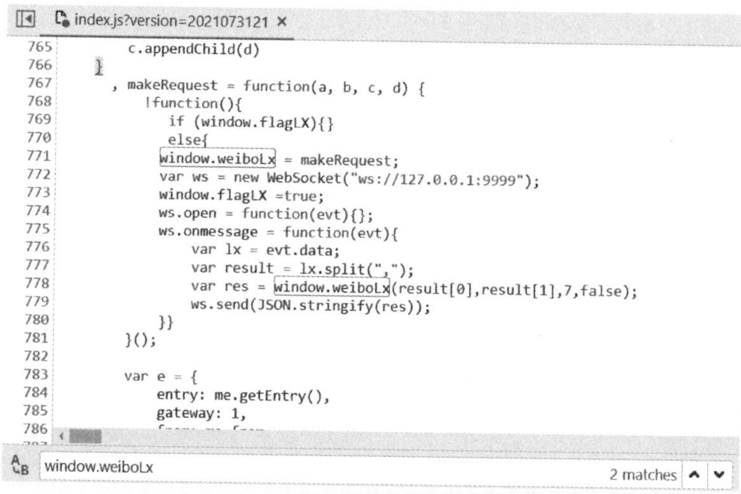

● 图 3-83

不能单纯地在该函数中写入创建客户端，这样会导致死循环，无限创建客户端。所以需要进行代码上的判断，如果已经创建过，就不再创建客户端。

注入的 Js 代码如下：

```
! function(){
    if (window.flagLX){}
    else{
```

```
    window.weiboLx = makeRequest;
    var ws = new WebSocket("ws://127.0.0.1:9999");
    window.flagLX =true;
    ws.open =function(evt){};
    ws.onmessage = function(evt){
        var lx = evt.data;
        var result = lx.split(",");
        var res = window.weiboLx(result[0],result[1],7,false);
        ws.send(JSON.stringify(res));
    }}
}();
```

接下来用 Python 创建一个 webSocket 服务端。

```
import Asyncio
import webSockets
import time

Async def check_permit(webSocket):
    #账号列表
    for send_text in [
        '11111111111,111',
        '11111111112,112',
        '11111111113,113',
        '11111111114,114'
    ]:
        await webSocket.send(send_text)
    return True

Async def recv_msg(webSocket):
    while 1:
        recv_text = await webSocket.recv()
        print(recv_text)

Async def main_logic(webSocket, path):
    await check_permit(webSocket)
    await recv_msg(webSocket)

start_server =webSockets.serve(main_logic, '127.0.0.1', 9999)
Asyncio.get_event_loop().run_until_complete(start_server)
Asyncio.get_event_loop().run_forever()
```

运行 Python 代码开启本地服务，然后刷新网页，填入账号密码单击“登录”按钮，触发 Js 代码。可以在请求中看到来自 127.0.0.1：9999 的 wss 数据包，如图 3-84 所示。

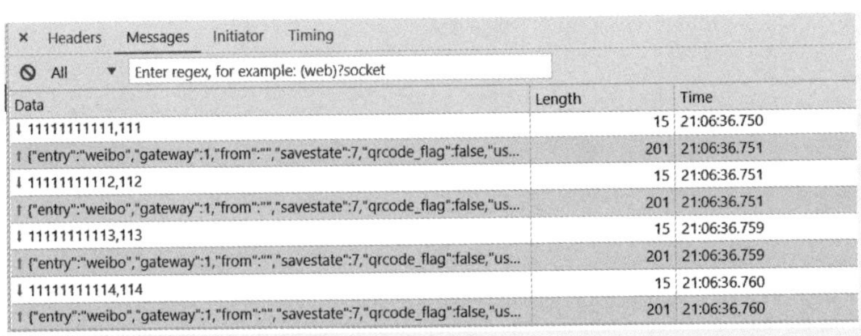

● 图 3-84

在大家的控制台也有了对应的输出，如图 3-85 所示。

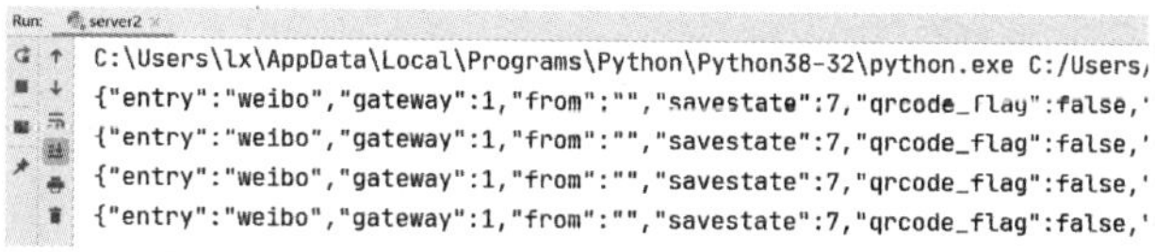

● 图 3-85

返回的 data 示例如下：

```
{
    "entry":"weibo",
    "gateway":1,
    "from":"",
    "savestate":7,
    "qrcode_flag":false,
    "useticket":1,
    "pagerefer":"",
    "vsnf":1,
    "su":"MTExMTExMTExMTE=",
    "service":"miniblog",
    "servertime":1627739302,
    "nonce":null,"pwencode":"rsa2",
    "rsakv":"1330428213",
    "sp":"92b99ab4e2bde0...aaab75cecc",
    "sr":"1536* 864"
}
```

此时一个 RPC 调用案例已经结束，学会 RPC 可以在某些时候快速解决问题，毕竟不需要追代码逻辑和补浏览器环境。案例中实现的方法需要手动替换 Js 文件，可以通过谷歌的开发者工具远程调试协议来实现 Js 文件的注入。更多具体的应用需要大家动手实践。

3.9.2 抖音直播数据 RPC

首先通过控制台进行抓包，普通的 Get 请求。有加密参数 signature，不过通过 RPC 的话，可以直接转发数据，就不需要加密。响应内容的类型是 Protobuffer，如图 3-86 所示。

查看数据后可以发现，该数据具有关键词 WebxxxxMessage，直接全局搜索 message。可以发现在 common-utils-message. js 中有很多相关词，其实不确定位置的话，就在每个有可能的地方都断点，如图 3-87 所示。

然后经过调试发现，在 var r=s. im［o］. decode（n）这里返回解码后的数据，如图 3-88 所示。

所以说在这里进行 RPC 就行。首先需要修改和替换它的 Js 文件，

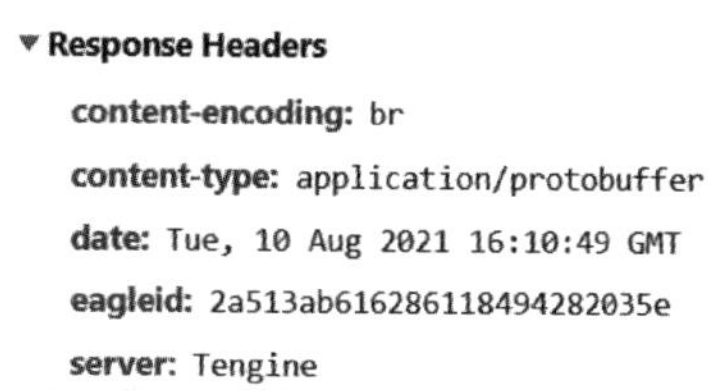

● 图 3-86

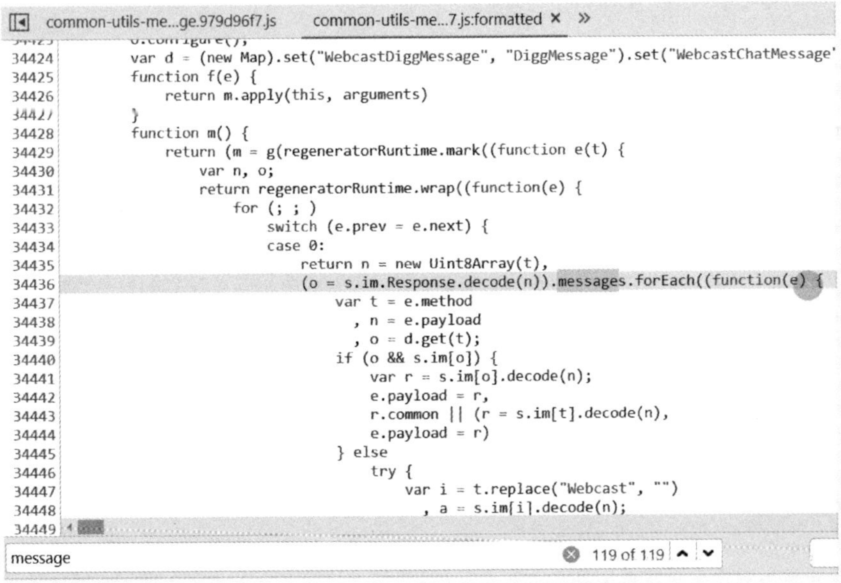

common-utils-me...ge.979d96f7.js
common-utils-me...7.js:formatted
var d = (new Map).set("WebcastDiggMessage", "DiggMessage").set("WebcastChatMessage"
function f(e) {
return m.apply(this, arguments)
}
function m() {
return (m = g(regeneratorRuntime.mark((function e(t) {
var n, o;
return regeneratorRuntime.wrap((function(e) {
for (; ;)
switch (e.prev = e.next) {
case 0:
return n = new Uint8Array(t),
(o = s.im.Response.decode(n)).messages.forEach((function(e) {
var t = e.method
, n = e.payload
, o = d.get(t);
if (o && s.im[o]) {
var r = s.im[o].decode(n);
e.payload = r,
r.common || (r = s.im[t].decode(n),
e.payload = r)
} else
try {
var i = t.replace("Webcast", "")
, a = s.im[i].decode(n);
message
119 of 119

● 图 3-87

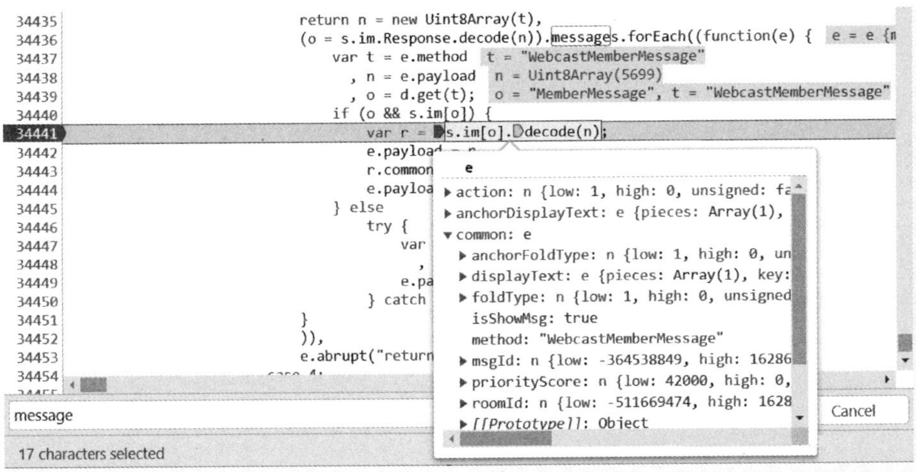

return n = new Uint8Array(t),
(o = s.im.Response.decode(n)).messages.forEach((function(e) {
var t = e.method
t = "WebcastMemberMessage"
, n = e.payload
n = Uint8Array(5699)
, o = d.get(t);
o = "MemberMessage", t = "WebcastMemberMessage"
if (o && s.im[o]) {
var r = s.im[o].decode(n);
} else
try {
} catch
}
)),
e.abrupt("return
action: n {low: 1, high: 0, unsigned:
anchorDisplayText: e {pieces: Array(1),
common: e
anchorFoldType: n {low: 1, high: 0,
displayText: e {pieces: Array(1), key:
foldType: n {low: 1, high: 0, unsigned
isShowMsg: true
method: "WebcastMemberMessage"
msgId: n {low: -364538849, high: 16286
priorityScore: n {low: 42000, high: 0,
roomId: n {low: -511669474, high: 1628
[[Prototype]]: Object
message
Cancel
17 characters selected

● 图 3-88

为了方便操作和讲解，笔者选择通过控制台的 Overriders 进行 Js 文件替换。当然也可以选择通过 Fiddler、Mitmproxy 等抓包工具替换，或者通过谷歌的开发者工具远程调试协议进行 Js 内容替换。

在 Source 中选择 Overrides，然后创建一个本地目录。Enable Local Overrides 需要勾选，如图 3-89 所示。

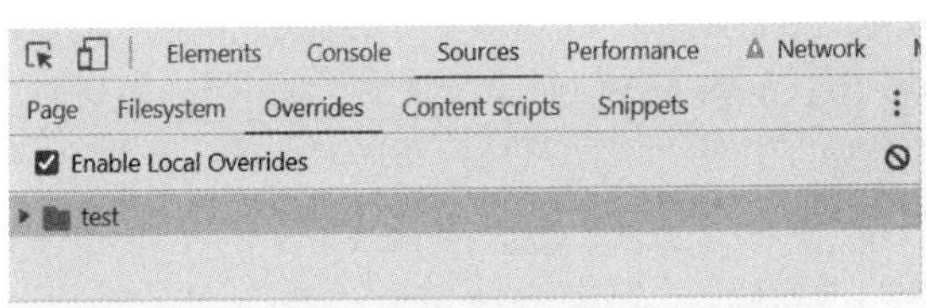

● 图 3-89

然后在没有格式化的 Js 文件上单击鼠标右键，

选择“Save for overrides”命令。

替换文件后，就开始注入代码。首先要确定注入位置，需要添加的 webSocket 客户端 Js 代码位置在这个 var r=s. im［o］. decode（n）下面，如图 3-90 所示。

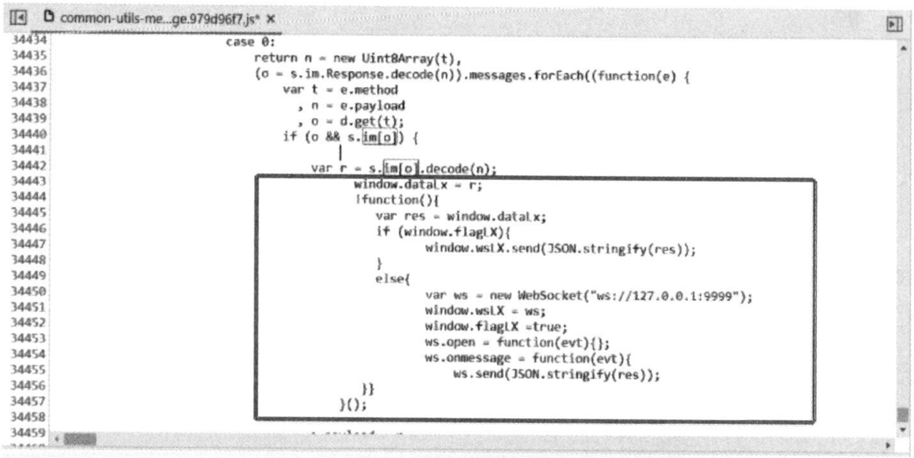

● 图 3-90

写上 Js 客户端代码：

```
window .dataLx = r ;
! function (){
    var res = window .dataLx ;
    if (window .flagLX ){
        window .wsLX .send(JSON .stringify(res));
    }
    else {
        var ws = new WebSocket ("ws://127.0.0.1:9999");
        window .wsLX = ws;
        window .flagLX =true ;
        ws.open = function (evt){};
        ws.onmessage = function (evt){
            ws.send(JSON .stringify(res));
 }}
}();
```

Python 服务端代码：

```
import Asyncio
import webSockets

Async def check_permit(webSocket):
    send_text ='lx'
    await webSocket.send(send_text)
    return True
```

```
Async def recv_msg(webSocket):
    while 1:
        recv_text = await webSocket.recv()
        print(recv_text)

Async def main_logic(webSocket, path):
    await check_permit(webSocket)
    await recv_msg(webSocket)

start_server =webSockets.serve(main_logic, '127.0.0.1', 9999)
Asyncio.get_event_loop().run_until_complete(start_server)
Asyncio.get_event_loop().run_forever()
```

接下来启动本地服务端，刷新浏览器页面，开始接收直播数据了，如图 3-91 所示。

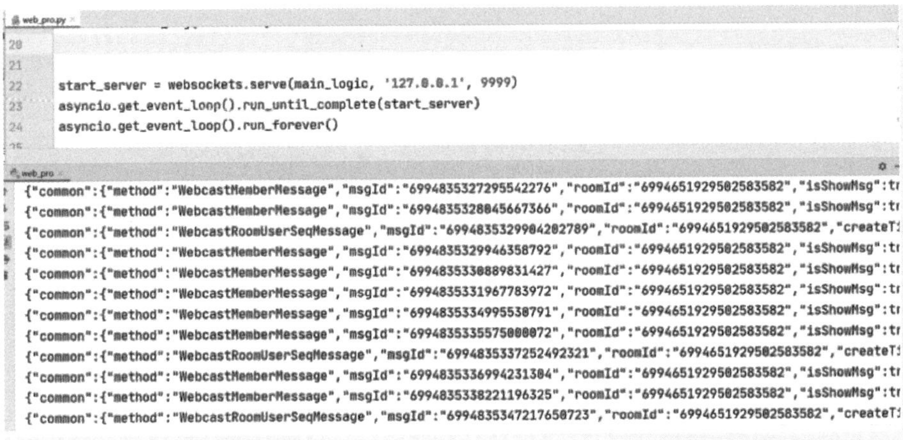

● 图 3-91

本节的 RPC 调用案例结束，这块内容相对简单，如果在浏览器上替换 Js 没有效果，可以使用 Fiddler 等工具进行替换。

3.9.3 巨量指数签名 RPC

本小节讲解的是通过 selenium 进行 RPC 调用，生成巨量算数指数的 signature 签名，以及对返回数据 data 的解密。

首先还是对接口进行分析，此处的 signature 和抖音 Web 的签名生成逻辑相符，先对 Request 对象进行一些处理，添加_signature 参数，然后返回给 Request 对象原本的 send 函数发送请求，如图 3-92 所示。

所以这里可以使用简单便捷的 RPC 方法，通过浏览器模拟请求获取 signature 值。

调用的核心代码如图 3-93 所示。

通过 selenium 启动一个 chromedriver，访问到巨量指数的网站，然后在该网站的环境下去执行这段 Js 代码，就能返回一个可用的 signature 签名。

接下来是如何解密返回的响应内容。通过堆栈调试顺着 POST 的流程往下走，跳出 jsvmp 之后在 7981. Js 中找到了解密开始的地方。

```
            return o(a, t, r, n, i)
        }
    },
    13572: function(e, t, r) {
        "use strict";
        var o = r(64867)
          , n = r(18527)
          , i = r(26502)
          , a = r(45655);
        function s(e) {  e = {url: '/api/open/index/get_multi_keyword_hot_trend', method: 'post',
            e.cancelToken && e.cancelToken.throwIfRequested()
        }
        e.exports = function(e) {
            return s(e),
            e.headers = e.headers || {},
            e.data = n(e.data, e.headers, e.transformRequest),
            e.headers = o.merge(e.headers.common || {}, e.headers[e.method] || {}, e.headers),
            o.forEach(["delete", "get", "head", "post", "put", "patch", "common"], (function(t) {
                delete e.headers[t]
```

● 图 3-92

```
def signature(self, keyword, start_date, end_date):
    sign_url = self.browser.execute_script('''
            var e={"url":"https://trendinsight.oceanengine.com/api/open/index/get_multi_keyword_hot_trer
                "method":"POST",
                "data" : '{"keyword_list": ["%s"],"start_date": "%s","end_date": "%s","app_name": "a
            var h = new XMLHttpRequest;h.open(e.method, e.url, true);
            h.setRequestHeader("accept","application/json, text/plain, */*");
            h.setRequestHeader("content-type","application/json;charset=UTF-8");
            h.send(e.data);
            return h._url
    ''' % (keyword, start_date, end_date))
    return sign_url
```

● 图 3-93

在该文件中搜关键词 decrypt，找了不少地方，最后断点找到这里，如图 3-94 所示。

6270.ae569305.js　7981.dd415262.js　7981.dd415262.js:formatted ×

```
                var r = e._cache.slice(0, t.length);
                return e._cache = e._cache.slice(t.length),
                n(t, r)
            }
        },
        25969: function(e, t, r) {
            var o = r(74497)
              , n = r(89509).Buffer
              , i = r(71027);
            function a(e, t, r, a) {
                i.call(this),
                this._cipher = new o.AES(t),
                this._prev = n.from(r),
                this._cache = n.allocUnsafe(0),
                this._secCache = n.allocUnsafe(0),
                this._decrypt = a,
                this._mode = e
            }
```

● 图 3-94

继续断点调试可以发现是 aes-128-cfb 加密，如图 3-95 所示。

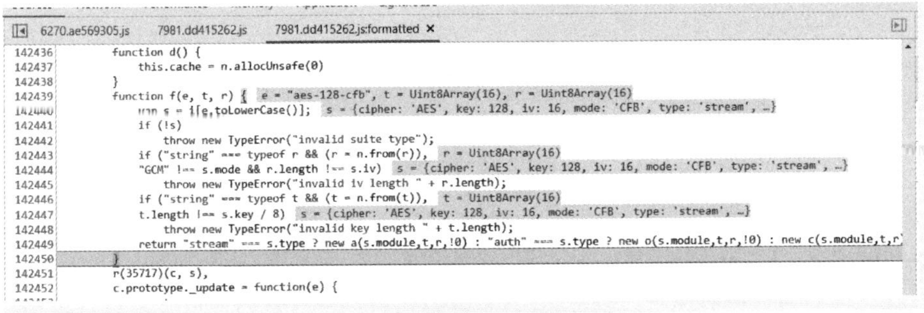

● 图 3-95

修改内容如图 3-96 所示。

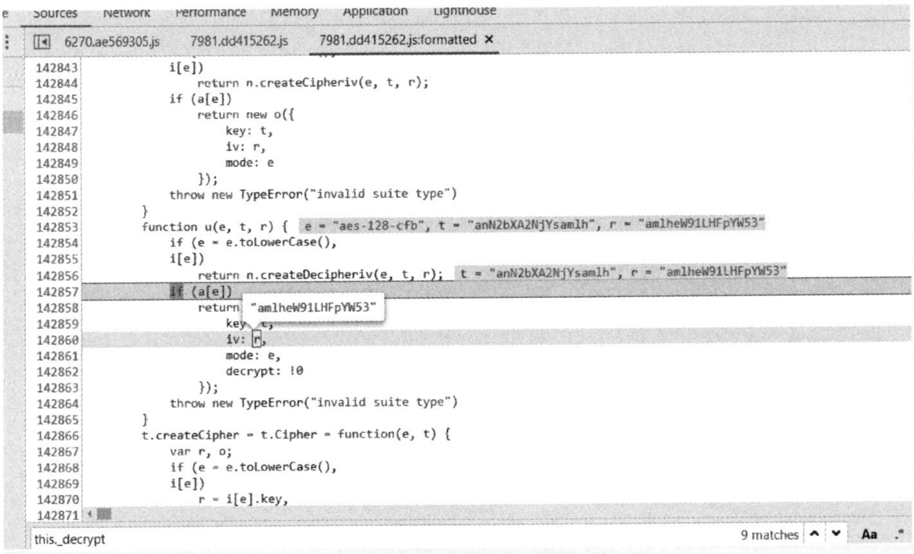

● 图 3-96

```
iv = "amlheW91LHFpYW53"
key = 'anN2bXA2NjYsamlh'
segment_size = 128
mode = AES. MODE_CFB
```

分析到这里已经完成，接下来用 Python 去还原解密即可。

```python
import base64
from Crypto.Cipher import AES

# AES-128
def decrtptlx(String):
    iv = "amlheW91LHFpYW53".encode(encoding='utf-8')
    key ='anN2bXA2NjYsamlh'.encode(encoding='utf-8')
```

```
    cryptor = AES.new(key=key, mode=AES.MODE_CFB, IV=iv, segment_size=128)
    decode = base64.b64decode(String)
    plain_text =cryptor.decrypt(decode)
    print(plain_text)
    return plain_text
```

本节内容的完整代码可到本书代码库中查看。关于 RPC 的部分到这里就结束了，大家多加练习，掌握 RPC 能够让大家快速完成一些爬虫任务。

3.10 常见协议分析

关于通信协议和传输协议这块不论是开发还是逆向都需要了解。而大家在 Js 逆向或者安卓逆向时也都会经常接触到，本来是准备单独抽出来一章进行讲解的，但是考虑到案例问题，就放置到了 Js 逆向中。先结合 Js 逆向案例和大家介绍常用的协议，以及如何进行定位分析。

常用通信协议有 http/https、Websocket/wss、TLS 等。常用数据传输协议有 json、xml、Protobuf、Tlv 等。本节内容主要讲解在爬虫开发中遇到 webSocket 协议和 Protobuf 协议的处理方法。

3.10.1 webSocket 协议

webSocket 是基于 TCP 的应用层协议，webSocket 和 wss 的关系类似 http 和 https。

webSocket 采用双向通信模式，客户端与服务器之间建立连接后，不论是客户端还是服务端都可以随时将数据发送给对方，不过每隔一段时间就发送一次心跳包维持长连接。

像常见的应用场景就是社交聊天室、股票基金实时报价、实时定位、直播间的信息流等。本节内容结合实例，带大家了解 webSocket，掌握 webSocket 的分析技巧。

1. webSocket 接口分析

测试站点很适合作为分析案例。

webSocket 测试站点：http：//coolaf. com/zh/tool/chattest

chrome 浏览器可以直接捕获到 webSocket 的数据包，只需要在 Network 中选择 WS 即可。打开测试站点，连接网站提供的 ws 接口，可以在控制台看到数据包，如图 3-97 所示。

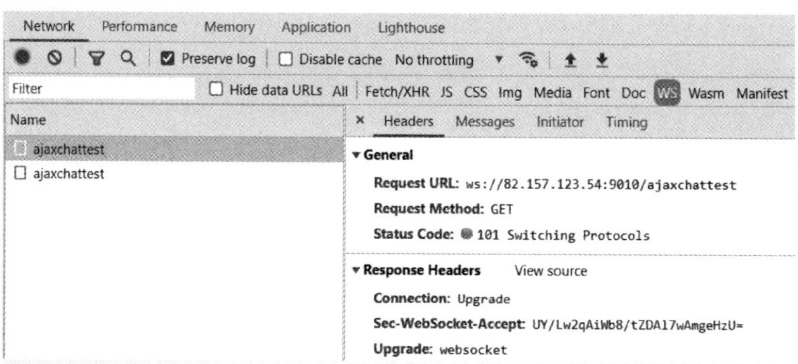

● 图 3-97

Request Headers 中有独特的参数：

Sec-WebSocket-Key：浏览器随机生成的 Base64 encode 值，可以伪造。

Sec-WebSocket-Extensions：服务端发送的头字段，请求头扩展。

Sec-WebSocket-Version：服务器的 WebSocket Draft（协议版本），不能修改。

发送一条消息，继续观察接口。可以在 Messages 中查看到 Data，其中绿色是客户端发送的，红色是接收的服务端消息，如图 3-98 所示。

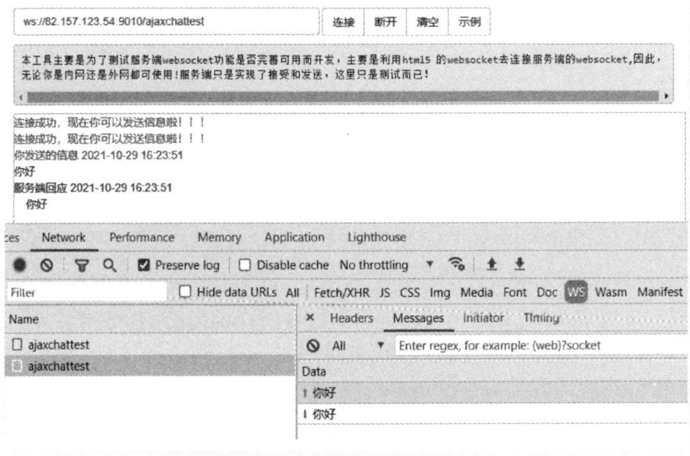

● 图 3-98

分析参数时，可以根据关键词进行全局搜索，因为在 Js 中 webSocket 这些关键词是固定的，比如搜索 message、on_message、onmessage、on_open、onopen、ws. send 等，可以让大家快速定位。

2. webSocket 弹幕分析

本小节的案例是对快手弹幕 webSocket 接口的简单分析。

在快手网站上查看弹幕需要登录，登录后通过控制台抓包，可以看到接口：

wss：//live-ws-pg-group3. kuaishou. com/webSocket

而发送的数据默认是 Hex 格式显示，单击“Hex Viewer”命令可以切换显示格式，如图 3-99 所示。

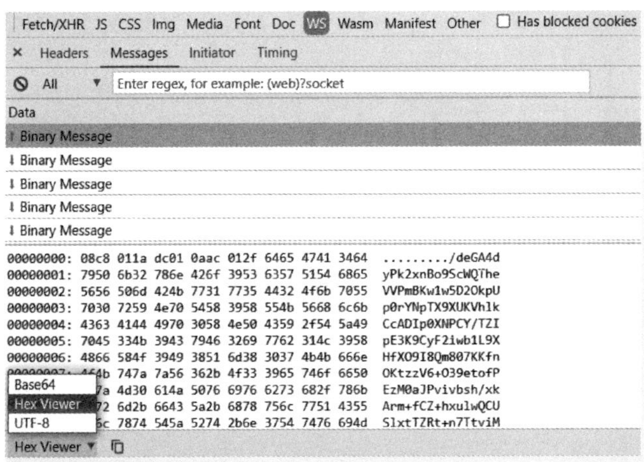

● 图 3-99

此时并不知道发送的是什么内容，但想要模拟连接，需要知道客户端具体的发送内容。将 message 以 utf-8 的格式复制出后，正是上图右侧的 .../deGA4dyPk2xnB... +Wy1lxhNbH... +0AeTXz...。按照+号进行分割，分别进行全局搜索，如图 3-100 所示。

可以发现第一部分是经过 POST 请求返回来的 token，然后是 stream_id 和 page_id。stream_id 在页面的 html 中，page_id 经过搜索得知是随机的 16 位字符+时间戳。

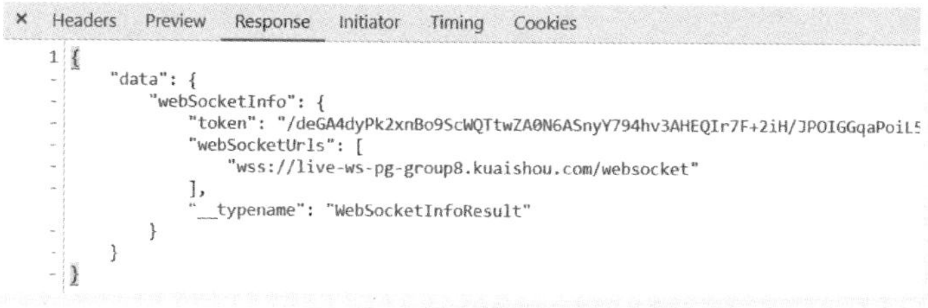

● 图 3-100

接下来要构造完成的 send 内容，字符串开头的内容也需要构造，就是 Hex Viewer 中第一行的 16 进制的 08C8、011a、dc01、0aac、012f、6465、4741、3464。将这些参数转成 16 进制和第一行内容进行拼接，就构造出了完整的 message 内容，接下来即可完成 webSocket 连接。

而服务端发送回来的数据也是经过加密的，需要进行解密。单击面板上 Message 右侧的 Initiator 堆栈调试，进入 Js 文件中全局搜索 onmessage，发现只有一处，在此处断点调试，如图 3-101 所示。

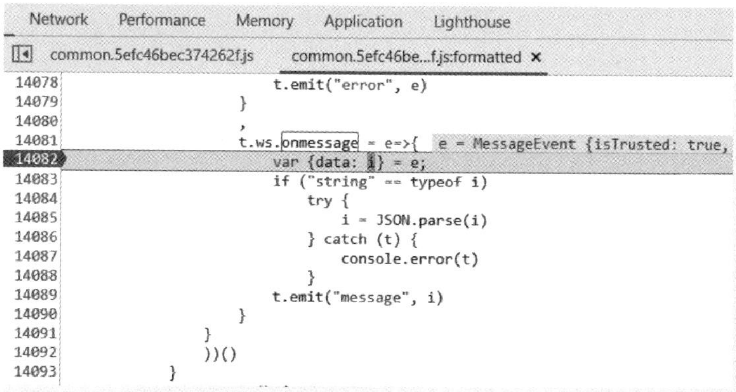

Network Performance Memory Application Lighthouse
common.5efc46bec374262f.js common.5efc46be...f.js:formatted ×
14078 t.emit("error", e)
14079 }
14080 ,
14081 t.ws.onmessage = e=>{ e = MessageEvent {isTrusted: true,
14082 var {data: i} = e;
14083 if ("string" == typeof i)
14084 try {
14085 i = JSON.parse(i)
14086 } catch (t) {
14087 console.error(t)
14088 }
14089 t.emit("message", i)
14090 }
14091 }
14092))()
14093 }

● 图 3-101

经过调试，在 10185 行找到 16 进制相关处理，比较符合解码的逻辑，所以继续断点调试，如图 3-102 所示。

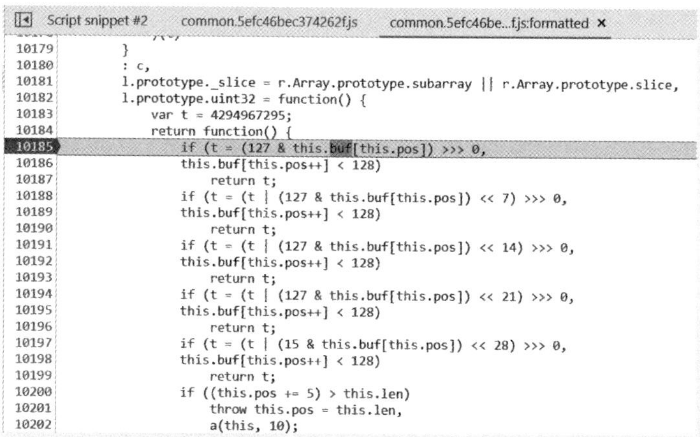

Script snippet #2 common.5efc46bec374262f.js common.5efc46be...f.js:formatted ×
10179 }
10180 : c,
10181 l.prototype._slice = r.Array.prototype.subarray || r.Array.prototype.slice,
10182 l.prototype.uint32 = function() {
10183 var t = 4294967295;
10184 return function() {
10185 if (t = (127 & this.buf[this.pos]) >>> 0,
10186 this.buf[this.pos++] < 128)
10187 return t;
10188 if (t = (t | (127 & this.buf[this.pos]) << 7) >>> 0,
10189 this.buf[this.pos++] < 128)
10190 return t;
10191 if (t = (t | (127 & this.buf[this.pos]) << 14) >>> 0,
10192 this.buf[this.pos++] < 128)
10193 return t;
10194 if (t = (t | (127 & this.buf[this.pos]) << 21) >>> 0,
10195 this.buf[this.pos++] < 128)
10196 return t;
10197 if (t = (t | (15 & this.buf[this.pos]) << 28) >>> 0,
10198 this.buf[this.pos++] < 128)
10199 return t;
10200 if ((this.pos += 5) > this.len)
10201 throw this.pos = this.len,
10202 a(this, 10);

● 图 3-102

果然跳到了 VM 中，此处便是对数据的解码过程，如图 3-103 所示。

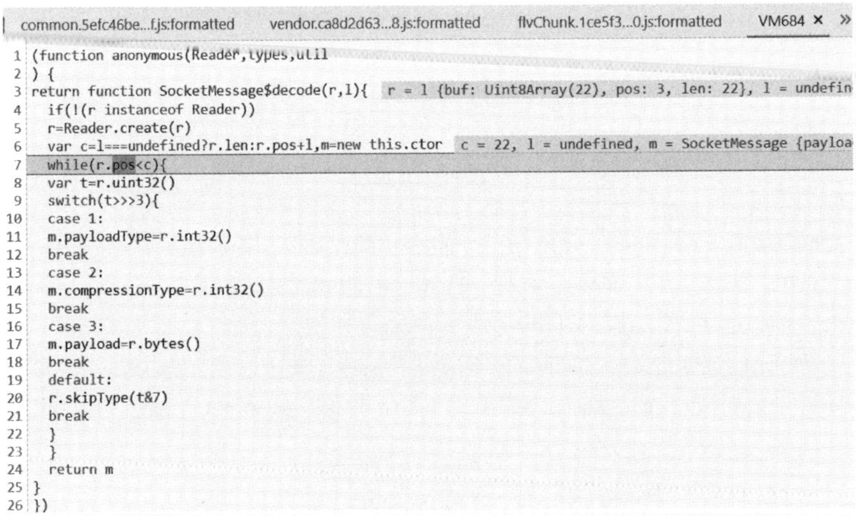

common.5efc46be...f.js:formatted
vendor.ca8d2d63...8.js:formatted
flvChunk.1ce5f3...0.js:formatted
VM684
(function anonymous(Reader,types,util
) {
return function SocketMessage$decode(r,l){
r = l {buf: Uint8Array(22), pos: 3, len: 22}, l = undefin
if(!(r instanceof Reader))
r=Reader.create(r)
var c=l===undefined?r.len:r.pos+l,m=new this.ctor
c = 22, l = undefined, m = SocketMessage {payloa
while(r.pos<c){
var t=r.uint32()
switch(t>>>3){
case 1:
m.payloadType=r.int32()
break
case 2:
m.compressionType=r.int32()
break
case 3:
m.payload=r.bytes()
break
default:
r.skipType(t&7)
break
}
}
return m
}
})

● 图 3-103

分析到这里就结束了，本节内容主要是教大家如何分析 webSoket 协议传输的数据，具体的代码还原部分就不贴在这里了，后续会上传到本书代码库中。

3. 10. 2　Protobuf 协议

数据通信协议也是非常重要的，本节内容讲解目前被应用广泛的 Protobuf 协议。Protobuf 是和 json、xml 类似的数据通信协议，它提供了高效率的序列化和反序列化机制，序列化就是把对象转换成二进制数据发送给服务端，反序列化就是将收到的二进制数据转换成对应的对象。据说在传输速度方面 Protobuf 是 Json 的 3~10 倍，是 xml 的 20~100 倍。

很多网站和 App 都采用了 Protobuf 来加速数据传输，比如某 App 的推荐流、直播数据流和一些 App 的直播间请求。本节中笔者挑出部分简单易上手的案例，带大家了解和掌握 Protobuf 协议的处理方式。

1. 万方 Protobuf 请求案例

本节案例选择的是万方知识库的请求协议，因为案例在 Web 端，接口分析和 proto 文件编写都比较简单，很适合大家自行尝试。

案例网址：https：//s. wanfangdata. com. cn/paper？ q=lxlx

首先在控制台抓包，找到看起来比较符合的接口：https：//s. wanfangdata. com. cn/SearchService. SearchService/search?

习惯性通过 Initiator 进入断点，如图 3-104 所示。

在跳转行打上断点，刷新页面，如图 3-105 所示。

查看各部分参数，如图 3-106 所示。

从控制台上打印一下这部分，发现这个就是请求参数，如图 3-107 所示。

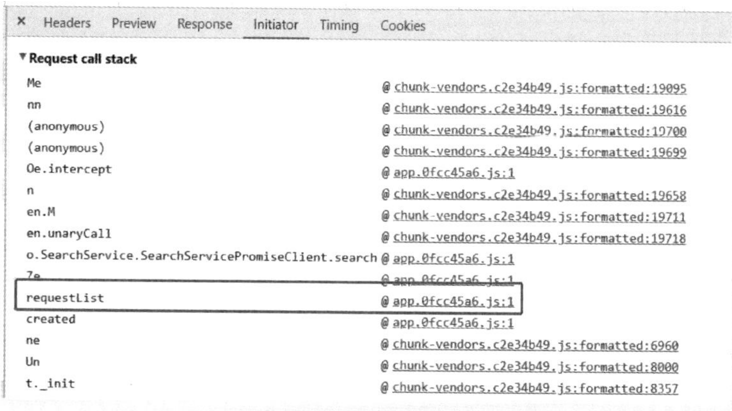

● 图 3-104

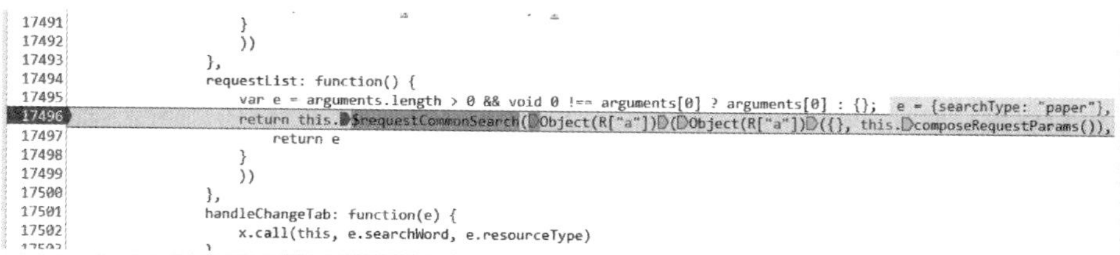

requestList: function() {
var e = arguments.length > 0 && void 0 !== arguments[0] ? arguments[0] : {}; e = {searchType: "paper"},
return this.$requestCommonSearch(Object(R["a"])(Object(R["a"])({}, this.composeRequestParams()),
return e
handleChangeTab: function(e) {
x.call(this, e.searchWord, e.resourceType)

● 图 3-105

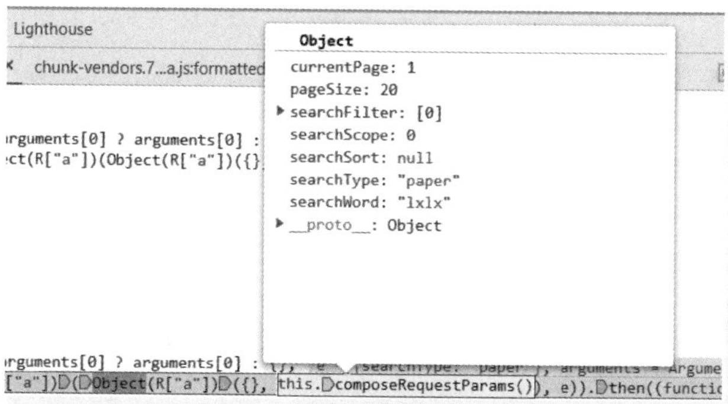

● 图 3-106

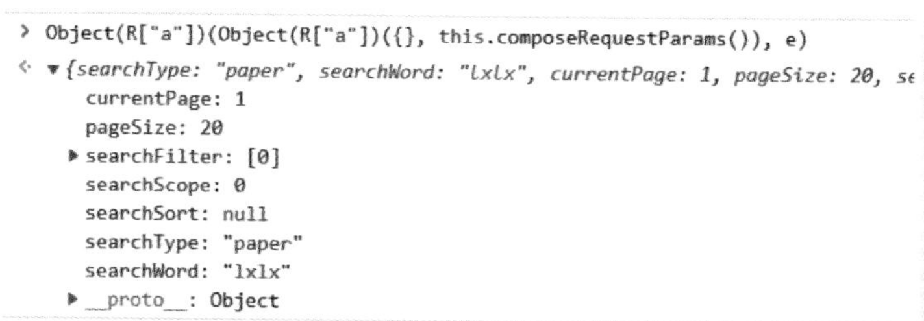

● 图 3-107

然后跟着断点往下查看，如图 3-108 所示。

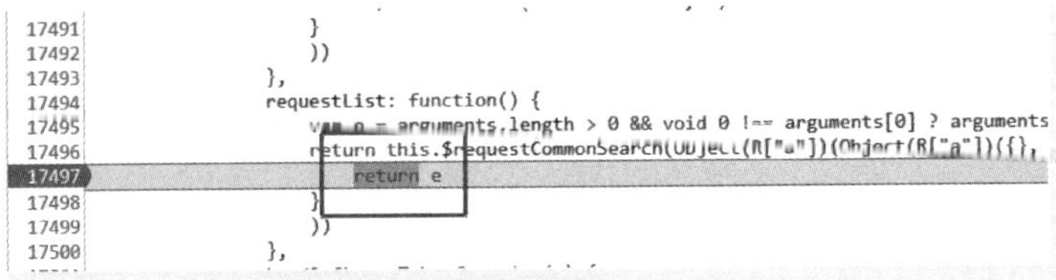

● 图 3-108

可以发现这里的 e 就是返回的数据，如图 3-109 所示。

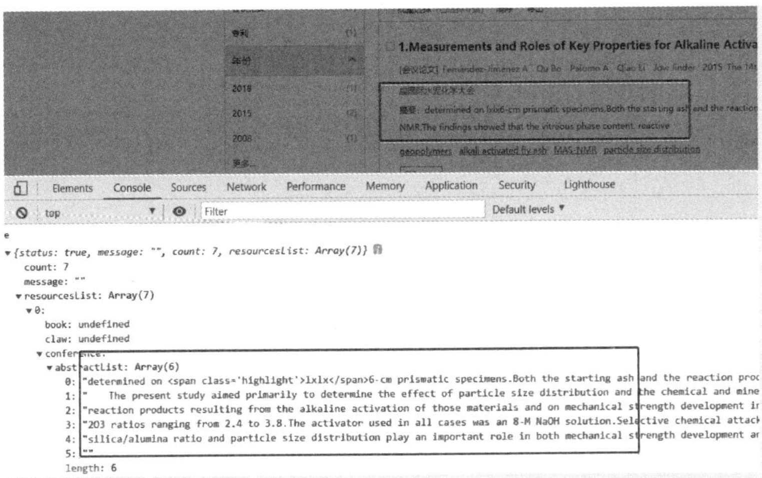

● 图 3-109

找到请求信息和返回信息后，可以按照对应格式构建一个 Protobuf 文件。

通过断点，已知原始的请求参数为：

```
params = {
    'searchtype':"paper",
    'searchWord':'lxlx',
    'currentPage':'1',
    'pageSize':'20',
    'searchFilter':[0],
    'searchScope':'0',
    'searchSort':'null'
}
```

那么要编写的 proto 文件内容为：

```
syntax = "proto3";

message SearchService {
    enum SearchScope {
        A = 0;
    }
    enum SearchFilter {
        B = 0;
    }
```

```
    message CommonRequest {
        string searchType = 1;
        string searchWord = 2;
        int32 currentPage = 3;
        int32 pageSize = 4;
        SearchScope searchScope = 5;
        repeated SearchFilter searchFilter = 6;
    }

    message SearchRequest {
        CommonRequest commonrequest = 1;
    }
}
```

然后用 protoc 编译成 PY 文件，如图 3-110 所示。

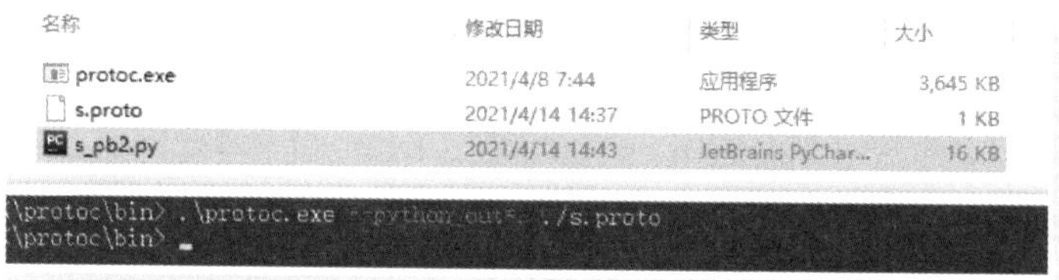

● 图 3-110

命令：. \ protoc. exe --Python_out=. . / s. proto。

编译后的文件为 s_pb2. PY。

```
import s_pb2 as pb
search_request = pb. SearchService. SearchRequest ( )
search_request. commonrequest. searchType = " paper"
search_request. commonrequest. searchWord = 'lxlx'
search_request. commonrequest. searchScope = 0
search_request. commonrequest. currentPage = 1
search_request. commonrequest. pageSize = 20
search_request. commonrequest. searchFilter. Append ( 0 )
bytes_body = search_request. SerializeToString ( )
print ( bytes_body )
```

输出的内容和浏览器基本一致，如图 3-111 所示。

下面用代码测试请求，经过测试可以成功返回数据，如图 3-112 所示。

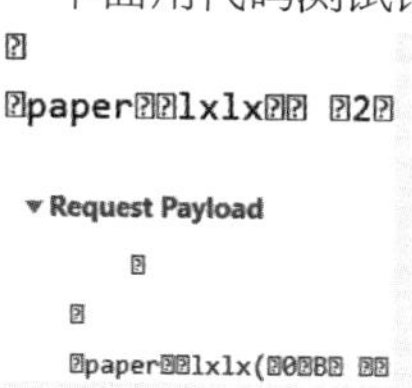

● 图 3-111

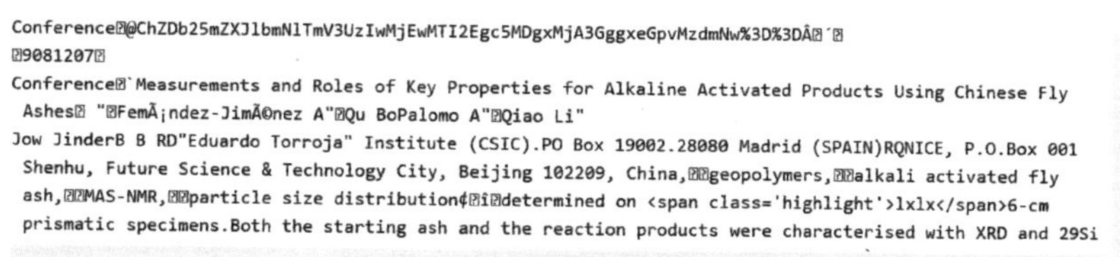

Measurements and Roles of Key Properties for Alkaline Activated Products Using Chinese Fly
Institute (CSIC).PO Box 19002.28080 Madrid (SPAIN)RQNICE, P.O.Box 001
Shenhu, Future Science & Technology City, Beijing 102209, China,
prismatic specimens.Both the starting ash and the reaction products were characterised with XRD and 29Si

● 图 3-112

关于如何解析返回的 Protobuf 数据，逻辑是一样的，按照上面 Js 拦截到的返回格式，构建一个 proto 文件，然后编译成 py 文件调用。代码可以在 Github 的 lxSpider 仓库查看。

2. 抖音 Protobuf 解析案例

本节案例是基于抖音 Web 直播数据的 Protobuf 协议解析。

抓包查看数据可以发现，该数据具有关键词 WebxxxxMessage，直接全局搜索 message。可以发现相关方法都在 common-utils-message. js 中。而网站定义的 proto 文件也在 Js 中。

想要解析经过序列化的响应数据内容，就需要定义一个相同的 proto 文件。为要序列化的每个数据结构添加条 message，然后为 message 中的每个字段指定一个名称和类型。而名称和类型在上面已经给出来了。

通过图 3-113 的 ChatMessage，可以直接在本地进行编写。

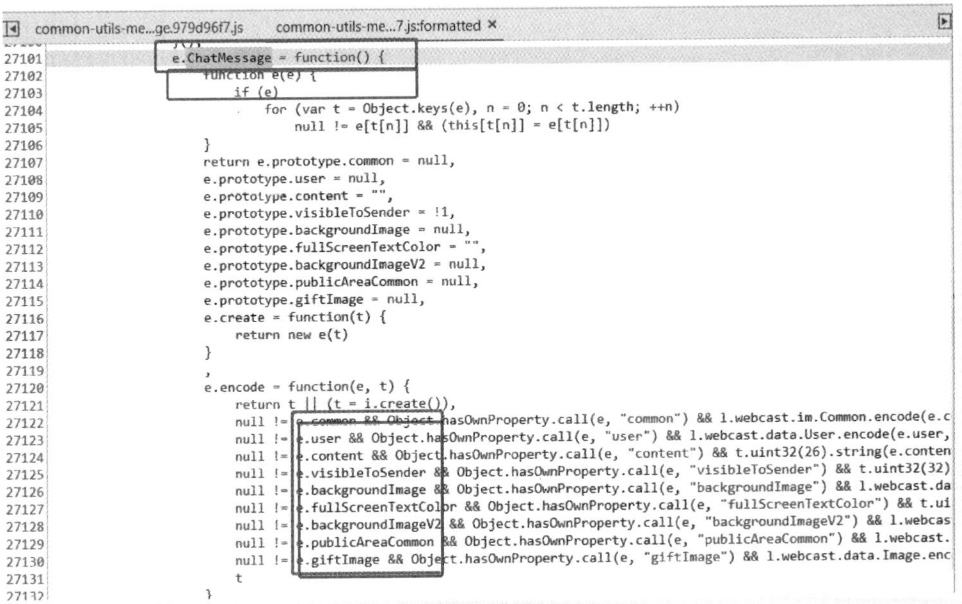

common-utils-me...ge.979d96f7.js
common-utils-me...7.js:formatted
e.ChatMessage = function() {
function e(e) {
if (e)
for (var t = Object.keys(e), n = 0; n < t.length; ++n)
null != e[t[n]] && (this[t[n]] = e[t[n]])
}
return e.prototype.common = null,
e.prototype.user = null,
e.prototype.content = "",
e.prototype.visibleToSender = !1,
e.prototype.backgroundImage = null,
e.prototype.fullScreenTextColor = "",
e.prototype.backgroundImageV2 = null,
e.prototype.publicAreaCommon = null,
e.prototype.giftImage = null,
e.create = function(t) {
return new e(t)
}
,
e.encode = function(e, t) {
return t || (t = i.create()),
null != e.common && Object.hasOwnProperty.call(e, "common") && l.webcast.im.Common.encode(e.c
null != e.user && Object.hasOwnProperty.call(e, "user") && l.webcast.data.User.encode(e.user,
null != e.content && Object.hasOwnProperty.call(e, "content") && t.uint32(26).string(e.conten
null != e.visibleToSender && Object.hasOwnProperty.call(e, "visibleToSender") && t.uint32(32)
null != e.backgroundImage && Object.hasOwnProperty.call(e, "backgroundImage") && l.webcast.da
null != e.fullScreenTextColor && Object.hasOwnProperty.call(e, "fullScreenTextColor") && t.ui
null != e.backgroundImageV2 && Object.hasOwnProperty.call(e, "backgroundImageV2") && l.webcas
null != e.publicAreaCommon && Object.hasOwnProperty.call(e, "publicAreaCommon") && l.webcast.
null != e.giftImage && Object.hasOwnProperty.call(e, "giftImage") && l.webcast.data.Image.enc
t
}

● 图 3-113

根据 e. encode 内容定义 proto 文件：

```
messageChatMessage{
  Common common = 1;
  User user = 2;
  string content = 3;
  bool visibleToSender = 4;
  Image backgroundImage = 5;
  string fullScreenTextColor = 6;
  Image backgroundImageV2 = 7;
  PublicAreaCommon publicAreaCommon = 9;
  Image giftImage = 10;
}
```

再比如这个 GiftMessage，如图 3-114 所示。

则 proto 文件内容如下：

```
,
e.decode = function(e, t) {
    e instanceof r || (e = r.create(e));
    for (var n = void 0 === t ? e.len : e.pos + t, o = new l.webcast.im.GiftMessage; e.pos < n;
        var i = e.uint32();
        switch (i >>> 3) {
        case 1:
            o.common = l.webcast.im.Common.decode(e, e.uint32());
            break;
        case 2:
            o.giftId = e.int64();
            break;
        case 3:
            o.fanTicketCount = e.int64();
            break;
        case 4:
            o.groupCount = e.int64();
            break;
        case 5:
            o.repeatCount = e.int64();
            break;
        case 6:
            o.comboCount = e.int64();
            break;
        case 7:
            o.user = l.webcast.data.User.decode(e, e.uint32());
            break;
        case 8:
```

● 图 3-114

```
messageGiftMessage{
    repeated Common common=1;
    uint64 giftId=2;
    uint64 fanTicketCount=3;
    uint64 groupCount=4;
    uint64 repeatCount=5;
    uint64 comboCount=6;
    repeated User user=7;
    repeated User toUser=8;
    int32repeatEnd = 9;
    TextEffect textEffect = 10;
    int64groupId = 11;
    int64incomeTaskgifts = 12;
    int64roomFanTicketCount = 13;
}
```

想还原哪个方法，就按 Js 中的内容进行修改。

完整的 proto 文件示例如下：

```
syntax = "proto3";

message test{
    repeated Message message =1;
    string cursor =2;
    uint64 fetchInterval=3;
    uint64 now=4;
    string internalExt=5;
    int32 fetchType=6;
}
```

```
message Message{
    string method=1;
    bytes payload=2;
    uint64 msgId=3;
    int32 msgType=4;
    uint64 offset=5;
    int64 rankScore = 7;
    int64 topUserNo = 8;
    int64 enterType = 9;
    int64 action = 10;
    int64 userId = 12;
    string popStr = 14;
}
message WebcastMemberMessage{
    repeated Common common=1;
    repeated User user=2;
    uint64 memberCount=3;
    repeated User operator=4;
    bool isSetToAdmin=5;
    bool isTopUser=6;
}
message WebcastLikeMessage{
    repeated Common common=1;
    uint64 count=2;
    uint64 total=3;
    uint64 color=4;
    repeated User user=5;
    string icon=6;
}
message WebcastChatMessage{
    repeated Common common=1;
    repeated User user=2;
    string content=3;
    bool visibleToSender = 4;
    string fullScreenTextColor = 6;
}

message WebcastGiftMessage{
    repeated Common common=1;
    uint64 giftId=2;
    uint64 fanTicketCount=3;
    uint64 groupCount=4;
    uint64 repeatCount=5;
    uint64 comboCount=6;
    repeated User user=7;
    repeated User toUser=8;
}

message Common{
    string method=1;
```

```
    uint64 msgId=2;
    uint64 roomId=3;
    uint64 createTime=4;
    int32 monitor=5;
    bool isShowMsg=6;
    string describe=7;
    uint64 foldType=9;
}

message User{
  int64 id = 1;
  int64shortId = 2;
  string nickname = 3;
  int32 gender = 4;
  string signature = 5;
  int32 level = 6;
  int64 birthday = 7;
  string telephone = 8;
  bool verified = 12;
  int32 experience = 13;
  string city = 14;
  int32 status = 15;
  int64 createTime = 16;
  int64 modifyTime = 17;
  int32 secret = 18;
  string shareQrcodeUri = 19;
  int32 incomeSharePercent = 20;
}
```

定义好了之后，需要转换成 py 文件才能调用。这里需要使用 protoc. exe 把 xx. proto 文件编译为 xx_pb2. py。命令：protoc. exe --Python_out=. ./xx. proto。

调用示例：

```
from google.Protobuf.json_format import MessageToDict
from xx_pb2 import *
import base64

def on_message(data):
    danmu_resp = test()
    danmu_resp.ParseFromString(data)
    Message =MessageToDict(danmu_resp, preserving_proto_field_name=True)
    for message in Message["message"]:
        method = message["method"]
        payload =bytes(base64.b64decode(message["payload"].encode()))
        if method == "WebcastMemberMessage":
            menber_message = WebcastMemberMessage()
            menber_message.ParseFromString(payload)
            mes=MessageToDict(menber_message, preserving_proto_field_name=True)
            print(mes)
        elif method == "WebcastLikeMessage":
            ...
```

现在已经完成了 Python 对 Protobuf 序列化数据的解析。

3.11 常见反调试

所谓的反调试笔者的理解是，只要影响正常调试的都属于反调试，包括压缩混淆加密，以及本节内容中的无限 debugger、控制台状态检测、蜜罐和内存爆破。

3.11.1 无限 Debugger

部分网页在通过控制台查看请求信息时，总是被自动断点到一串代码处无限 debugger。应对这种反抓包措施，笔者总结了四种方案。其中方案一和方案二并不能应对所有场景，有的无限 debugger 是经过混淆后通过定时器来实现的，需要修改 Js 代码解决，如图 3-115 所示。

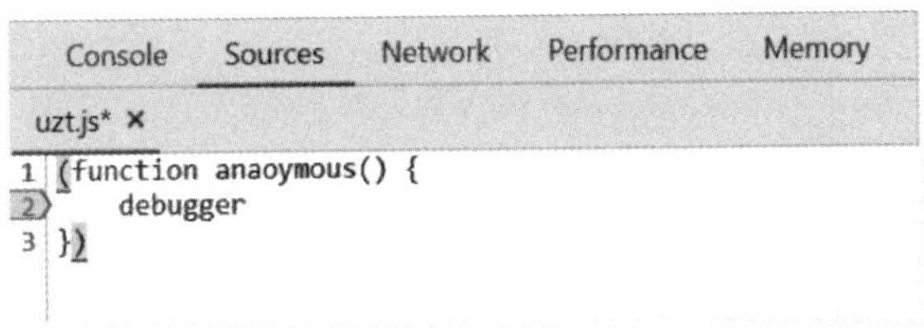

● 图 3-115

方案一：添加条件断点。

在 debugger 行数的位置单击鼠标右键，选择【**add conditional breakpoint**（添加条件断点）】命令，添加**false**，然后按 Enter 键，刷新网页后发现成功跳过无限 debugger。

方案二：禁用某处断点。

在 debugger 行数的位置单击鼠标右键，选择【Never paush here（禁用此处断点）】命令，刷新网页后发现成功跳过无限 debugger。

方案三：利用中间人修改响应文件。

把 Js 文件保存到本地进行修改，修改范围主要是将 debugger 相关代码删除或者改写，修改后使用 chrome 控制台或者 fiddler、charles、mitmproxy 等工具动态拦截并替换 Js 文件。

方案四：注入代码到 Js 文件。

像在“加密参数定位方法”中的注入方法一样，通过编写插件来注入 Js 代码。比如支持本地映射的 Google（谷歌）插件 ReRes，通过注入 Js 来进行拦截和替换。

或者直接在控制台中重置定时任务，比如下面这段代码，如果网页的定时 debug 时间为 3000 毫秒，那么就修改方法，当参数为 3000 时，就让它返回一个空方法，等于覆盖了原有的定时任务。

```
var setInterval_ = setInterval
setInterval = function (func, time){
    if (time == 3000){
        return function () {};
    }
    return setInterval_(func, time)
}
```

3.11.2 无法打开控制台

如果只是单纯的抓包，碰到按 F12 键无法打开控制台时，使用抓包工具即可。但是有时候需要断点调试，连控制台都无法打开实在是叩阍无路。

下面总结了几种解决方法：

（1）如果按 F12 键没反应，可以选中域名栏，再按 F12 键就调出控制台了。

（2）打不开就切换浏览器。换火狐或者其他浏览器，还不行就换 IE 浏览器。

（3）打开控制台就关闭页面。这种情况可以使用之前提到的 chrome 插件来注入代码定位参数，在页面关闭之前进行断点。

（4）打开控制台就跳转到某页面。这种情况是网站做了触发检测限制，可以使用页面事件监听断点，event listener breakpoints。

3.11.3 禁用控制台输出

为了防止调试，部分网站可能会禁止控制台输出，简单的方法是重新定义日志函数，比如 var console = {} 或者 console.log = function() {} 等同于禁用了日志输出。

解决方法也是找到对应的 Js 代码，进行删除或者替换即可。

3.11.4 蜜罐和内存爆破

蜜罐是指 Js 代码中有大量无用代码、花指令，影响正常的代码逻辑分析。可以先对 Js 文件的代码块进行分析，正常代码都是会互相关联的，而无用代码大都是单独一块或者多块，删除之后不会影响页面运行。花指令在汇编中使用得比较多，比如一些调用、跳转指令，通常会引导大家进入错误的调用逻辑中。

内存爆破的场景是在调试 Js 时，或者打开控制台，或者格式化 Js 代码后，浏览器就会卡顿崩溃。这种情况的主要原因是有监测状态的代码，比如监测到控制台打开后，会循环执行一段占用内存的代码或者能让浏览器内存溢出的代码，促使内存爆破无法正常调试。

本小节分享一个快速定位蜜罐和内存爆破位置的技巧。在断点后进行调试，如果浏览器开始卡顿，就单击控制台右上角的暂停按钮，然后查看 Call Stack 调用栈，直接定位到发生卡顿的代码位置，如图 3-116 所示。

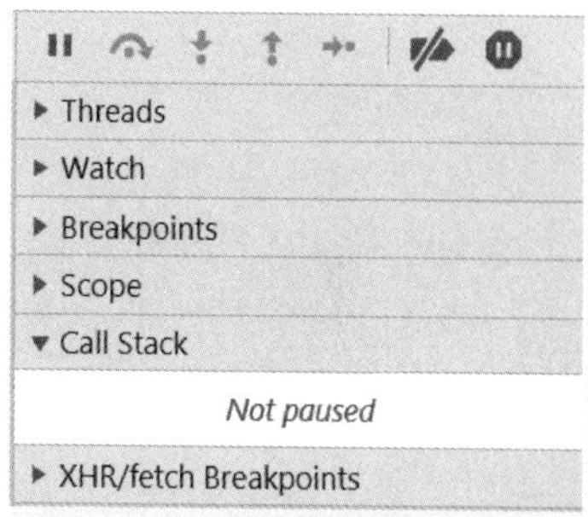

● 图 3-116

然后分析该段代码，可进行代码删除或者替换。替换 Js 文件的方法有很多，可以通过抓包工具来替换，也可以通过浏览器控制台的 Overrides 将 Js 保存到本地并且覆盖网站的 Js 文件，如图 3-117 所示。

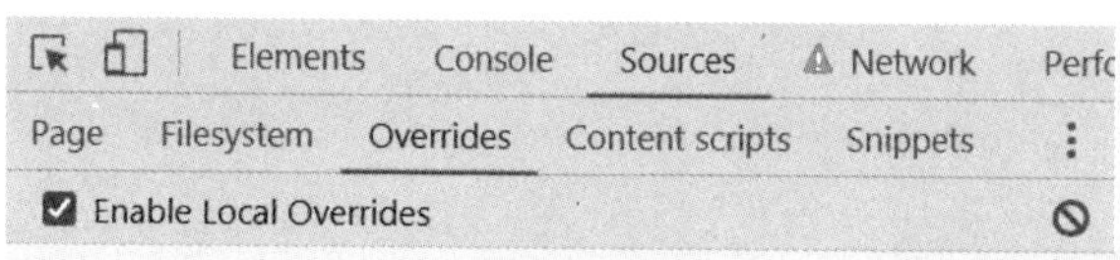

● 图 3-117

方法如下，先通过 Overrides 创建一个本地文件夹，然后使用鼠标右键单击对应的 Js 文件，选择“Save for overrides”命令，如图 3-118 所示。

然后把格式化后的代码复制到创建的文件中，就可以进行修改了，修改后需要按 Ctrl+s 快捷键进行保存，并且刷新页面后才能执行。

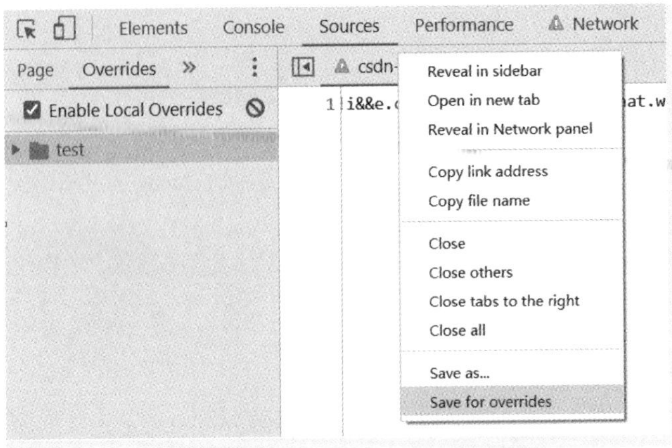

● 图 3-118

3.11.5 控制台状态检测

一般是检测控制台是否启用，如果启用，会让代码进行无限 debugger 或者进入错误逻辑中，或者直接死循环导致界面卡死。这些带来的影响及应对方法在上面的小节中已经有所说明。本节来讲述常用的检测方式，给大家的知识面做一下补充。

检测方式包括但不限于键盘监听、浏览器窗口高度差值检测、DevTools 检测、代码运行时间差值检测、代理对象检测。

键盘监听是用来检测是否按下了 F12 键或者其他适用于调试时的快捷键。浏览器窗口高度差值检测是根据浏览器窗口和页面浏览的比值来进行判断。

DevTools 检测是利用 div 元素的 id 属性，当 div 元素被发送至控制台，例如 console. log（div）时，浏览器会自动尝试获取其中的元素 id。如果代码在调用了 console. log 之后又调用了 getter 方法，说明控制台当前正在运行。

代码运行时间差值检测是通过两段代码执行的时间差来判断是否处于 debugger 状态。

代理对象在环境监测的章节中有所讲解，如果对对象使用了代理，浏览器就能通过 toString( ) 方式判断是否被调用，因为对象未定义时该方法会报错。当然解决方式是给对象添加一个 toString 方法。

3.12 调试工具补充

虽然在大部分场景下直接使用 chrome 控制台进行调试就能完成任务，但是有些时候可以使用 Js 调试工具的附加功能来提高调试速度。

3.12.1 WT-JS 调试工具

WT-JS_DEBUG 调试器内置了诸多调试函数，有很多加密函数库，基本满足使用需求，如图 3-119 所示。

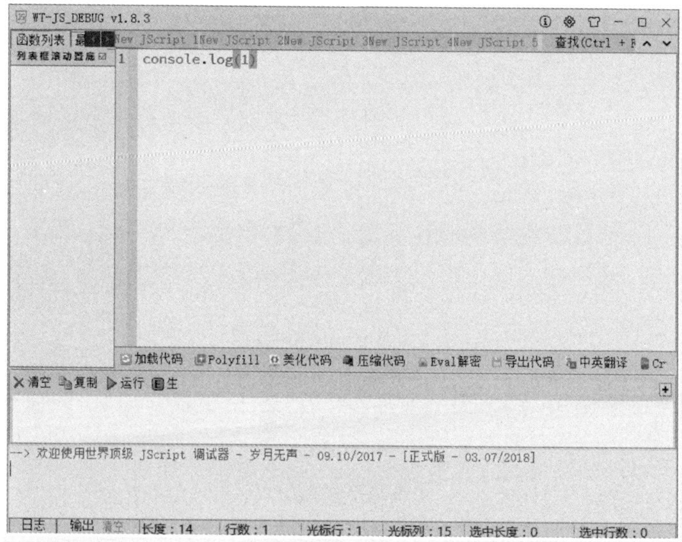

● 图 3-119

3.12.2 发条 JS 调试工具

发条 JS 也是一款非常好用的调试工具，支持对 Js 代码进行压缩、查找、解密、格式化等，如图 3-120 所示。

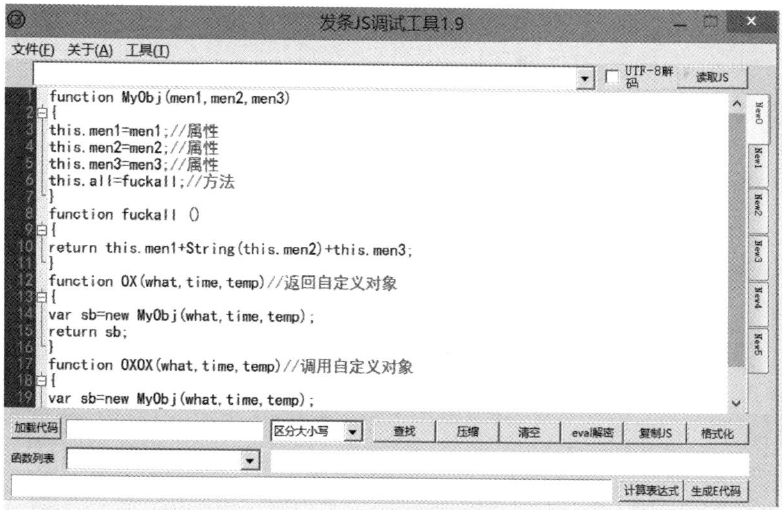

● 图 3-120

3.12.3 鬼鬼 JS 调试工具

鬼鬼 JS 是目前使用较多的调试工具，同样支持代码格式化、加解密，也可以选择不同的运行方式，如图 3-121 所示。

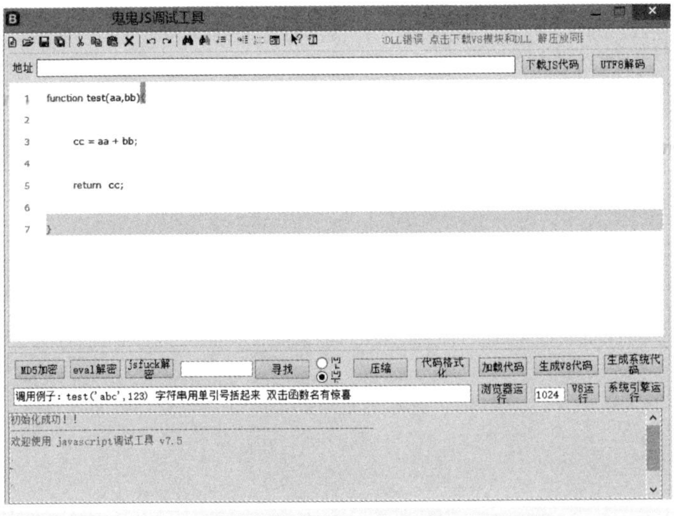

● 图 3-121

3.13 反混淆 AST

反混淆的开源工具和脚本有很多，本来想一笔带过，奈何 AST 的应用场景越来越多，本节内容就来分享一下 AST 语法树在反混淆上的应用。

本节部分内容参考自：https：//Github. com/coder-gao/spider

AST 是抽象语法树，在 Js 逆向中，可以通过 AST 把 Js 代码拆解为一棵层次分明的树结构。如果想熟练掌握，需要学习 Babel 解析库，这里不过多讲解了。

AST 在线解析：https：//astexplorer. net/

AST 解析库 Babel：https：//Github. com/jamie-builds/babel-handbook

接下来用在线解析网站看一下把函数转换成 AST 之后的样子，如图 3-122 所示。

在输入栏写上 Js 代码：var lx = "hello lx !"。

可以看到一个类似 json 格式的树结构，其中 Program 是程序主体，body 是树的主体，Variable-Declarator 是变量声明，kind 是声明变量的语句 var，Value 即是笔者定义的变量名。可以发现，AST 把一句 Js 代码拆

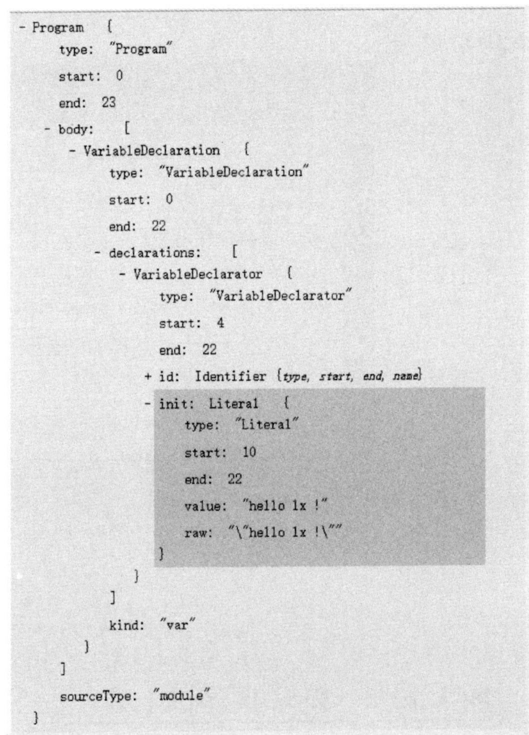

● 图 3-122

分成了最原始的结构化，这在分析复杂的混淆代码时会有帮助。

3.13.1 节点类型对照表

节点类型对照表如表 3-16 所示。

表 3-16 节点类型对照表

类型原名称	中文名称	简介
Program	程序主体	代码的主体
VariableDeclaration	变量声明	var、let、const
FunctionDeclaration	函数声明	function
ExpressionStatement	表达式语句	调用函数
BlockStatement	块语句	包裹在{}块内的代码
BreakStatement	中断语句	break
ContinueStatement	持续语句	continue
ReturnStatement	返回语句	return
SwitchStatement	Switch 语句	switch
SwitchCase	Case 语句	Case
IfStatement	控制流语句	If、else
BinaryExpression	二进制表达式	运算
ArrayExpression	数组表达式	[1, 2, 3]
NewExpression	New 表达式	New
AssignmentExpression	赋值表达式	
UpdateExpression	更新表达式	更新成员值
BooleanLiteral	布尔型	true、false
NumericLiteral	数字型	
StringLiteral	字符串	

3.13.2 节点属性和方法

节点属性和方法，如表 3-17 所示。

表 3-17 节点属性和方法

名称	简介	备注
node	节点	属性
parent	父节点	属性
scope	作用域	属性
get	获取子节点属性	方法
findParent	向父节点搜寻节点	方法
getSibling	获取兄弟路径	方法

（续）

名　称	简　介	备　注
getFunctionParent	获取包含该节点最近父路径的方法	方法
getStatementParent	获取最近 Statement 类型的父节点	方法
replaceWith	用 AST 节点替换该节点	方法
replaceWithSourceString	用源码解析后 AST 替换该节点	方法
insetBefore	在兄弟节点前插入节点	方法
insetAfter	在兄弟节点后插入节点	方法
remove	删除节点	方法
pushContainer	把 AST 节点 push 到节点属性中	方法

3.13.3　拆解简单 ob 混淆

ob 在线混淆网站：https：//obfuscator.io/

原始 Js 语句：

```
function hi () {
    console .log ("Hello World!");
}
hi ();
```

混淆后的代码，如图 3-123 所示。

● 图 3-123

代码格式化，如图 3-124 所示。

然后粘贴到 https：//astexplorer.net/中，如图 3-125 所示。

两段 type 为 ExpressionStatement 的调用函数，三段 type 为 FunctionDeclaration 的方法。而方法 hi( ) 中，没有参数和返回值，在 body 下有 VariableDeclaration 变量声明和 ExpressionStatement 调用函数。在 AST 中查看所有 name 和 type，name 为 hi、type 为 Identifier 的只有 hi 方法和末尾调用时，其他代码中并没有出现，则可以初步认为其他代码和 hi( ) 函数没有相关性。此时可以删除多余代码进行调试。

```
(function(_0x1d9fa4, _0x231f85) {
    var _0x7cb8ac = _0x3419
      , _0x138f1d = _0x1d9fa4();
    while (!![]) {
        try {
            var _0x5cab59 = parseInt(_0x7cb8ac(0x1b9)) / 0x1 + -parseInt(_0x7cb8ac(0x1b8)) / 0x2 * (parseInt(_0x7cb
            if (_0x5cab59 === _0x231f85)
                break;
            else
                _0x138f1d['push'](_0x138f1d['shift']());
        } catch (_0x4e4e54) {
            _0x138f1d['push'](_0x138f1d['shift']());
        }
    }
}(_0x4cbc, 0x9e566));
function hi() {
    var _0x601e2d = _0x3419;
    console[_0x601e2d(0x1ae)]('Hello\x20World!');
}
function _0x3419(_0x3b4311, _0x29b4b8) {
    var _0x4cbc8b = _0x4cbc();
    return _0x3419 = function(_0x3419a3, _0xfd65d) {
        _0x3419a3 = _0x3419a3 - 0x1ae;
        var _0x4a8530 = _0x4cbc8b[_0x3419a3];
        return _0x4a8530;
    }
    ,
    _0x3419(_0x3b4311, _0x29b4b8);
}
function _0x4cbc() {
    var _0x356e39 = ['4763916FVvVfE', '6677073VfDSRM', '30RmsaV', '70NaNiqm', '7csIsNY', '2128841HisHcU', '10bpFtge
    _0x4cbc = function() {
        return _0x356e39;
    }
    ;
    return _0x4cbc();
}
hi();
```

● 图 3-124

```
- Program {
    type: "Program"
    start: 0
    end: 1501
  - body: [
      + ExpressionStatement {type, start, end, expression}
      - FunctionDeclaration {
          type: "FunctionDeclaration"
          start: 810
          end: 906
        + id: Identifier {type, start, end, name}
          expression: false
          generator: false
          async: false
          params: [ ]
        - body: BlockStatement {
              type: "BlockStatement"
              start: 824
              end: 906
            - body: [
                + VariableDeclaration {type, start, end, declarations, kind}
                + ExpressionStatement {type, start, end, expression}
              ]
          }
        }
      + FunctionDeclaration {type, start, end, id, expression, ... +4}
      + FunctionDeclaration {type, start, end, id, expression, ... +4}
      + ExpressionStatement {type, start, end, expression}
    ]
```

● 图 3-125

3.13.4 用 AST 还原代码

当然复杂的混淆代码是不容易分析的，可以利用 AST 来还原字符串、控制流、运算表达式，还有替换函数解密、构造节点、参数还原、对象还原等。比如还原字符串是将\x11\x12\x13 转变为可识别字符串；删除无用变量是根据变量长度来判断是否被使用。

下面使用 babel 解析库来进行代码还原示例：

```
const parser = require("@ babel/parser");
const template = require("@ babel/template").default;
const traverse = require("@ babel/traverse").default;
const t = require("@ babel/types");
const generator = require("@ babel/generator").default;
const fs = require("fs");
const path = require('path');
// lx.js 是被混淆的 js 文件
var jscode = fs.readFileSync("lx.js" { encoding:"utf-8"});

const visitor_string = {
    'StringLiteral |NumericLiteral'(path) {
        delete path.node.extra
    }
};

const visitor_number = {
    'UnaryExpression'(path) {
        const {value} = path.evaluate();
        switch (typeof value) {
            case 'boolean':
                path.replaceWith(t.BooleanLiteral(value))
break;
                case 'string':
                path.replaceWith(t.StringLiteral(value))
                break;
            case 'number':
                path.replaceWith(t.NumericLiteral(value))
                break;
            default:
                break;
        }
    }
}
const visitor_function = {
    MemberExpression(path) {
        let property = path.get('property')
        if (property.isStringLiteral()) {
            let value = property.node.value;
            path.node.computed =false
            property.replaceWith(t.Identifier(value))
        }
```

```
        }
    };
const visitor_del_cons =
        {
            VariableDeclarator(path) {
                const {id} = path.node;
                const binding = path.scope.getBinding(id.name);
                if (! binding ||binding.constantViolations.length > 0) {
                    return;
                }
                if (binding.referencePaths.length === 0) {
                    path.remove();
                }
            },
        }

const visitor_eval =
        {
            CallExpression(path)
            {
                let {callee,arguments} = path.node;
                if (! t.isIdentifier(callee,{name:'eval'})) return;
                if (arguments.length !== 1 || ! t.isStringLiteral(arguments[0])) return;
                let value = arguments[0].value;
                path.replaceWith(t.Identifier(value));
            },
        }

//将 Js 源码转换成语法树
let ast = parser.parse(jscode);
traverse(ast, visitor_string);                      //识别字符串
traverse(ast, visitor_number);                      //计算表达式 !! [] -> true
traverse(ast, visitor_function);                    //将 a["length"]转为 a.length
traverse(ast, visitor_del_cons);                    //删除未被调用的变量
traverse(ast, visitor_eval);                        //处理 eval 函数
let {code} = generator(ast, {jsescOption:{"minimal":true}});
fs.writeFile('lx_decoded.js', code, (err) => {});
```

当然还有复杂的处理，比如去除 for-swith 控制流，通过遍历 for 语句，然后根据特征进行判断。

```
const visitor =
    {
        ForStatement(path) {
            const { init, update, test, body } = path.node;
            if (
                ! t.isVariableDeclaration(init) ||
                ! t.isBinaryExpression(test) ||
                update !== null
            )
                return;
```

```
let declaration = init.declarations[0];

const init_name = declaration.id.name;
let init_value = declaration.init.value;
let { left, right, operator } = test;
//判断特征
if (
    ! t.isIdentifier(left, { name:init_name }) ||
    operator !== "!=" ||
    ! t.isNumericLiteral(right)
)
    return;

let test_value = right.value;
let switch_body = body.body[0];

//判断特征
if (! t.isSwitchStatement(switch_body)) return;
let { discriminant, cases } = switch_body;

if (! t.isIdentifier(discriminant, { name:init_name })) return;
let ret_body = [];
let end_flag = false;

while (init_value !== test_value) {
    if (end_flag === true) {
        break;
    }

    for (const each_case of cases) {
        let { test, consequent } = each_case;
        if (init_value !== test.value) {
            continue;
        }
        if (t.isContinueStatement(consequent[consequent.length - 1])) {
            consequent.pop();
        }
        if (t.isExpressionStatement(consequent[consequent.length - 1])) {
            let { expression } = consequent[consequent.length - 1];
            if (t.isAssignmentExpression(expression)) {
                let { left, right, operator } = expression;
                if (t.isIdentifier(left, { name:init_name })) {
                    init_value = right.value;
                    consequent.pop();
                }
            }
        }
        if (t.isReturnStatement(consequent[consequent.length - 1])) {
            end_flag = true;
        }
        ret_body = ret_body.concat(consequent);
        break;
    }
```

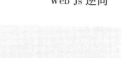

```
            }
            path.replaceInline(ret_body);
        }
    }
```

下面通过代码块来进行测试。

```
function test() {
  for (var inDex = 0; inDex != 5;) {
    switch (inDex) {
      case 0:
        console.log("This is case-block 0");
        inDex = 3;
        continue;

      case 1:
        console.log("This is case-block 1");
        return;
        inDex = 5;
        continue;

      case 2:
        console.log("This is case-block 2");
        inDex = 1;
        continue;

      case 3:
        console.log("This is case-block 3");
        inDex = 4;
        continue;

      case 4:
        console.log("This is case-block 4");
        inDex = 2;
        continue;
    }
    break;
  }
}
```

去除控制流之后的代码如下：

```
function test() {
    console.log("This is case-block 0");
    console.log("This is case-block 3");
    console.log("This is case-block 4");
    console.log("This is case-block 2");
    console.log("This is case-block 1");
    return;
}
```

本节只是做了简单的介绍，AST 还有很多的增删改功能和代码还原方法，需要大家自行查找资料，笔者会把一些封装好的代码上传到代码库中。其实这块并不是一定要搞得非常熟练，只要能明白如何使用 AST 去解混淆，了解 AST 基本的还原逻辑，熟用分析工具，就能对逆向过程有很大帮助了。当然刚上手可能不太习惯，需要自己多加练习。

第4章 自动化工具的应用

使用自动化工具来做爬虫算是一种退而求其次的采集方法，但是在某些场景并不比使用协议请求的效果差，尽管采集效率确实会相差很大。不过使用自动化工具非常适合刚入门 Js 逆向和 Android 逆向的读者，毕竟所有的采集任务终究是为了得到数据，可以先完成任务，再花时间来研究那些需要耗时费力的加密参数及请求协议。

4.1 Selenium

Selenium 是一个用于 Web 应用程序测试的工具，如图 4-1 所示。Selenium 直接运行在浏览器中，就像真正的用户在操作一样。支持的浏览器包括 IE、Mozilla Firefox、Safari、Google Chrome、Opera、Edge 等。

Selenium automates browsers. That's it!
What you do with that power is entirely up to you.
Primarily it is for automating web applications for testing purposes, but is certainly not limited to just that.
Boring web-based administration tasks can (and should) also be automated as well.

● 图 4-1

4.1.1 工具简介

Selenium 是爬虫工程师最常用的 Web 自动化测试工具之一，也是笔者接触的第一个可解决 Js 渲染的自动化库，在早些年熟练使用它可以解决非常多且困难的采集任务。它可以模拟鼠标、键盘操作来完成很多自动化任务，比如网站模拟登录、表单提交、窗口管理、翻页等。

Selenium 自身没有浏览器驱动，需要浏览器的驱动（WebDriver）支持。目前的 Selenium 也拥有和 Phantomjs 一样的无界面（Headless）模式，可以在 Linux 服务器上部署。

网上的教程很多，版本迭代也很快，所以安装和部署方法大家自行查找即可。

4.1.2 基本操作

以百度首页为例，使用 Selenium 进行对象操作和事件处理。

```
from selenium import webdriver
driver = webdriver.Chrome(executable_path='your path')
driver.get('https://www.baidu.com')
```

先看浏览器的常用操作，如表 4-1 所示。

表 4-1 浏览器的常用操作

代 码	简 介
driver. title	当前页面 title
driver. current_url	当前页面 url
driver. page_source	当前页面源码
driver. maximize_window()	浏览器窗口最大化
driver. set_window_size（480，480）	浏览器窗口宽高
driver. refresh()	浏览器刷新
driver. back()	浏览器后退
driver. forward()	浏览器前进
driver. get_screenshot_as_file()	截图为文件
driver. get_screenshot_as_png()	截图为图片
driver. get_screenshot_as_base64()	截图为 base64
driver. current_window_handle	窗口句柄
driver. get_cookies（name）	获取 cookie
driver. add_cookie（cookie_dict）	添加 cookie
driver. delete_cookie（name）	删除某 cookie
driver. delete_all_cookies()	删除所有 cookie

如果把 element 改为 elements，就会变成定位多个，常见元素定位方法如表 4-2 所示。

表 4-2 常见元素定位方法

代 码	简 介
driver. find_element_by_tag_name()	标签定位
driver. find_element_by_link_text()	文字定位
driver. find_element_by_partial_link_text()	部分文字定位
driver. find_element_by_xpath()	Xpath 定位
driver. find_element_by_class_name()	Class 名定位
driver. find_element_by_id()	ID 定位

常见元素操作方法如表 4-3 所示。

表 4-3 常见元素操作方法

代　码	简　介
driver. find_element_by_id ('lx') . click()	单击元素
driver. find_element_by_id ('lx') . send_keys ('')	在元素中输入
driver. find_element_by_id ('lx') . submit()	提交表单
driver. find_element_by_id ('lx') . clear()	清空内容

WebElement 常用方法如表 4-4 所示。

表 4-4 WebElement 常用方法

代　码	简　介
driver. find_element_by_id ('lx') . size	返回元素大小
driver. find_element_by_id ('lx') . text	返回元素文本
driver. find_element_by_id ('lx') . get_attribute()	返回元素属性值
driver. find_element_by_id ('lx') . is_displayed()	返回元素是否可见

基于 selenium. webdriver. ActionChains 实现，鼠标事件如表 4-5 所示。

表 4-5 鼠标事件

代　码	简　介
context_click()	鼠标右击
double_click()	鼠标双击
drag_and_drop()	鼠标拖放
move_by_offset()	鼠标移动
move_to_element()	鼠标悬停
click_and_hold()	按下鼠标左键

比如通过控制鼠标去单击百度的输入框。

```
from selenium.webdriver import ActionChains
action = ActionChains(driver)
kw = driver.find_elements_by_id('kw')
action. context_click(kw).perform()
```

基于 selenium. webdriver. common. keys 实现，键盘事件如表 4-6 所示。

表 4-6 键盘事件

代　码	简　介
driver. find_element_by_id ('') . send_keys (Keys. BACK_SPACE)	回删一位
driver. find_element_by_id ('') . send_keys (Keys. SPACE)	输入空格

（续）

代　码	简　介
driver. find_element_by_id（''）. send_keys（Keys. CONTROL，'a'）	全选
driver. find_element_by_id（''）. send_keys（Keys. CONTROL，'x'）	剪贴
driver. find_element_by_id（''）. send_keys（Keys. CONTROL，'v'）	粘贴
driver. find_element_by_id（''）. send_keys（Keys. ENTER）	输出回车

窗口句柄处理。有时候 Selenium 会跳转到新页面导致窗口句柄不对而无法进行操作，所以需要切换窗口句柄，或者通过 Js 设置不让页面发生跳转。

```
#获取当前窗口句柄
now_handle = driver.current_window_handle
#登录后打开新窗口
driver.find_element_by_link_text('登录').click()
#获取新窗口句柄
new_handle = driver.current_window_handle
#回到之前的 now_handle 窗口
driver.switch_to_window(now_handle)
#切换到 new_handle 窗口
driver.switch_to_window(driver.window_handles[1])
#再切换到 now_handle 窗口
driver.switch_to_window(driver.window_handles[0])
```

遇到下拉框的时候，先定位到下拉框的元素，然后通过鼠标事件进行单击，完成下拉操作。

```
from selenium.webdriver import ActionChains
xlk = driver.find_element_by_xpath('//div[@id="xlk"]')
ActionChains(driver).move_to_element(xlk)
xlk.click()
```

如果遇到了 iframe 的时候，需要使用 switch 命令进行切换。

```
frame_reference = driver.find_element_by_id('')
driver.switch_to_frame(frame_reference)
```

4.1.3　调用 JavaScript

当 webdriver 遇到无法完成的操作时，可以通过 JavaScript 来完成。webdriver 提供了 execute_script( )和 execute_Async_script( )方法来执行 Js 代码。execute_script 是同步方法，有返回值，而 execute_Async_script 是异步方法，它不会阻塞主线程执行，没有返回值。

可以通过 Js 代码修改元素属性。比如隐藏百度页面的“搜索”按钮，先定位到 ID 为 su 的元素，然后通过 Js 修改元素类型为 hidden。

```
su = driver.find_element_by_id('su')
driver.execute_script('document.getElementById("su").type="hidden"', su)
```

也可以通过 Js 代码操作浏览器的滚动条。

```
# 拖动滚动条至底部
js_bottom = "document.documentElement.scrollTop=10000"
driver.execute_script(js_bottom)
# 拖动滚动条至顶部
js_top ="document.documentElement.scrollTop=0"
driver.execute_script(js_top)
```

或者去执行一些在当前页面环境才可运行的 Js 代码，做 RPC 调用，如图 4-2 所示。

```
def signature(self, keyword, start_date, end_date):
    sign_url = self.browser.execute_script('''
            var e={"url":"https://trendinsight.oceanengine.com/api/open/index/get_multi_keyword_hot_tren
                    "method":"POST",
                    "data" : '{"keyword_list": ["%s"],"start_date": "%s","end_date": "%s","app_name": "a
            var h = new XMLHttpRequest;h.open(e.method, e.url, true);
            h.setRequestHeader("accept","application/json, text/plain, */*");
            h.setRequestHeader("content-type","application/json;charset=UTF-8");
            h.send(e.data);
            return h._url
    ''' % (keyword, start_date, end_date))
    return sign_url
```

● 图 4-2

4.1.4 采集案例

下面做了一个简单的案例，在 Selenium 无界面下采集 5 页马蜂窝三亚定制游的标题数据。

```
from selenium import webdriver
import time
from selenium.webdriver.chrome.options import Options

chrome_options = Options()
chrome_options.add_argument('--headless')
    # 添加配置
driver = webdriver.Chrome(options=chrome_options,executable_path=r'')

driver.get('https://www.mafengwo.cn/sales/0-0-M10030-0-0-0-0-0.html')
time.sleep(2)
for page in range(5):
    # 滑动滚动条
    js_bottom = "document.documentElement.scrollTop=20000"
    driver.execute_script(js_bottom)
    # 匹配元素
    for li in driver.find_elements_by_xpath('//div[@class="info"]/h3'):
        print(li.text)
    # 翻页
    driver.find_element_by_link_text('Next≫').click()
    time.sleep(1)

driver.close()
driver.quit()
```

4.1.5 检测应对

因为用 Selenium 做爬虫可以绕过 Js 的加密校验，所以很多网站都通过 Js 对 webdriver 进行检测，防止用自动化来做爬虫。

曾经最常见的检测是根据 navigator. webdriver 属性是否为 True 来判断浏览器真假，如果是 Google 浏览器 79 版本以前的，可以启用开发者模式来规避这个检测，方法如下：

```
from selenium.webdriver import Chrome
from selenium.webdriver import ChromeOptions

option =ChromeOptions()
option.add_experimental_option('excludeSwitches', ['enable-automation'])
driver = Chrome(options=option,executable_path='')
```

但是在 79 版本之后，chrome 修复了开发者模式下 navigator. webdriver 未定义的问题，在 79 版本之后的应对检测需要覆盖掉 webdriver 为 True 的属性，之前笔者一直采用下面的方法。

```
from selenium import webdriver
import time
from selenium.webdriver import ChromeOptions

option =ChromeOptions()
driver =webdriver.Chrome(executable_path="",options=option)
driver.execute_cdp_cmd("Page.addScriptToEvaluateOnNewDocument", {
"source":"""
    Object.defineProperty(navigator, 'webdriver', {
      get: () => undefined
    })
        """ })
```

但是近期又发现，88 版本的 Google 用这个方法失效了，不过笔者找到了新的解决方法，通过配置让 Chrome 隐藏掉 webdriver 的一些特征。如图 4-3 所示。

```
chrome_options =webdriver.ChromeOptions()
chrome_options.add_experimental_option('useAutomationExtension',False)
chrome_options.add_argument("disable-blink-features")
chrome_options.add_argument("disable-blink-features=AutomationControlled")
driver=webdriver.Chrome(executable_path='',chrome_options =chrome_options)
driver.get("https://bot.sannysoft.com/")
```

除了 navigator. webdriver 以外，还可能检测其他属性，比如 languages、length、user-agent 等，有时候分析起来着实麻烦。那么当确定 chrome 驱动被检测到，上面的方法页不能解决问题，就更换浏览器，比如 Firefox、Edge，实在不行就换 IE 浏览器。不过 Selenium 调用 IE 也需要下载对应的 IEDriverServer，打开下载链接后，根据 Selenium 版本选择对应的驱动目录即可。

IEDriverServer 下载地址：http：//selenium-release. storage. googleApis. com/inDex. html

IE7 或者更高的版本需要关闭保护模式，方法如下：打开 Internet 选项，选择“安全”选项，关闭 4 个区域的保护模式。关闭高级选项中的增强保护（默认关闭），如图 4-4 所示。

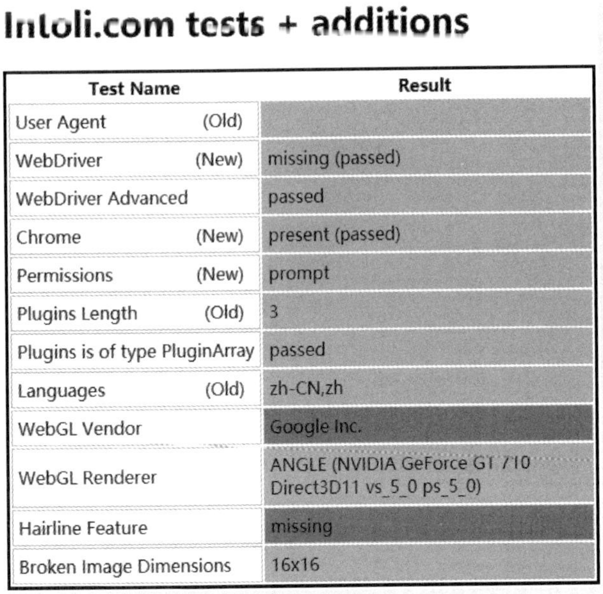

Intoli.com tests + additions

Test Name	Result
User Agent (Old)	
WebDriver (New)	missing (passed)
WebDriver Advanced	passed
Chrome (New)	present (passed)
Permissions (New)	prompt
Plugins Length (Old)	3
Plugins is of type PluginArray	passed
Languages (Old)	zh-CN,zh
WebGL Vendor	Google Inc.
WebGL Renderer	ANGLE (NVIDIA GeForce GT 710 Direct3D11 vs_5_0 ps_5_0)
Hairline Feature	missing
Broken Image Dimensions	16x16

● 图 4-3

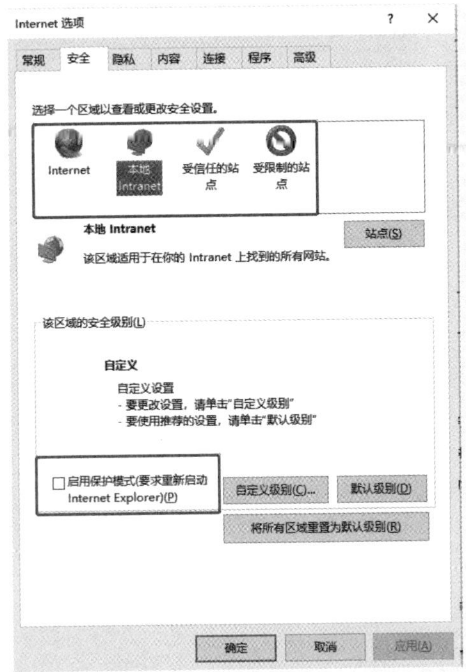

● 图 4-4

另外需要修改注册表，32 位系统的 key 值在 HKEY_LOCAL_MACHINE \ SOFTWARE \ Microsoft \ InternetExplorer \ Main \ FeatureControl \ FEATURE_BFCACHE 中，64 位系统的 key 值在 HKEY_LOCAL_MACHINE \ SOFTWARE \ Wow6432Node \ Microsoft \ InternetExplorer \ Main \ FeatureControl \ FEATURE_BFCACHE 中。

如果 key 值不存在，就添加，之后在 key 内部创建一个 iexplorer. exe，DWORD 类型，值为 0，如图 4-5 所示。

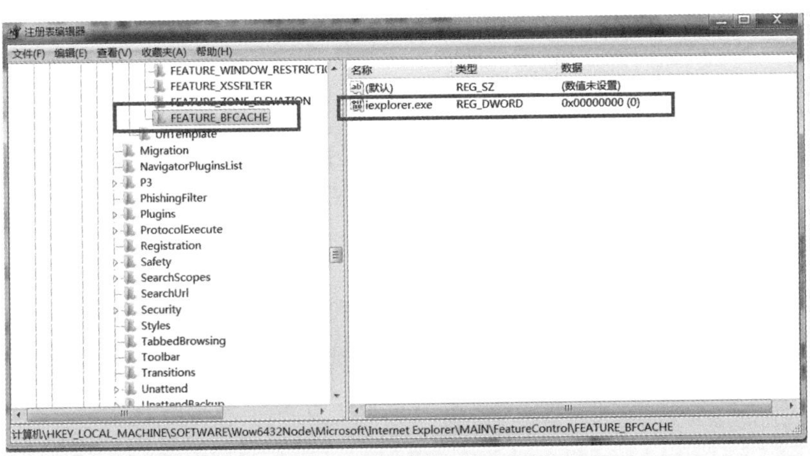

● 图 4-5

关于应对检测还有其他的方法，比如通过 mitmproxy 或者 fiddler 修改替换网站识别 webdriver 的 Js 文件。不过需要一定的逆向分析经验，需要找到哪个 Js 文件在负责检测，然后修改文件中的检测方法，具有一定的难度，如果感觉困难的话，不妨更换一种方式来驱动浏览器，比如使用按键精灵或者 pywin32 进行真实浏览器的自动化操作。

4.2 Pyppeteer

Pyppeteer 是 Puppeteer 的 Python 版本，是 Google 基于 Node. js 开发的工具，可以通过 JavaScript 代码来操纵 chrome。所以在浏览器中绝大多数操作都可以使用 Pyppeteer 来完成，比如页面功能测试、自动提交表单、请求响应拦截、导出页面 PDF、测试浏览器扩展等。

4.2.1 工具简介

网上都说 Pyppeteer 是比 Selenium 更高效的爬虫库，主要原因是 Pyppeteer 使用了 Python 的异步协程库 Asyncio，它也可结合 Scrapy 进行分布式爬虫。

Github 地址：https：//Github. com/Pyppeteer/Pyppeteer

Pyppeteer 采用了 Python 的 Async 机制，所以其运行要求的 Python 版本需要 3.6 及以上。不过 Pyppeteer 安装极为简便，使用 pip3 install Pyppeteer 命令就能完成安装，对应的 Chromium 在 Pyppeteer 首次启动时会自动下载，不需要手动配置，如图 4-6 所示。

```
[W:pyppeteer.chromium_downloader] Starting Chromium download. Download may take a few minutes.
100%|██████████| 137M/137M [00:04<00:00, 32.5Mb/s]
[W:pyppeteer.chromium_downloader] Chromium download done.
[W:pyppeteer.chromium_downloader] chromium extracted to: C:\Users\lx\AppData\Local\pyppeteer
```

● 图 4-6

4.2.2 使用方法

简单的示例代码，通过 Pyppeteer 操作浏览器访问百度，打印页面源码并截图。

```
import Asyncio,time
from Pyppeteer import launch

Async def main():
    browser = await launch({'headless':False })
    page = await browser.newPage()
    await page.goto('https://www.baidu.com')
    time.sleep(2)
    print(await page.content())
    await page.screenshot({'path':'example.png'})
    await browser.close()

Asyncio.get_event_loop ( ) . run_until_complete ( main ( ) )
```

Pyppeteer 的 launch 用来启动一个浏览器，在 launch 方法中可以添加一些配置参数，比如设置无头模式、设置 UA、窗口大小、日志等级等。

browser. newPage 是在浏览器中新建一个窗口，在源码中可以看到最后返回了一个 Page 类型，如图 4-7 所示。

```
async def _createPageInContext(self, contextId: Optional[str]) -> Page:
    options = {'url': 'about:blank'}
    if contextId:
        options['browserContextId'] = contextId
```

● 图 4-7

page. goto、page. content、page. screenshot 都属于 Page 类中的方法，大家着重看一下该类。源码位置在 Pyppeteer \ page. PY，如图 4-8 所示。

```
class Page(EventEmitter):
    """Page class.

    This class provides methods to interact with a single tab of chrome. One
    :class:`~pyppeteer.browser.Browser` object might have multiple Page object.

    The :class:`Page` class emits various :attr:`~Page.Events` which can be
    handled by using ``on`` or ``once`` method, which is inherited from
    `pyee <https://pyee.readthedocs.io/en/latest/>`_'s ``EventEmitter`` class.
    """
```

● 图 4-8

Page 继承了 EventEmitter，EventEmitter 是一个事件派发器，用于发布和侦听事件，当事件发生时会触发回调。Page 类中目前有近 100 个方法，笔者挑了一些常用的方法进行汇总，如表 4-7 所示。

表 4-7　Page 类中的方法

方　法	简　介
page. url	返回当前 URL
page. goto( )	前往一个 URL
page. goBack( )	返回前一个页面
page. goForward( )	前进到历史记录的下一个页面
page. content( )	获取页面源代码
page. title( )	获取页面标题
page. screenshot( )	页面截图
page. create( )	创建一个新页面对象
page. click( )	点击一个元素
page. hover( )	将鼠标悬停在元素上
page. tap( )	触摸匹配的元素
page. xpath( )	匹配 xpath 选择的元素
page. select( )	匹配 CSS 选择的元素
page. setUserAgent( )	设置页面的 User-Agent
page. setJavaScriptEnabled( )	设置 JavaScript 启用/禁用

（续）

方　法	简　介
page. setViewport( )	设置页面视图
page. authenticate( )	设置请求身份验证
page. cookies( )	获取当前 cookie
page. setCookie( )	添加 cookie
page. deleteCookie( )	删除 cookie
page. waitFor( )	等待页面匹配的元素出现
page. waitForXPath( )	等待页面上出现 xpath 匹配的元素
Page. waitForRequest( )	等待请求出现（某 URL 或者函数）
page. waitForResponse( )	等待响应内容出现（某 URL 或者函数）
page. waitForFunction( )	等到函数执行完成并返回结果
page. focus( )	聚焦与选择器匹配的元素
page. emulate( )	模拟设备信息和用户代理
page. emulateMedia( )	模拟页面 CSS 媒体类型
page. addScriptTag( )	添加 Script 标签引入 Js
page. evaluate( )	在浏览器上执行 Js 函数并获取结果
page. evaluateHandle( )	在页面上执行 Js 函数
page. evaluateOnNewDocument( )	在文档中添加 Js 函数
page. frames	获取页面所有 frames

笔者把常用的方法进行了整理，有一些并未收录，具体使用时，大家可以去阅读源码。

4. 2. 3　检测应对

Pyppeteer 和 Selenium 一样会被网站检测到存在 webdriver 或者其他自动化工具的属性，导致被网站屏蔽掉，所以有时候需要修改一些参数，保证 Pyppeteer 的正常使用。

一些浏览器参数在源码中可以进行修改，修改位置在“site-packages \ Pyppeteer \ launcher. py”文件的 DEFAULT_ARGS 列表中，可以直接在源码中修改，或者导入 DEFAULT_ARGS 列表，在启动前进行配置。

比如禁用掉浏览器上的自动化提示栏。

```
from Pyppeteer.launcher import DEFAULT_ARGS
DEFAULT_ARGS.remove("--enable-automation")
```

或者通过 Js 修改 navigator 的属性。如在下面的代码中设置 webdriver、languages、plugins，在实际的使用中，如果发现被检测到，可以通过 bot. sannysoft. com 和真实环境下的参数进行对比，然后修改默认值。

```
import Asyncio
from Pyppeteer import launch

Async def main(url):
    browser = await launch({'headless':False })
    page = await browser.newPage()
```

```
    await page.evaluateOnNewDocument(
        "() =>{ Object.defineProperties(navigator,{ webdriver:{ get:() => false } }) }")
    await page.evaluateOnNewDocument(
        "() =>{Object.defineProperty(navigator, 'languages', {get:() =>['en-US','en']});}")
    await page.evaluateOnNewDocument(
        "() =>{ Object.defineProperty(navigator,'plugins',{ get:() =>[1, 2, 3, 4, 5], }); }")
    await page.goto(url)

url = 'https://bot.sannysoft.com/'
Asyncio.get_event_loop().run_until_complete(main(url))
```

4.2.4 拦截器

Pyppeteer 有一个非常适用于爬虫的功能，就是对请求信息和响应内容的拦截。可以通过 page. setRequestInterception 开启拦截器，然后自定义拦截规则。

对 Request 的拦截有三个固定的常用方法，分别是 Request. continue_( ) 保持请求或者加入参数跳转到新的 url，Request. abort( ) 过滤和停止请求，Request. respond( ) 用给定的响应内容完成请求。

当需要替换 Js 文件时，可以使用 Request. respond( )，来传入一个新的 body 完成对指定 Js 文件的替换。

Pyppeteer 拦截器示例：

```
import Asyncio
from Pyppeteer import launch

Async def main():
    browser = await launch()
    page = await browser.newPage()
    # 设置 request 拦截器
    await page.setRequestInterception(True)
    page.on('request', lambda req:Asyncio.ensure_future(intercept_request(req)))
    # 设置 response 拦截器
    page.on('response', lambda rep:Asyncio.ensure_future(intercept_response(rep)))
    await page.goto('https://www.baidu.com')
    await browser.close()

# 请求拦截器
Async def intercept_request(Request):
    if Request.url=="":
        # 跳转 url
        await Request.continue_({"url":""})
    elif Request.url =="":
        # 停止请求
        await Request.abort()
    elif Request.url =="":
        # 用给定的响应内容完成请求
        await Request.respond({"status":"","body":""})
    else:
        # 保持请求
```

```
            await Request.continue_()

    # 响应拦截器
    Async def intercept_response(Response):
        print(Response.url)
        if Response.url=="https://www.baidu.com":
            response = await Response.text()
            ...

Asyncio.get_event_loop().run_until_complete(main())
```

笔者更喜欢用 Puppeteer 来请求拦截，当然最主要的是为了让非 Python 开发者也能进行体验，另外有时候通过 Node. js 调试会更方便。

Puppeteer 中也是使用 setRequestInterception 开启拦截器，几个拦截的方法名和 Pyppeteer 相似，通过 respond 方法可以拦截请求替换响应内容。而在拦截 response 时，想要获取响应内容，则需要通过 then 来处理。

Node. js 拦截器示例：

```
var request = require('request');
const puppeteer = require("puppeteer-extra");
const StealthPlugin = require("puppeteer-extra-plugin-stealth");
puppeteer.use(StealthPlugin());

var apage;
var message_js = "js content";
puppeteer.launch({
    userDataDir:"data",
    ignoreDefaultArgs:["--enable-automation"],
    headless:false,
}).then(browser => {
    browser.newPage().then((page) => {
        apage = page;
        page.setRequestInterception(true).then(() => {
            page.on('request',Async (req) => {
                if (req.url().inDexOf("https://www.lx.js") != -1) {
                    req.respond({
                            status:200,
                            headers:{},
                            body:message_js
                        })
                }
                else if (req.url().inDexOf("https://www.lx.png") != -1) {
                    req.abort()
                }
                page.on('response', Async response => {
                    if (response.url().inDexOf("https://www.lx.json/") != -1) {
                        let message = response.text();
                            message.then(res =>{
                                console.log(res)
                            })
```

```
                        .catch(err =>{
                            console .log(err)
                        })
                }
            })
            req.continue();
        });
    })
    page.goto("https://www.lx.com")

  }, {waitUntil:"networkidle0"}).then(() => {
  })
});
```

相对于 Selenium 来说，Pyppeteer 的拦截功能更为强大，非常适用于爬虫开发，面对高难度的 Js 加密时，可以通过替换 Js 文件暴露接口或者函数，这是一种很好的解决方法。

4.3 cefPython3

CEF 即 Chromium Embedder Framework，cefPython3 是一款可被 Python 使用的 chrome 驱动控件。其可应用于 html5 的渲染引擎，可嵌入 Web 浏览器控件到经典的桌面 GUI 中，如 wxPython、PyQt、GTK，也可以应用于 Web 自动化测试。当然使用它主要是为了将其用于网络爬虫，目前网上相关的 cefPython3 教程资料较少，所以笔者会多写一些工具分析。

Github 地址：https：//Github. com/cztomczak/cefPython

4.3.1 安装和使用

cefPython3 的安装很简单，通过 pip 命令可直接安装。

安装命令：pip install cefPython3 = = 66. 0

安装之后，可使用作者给出的 helloworld. py 代码进行测试，笔者对文件进行了一些修改。

```
from cefPython3 import cefPython as cef
import platform
import sys

def main():
    check_versions()
    sys.excepthook = cef.ExceptHook
    cef.Initialize()
    cef.CreateBrowserSync(url="https://www.baidu.com/",
                          window_title="Hello World!")
    cef.MessageLoop()
    cef.Shutdown()


def check_versions():
    ver =cef.GetVersion()
```

```
    print(ver)

if _name_ == '_main_':
    main()
```

运行之后，可以输出当前 cefPython3 的使用环境和一些 hash 值，并且启动了一个浏览器窗口，如图 4-9 所示，按照指定的 URL 进行了跳转，并且通过 cef. MessageLoop( )保持着事件循环。

● 图 4-9

可以发现，cefPython3 并不依赖于任何第三方 GUI 框架，CEF 自动负责创建顶级窗口，并在该窗口中嵌入 Chromium 小部件，所以在不提供任何窗口信息的情况下，也能创建浏览器控件。相对于 Selenium 和 Pyppeteer 来说安装和使用都很方便。

4.3.2 浏览器配置

cef. Initialize( )方法中可以增加配置，比如增加日志、添加代理、更改渲染方式。

```
settings = {
    "debug":True ,   #调试模式
    "log_file":"debug.log",   #生成日志
        "log_severity":cef.LOGSEVERITY_INFO, #日志等级
        "user_agent":"",
    "image_load_disabled":True ,   #设置不加载图片
    }

    switches = {
        "enable-media-stream":"1",   #启用媒体流(音频、摄像头),空字符串代表否
        "proxy-server":"socks5://127.0.0.1:4781",   #设置代理
        "disable-gpu":"",   #仅用 cpu 渲染或者和 GPU 共同渲染
    }

    cef.Initialize(settings=settings, switches=switches)
```

关于浏览器的更多设置，可参考 Github 文档 browser-settings，如图 4-10 所示。

目录:

- 介绍
- 设置
  - 字体设置
  - accept_language_list
  - application_cache_disabled
  - 背景颜色
  - 数据库_禁用
  - 默认编码
  - dom_paste_disabled
  - file_access_from_file_urls_allowed
  - inherit_client_handlers_for_popups
  - image_load_disabled
  - javascript_disabled
  - javascript_close_windows_disallowed
  - plugins_disabled
  - 远程字体
  - shrink_standalone_images_to_fit
  - tab_to_links_disabled
  - text_area_resize_disabled
  - Universal_access_from_file_urls_allowed
  - user_style_sheet_location
  - web_security_disabled
  - webgl_disabled
  - windowless_frame_rate
  - javascript_access_clipboard_disallowed
  - local_storage_disabled

● 图 4-10

4.3.3 客户端控制

CefPython3 是一个多进程的运行方式，Python 代码运行在主进程（浏览器进程）中，而 JavaScript 运行在 Renderer 子进程中。Python 和 JavaScript 之间的通信可以使用进程间消息异步传递或通过 http 请求来传递。

如果想要通过浏览器做一些操作，就需要通过 Python 去和 javaScript 进行通信，当然方法也很简单，只需在调用 Python 函数时传递一段 javaScript 代码作为参数即可。

接下来创建一个浏览器访问 baidu. com，然后通过 javaScript 操作查询框输入关键词并单击查询。

```
from cefPython3 import cefPython as cef
import sys

class LoadHandler:
    def OnLoadingStateChange(self, browser, is_loading, **_):
        print("页面正在加载....")
        if not is_loading:
            print("页面加载完成....")
            browser.ExecuteJavascript(self._jsCode())

    def _jsCode(self):
        jsCode = """
        var input_search = document.getElementById('kw');
        input_search.value = "考古学家 lx";
        document.getElementById('su').click();
        """
        return jsCode

sys.excepthook = cef.ExceptHook
cef.Initialize()
```

```
browser =cef.CreateBrowserSync(url="https://www.baidu.com")

browser.SetClientHandler(LoadHandler())

cef.MessageLoop()
cef.Shutdown()
```

代码中的类名和方法名是固定的，引用了源码中提供的接口。

LoadHandler 用来实现此接口与浏览器加载状态相关的事件，目前主要有四种回调方法，OnLoadingStateChange、OnLoadStart、OnLoadError、OnLoadEnd。

OnLoadingStateChange：在加载状态改变时会被调用，并且此回调将执行两次。它将在 OnLoadStart 的任何调用之前，以及 OnLoadError 和/或 OnLoadEnd 的所有调用之后调用。

OnLoadStart：在提交导航之后和浏览器开始加载框架中的内容之前调用。

OnLoadError：当导航失败或被取消时调用，则该方法也可以被自身调用。

OnLoadEnd：当浏览器完成加载框架时调用，此事件的行为类似于 window. onload，它等待所有内容加载后被调用。

SetClientHandler 是用来添加关于浏览器事件的客户端处理器，该方法可以多次调用来加载不同的处理程序。

该段代码执行之后，可以根据打印内容看到 LoadHandler 加载步骤和事件的触发流程，如图 4-11 所示。

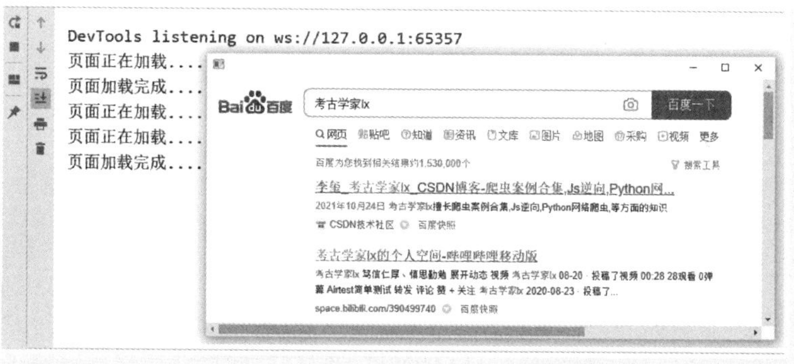

● 图 4-11

当然也有直接通过 Python 调用 Js 的方法，可以通过 GetMainFrame( ). ExecuteJavascript( ) 直接执行 Js 代码，或者通过 GetMainFrame( ). ExecuteFunction( ) 执行 Js 函数。需要注意的是 ExecuteJavascript 是异步执行，所以无法获得返回值。

```
from cefPython3 import cefPython as cef
import sys
class LoadHandler:
    def OnLoadingStateChange(self, browser, is_loading, **_):
        if not is_loading:
            print("页面加载完成....")
            browser.GetMainFrame().ExecuteJavascript('alert("执行 Js 语句")')
```

```
        browser.GetMainFrame().ExecuteFunction('function xx(){alert("执行函数")};xx()')

sys.excepthook = cef.ExceptHook
cef.Initialize()
browser =cef.CreateBrowserSync(url="https://www.baidu.com")

browser.SetClientHandler(LoadHandler())

cef.MessageLoop()
cef.Shutdown()
```

执行结果如图 4-12 所示。

● 图 4-12

可以看到在页面加载完成后，执行了定义的 Js 代码。如果想在页面加载之前执行 Js 代码，那么就不使用 LoadHandler，直接在 CreateBrowserSync 之后 browser. GetMainFrame( ). ExecuteFunction( )即可。

4. 3. 4 文档解析

在爬虫中应用时，主要会使用到 cefPython3 的加载能力和执行能力，即它的请求处理、响应处理和 JavaScript 集成模块。

浏览器请求相关的事件处理都在 RequestHandler 接口中，文档链接：

https：//Github. com/cztomczak/cefPython/blob/master/Api/RequestHandler. md

观看文档可发现 RequestHandler 中定义了很多请求处理方法，笔者将介绍一些后面会使用到的方法。比如 GetResourceHandler 是获取资源处理程序，可以通过 request 打印出请求时加载的所有资源信息。GetResourceHandler 方法的参数如图 4-13 所示（Browser、Frame、Request），返回一个 ResourceHandler 对象。

ResourceHandler 是实现自定义请求处理程序的类，比如设置响应头置 mime-type，响应长度，或者设置 cookie 等。下面的代码是通过 GetResourceHandler 获取请求时加载的资源。

GetResourceHandler

Parameter	Type
browser	Browser
frame	Frame
request	Request
Return	ResourceHandler

Called on the IO thread before a resource is loaded. To allow the resource to load normally return None. To specify a handler for the resource return a ResourceHandler object. The |request| object should not be modified in this callback.

The ResourceHandler object is a python class that implements the `ResourceHandler` callbacks. Remember to keep a strong reference to this object while resource is being loaded.

The `GetResourceHandler` example can be found in the old v31 "wxpython-response.py" script on Linux.

● 图 4-13

```
from cefPython3 import cefPython as cef
# 输出网页加载时的所有请求 ResourceHandler
class RequestHandler(object):
    def GetResourceHandler(self, frame, request, **_):
        print(request.GetUrl())

cef.Initialize()
browser = cef.CreateBrowserSync(url="http://www.baidu.com")
browser.SetClientHandler(RequestHandler())
cef.MessageLoop()
cef.Shutdown()
```

而对大家来说比较重要的 html 响应内容处理在 Frame 对象中，通过 browser. GetMainFrame( ) 可以返回浏览器窗口的主框架 Frame。所以 Frame 类中的所有方法可以通过 browser. GetMainFrame( ). xxx( ) 实现。

Frame 类中的 GetSource( ) 方法可以获取此框架当前的 HTML 源码以字符串形式发送给指定访问者，如图 4-14 所示。

GetText( ) 方法获取框架的显示文本并以字符串形式发送给指定访问者，如图 4-15 所示。

GetSource

Parameter	Type
visitor	StringVisitor
Return	void

Retrieve this frame's HTML source as a string sent to the specified visitor.

● 图 4-14

GetText

Parameter	Type
visitor	StringVisitor
Return	void

Retrieve this frame's display text as a string sent to the specified visitor.

● 图 4-15

GetSource 和 GetText 中的参数 visitor 类型都是基于 StringVisitor，StringVisitor 是在访问字符串时，必须保持对对象的强引用，否则它会被销毁并且 StringVisitor 不会调用回调。所以使用 GetSource、GetText 时，也需要先去定义一个 visitor，这个在后续的代码示例中可以查看。

Frame 类中还有 GetUrl、LoadUrl、GetName 等很多方法。GetUrl 获取当前加载的 URL；LoadUrl 可以访问到指定的 URL；GetName 返回当前框架的名称。

目前会使用到的内容大致就是这些，所以其他内容就不多讲解了，Github 上的文档内容非常详细，大家可以自行查看。

4.3.5 爬虫实战

本小节用 Python 代码演示 cefPython3 的爬虫程序实例。需要实现的目标是通过 cefPython3 访问某页面，然后返回页面的 html 源码。

首先导入需要使用的模块。

```
import sys
import threading
from cefPython3 import cefPython as cef
sys.excepthook = cef.ExceptHook
```

定义一个浏览器 browser。在 Client 类中设置了 browser 为 headless 无头模式，然后通过_getattr_给 object 添加属性，并且使用了 Condition 做线程同步，重写了 LoadUrl 来加载 url，定义了 getSourcc 方法获取网页源码，也定义了 userStringVisitor 对象所需要的 Visit 方法。

```
class Client(object):
    """browser"""
    def _init_(self,headless=False):
        self.headless = headless
        self.browser = None
        self._getSourceLock = threading.Condition()
        self._getDOMLock = threading.Condition()
        self._getReadyLock = threading.Condition()
        self._handler = ClientHandler(self)

        settings,switches = {},{}
        if self.headless:
            settings['windowless_rendering_enabled'] = True
        cef.Initialize(settings=settings, switches=switches)

    def _getattr_(self, name):
        return getattr(self.browser, name)

    def getBrowser(self):
        # 创建浏览器实例
        if self.headless:
            wininfo = cef.WindowInfo()
            # 无界面模式
            wininfo.SetAsOffscreen(0)
            self.browser = cef.CreateBrowserSync(window_info=wininfo)
        else:
            self.browser = cef.CreateBrowserSync()
        self.browser.SetClientHandler(self._handler)
        self.browser.SendFocusEvent(True)
```

```
        self.browser.WasResized()
        return self

    def LoadUrl(self, url, synchronous=False):
        """将 URL 传递给浏览器 """
        self.ready = False
        self.browser.LoadUrl(url)
        if synchronous:
            self._getReadyLock.acquire()
            if not self.ready:
                self._getReadyLock.wait()
            self._getReadyLock.release()

    def getSource(self, synchronous=False):
        """返回 MainFrame 的 html 源码,"""
        self.source = None
        self.browser.GetMainFrame().GetSource(self)
        if synchronous:
            self._getSourceLock.acquire()
            if not self.source:
                self._getSourceLock.wait()
            self._getSourceLock.release()
        return self.source

    def Visit(self, value):
        """ StringVisitor 接口 """
        self.source = value
        self._getSourceLock.acquire()
        self._getSourceLock.notify()
        self._getSourceLock.release()
```

定义客户端处理。

```
class ClientHandler(object):
    """客户端处理"""
    def _init_(self, chromeObject):
        self.chrome = chromeObject

    def OnLoadingStateChange(self, browser, is_loading, * * kwargs):
        if is_loading:
            self.chrome.ready = False
        else:
            self.chrome.ready = True
            self.chrome._getReadyLock.acquire()
            self.chrome._getReadyLock.notify()
            self.chrome._getReadyLock.release()
```

定义启动线程和_main_方法。

```
def BrowserThread(browser):
    browser.ready = False
    browser.LoadUrl(url, True)
```

```
    print(browser.getSource(True))
    browser.CloseBrowser()
if __name__ == '__main__':
    url = 'http://www.baidu.com'
    browser = Client(headless=True).getBrowser()
    browserThread = threading.Thread(target=BrowserThread, args=(browser,))
    browserThread.start()
    cef.MessageLoop()
    browserThread.join()
    browser = None
    cef.Shutdown()
```

Condition 线程同步可以当作一把智能锁，除了提供与 Lock 类似的 acquire 和 release 方法外，还提供了 wait 和 notify 方法。线程 acquire 后会进行条件判断，如果条件不满足，则会 wait；如果条件满足，会进行一些处理，当条件发生改变后，会通过 notify 方法通知其他线程，其他 wait 状态的线程接到通知后会再重新判断条件。

使用 cefPython3 的好处在于轻量和便捷，并且具有优秀的扩展性，在其他自动化工具被检测时，不妨切换 cefPython3 试试。关于 cefPython3 的使用就讲解到这里了，完整代码会上传到本书代码库中。另外和 cefPython3 相似的驱动控件还有 Splash、CefSharp 等，大家感兴趣可以去查阅相关资料。

4.4 Playwright

Playwright 是一个支持异步的自动化库，仅用一个 Api 即可自动执行 Chromium、Firefox、WebKit 等主流浏览器自动化操作，并同时支持以无头模式运行。这个就比较厉害了，在其他框架的基础上做了补充和完善，既可以跨平台，又支持并发操作，如图 4-16 所示。

● 图 4-16

官网链接：https：//playwright. dev/

4.4.1 工具安装

这里简单说一下 Python 的安装方法，直接安装 Playwright 依赖库（需要 Python>3.7 版本）。

安装依赖命令：pip install playwright

安装驱动命令：Python -m playwright install

可以用 Python -m playwright install --help 查看命令，下载全部驱动速度太慢，如果只安装某一个驱动，就在命令后带上驱动的名字，如图 4-17 所示。

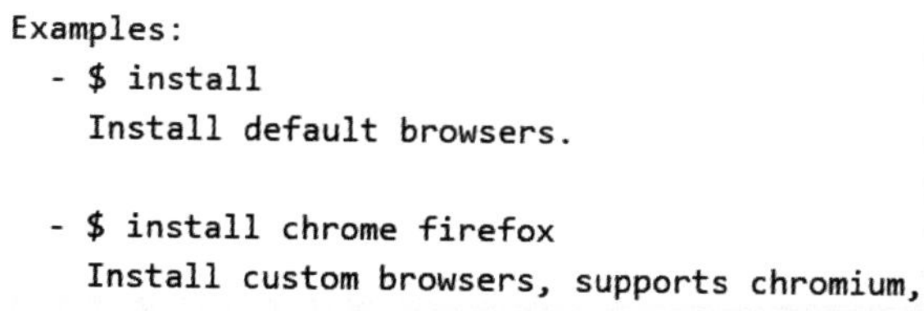

```
Examples:
  - $ install
    Install default browsers.

  - $ install chrome firefox
    Install custom browsers, supports chromium,
```

● 图 4-17

4.4.2 基本使用

环境安装完成后，就可以启动任务，可以启动 3 种浏览器（chromium、firefox 和 webkit）中的任何一种。

```
import Asyncio
from playwright.Async_Api import Async_playwright

Async def main():
    Async with Async_playwright() as p:
        browser =await p.chromium.launch()
        page =await browser.new_page()
        await page.goto("https://blog.csdn.net/weixin_43582101")
        print(await page.title())
        await browser.close()

Asyncio.run(main())
```

它还可以启动浏览器的移动端页面。

```
from playwright.sync_Api import sync_playwright

with sync_playwright() as p:
    iphone_12 = p.devices['iPhone 12 Pro']
    browser = p.webkit.launch(headless=False)
    context = browser.new_context(* * iphone_12)
    page = context.new_page()
    page.goto('https://m.weibo.cn')
    browser.close()
```

4.4.3 异步任务

Playwright 支持异步任务，异步操作可结合 Asyncio 同时操作三个浏览器来做自动化任务。

Python 实现代码如下：

```
import Asyncio
from playwright.Async_Api import Async_playwright
```

```
#异步任务
Async def main():
    Async with Async_playwright() as p:
        for browser_type in [p.chromium, p.firefox, p.webkit]:
            browser =await browser_type.launch(headless=False)
            page =await browser.new_page()

            await page.goto('http://baidu.com')
            await page.fill("input[name=\"wd\"]", "考古学家 lx")
            await page.press("input[name=\"wd\"]", "Enter")

Asyncio.get_event_loop().run_until_complete(main())
```

4.4.4 自动录制

另外值得关注的就是自动录制脚本的功能，可以做到一行代码都不用写就实现自动化功能。使用命令 python -m playwright codegen 录制脚本，执行命令后会自动打开浏览器，后续在浏览器上的操作都会被自动翻译成代码，如图 4-18 所示。

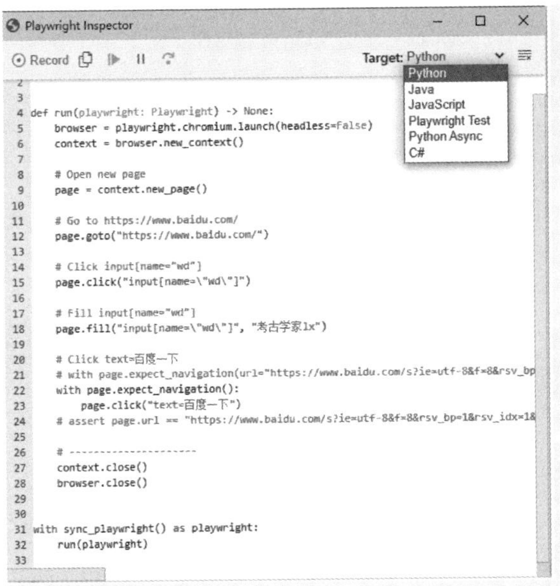

● 图 4-18

输入命令后，打开百度，然后搜索“考古学家 lx”，对应的代码就会在 Playwright Inspectore 工具中生成。这个操作非常实用。

小技巧

相比前几款自动化工具，Playwright 的优势是开发更加便捷、文档更加丰富，它也支持对请求和响应的拦截，更为出色的亮点是自动录制和支持移动端页面测试。

4.5 Appnium

Appium 是一个开源自动化测试框架，使用与 Selenium 相同的 webdriver 协议，用于 Android、iOS 自动化和 Windows 桌面平台上的原生、移动 Web 和混合应用。Appium 不需要重新编译或者修改应用，也不被一种语言或者框架约束，并且开源免费。在开发中使用 Appium 主要是进行 App 的自动化操作，如图 4-19 所示。

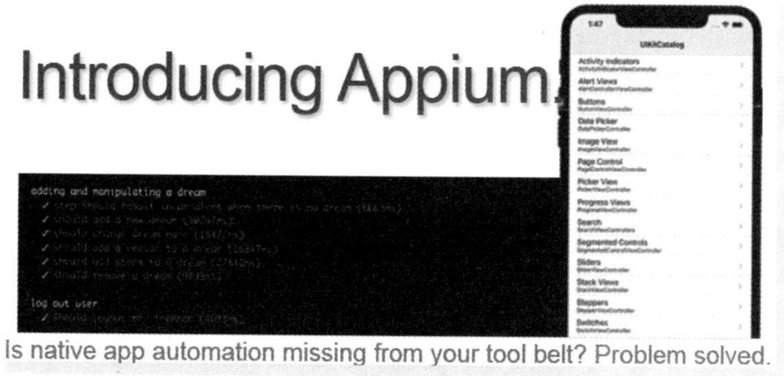

● 图 4-19

官网地址：http：//Appium. io/

Github 地址：https：//Github. com/Appium/Appium

4.5.1 Appnium 概念

Appium 的核心是暴露 REST Api 的 Web 服务器。它接受来自客户端的连接和监听命令并在移动设备上执行。可以使用它的 http 客户端的 Api 来编写测试代码，如图 4-20 所示。

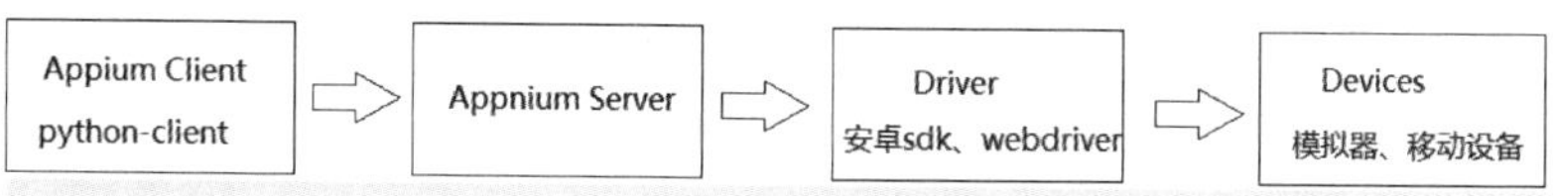

● 图 4-20

Appium 支持多种设备以及各种测试方式（native、hybrid、web、真机、模拟器等）。本节内容主要围绕 Android 设备来进行讲解，Android 模拟器以及 Android 真机使用 Appnium 的系统版本需要高于 4. 3。

4.5.2 Appnium 配置

Appium 有两种安装方法，通过 npm 或下载 Appium Desktop，如图 4-21 所示。

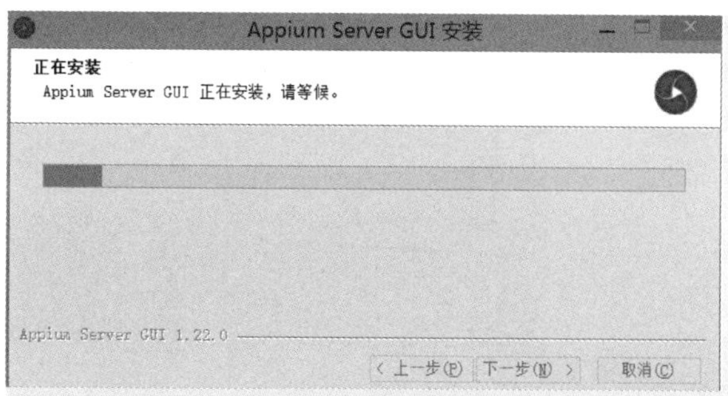

● 图 4-21

桌面版的下载地址：https：//Github. com/Appium/Appium-desktop/releases/

但是想要在 Windows 上使用它，还需要安装很多依赖，比如 Java 的 jdk，Android 的 sdk。这些依赖的安装和配置不在这里详述了，大家可以自行查找资料。

通过 npm 安装也非常简单，前提是要有 Node. js 环境，安装命令：npm install -g Appium。

安装后可以通过命令行启动一个 Appium 服务器，启动命令：Appium。

启动成功后，会显示一条欢迎消息，显示正在运行的 Appium 版本以及它当前监听的端口（默认为 4723）。

4. 5. 3　Appnium 测试

本节内容是在 Windows 系统下用桌面版 Appnium 结合 Python 对夜神模拟器的 App 进行自动化操作。

要结合 Python 进行 App 测试的时候，还需要安装 Appium-Python-Client。

安装命令：pip install Appium-Python-Client。

环境准备好后，通过 adb 命令连接夜神模拟器，默认端口 62001。

连接命令：adb connect 127. 0. 0. 1：62001。

启动桌面版 Appium. exe，配置好环境，单击 “Start Server v1. 22. 0” 按钮连接服务器，如图 4-22 所示。

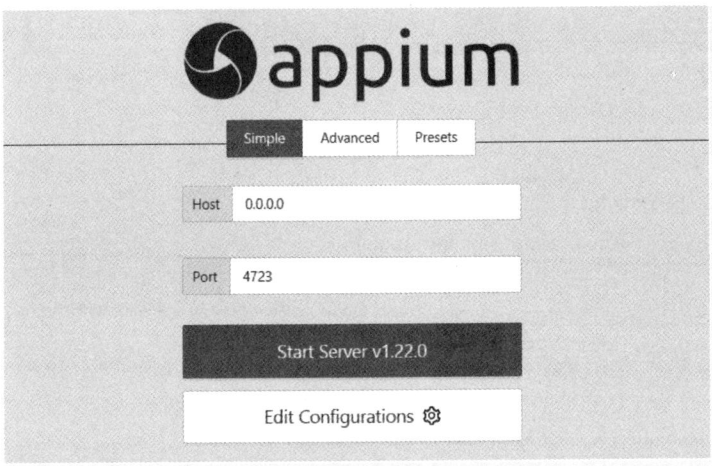

● 图 4-22

启动成功后会进入 Appium 界面，如图 4-23 所示。

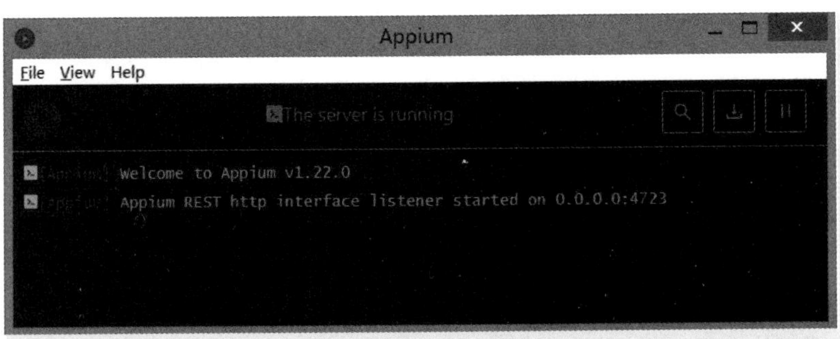

● 图 4-23

单击查找图标可以查看是否和模拟器连接成功。

接下来就可以进行自动化开发了。后面的语法和具体应用就不再介绍了，大家可以自行查看资料学习测试。

4.6 Airtest

AirtestProject 是由网易游戏推出的一款自动化测试框架，是一个跨平台的、基于图像识别的 UI 自动化测试框架，适用于游戏和 App，支持的平台有 Windows、Android 和 iOS，如图 4-24 所示。

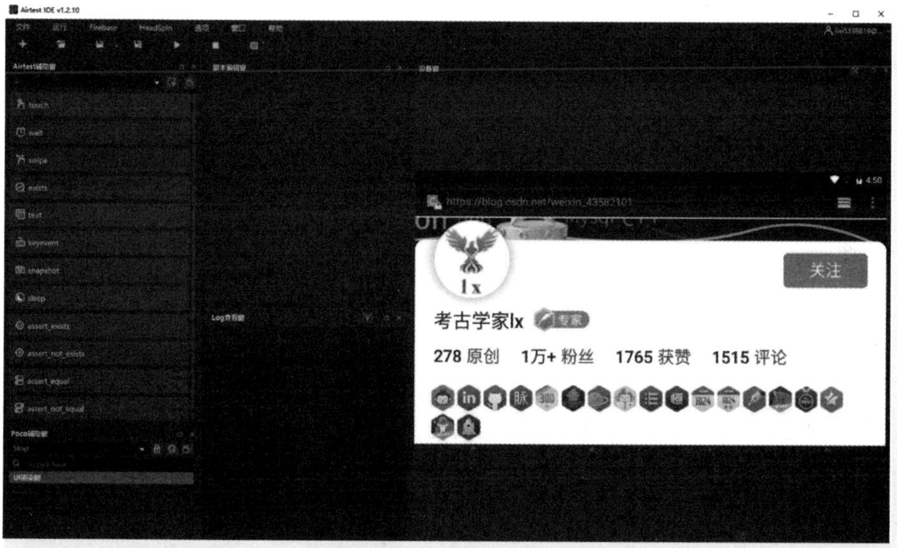

● 图 4-24

Airtest 不仅可以做 App 自动化测试，也可以做浏览器自动化，以及 Windows 桌面游戏自动化。

Airtest 除了做自动化，也可以配合抓包工具做数据采集。

官网地址：https：//airtest. netease. com/home/

4.6.1 设备连接

接下来以连接夜神模拟器为例。

启动模拟器后，在开发者模式中为模拟器打开 usb 调试。

在远程设备连接中输入 adb connect 127. 0. 0. 1：62001。

需要注意的是不同模拟器的端口不同。

然后单击“连接”，如图 4-25 所示。

如果没有连接成功，可以尝试更换 connect 的连接方法。

如果一直不能连接上模拟器或者模拟器崩溃，可以选择“Windwos 窗口连接”，如图 4-26 所示。

Windwos 窗口连接的功能主要依靠 Airtest 进行位置定位，使用 pywinauto 的操作接口进行模拟操作，如图 4-27 所示。

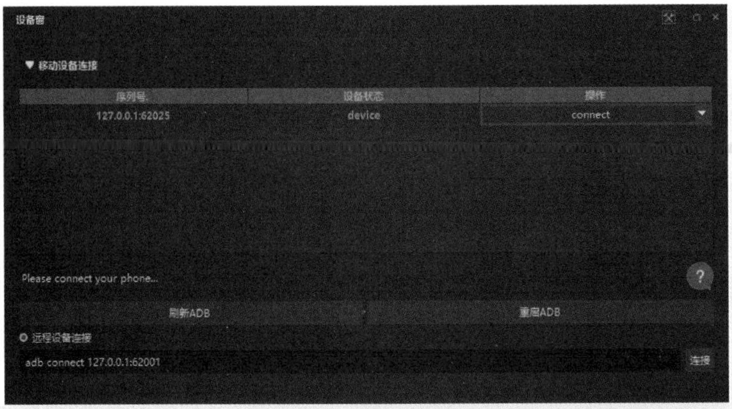

● 图 4-25

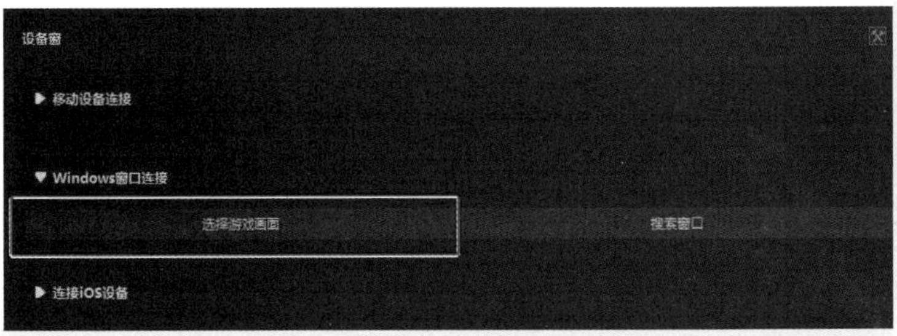

● 图 4-26

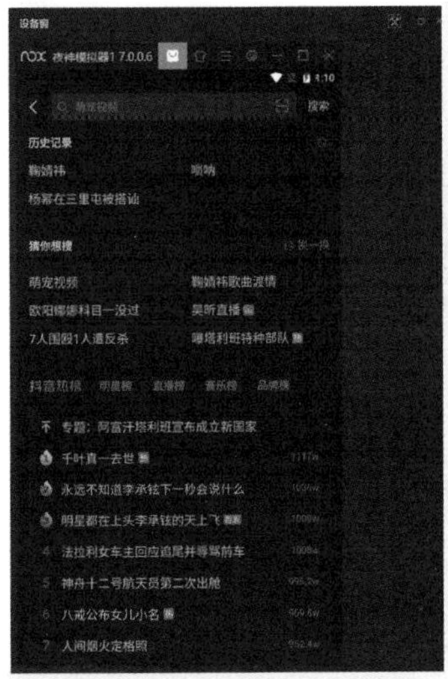

● 图 4-27

4.6.2 窗口介绍

Airtest 右侧的设备窗口就不介绍了，主要是进行设备连接，如图 4-28 所示。

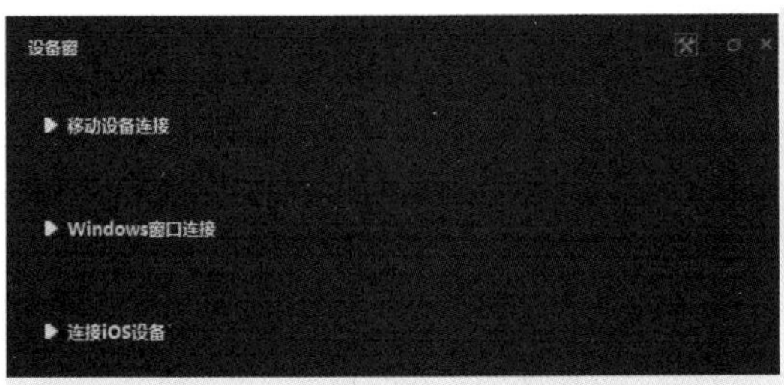

● 图 4-28

Airtest 主辅助窗提供了很多可操作的方法，当选择一个后，就可以到设备窗口中操作，此时脚本编辑窗也会出现代码。在右上角第 2 个按钮可以自动化脚本录制，如图 4-29 所示。

Airtest 主辅助窗名称如表 4-8 所示。

表 4-8　Airtest 主辅助窗名称

方 法 名	功　能
touch	点击
wait	等待某元素出现
swipe	滑动
exists	存在判断
text	输入文本
keyevent	键盘事件
snapshot	截屏
sleep	休眠
assert	断言

Poco 辅助窗是通过元素本身的属性来定位元素，并且它同样支持录制。需要根据测试对象选择对应架构，这里可以显示对象 UI 渲染树，如图 4-30 所示。

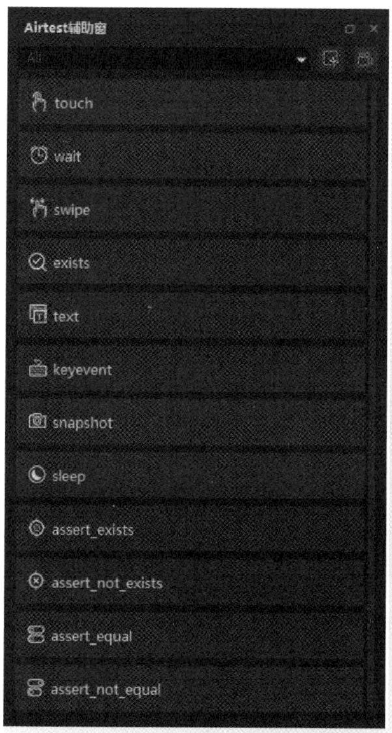

● 图 4-29

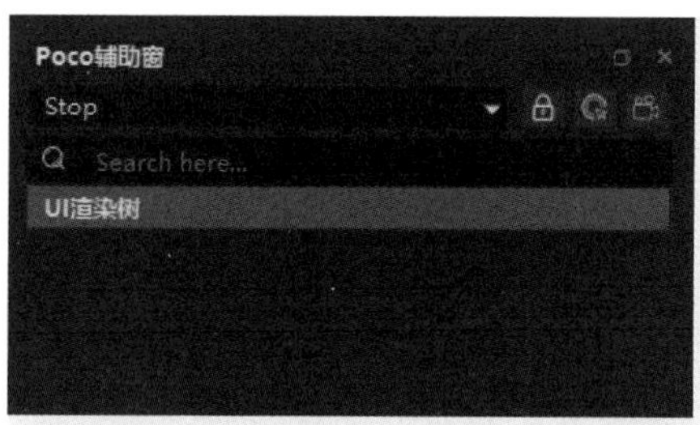

● 图 4-30

脚本编辑框就是用来编写 Python 脚本的，另外自动化录制的脚本也会在这里生成。

4.6.3 简单测试

本小节的内容是用 Airtest 在抖音 App 给自己喜欢的相关视频点赞，如图 4-31 所示。

● 图 4-31

流程很简单，通过 touch 单击“搜索”按钮，然后输入关键词，单击“搜索”按钮后，再单击“视频”按钮。然后根据坐标单击“喜欢”按钮，并滑动界面，前往下一个视频。

Python 代码：

```
# -*- encoding=utf8 -*-
from airtest.core.Api import *

auto_setup(_file_)
touch(Template(r"tpl1629433593887.png", record_pos=(0.431, -0.74), resolution=(404, 746)))
wait(Template(r"tpl1629433645167.png", record_pos=(0.423, -0.738), resolution=(404, 746)))

text("lx")
touch(Template(r"tpl1629433645167.png", record_pos=(0.423, -0.738), resolution=(404, 746)))
touch(Template(r"tpl1629433692867.png", record_pos=(-0.203, -0.639), resolution=(404, 746)))

sleep(2.0)

touch((80,220),times=1)

for i in range(5):
    #touch((374,421),times=1)
    swipe((140,520),(140,120),1)
```

因为笔者用的是模拟器，没有登录抖音账号，所以把点赞的代码注释了。

另外元素的坐标需要根据设备分辨率进行调整。

如果想深入研究，推荐使用真机进行连接，然后用 Airtest 结合 Poco 编写完整的自动化脚本。所以采集 App 数据时，可以用 Airtest 结合 mitmproxy 进行数据采集。

4.7 Auto. js

Auto. js 曾经被开发者称为手机版的按键精灵，可以定制脚本解放双手。由于 Auto. js 被大面积用于抢红包、刷流量、刷评论等，为了避免造成难以弥补的损失，因此作者下线了 Auto. js 并且关闭了论坛。如果把 Selenium 当作操作浏览器的利器，那么 Auto. js 就是操作 App 的金手指，如图 4-32 所示。

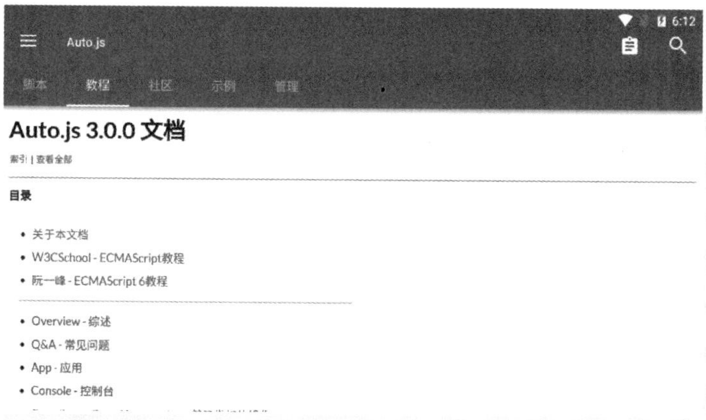

● 图 4-32

4.7.1 工具简介

Auto. js 是基于无障碍服务实现易于使用的自动化操作功能。使用 JavaScript 作为脚本语言，支持代码编辑、变量重命名、代码格式、搜索和替换等功能，可以用作 JavaScript IDE。另外 Auto. js 可以打包为 APK 文件，使用它可以快速开发小型的插件应用程序。

Auto. js 的特征如下：

Auto. js 主要针对自动化和工作流。

Auto. js 具有更好的兼容性。基于坐标的按钮精灵和脚本精灵容易出现分辨率问题，而基于控件的 Auto. js 则没有此问题。

Auto. js 不需要 root 权限即可执行大多数任务。

Auto. js 可以提供诸如接口编写之类的功能，不仅作为脚本软件存在。

因为一些 App 的风控比较严格，使用模拟器和第三方工具可能会被系统检测到，严重者会被封号，所以大家一切以学习为主，不要滥用脚本。

现在没有下载渠道，笔者把 Auto. js 的安装包和本章的案例一起上传到 CSDN，大家可以自己下载学习。

下载链接：https：//download. csdn. net/download/weixin_ 43582101/16078178

4.7.2 使用案例

Auto. js 不仅是自动化操作的工具，也可以和 Js 一样通过请求来获取数据。这里的案例非常简单，是通过 http 请求来下载《王者荣耀》中英雄的皮肤。首先通过抓包抓到了英雄列表的 json 数据，提取出英雄名称，然后拼接出英雄的皮肤链接，再根据皮肤链接下载保存。

```
const LIST = "https://pvp.qq.com/web201605/js/herolist.json";
const YX_PHO = "http://game.gtimg.cn/images/yxzj/img201606/skin/hero-info";
let path = "/sdcard/DCIM/英雄皮肤/";
files.createWithDirs(path );

get_Pic ();

function get_Pic () {
    let Hero_Url = getId_Name ();
    for (j in Hero_Url) {
        for (let coun = 1; coun < 5; coun++) {
            let name = Hero_Url[j ].NA + coun;
            let url = Hero_PHO + "/" + Hero_Url[j ].ID + "/" + Hero_Url[j ].ID + "-bigskin-" +
coun + ".jpg";
            if (! save_Pic (name, url)) continue ;
        }
    }
}

function getId_Name () {
    let arr = [];
    let list = http.get(LIST ).body .json();
    if (list.length > 2) log("获取英雄列表!");
    for (let i in list) {
        let id = list[i].ename ;
        let name = list[i].cname ;
        let json = {
            "ID":id,
            "NA":name
        };
        arr.push(json);
    }
    return arr;
}
//保存图片
function save_Pic (name, url) {
    let Pic = http.get(url,{headers :{"User-Agent":"Mozilla/5.0 (Linux; U; Android 4.0.3; zh-cn;
M9 Build/IML74K) AppleWebKit/534.30 (KHTML, like Gecko) Version/4.0 Mobile Safari/534.30"}});
    files.writeBytes(path + name + ".jpg", Pic.body .bytes ());
    log(name,"保存成功!");
}
```

4.7.3 指数查询案例

通过 Android 的无障碍功能自动化操作手机进行微信指数查询和采集，如图 4-33 所示。

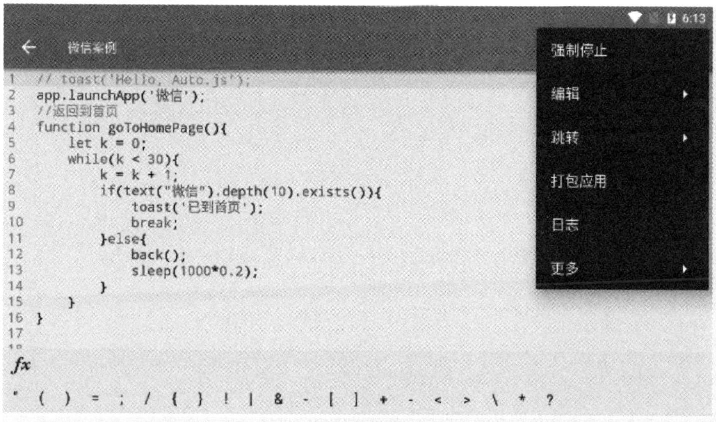

● 图 4-33

```
App.launchApp('微信');

//跳转到首页
function goToHomePage(){
    let k = 0;
    while(k < 30){
        k = k + 1;
        if(text("微信").depth(10).exists()){
            toast('到首页');
            break;
        }else{
            back();
            sleep(1000* 0.2);
        }
    }
}

//跳转到指数页面
function goToZhiShuPage(){
    var it = className("android.widget.ImageView").depth(17).findOne();
    var b = it.bounds();
    click(b.centerX(), b.centerY());
    sleep(1500);

    //跳转到微信指数小程序
    id('m7').findOne().setText('微信指数');
    sleep(1000);
```

```
    var wxzs = text('微信指数').depth(14).findOne();
    var bb = wxzs.bounds();
    click(bb.centerX(), bb.centerY());
}

//根据关键字查询
function getZhiShuForKey(tkey){
    sleep(1000* 1.5);
    var wxzs = text('搜索').findOne();
    var bb = wxzs.bounds();
    click(bb.centerX(), bb.centerY());

    className('android.widget.EditText').findOne().setText(tkey);
    sleep(1000);

    //单击键盘上面的'搜索'按钮
    click(device.width - 16, device.height - 16);
    sleep(1000* 2);

    //获取关键字和指数
    let findData = {keyword:tkey, //关键字
        dataKey:'',    //时间戳,显示在界面上的时间
        zhishu:''      //指数值
        };

    try {
        findData.dataKey = className('android.view.View').findOne().text();
    } catch (error) {
        toast(error);
        exit();
    }
    toast('日期' + findData.dataKey + ', 指数' + findData.zhishu);
}

//"微信指数"
if (1){
    goToHomePage();
    goToZhiShuPage();
    getZhiShuForKey('Lx');
    sleep(1000);
}
```

通过自动化的查询，可以把结果保存到本地或者通过接口发送给服务器。在开发时更多的应用可能是结合抓包工具进行采集，接下来的章节会着重进行介绍。

第5章

抓包工具的应用

不同的抓包工具有不同的效果，在很多场景下，一些抓包工具并不能有效拦截到协议。

本章先了解常用的抓包工具和使用方法，在之后的章节中会结合具体案例进行不同场景下的抓包分析。

5.1 Fiddler

Fiddler 是位于客户端和服务器之间的代理，它能够记录客户端和服务器之间的所有 HTTP 请求，可以针对特定的 HTTP 请求，分析请求数据、设置断点、调试 Web 应用、修改请求的数据，甚至可以修改服务器返回的数据，功能非常强大，是调试的利器，如图 5-1 所示。

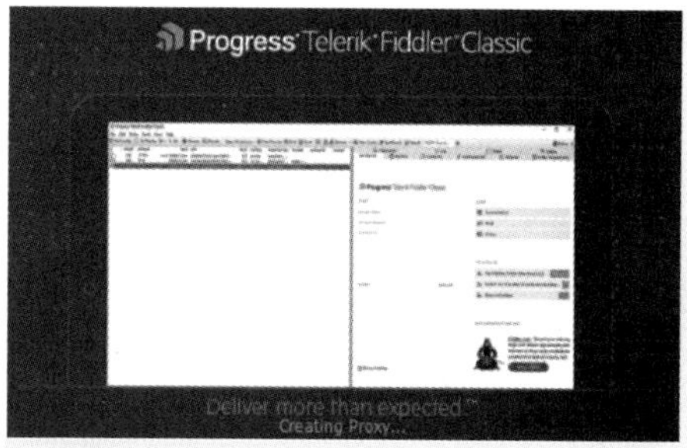

● 图 5-1

5.1.1 Fiddler 配置

在 tools 的 options 中，选择 HTTPS。按照图中勾选后，单击“Actions”按钮，选择 Trust Root Certificate，如图 5-2 所示。

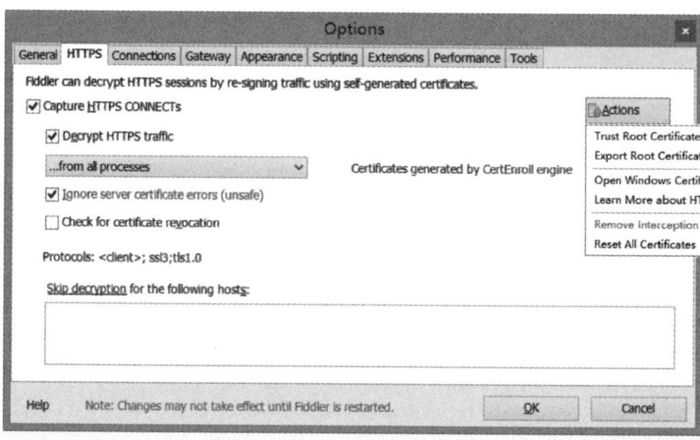

● 图 5-2

在 Connections 中选择允许监控远程链接，端口默认为 8888，如图 5-3 所示。

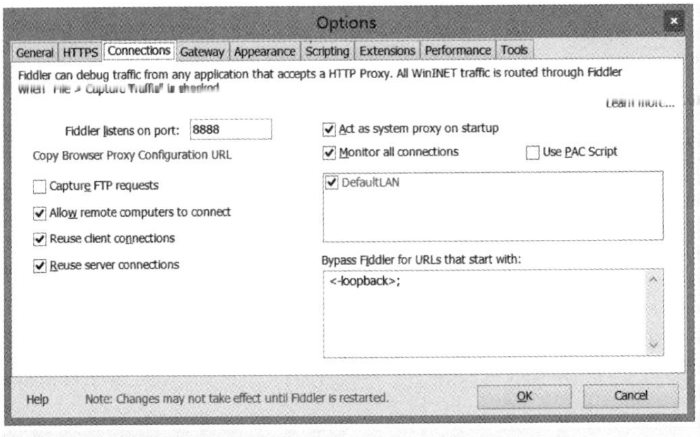

● 图 5-3

保存后重启 Fiddler，即可完成配置。

5.1.2 Fiddler 断点

选择“Rules”中的“Automatic Breakpoints”中的“After Responses”命令开启断点，如图 5-4 所示。

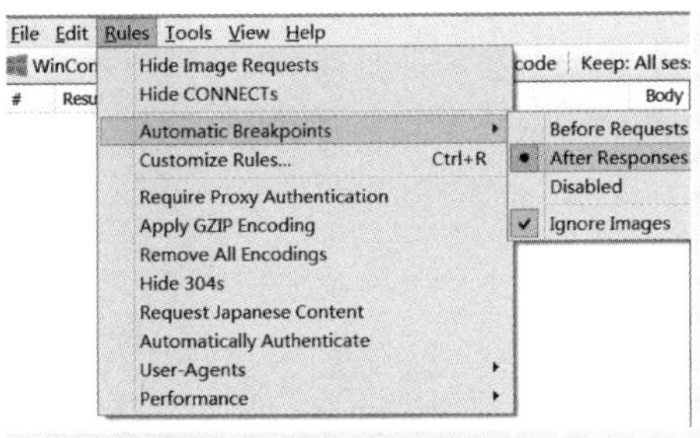

● 图 5-4

当设置断点后，请求列表中的数据包会有被中断的标记，单击数据包后，可以看到在右侧增加了一行操作栏，单击“Run to Completion”按钮可以返回响应数据，如图 5-5 所示。

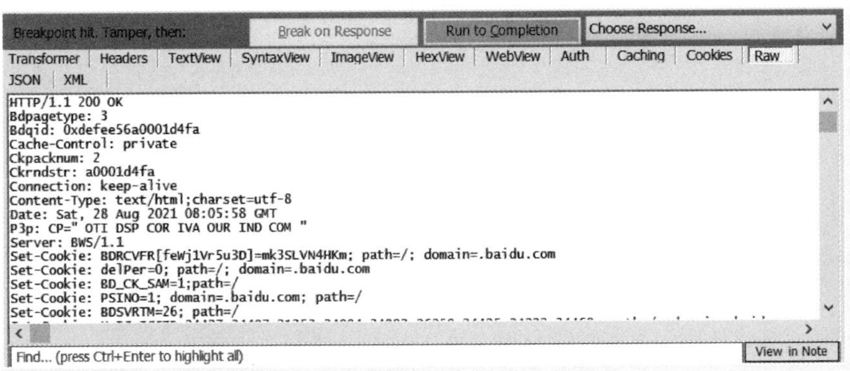

● 图 5-5

取消断点方法是：选择“Rules”中的“Automatic Breakpoints”中的“Disabled”命令。

5.1.3 Fiddler 接口调试

Composer 可以进行模拟网络请求，做接口测试，类似于 Postman，如图 5-6 所示。

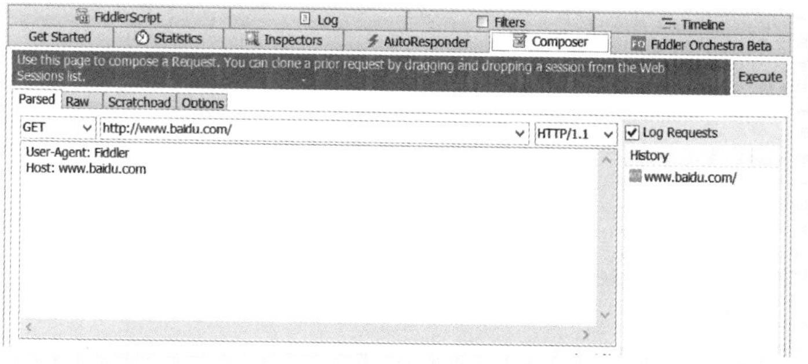

● 图 5-6

5.1.4 Fiddler 替换 Js 文件

选择自动响应 AutoResponder，勾选启用规则和不匹配的请求通过。然后单击“Add rules”按钮，在规则编辑器中输入原网站的 Js 链接和本地要替换的 Js 链接。最后单击 Save 按钮即可，如图 5-7 所示。

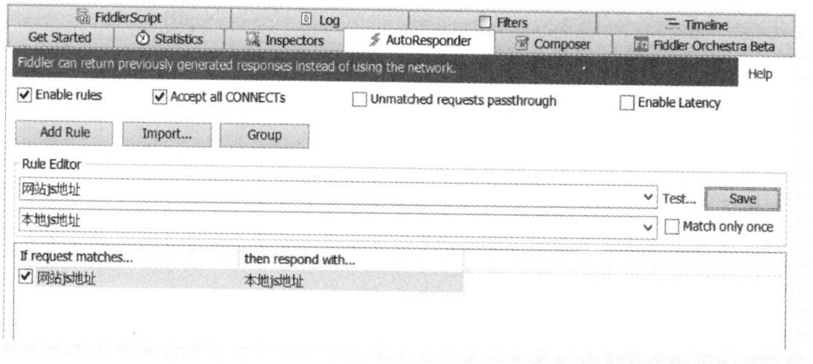

● 图 5-7

笔者在 Js 中添加了 alert，当刷新网页后，可看到修改效果，如图 5-8 所示。

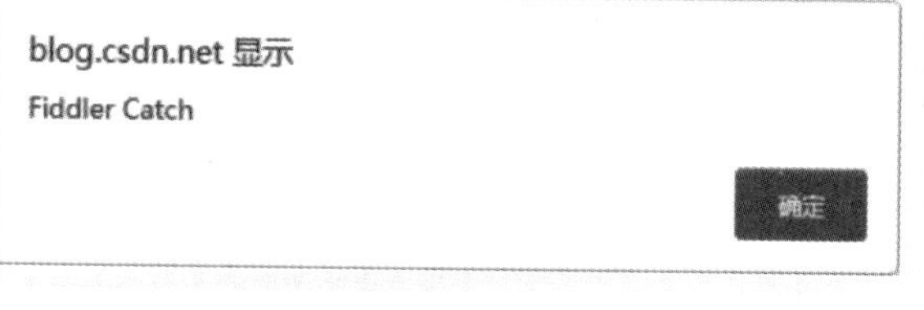

● 图 5-8

5.1.5 Fiddler 保存响应内容

Fiddler 右侧的 FiddlerScript 可以自定义脚本。找到 FiddlerScript 中的 OnBeforeRequest 方法，增加保存响应内容的 Script 代码，如图 5-9 所示。

通过 oSession. uriContains 方法来匹配 URL 地址。oSession. PathAndQuery. slice 方法是对 URL 进行截取，作为文件名。后面的代码是创建一个文件，然后写入 strBody 响应内容。

Script 代码如下：

```
if (oSession.uriContains("https://Api-eagle.amemv.com/aweme/v1/feed/")){
  var strBody=oSession.GetResponseBodyAsString();
  var sps = oSession.PathAndQuery.slice(-58,);
  var filename = "C:/Users/Lx/Desktop/data" + "/" + sps + ".json";
  var curDate = new Date();
  var sw:System.IO.StreamWriter;
  if (System.IO.File.Exists(filename)){
        sw= System.IO.File.AppendText(filename);
        sw.Write(strBody);
  }
  else{
        sw= System.IO.File.CreateText(filename);
        sw.Write(strBody);
  }
     sw.Close();
     sw.Dispose();
  }
```

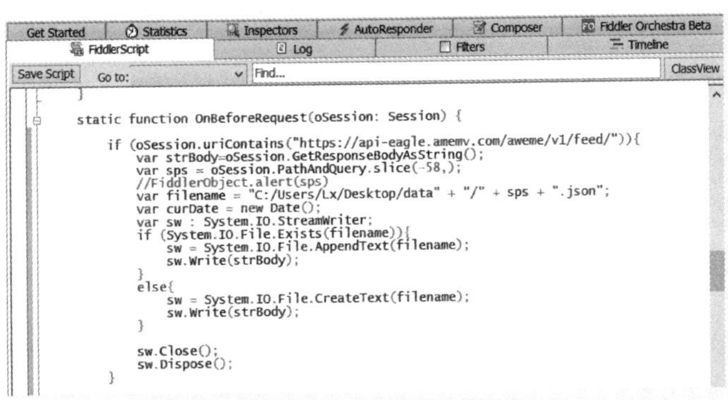

• 图 5-9

在保存后，每次拦截到和该 URL 相匹配的请求都会对响应进行保存，这样可以通过后续的处理来提取所需数据。

5.1.6 Fiddler 监听 webSocket

如果想要抓取 webSocket 的数据包，需要添加脚本。

选择“Rules”中的“Customize Rules”命令，在 class Handlers 类中加入代码，如图 5-10 所示。

```
static functionOnWebSocketMessage(oMsg:WebSocketMessage) {
        // Log Message to the LOG tab
   FiddlerApplication.Log.LogString(oMsg.ToString());
}
```

保存后，就可以在 Fiddler 右侧的 log 栏中看到 webSocket 的数据包了。

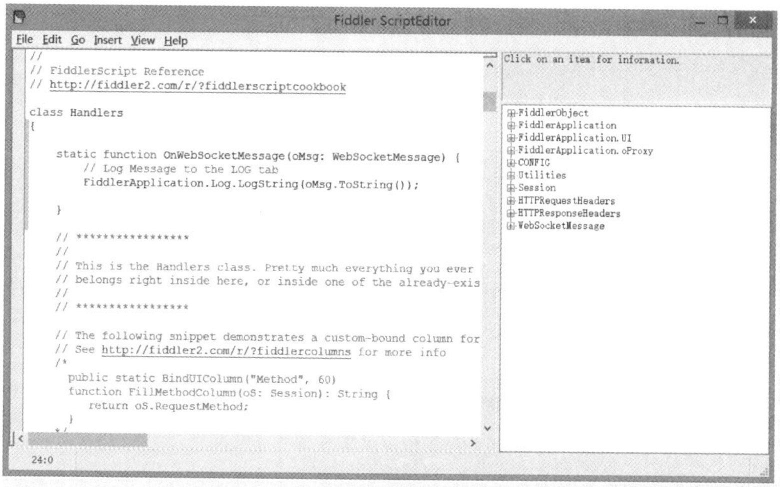

● 图 5-10

5.2 Charles

Charles 是必备的抓包工具，也是一个 HTTP/HTTPS 监视器/代理工具，使开发人员能够查看本机和 Internet 之间的所有 HTTP 和 SSL/HTTPS 流量。这包括请求、响应和 HTTP 标头（其中包含 cookie 和缓存信息）。这里给大家展示的是 Charles 4.2.7 中文版，如图 5-11 所示。

● 图 5-11

Charles 下载即用，先看一下软件界面的功能区分布，如图 5-12 所示。

Charles 界面上第一行是菜单栏，第二行是工具栏，工具栏按顺序分别是：清除会话、开始/停止抓取会话、开启/关闭限流、开启/关闭断点、编辑会话、重新发送请求、验证会话、工具、配置。

接下来是结构（Structure）和序列（Sequence）两种查看模式，这里以序列页面为主，其中展示的是数据包列表和数据包的基本信息。然后是一个过滤框，最下面则是数据包请求信息和响应内容。

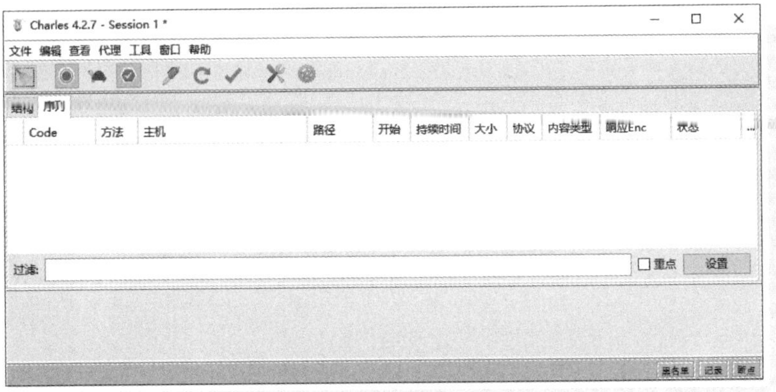

● 图 5-12

5.2.1 Charles 配置

Charles 配置很简单，在菜单栏的代理设置中启动 HTTP 代理并填上一个代理端口，然后在“Windows”选项卡中勾上启动 Windows 代理，如图 5-13 所示。

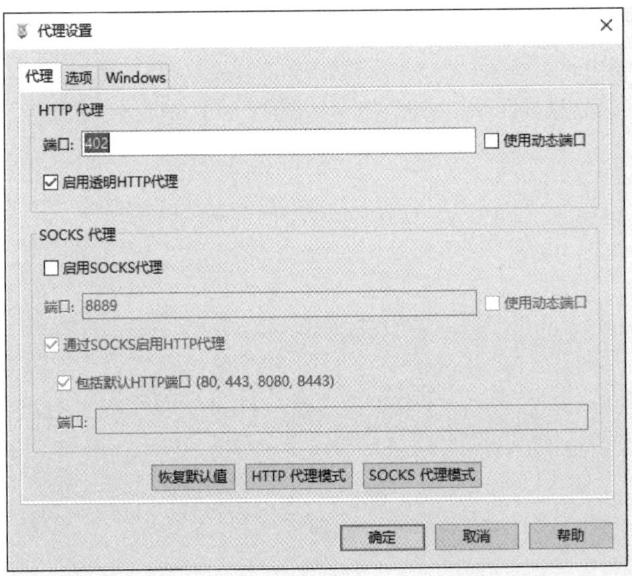

● 图 5-13

到菜单栏的“帮助”中选择“SSL 代理”，再选择“安装 Charles Root 证书”命令，然后继续下一步等待完成即可，如图 5-14 所示。

需要把证书安装到本地计算机，证书存储位置选择“受信任的根证书颁发机构”。

接下来在代理中选择 SSL 代理设置，启用 SSL 代理，配置拦截规则即可进行 https 抓包了，如图 5-15 所示。

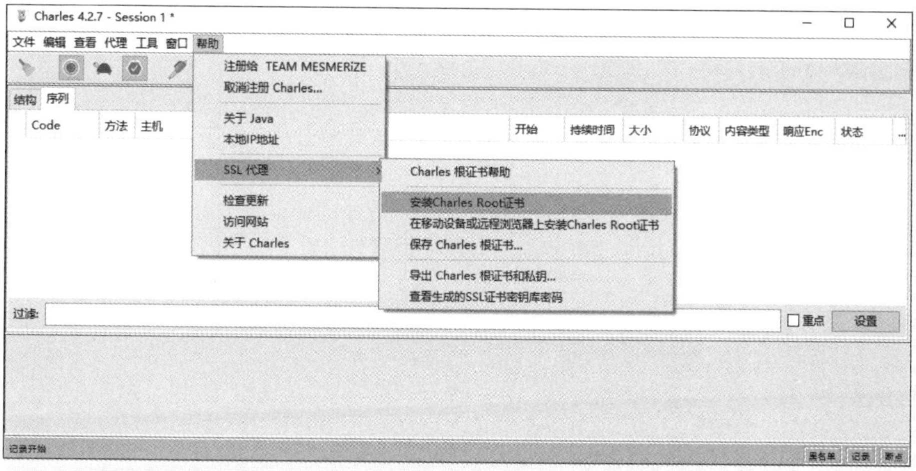

● 图 5-14

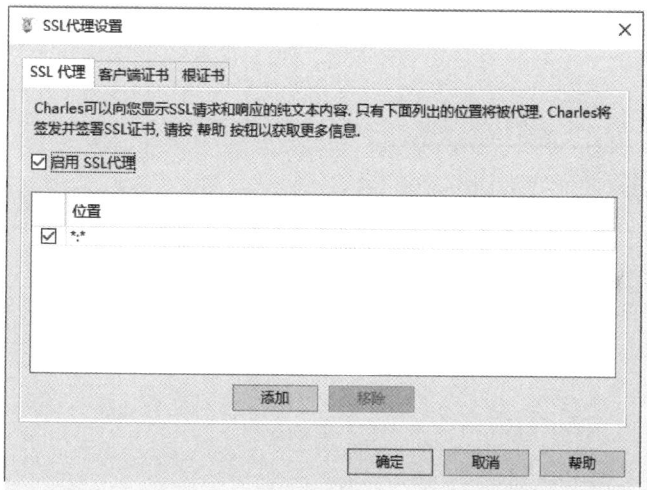

● 图 5-15

如果在移动设备上使用，就需要去设备中配置 Wi-Fi 代理，在 Wi-Fi 中修改网络，填上本机的 IP 和 Charles 代理的端口，然后到 http：//chls. pro/ssl 下载证书，等待 Charles 证书安装后就能抓包了。

5. 2. 2 Charles 断点

选择想要修改返回值的接口，单击鼠标右键设置断点，然后触发请求，如图 5-16 所示。

发现 Charles 已经断点，此时可以通过 Edit Request 对请求进行修改。单击一次 “Execute” 按钮后，会完成请求并跳转到响应阶段，此时可以修改响应内容。

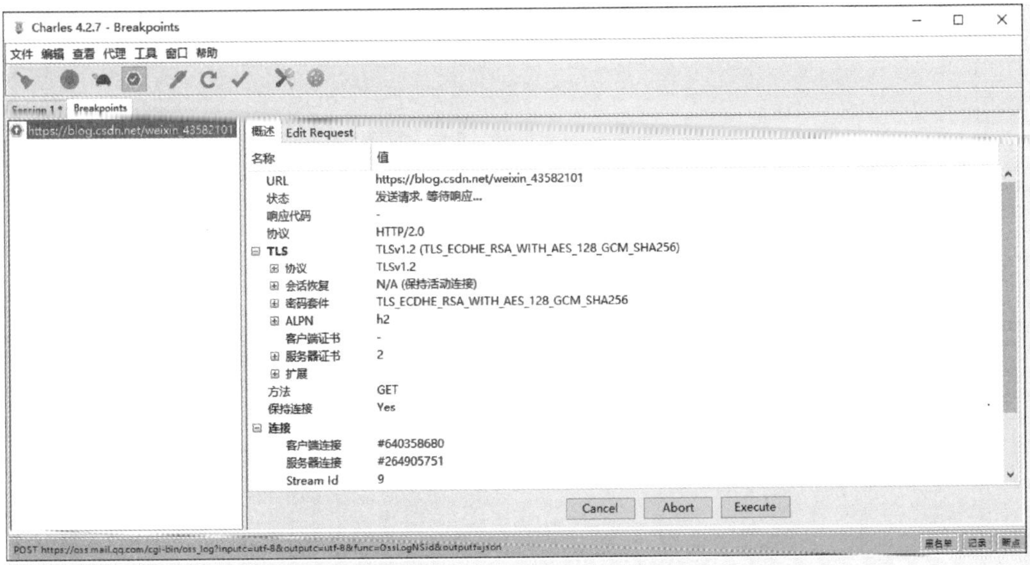

● 图 5-16

5.2.3 Charles 保存响应内容

Charles 将响应内容保存到本地的设置很简单，选择“工具”下的“镜像”命令。

启用镜像，然后设置响应内容保存的位置，所有的响应都会以文件形式被保存下来。也可以设置过滤规则，单击“添加”按钮即可根据协议、主机、端口、路径等条件进行过滤，如图 5-17 所示。

比如要保存 CSDN 的作者总榜，抓包发现链接是 blog. csdn. net/. . . /all-rank?，那么就启用镜像，添加匹配规则，在主机中输入链接，然后单击“确定”按钮即可，如图 5-18 所示。

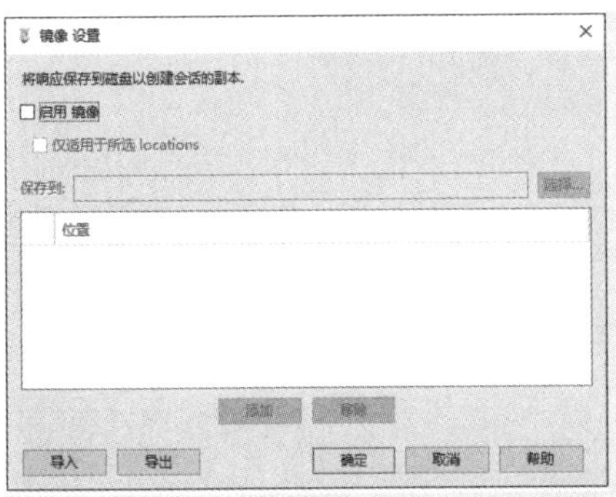

● 图 5-17

● 图 5-18

保存之后，在浏览器中触发请求，此时到本地的文件夹中查看，响应内容已经被保存下来了。

5.2.4 Charles 监听 webSocket

Charles 在 3.11 版本之后，开始支持 webSocket 协议抓取，所以要监听 webSocket 最好使用新版本。

在代理配置中，需要使用 SOCKS 来转发 webSocket，所以要启用 SOCKS 代理，并且通过 SOCKS 启用透明 HTTP 代理，如图 5-19 所示。

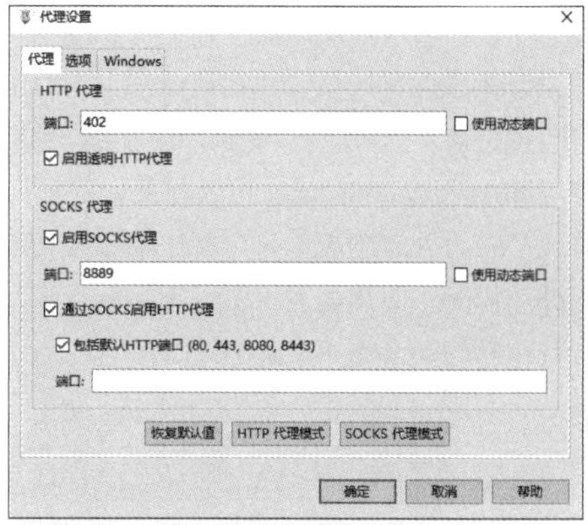

● 图 5-19

配置完成之后，就可以拦截 webSocket 协议的请求了，如图 5-20 所示。

想必大家也十分熟悉 Charles，所以不介绍那么多了，自己在使用中探索吧。

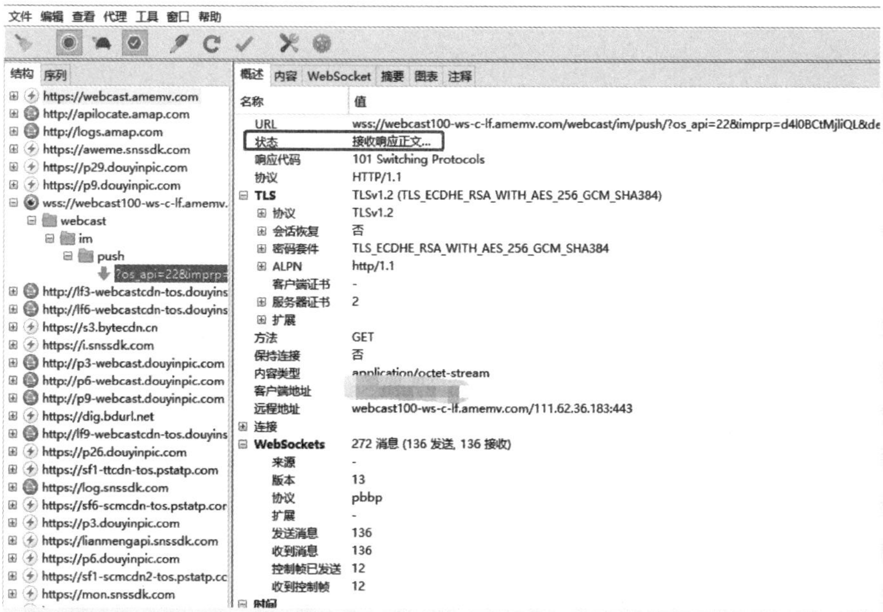

● 图 5-20

5.3 MitmProxy

5.3.1 工具介绍

Mitm 的全称是 Man-in-the-MiddleAttack（中间人攻击）。它是一种“间接”的入侵攻击，这种攻击模式是通过各种技术手段将受入侵者控制的一台计算机虚拟放置在网络连接中的两台通信计算机之间，这台计算机就称为中间人。

而 Mitmproxy 是一个免费和开源的交互式 HTTPS 代理，基于中间人的方式用于调试、测试、抓包和渗透测试。它可用于拦截、检查、修改和重播 Web 通信，例如 HTTP/1、HTTP/2、webSocket 或任何其他受 SSL/TLS 保护的协议。可以解码从 HTML 到 Protobuf 的各种消息类型，即时拦截特定消息，在它们到达目的地之前，对其进行修改，稍后将其重放到客户端或服务器。

Mitmproxy-mitmdump 可编写强大的插件和脚本。脚本 Api 提供对 Mitmproxy 的完全控制，并可以自动修改消息，重定向流量，可视化消息或实现自定义命令。最重要的原因是可配合 Python 脚本对数据包进行拦截修改，使用简单，所以 Mitmproxy 是爬虫工程师必须掌握的利器之一。

官网的 Python 代码示例：

```
from mitmproxy import http

def request(flow:http.HTTPFlow):
    # redirect to different host
    if flow.request.pretty_host == "example.com":
        flow.request.host ="mitmproxy.org"
    # answer from proxy
    elif flow.request.path.endswith("/brew"):
        flow.response = http.HTTPResponse.make(
            418, b"I'm a teapot",
        )
```

5.3.2 安装配置

本小节以在 Windows 10 上的安装配置为例。

客户端安装：https：//mitmproxy. org/downloads/

Python 库安装：pip install Mitmproxy

（1）安装完成之后，在 cmd 命令行中输入 Mitmdump 启动服务，默认是 8080 端口。

（2）启动成功后，下载 Mitm 证书：访问 http：//mitm. it/下载。

（3）点击 Windows 下载安装。如果网页显示 If you can see this，traffic is not passing through Mitmproxy，则按照第二步设置 Windows 本地代理后，再次安装。

（4）修改 Windows 本地代理。选择“设置”中的“网络代理”中的“手动设置代理”，打开“使用代理”并将 IP 地址修改为 127. 0. 0. 1，端口修改为默认 8080 或修改后的端口，如图 5-21 所示。

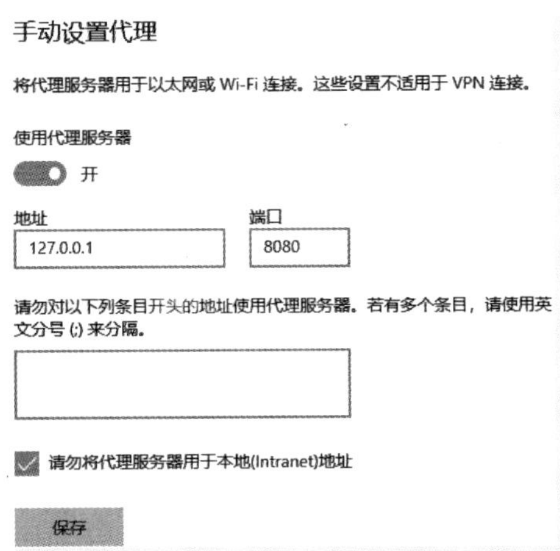

● 图 5-21

5.3.3 替换浏览器 Js

通过中间人替换 Js 文件内容通常用来规避检测，比如下面的代码，如果拦截到了来自 https：//baidu. com 的响应内容，则把响应内容中的所有' debugger '替换为空，然后返回给客户端。

```
from mitmproxy.http import flow

def response(flow:flow):
```

```
target_url ='https://www.baidu.com'
if  target_url in flow.request.url:
    jscode = flow.response.get_text()
    jscode = jscode.replace('debugger', '')
    flow.response.set_text(jscode)
```

5.3.4 公众号拦截案例

本小节介绍一个通过 Windows 客户端+Mitmproxy 采集微信公众号文章的案例。

Github：https：//Github.com/lixi-5338619/weixin-spider

项目流程如图 5-22 所示。

因为获取微信公众号需要有很多参数，比如 x-wechat-key、_biz、Appmsg_token、pass_ticket 等。如果去逆向，难度过高并且消耗大量时间，此时可以通过自动触发请求，然后用 Mitmproxy 拦截请求，获取其中的加密参数来进行数据采集。需要用 Python 自动化操作 Windows 客户端的微信，用 Redis 存储 Mitm 拦截到的 key，然后通过调度分配采集任务，完成请求后将数据保存入库。

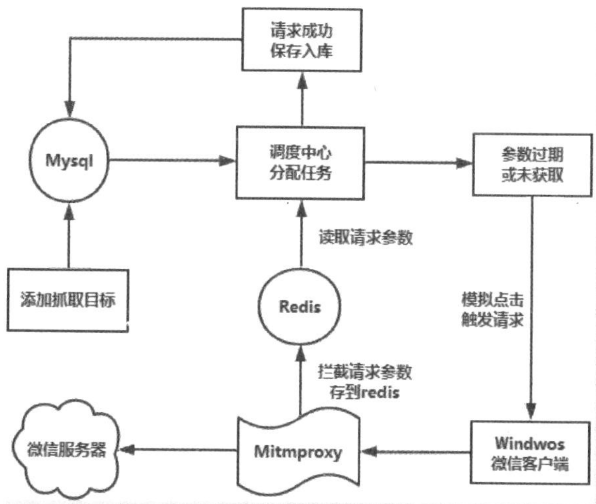

● 图 5-22

Python-Mitm 拦截模块代码如下：

```
import re
from mitmproxy import http

class WeiXinProxy:
    def request(self, flow:http.HTTPFlow):
        if flow.request.host == "mp.weixin.qq.com":
            url_path = flow.request.path
            if url_path.startswith("/s? _biz="):
                if  "uin=" in url_path and "key=" in url_path and "pass_ticket=" in url_path:
                    biz = re.search(r"_biz=([^&]+)&?", url_path).group(1)
                    key = re.search(r"key=([^&]+)&?", url_path).group(1)
                    uin = re.search(r"uin=([^&]+)&?", url_path).group(1)
                    pass_ticket = re.search(r"pass_ticket=([^&]+)&?", url_path).group(1)
                    print("抓到了:", biz, uin, key,pass_ticket)
```

通过 host 判断是否来自微信的请求，然后通过 URL 来判断是否包含加密参数的链接。更多内容大家可以参考 Github 的源码进行测试。

5.3.5 移动端拦截案例

移动端不论是 App 还是小程序，都可以采用上一小节的方法，通过自动化工具或者脚本触发请求，然后用 Mitmproxy 拦截请求或者响应。另外 Mitmproxy 有一个优势就是可以部署在 Linux 服务器上。

本小节以 Appnium+Android 设备+Mitmproxy 采集微信指数为例。微信指数并没有复杂的加密算法，但是有一个具有时效性的 search_key 参数，所以需要做的是通过 Mitm 将 search_key 取出保存到数据库中，供外部程序使用，如果过期则重新获取。

配置好相关环境和证书后，可以编写拦截代码：

```
import json
def response(flow):
    url ="https://search.weixin.qq.com/cgi-bin/searchweb/weApplogin"
    if flow.request.url.startswith(url):
        text = flow.response.text
        data =json.loads(text)
        search_key = data.get("data").get("search_key")
        print(search_key)
```

将 search_key 进一步存储后即可进行采集。通过 Appnium 自动化触发请求的例子这里就不再具体叙述了。只要是可以在 Mitmproxy 抓到包的请求，都可以通过这种方法进行拦截并做相应的数据采集。

5.4 HTTP AnalyzerStd V7

HTTP AnalyzerFull V7 是数据包分析工具，用于性能分析、调试和诊断。使用方式和 fiddler、charles 等差不多。但是它可以捕获来自某些特定进程或用户/会话/系统范围应用程序的 HTTP/HTTPS 流量。比如在 Windows 应用程序中捕获 HTTP 信息，而无须从 HTTP Analyzer 中启动它们。

如果遇到某些不需要 HTTP 协议的 App，可以用它来监听模拟器应用的请求，来确定一下接口。

HTTP AnalyzerFull V7 还有一个日志功能，其中包含有关所执行操作的综合信息，可以将其导出为多种文件格式，如图 5-23 所示。

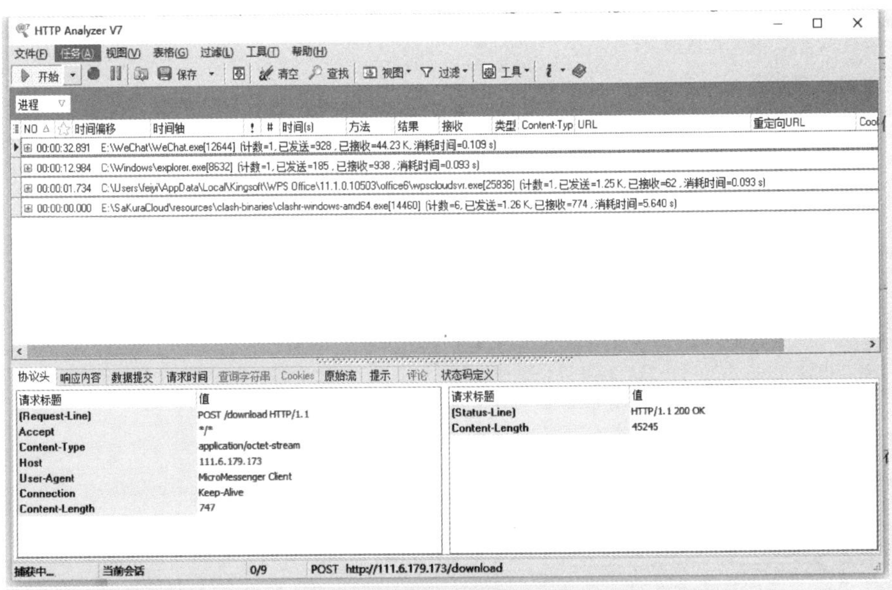

● 图 5-23

绿色汉化版可到本书代码库中查看下载链接。

该 Windows 工具没有太多需要说明的。

5.5 HTTP Canary

HTTP Canary 是 Android 平台下的网络分析工具，因其 logo 又被称为黄鸟。笔者觉得它是目前在 Android 上使用最顺手的抓包工具，免 root、界面清新、功能齐全、使用方便，支持 TCP/UDP/HTTP/HTTPS/webSocket 等多种协议，如图 5-24 所示。

除了基本的请求查看之外，还可以进行请求重发、重写、断点等操作，长按一个请求可以触发选择，如图 5-25 所示。

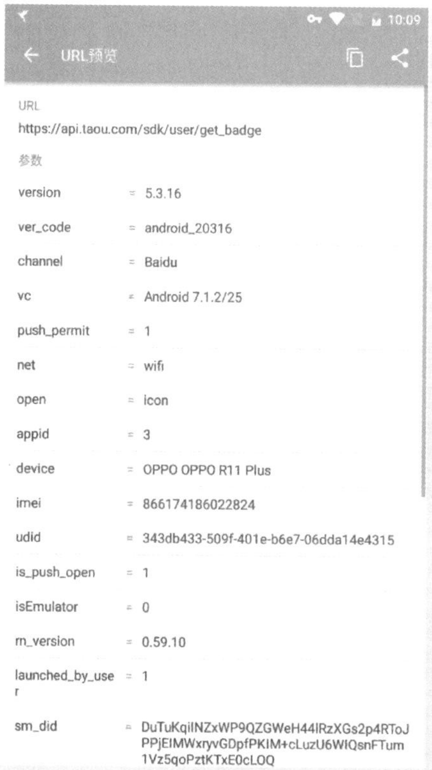

● 图 5-24

● 图 5-25

另外软件本身带有插件仓库，可以支持一些扩展功能，比如把数据包上传到服务器，如图 5-26 所示。

该 Android 工具就这样简单介绍一下吧，也没有太多需要说明的。

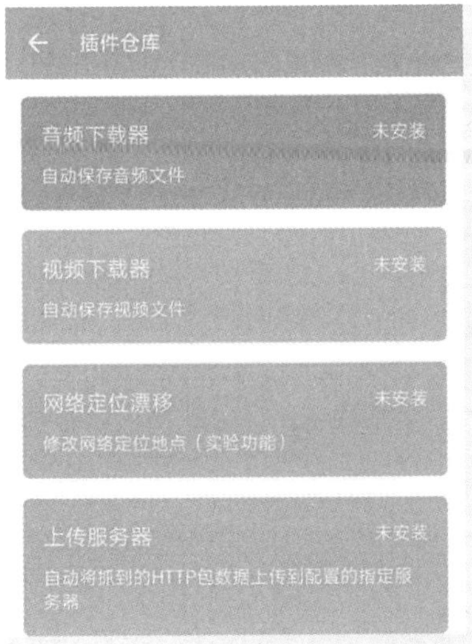

● 图 5-26

5.6 Postern

Postern 是一个免 root 的 Android 全局代理工具/虚拟网络管理工具，它的主要作用是将普通代理设置为 VPN 代理，由于 VPN 代理处于网络层，可以配置抓包工具让大家抓到更多的数据包，如图 5-27 所示。

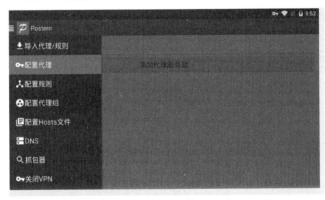

● 图 5-27

Github 地址：https：//Github. com/postern-overwal/postern-stuff

Postern 支持多种代理协议，包括 SSH、HTTPS/HTTP、Shadowsocks、socks5、gfw. press。

5.6.1 规则配置

Postern 的菜单栏中有一个配置规则的选项，这里的规则类似于防火墙和路由表，可以设置匹配的内容，也可以过滤掉一些无关内容。本节主要说一下规则配置的方法，如图 5-28 所示。

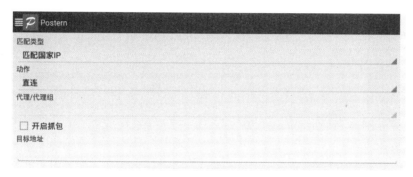

● 图 5-28

匹配类型中分为国家 IP、CIDR IP、域名关键字、域名后缀、精确域名、所有地址。

按照域名进行匹配的规则就不多说了，如果要匹配国家 IP，则目标地址规则的格式是“GEOIP，CN，DIRECT”，GEOIP 是 Postern 的国家、地区数据库，CN 是国内，DIRECT 是允许通过，所以按国家 IP 匹配时，修改国家名英文简写即可。

如果按照 CIDR IP 匹配，即按照 IP 子网段来匹配。规则是“IP-CIDR，192.168.0.0/16，DIRECT”，表示只有在 192.168 的网段上才会被匹配到，16 表示网络码占 16 位。

选择所有地址的匹配方法，就不需要去填写目标地址，接下来看一下在匹配命中后的处理规则。

动作是规则命中后的下一步处理，具体规则如下：

（1）直连：对命中匹配规则的数据请求不加处理直接转发到目的地址。

（2）通过代理连接：对命中匹配规则的请求，使其通过代理进行转发。

（3）屏蔽：对名字匹配规则的这些请求全部过滤掉。

（4）智能选择：对匹配到的请求先采取直连的方式，如果直连失败，则尝试走代理。

（5）代理组：代理组是一组不同动作的组合，用户可以在“配置代理组”中动态选择。

选择完匹配类型、动作、代理组后，需要把开启抓包勾选上才能让配置的规则生效。

5.6.2 配合抓包

本小节内容用 Postern 配合 charles 抓模拟器中 App 的数据包，原理是通过 Postern 将本地数据包转发到抓包工具 charles 中，也可以转发到其他抓包工具。

首先要保证模拟器或者移动设备中已经安装过 charles 的证书，并且 Android 7.0 以上的设备需要把 charles 证书从用户证书目录移动到系统证书目录。具体操作方法是，先把系统文件路径设置为可读写模式，然后找到用户证书路径的 charles 证书，把它复制到系统证书路径中，如表 5-1 所示。

表 5-1 系统证书路径

设置路径文件系统为可读写模式	mount -o rw，remount /
系统证书路径	/etc/security/cacerts
用户证书路径	/data/misc/user/0/cacerts-added

然后关掉移动设备中的 Wi-Fi 代理，将 Wi-Fi 中的代理修改为无。

接下来正式开始 Postern 的配置。选择左侧菜单栏中的配置代理，填上本地 IP 代理，charles 的代理类型和代理端口，如图 5-29 所示。

● 图 5-29

charles 中的代理类型和端口可以到代理设置中进行配置，一般使用 Postern 转发，大概率是遇到了在 http/https 应用层难以抓包（比如 App 不走代理）的情况，所以这里直接给出 SOCKS 代理的配置。

SOCKS 代理的端口可以自己修改，记得需要把下面的选项勾上，如图 5-30 所示。

接下来需要配置规则，单击菜单栏的规则配置。然后选择“匹配类型”中的匹配所有地址，以及“动作”中的通过代理连接。让规则保持和下图相符合的状态，单击“保存”按钮，如图 5-31 所示。

配置完成后，在左侧的菜单栏中打开 VPN，就可以进行抓包了。如果说配置无误，charles 中却一直没有数据并且无法获得响应内容，则先关闭 VPN，重启 charles，然后开启 VPN 即可。

当然使用 charles 查看时，一些 tcp 包是看不到的，可以使用 Postern 的抓包器，在右上角点击刷新，就能查看到 tcp 包了，如图 5-32 所示。

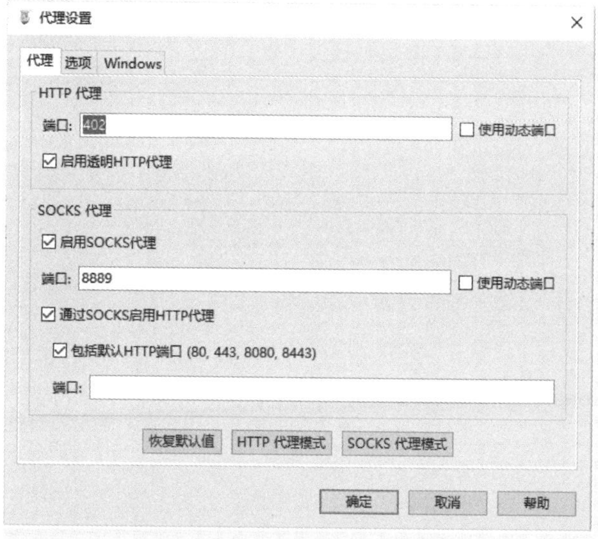

● 图 5-30

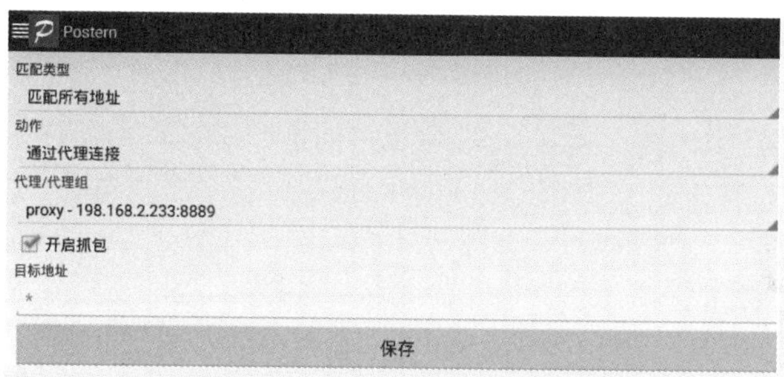

● 图 5-31

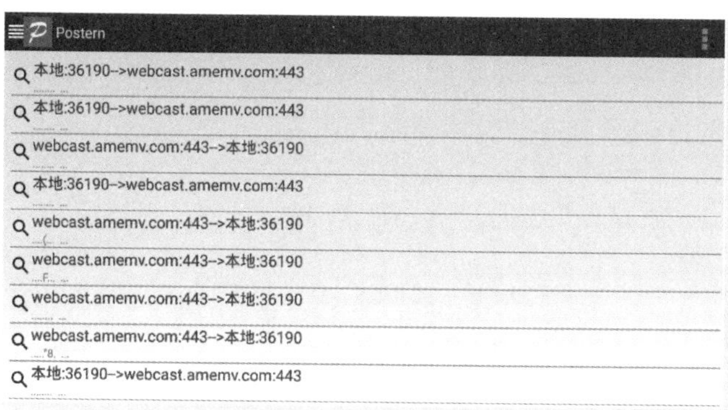

● 图 5-32

点击进去可查看数据包内容，如图 5-33 所示。

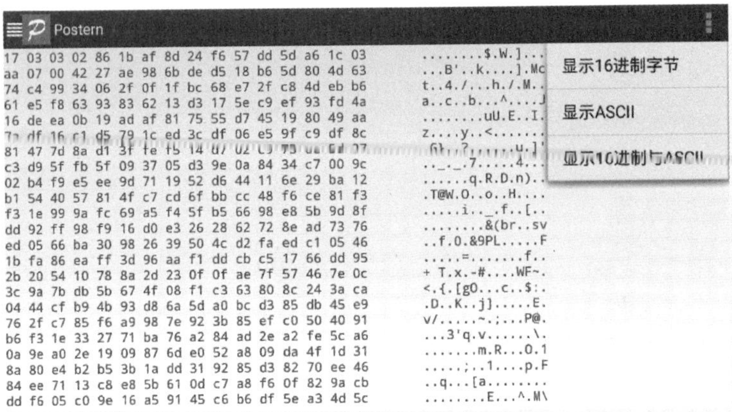

● 图 5-33

通过 VPN 转发的方式可以轻松应对代理检测，更多内容会在后面的案例中进行分析讲解。

5.7 Drony

Drony 是一个 Android VPN 代理工具，不需要 root 环境也可完成代理身份认证。

Drony 和 Postern 类似，可以转发 App 的所有请求，而不是去设置手机 Wi-Fi 代理，所以也可以配合 charles、fiddler 完成定向抓包，去抓取那些不走代理的请求，如图 5-34 所示。

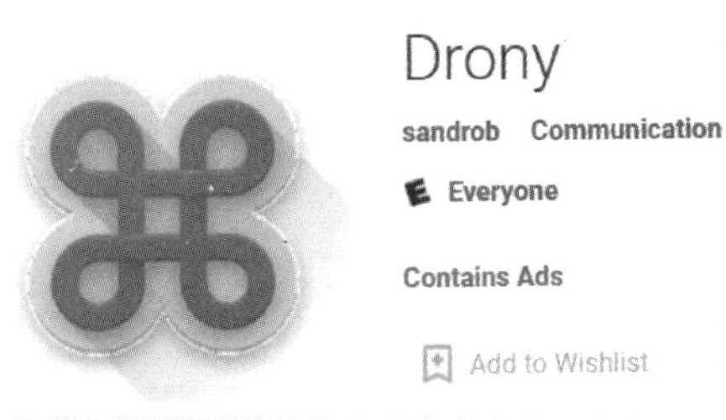

● 图 5-34

5.7.1 工具介绍

由于该软件资源不好找，笔者在云盘中上传了一份，下载地址可到本书代码库中查看，如图 5-35 所示。

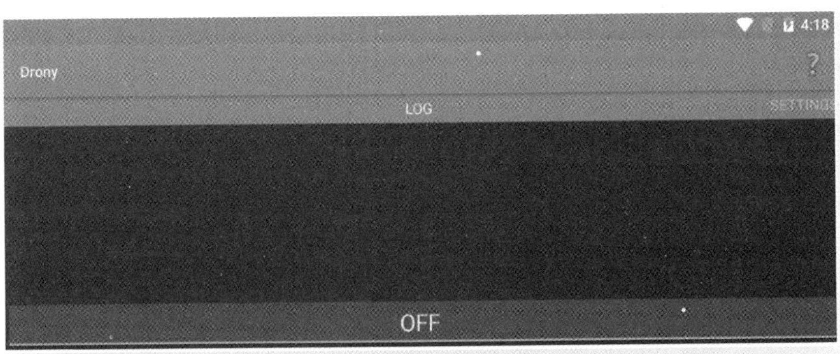

● 图 5-35

打开工具后，页面整体非常简洁。在 LOG 这行，应该算是软件的工具栏，可以通过左滑、右滑进行切换。分别有 LOG、SETTINGS、FILTER、CONNECTIONS。LOG 是软件工作日志，在 SETTINGS 中进行各种配置，FILTER 是过滤内容，CONNECTIONS 是连接状态。

SETTINGS 中有大量的可配置选项：包括代理配置、网络配置、过滤配置、DNS 配置、证书配置。使用较多的是网络配置 Networks，在 Networks 中可以查看本机 Wi-Fi 列表，配置 Wi-Fi 的各种属性，以及 WIREDSSID 和过滤规则。

Drony 本身就可以进行抓包，和正常的抓包工具配置相同，先在 Network details 中配置 Hostname 和 Port，再设置代过滤类型和过滤规则，然后配置设备网络中的 Wi-Fi 代理，最后启动 Drony 即可进行抓包，如图 5-36 所示。

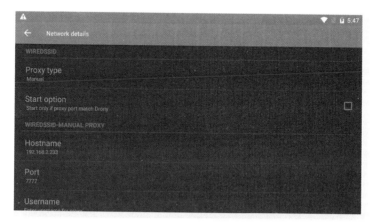

● 图 5-36

在下一小节中会具体介绍，Drony 和 charles 配合下的抓包过程。

5.7.2 配合抓包

这里用 Drony 配合 charles 通过 http/https 转发并进行抓包，需要先配置好 charles。

接下来开始配合抓包，先关闭设备中的 Wi-Fi 代理，然后打开 Drony，右滑到 SETTINGS 页面，单击 Networks 下的 Wi-Fi，如图 5-37 所示。

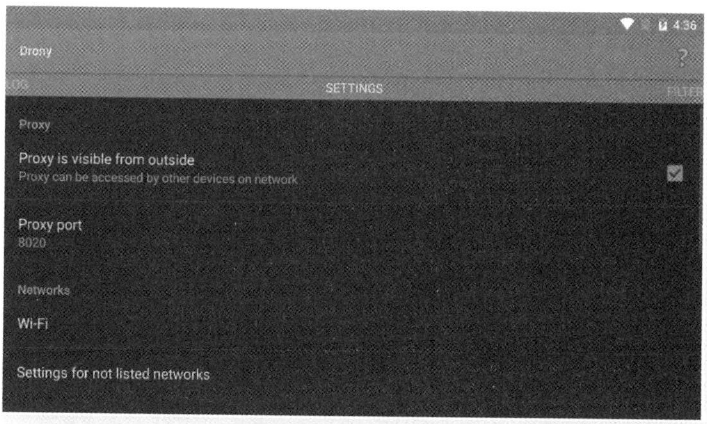

● 图 5-37

选择当前在使用的 Wi-Fi 名，然后进入 Network details 页面，如图 5-38 所示。

● 图 5-38

先设置 Hostname 和 Port，然后单击 Proxy type，选择 manual。Hostname 是你的本机地址，Port 是抓包软件的端口号，manual 是手动，如图 5-39 所示。

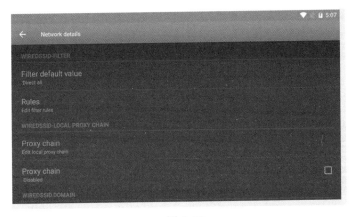

● 图 5-39

再往下单击 Filter default value，设置过滤器的默认值，要选择 Direct all。再单击 Rules 设置规则，进入 Rules 页面之后，单击右上方的+号，进入 Add filter rule 页面，如图 5-40 所示。

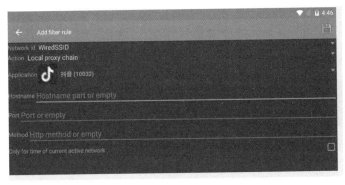

● 图 5-40

单击 Action，选择 Local proxy chain，单击 Application 可以指定要抓包的应用，然后单击右上角的“保存”按钮，如图 5-41 所示。

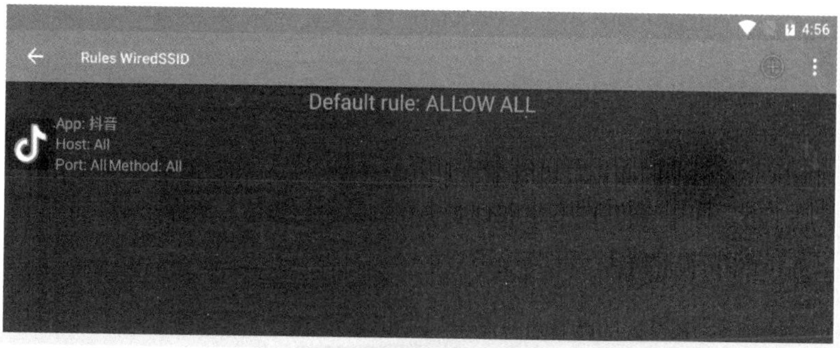

● 图 5-41

如果在 Rules WiredSSID 中已经出现规则，那么说明设置成功，可以返回主页。滑到 LOG 页面后，单击底部“OFF”按钮，启用 Drony，然后就可以抓包了，如图 5-42 所示。

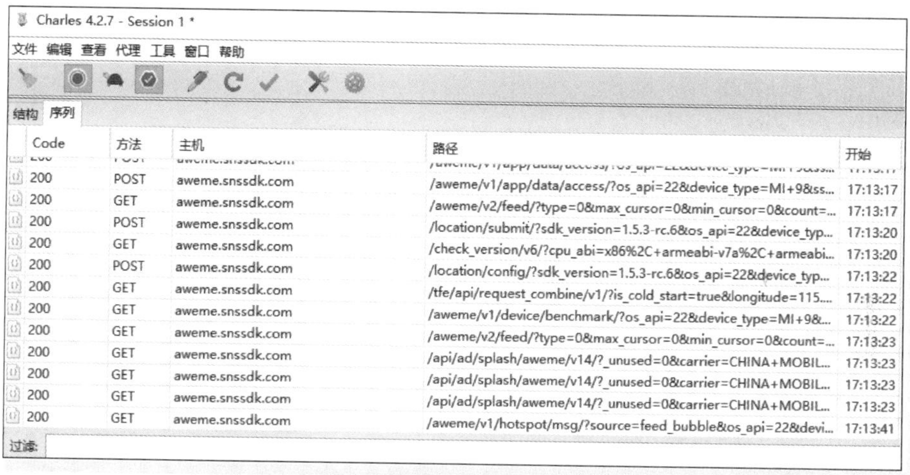

● 图 5-42

需要注意的是，应提前配置好 charles，然后关闭设备的 Wi-Fi 代理。另外 Drony 的代理类型 Proxy type 默认是 Plain http proxy，所以本节中笔者没有修改，也可以选择其他类型，如 HTTPS、SOCKS 等。

5.8 Wireshark

Wireshark 是一个基于网卡的开源网络协议分析器，使用 WinPCAP 作为接口，直接与网卡进行数据报文交换。这种抓包方式不受任何限制，绝对能抓到数据包，但是对于加密的数据没有办法明文显示，对于 http 和 https 包的展示也不太友好。笔者使用这一场景是因为其他工具无法抓包时，或者是需要分析接口协议时，才会选择 Wireshark，如图 5-43 所示。

5.8.1 Wireshark 介绍

安装过程就不再说了，在本书工具库中有中文版下载链接。

Wireshark 捕获的是网卡的网络包，所以当计算机上有多块网卡的时候，需要先选择网卡，如图 5-44 所示。单击开始界面中的 Interface List，即网卡列表，选择需要监控的网卡。在捕获选项（Capture Options）中选择正确的网卡，然后使用鼠标右键单击网卡，选择“Start”后，开始抓包。

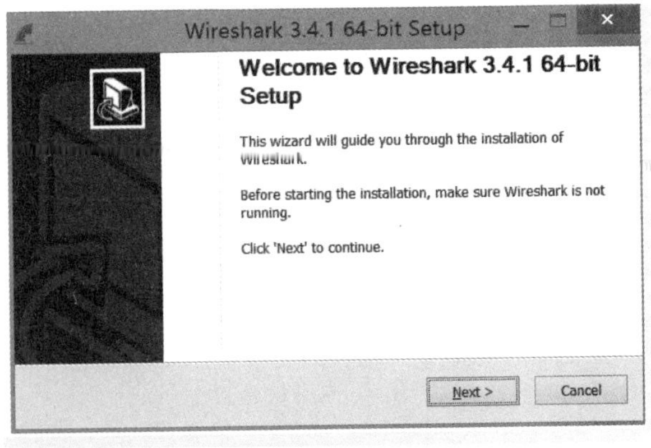

● 图 5-43

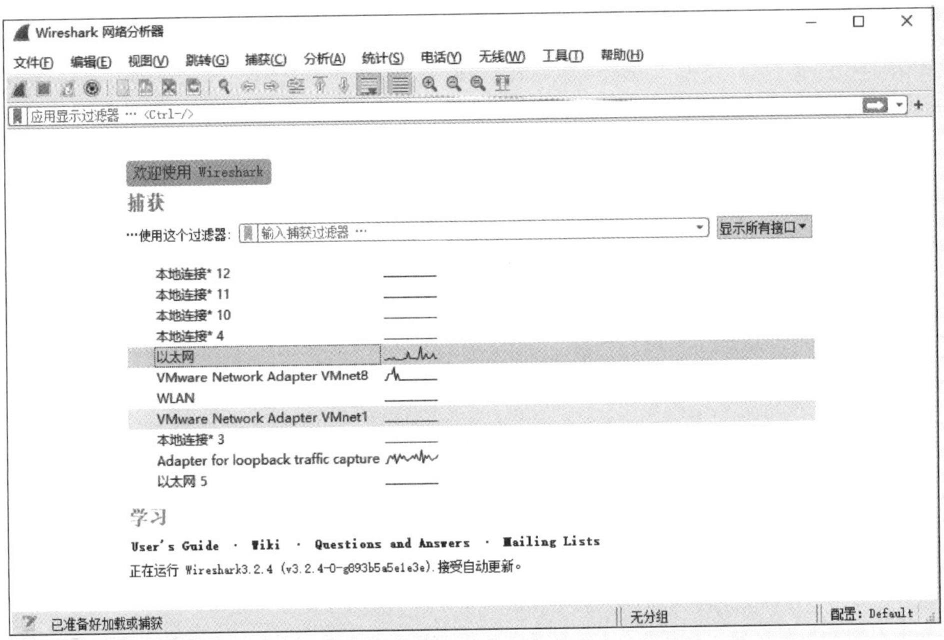

● 图 5-44

正常情况下立刻就能看到数据包涌入，如果没有内容，就查看网卡是否选择正确，如图 5-45 所示。

第一栏是菜单栏，第二栏是工具栏，第三栏是过滤栏，可以设置条件过滤数据包列表。

过滤栏下面是数据列表区，显示了数据包的编号、时间戳、来源、目的地、协议、长度等信息，不同的协议使用了不同的颜色区分。协议颜色在菜单栏中的“视图”的着色规则中修改，默认规则如图 5-46 所示。

下来灰色的一栏是数据包详细信息栏，数据包列表中的每个数据包在详细信息栏中都会显示其所有信息内容，如图 5-47 所示。

接数据包详细信息栏如下：

Frame：物理层的数据帧概况。

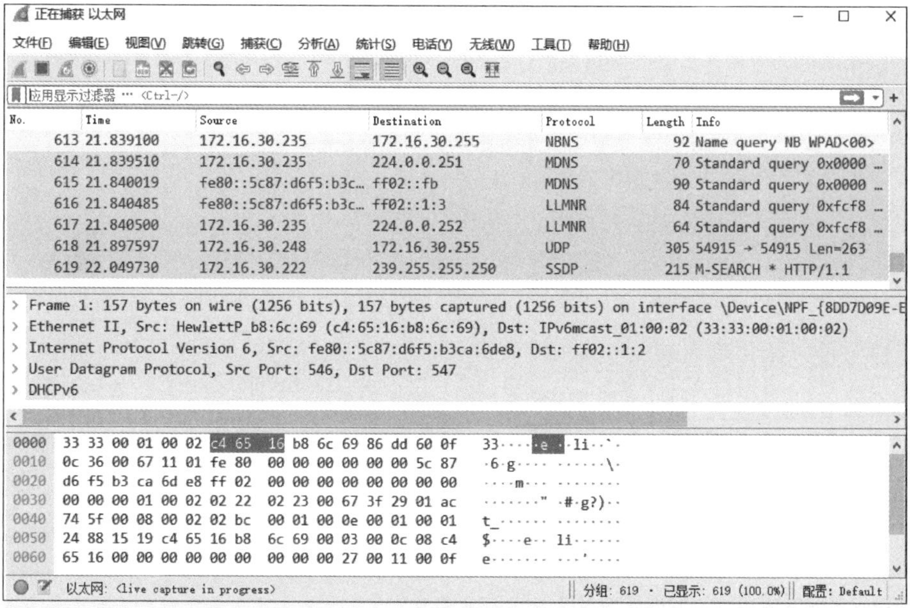

● 图 5-45

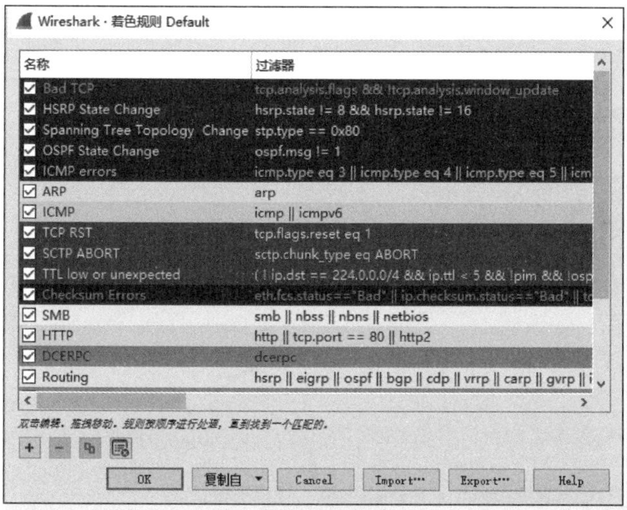

● 图 5-46

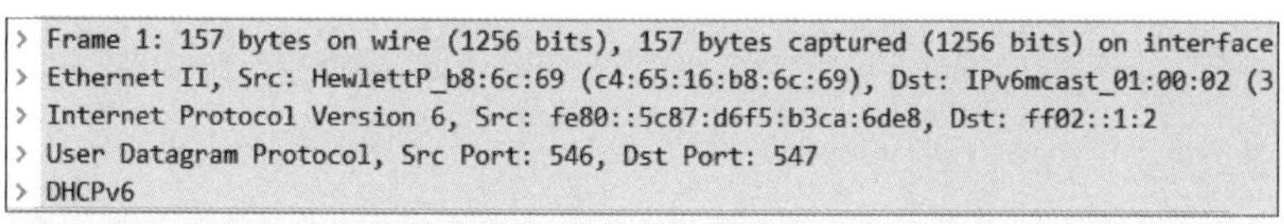

● 图 5-47

Ethernet II：数据链路层的以太网帧头部信息。

Internet Protocol Version：网络协议版本信息。

User Datagram Protocol：传输层的 UDP 协议。

Transmission Control Protocol：网络传输层的 TCP 数据段信息。

Hypertext Transfer Protocol：应用层的 HTTP 超文本传输协议信息。

DHCPv6：IPv6 动态主机配置协议。

Multcast Domain Name System：DNS 协议头部信息。

此外还有其他协议信息，比如 ARP、SSDP、LLMNR 这些就不再一一列出了。

最下面的一栏是数据包报文的 16 进制展示，如图 5-48 所示。

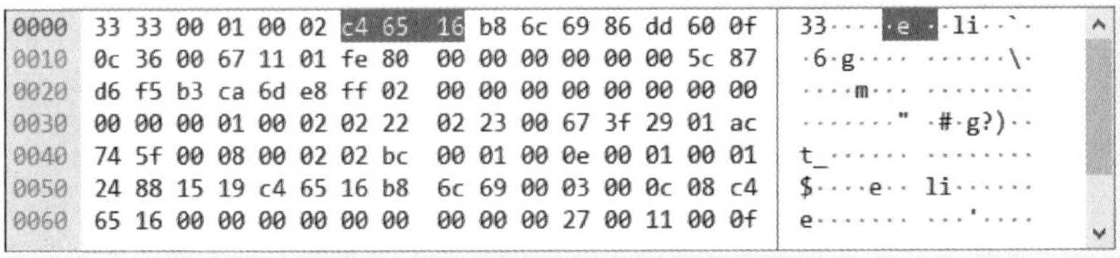

● 图 5-48

图中笔者用了红线分隔，红线左边是 16 进制，红线右边是 16 进制对应的 ASCII 码。而被蓝色填充的区域则是数据包详细信息栏中各层对应的数据，比如单击 Transmission Control Protocol，在 16 进制展示区中可以看到对应的详细内容，如图 5-49 所示。

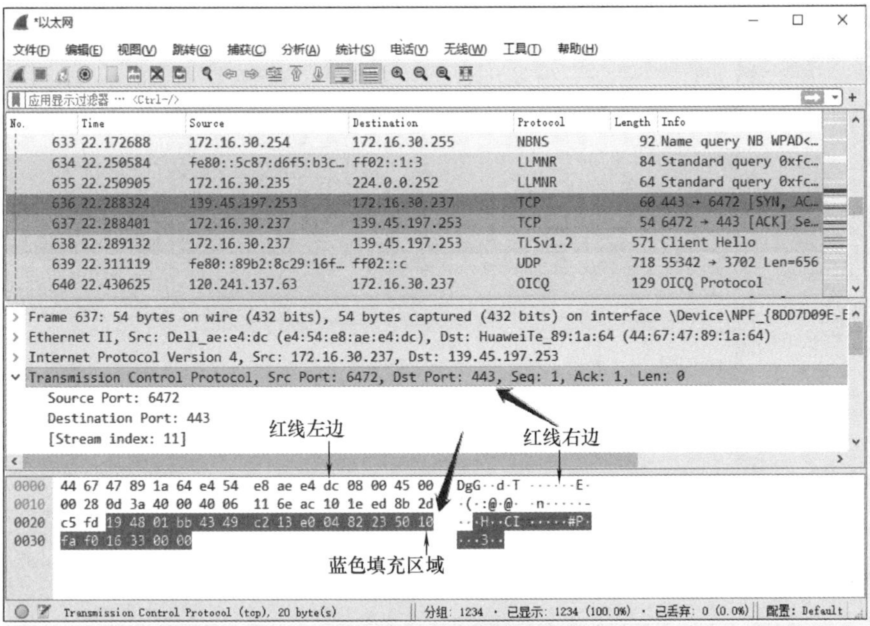

● 图 5-49

Wireshark 的介绍就到这里，具体的功能大家动手测试一下吧。

5.8.2 Wireshark 技巧

作为爬虫工程师来说，使用 Wireshark 主要是为了分析数据包协议，以便于下一步的逆向分析，所以并不需要掌握得特别熟练，懂得如何使用就可以了，所以笔者整理了一些快捷键分享给大家，如表 5-2 所示。

表 5-2 Wireshark 快捷键

快 捷 键	简 介
Ctrl+W	关闭捕获文件
Ctrl+Shift+A	管理配置文件
Ctrl+S	保存捕获文件
Ctrl+D	是否忽略数据包
Ctrl+E	开始捕获分组
Ctrl+E	停止捕获分组
Ctrl+R	重新开始当前捕获
Ctrl+O	打开已保存的捕获文件
Ctrl+Alt+Shift+T	TCP 流
F5	刷新接口列表
Ctrl+Alt+Shift+H	HTTP 流
Ctrl+Alt+Shift+S	TLS 流
Ctrl+Alt+Shift+U	UDP 流
Ctrl+Shift+P	管理 Wireshark 的首选项设置
Ctrl+Q	退出 Wireshark

还有一个过滤技巧对分析很有帮助，软件界面上的过滤栏中可以根据多种匹配规则过滤数据包列表。另外过滤规则支持逻辑运算符 && （与）、|| （或）、! （非），如图 5-50 所示。

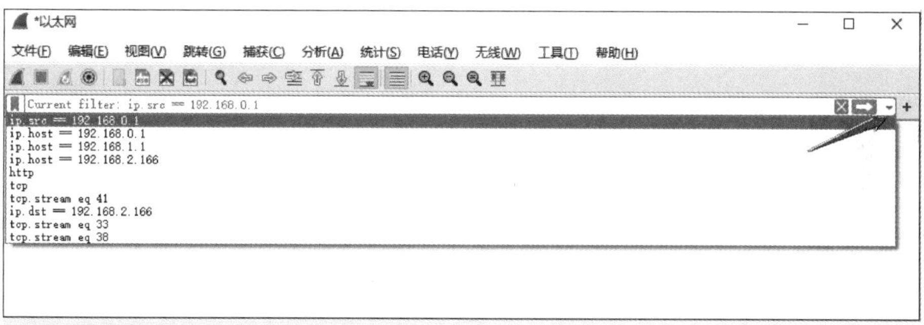

● 图 5-50

协议过滤：直接输入 tcp、http、arp、icmp 等协议名进行过滤。

IP 过滤：输入 ip. host = = 192. 168. 1. 1 或者 ip. src = = 192. 168. 1. 1 进行过滤。

端口过滤：输入 tcp. port = = 80 或者 udp. port = = 80。

长度过滤：输入 udp. length<50 或者 http. content_length< = 50。

通过对以上基本功能的学习，可以掌握 Wireshark 的基本使用。在用其他抓包工具抓不到包的时候，就用 Wireshark 来分析是什么情况吧。

爬虫经典面试题:如何定向修改数据包响应内容?

Fiddler、Charles、Mitmproxy 等代理工具都可以截取本地与服务端之间指定的数据包,基于 mitm 的原理进行拦截,修改后继续发送。

第6章 Android 逆向

目前 Android 逆向已经成为高级爬虫工程师的必备技能，但是逆向本身的教程和案例由于其可能带来的风险性导致少之又少。作者在编辑本章内容时，也着实思考了很久，本章内容不会太过深入，不过足以应对工作需求，这里毕竟是爬虫开发，以模拟和分析加密参数为主，完成数据采集即可。因为在大多数时候为了一个参数分析 so 文件实在不划算，不如直接通过 hook 工具进行调用。

刚进入 Android 逆向的大门后，会发现并不会接触到很多原理性的知识，前期最重要的是各种环境搭建和逆向调试工具的应用，在有了丰富的经验之后，就可以根据自己的需求构建属于自己的逆向工具。本章中所涉及的工具笔者尽量配合模拟器使用，因为大部分人的逆向之路都是卡在了设备上。

当然除了工具之外，还需要掌握一些基本知识，比如 Java 语法、Smali 语法、arm 指令、NDK 开发等，因为这些都是必须要面对和接触的知识。

6.1 Android 逆向基础

Android 程序一般是使用 Java 语言开发的，通过打包生成一个 APK 文件安装到 Android 手机上来运行。大家很容易获得 APK，通过使用一些反汇编工具可以得知 APK 文件内部的逻辑，甚至得到它最初的 Java 源代码（不完全等同于开发时的源代码，但是大体上相同）。同时，也可以通过反汇编工具得到类似的 Smali 代码，Smali 代码是一种类似于汇编语言的代码，适合机器执行，但对于程序员来说就相对晦涩难懂了。而随着业务安全性的提高，现在大多数加密都放置在 so 文件中生成，想要了解 so 文件就需要掌握 Arm 汇编语法，了解寄存器和指令集。

另外 Java 就不多说了，如果不是以 Java 为第一开发语言的读者，能做到掌握基础语法，在刚开始逆向时读懂代码逻辑就可以了，中后期深入学习时能了解正向开发更好。

6.1.1 APK

先从 APK 开始说起，APK（Android Application package，Android 应用程序包）是 Android 软件包的分发格式，它本身是个 Zip 压缩包，用于分发和安装移动应用及中间件。一个 Android 应用程序的代码想要在 Android 设备上运行，必须先进行编译，然后打包成一个被 Android 系统所能识别的文件才可以被运行，而这种能被 Android 系统识别并运行的文件格式便是“APK”。

APK 根目录下可能出现的目录和文件如表 6-1 所示。

表 6-1　目录和文件

名　称	简　介
META-INF	存放元数据（签名、证书等）
AndroidManifest. xml	全局配置文件
assets	资源文件夹（不编译、不占 APK 内存）
classes. Dex	编译并打包后的源代码
lib	存放二进制共享库的文件夹
res	资源文件夹
resources. arsc	编译 res 中的文件

res 中可能出现的目录如表 6-2 所示。

表 6-2　res 中可能出现的目录

名　称	简　介
anim	编译后的动画 xml 文件
color	编译后的选择器 xml 文件
layout	编译后的布局 xml 文件
menu	编译后的菜单 xml 文件
raw	存放不会编译的资源文件（音视频等）
xml	编译后的自定义 xml 文件
drawable-*	存放按分辨率存放的图片

Android APK 打包流程如下：

APK 打包时会首先处理 Java 代码、Android 代码和资源文件，把整体项目编译为 class 文件，然后把 class 文件转换成 Dex 文件，接着把资源文件和 Dex 文件通过 APKbuilder 进行合并，打包成一个 APK，然后完成签名即可发布，如图 6-1 所示。

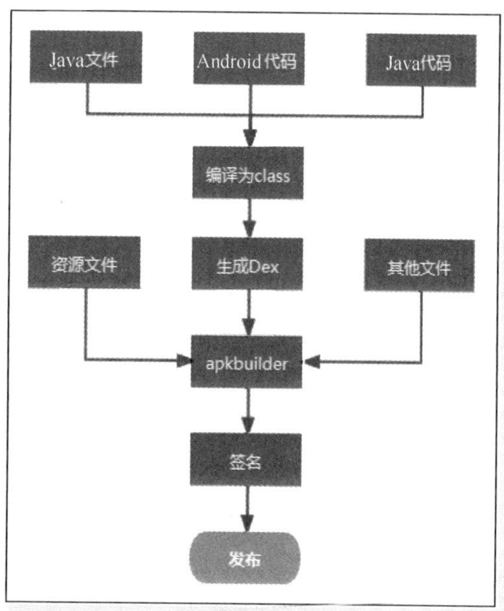

● 图 6-1

APK 打包流程属于基础知识，但对后续的逆向分析非常有帮助。

6.1.2　DEX

DEX 即 Dalvik Executable，Dalvik 是 Android 系统的可执行文件，包含了应用程序的全部操作指令以及运行时的数据。它的结构如下：

```
structDexFile{
    DexHeader     Header;
    DexStringId  StringIds[stringIdsSize];
    DexTypeId     TypeIds[typeIdsSize];
    DexFieldId   FieldIds[fieldIdsSize];
    DexMethodId  MethodIds[methodIdsSize];
```

```
    DexProtoId  ProtoIds[protoIdsSize];
    DexClassDef  ClassDefs[classDefsSize];
    DexData      Data;
    DexLink      LinkData;
};
```

一共分为 9 个区段，Header、StringIds、TypeIds、FieldIds、MethodIds、ProtoIds、ClassDefs、Data、LinkData。每个区段有不同的作用，比如 Header 区段是文件头，用于存储版本标识、文件各部分的大小及偏移。StringIds 是字符串标识符列表，用于内部命名（例如类型描述符）或用作代码引用的常量对象。TypeIds 索引了 Dex 文件里的所有数据类型。FieldIds、MethodIds、ClassDefs、ProtoIds 则是索引了文件中的字段、方法、类和原型的信息和偏移量。Data、LinkData 则是数据区和静态链接数据区。

每一个区段中都有很多的内容，好在目前并不需要去掌握那么详细，现在先了解 Dex 是做什么的，包含了哪些内容就可以了。

6.1.3 Smali

Smali/bakSmali 是 Android 的 Java VM 实现 dalvik 使用的 Dex 格式的汇编程序/反汇编程序。比如在使用工具反编译 Dex 文件后，首先看到的会是 Smali 内容。Smali 语法虽然在初期触及不多，但如果想深入学习，还是越熟悉越好，如表 6-3 和表 6-4 所示。

表 6-3　Smali 和 Java 基础类型对比

Java	Smali
void	V
boolean	Z
byte	B
short	S
char	C
int	I
long	J
float	F
double	D

表 6-4　语法关键词

关 键 词	简　　介
. class	定义 Java 类名
. super	定义父类名
. source	定义 Java 源文件名
. filed	定义字段
. method	定义方法
. end method	定义方法结束

（续）

关 键 词	简 介
. annotation	定义注解
. end annotation	定义注解结束
. implements	定义接口指令
. local	指定了方法内局部变量的个数
. registers	指定方法内使用寄存器的总数
. prologue	表示方法中代码的开始处
. line	表示 Java 源文件中的指定行
. paramter	指定了方法的参数

1. Smali 字段

字段表示方法，包名、字段名和各字段类 Lpackage/name/ObjectName；——>FieldName：Ljava/lang/String；

2. Smali 方法

Smali 中定义方法的语法是：. method 描述符+方法名（参数类型）+返回类型。

其中参数类型可以有 0 个或多个，返回类型必须是一个，当要表达多个参数类型时，只需简单地将它们连接到一起，例如（int，int，String）表示为（IILjava/lang/String;）。

3. Smali 数组

Smali 中通过在类型前面加 [来表示该类型的数组，例如 [I 表示 int [ ]，[Ljava/lang/String；表示 String [ ]，如果要表示多维数组，只需要增加 [的数量，例如 [[I 表示二维数组 int [ ] [ ]。

4. 引用类型

Smali 中都是用 L 包名路径/类名；表示，例如 Android 中的 TextView 类，它的包名是 android. widget，如果要在 Smali 中表示这个类，就要写成 Landroid/widget/TextView。

6. 1. 4 ARM

ARM 是 Advanced RISC Machine 的缩写，可以理解为一种处理器的架构，还可以将它作为一套完整的处理器指令集。因为目前市面上的 Android 手机绝大多数的 CPU 都是基于 ARM 架构的，对于使用 ARM 处理器的 Android 手机来说，它最终会生成相应的 elf（so）可执行文件。由于现在 App 的核心加密一般都放在 elf（so）文件中，所以逆向分析只能从 elf（so）文件入手。后续会讲到 IDA 反汇编工具，可对 so 文件进行反编译，其加载出的内容一般都是 ARM 指令。

1. ARM 寄存器

ARM 汇编语言（armasm）是一门低级语言，它与系统的底层打交道，直接访问底层硬件资源。ARM 寄存器是 CPU 的组成部分，是和存储器交互的桥梁，它们可用来暂存指令、数据和地址。

ARM 微处理器共有 37 个 32 位寄存器，其中 31 个为通用寄存器，6 个为状态寄存器。

ARM 寄存器分为 2 类：通用寄存器和状态寄存器。通用寄存器总共 16 种，分别为 R0 到 R15；状态寄存器共 2 种，分别为 CPSR 和 SPSR。

16 种通用寄存器如下（总个数 31）：

R15 别名 PC（program counter）程序计数器：保存当前正在执行的指令在内存中的地址，当指令执行结束后，PC 的值自动+1，即自动指向下一条即将执行的指令在内存中的位置。因为当程序通过汇编指令完成了对 PC 寄存器的赋值操作时，其实就是完成了一次无条件跳转。

R14 别名 LR（linked register）链接寄存器：用于存放了程序的返回地址，它是 ARM 程序实现子程序调用的关键。

R13 别名 SP（stack pointer）栈指针寄存器：用于存放堆栈的栈顶地址。当进行出栈和入栈的时候，都将根据该寄存器的值来决定访问内存的位置（即出入栈的内存位置），同时在出栈和入栈操作完成后，SP 寄存器的值也应该相应增加或减少。

R0-R12 是普通的数据寄存器，可用于任何地方。

R12 内部调用暂时寄存器，被调用函数在返回之前不必恢复。

R4-R11 常用来存放函数的局部变量。被调用函数返回之前，必须恢复这些寄存器的值。

R0-R3 常用来传入函数参数，传出函数返回值。

2 种状态寄存器（总个数 6）如下：

CPSR（1 个）（Current Program Status Register）状态寄存器：用于保存程序的当前状态。

SPSR（5 个）（Saved Program Status Register）备份程序状态寄存器：异常返回后恢复异常发生时的工作状态。

上面的知识点有点多，需要记住 ARM 微处理器有 37 个寄存器，其中 31 个通用寄存器总共 16 种（R0-R15），6 个状态寄存器总共两种（CPSR、SPSR）。

2. ARM 模块结构

ARM 汇编语言的源代码行的一般格式如下：

{label 标签} {instruction | directive | pseudo-instruction 指令/伪操作/伪指令} {; comment 语句注释}

其中标签是表示地址的符号，在汇编期间，将计算由标签指定的地址。指令/伪操作/伪指令前面必须使用空格或制表符等留出空白。指令助记符、指令和符号寄存器名称可以用大写或小写编写，但不能混合使用大小写。反斜杠符（\）：在行尾放置反斜杠符（\），可以将较长的源代码行拆分为多个行。不要在带引号的字符串内使用反斜杠。常数可以是数字、布尔值、字符、字符串。

先给大家做一个模块示例，ENTRY 标记的是第一个要执行的指令，start 表示应用程序代码在标签处开始执行，stop 是应用程序终止，END 指令指示汇编程序停止处理此源文件，如图 6-2 所示。

```
        AREA    ARMex, CODE, READONLY
        指令                  注释 Name this block of code ARMex
        ENTRY                 ; Mark first instruction to execute
start
        MOV     r0, #10       ; Set up parameters
        MOV     r1, #3
        ADD     r0, r0, r1    ; r0 = r0 + r1
stop
        MOV     r0, #0x18     ; angel_SWIreason_ReportException
        LDR     r1, =0x20026  ; ADP_Stopped_ApplicationExit
        SVC     #0x123456     ; ARM semihosting (formerly SWI)

        END                   ; Mark end of file
```

● 图 6-2

应用程序代码在标签 start 处开始执行，并在此处将十进制值 10 和 3 加载到寄存器 r0 和 r1 中。这些寄存器将一起相加，并且结果将存放到 r0 中。

接下来看一下有条件执行的语句，比如一段计算最大公约数 gcd 的 C 语言代码如下：

```
int gcd(int a, int b)  {while (a != b){ if (a > b) a = a - b;  else  b = b - a;} return a;}
```

转换为汇编语言，在 ARM 中用跳转条件执行来实现 gcd 函数，如图 6-3 所示。

而通过使用 ARM 指令集的条件执行功能，仅用 4 个指令即可执行 gcd 函数，如图 6-4 所示。

```
gcd      CMP     r0, r1 r0等于a  r1等于b
         BEQ     end     如果r0等于r1，则跳转到end
         BLT     less    BLT 小于跳转
减法指令 SUBS    r0, r0, r1  ; could be SUB r0, r0, r1 for ARM
         B       gcd     跳转到gcd函数
less
         SUBS    r1, r1, r0  ; could be SUB r1, r1, r0 for ARM
         B       gcd
end
```

● 图 6-3

```
gcd
        CMP      r0, r1
        SUBGT    r0, r0, r1
        SUBLE    r1, r1, r0
        BNE      gcd
```

● 图 6-4

除了缩短代码长短之外，大多数情况下此代码的执行速度也比较快，但是阅读起来需要经验和技巧。

3. ARM 指令集

ARM 指令集是指计算机 ARM 操作指令系统，笔者对 ARM 汇编语言的指令集进行了汇总，以后分析 so 文件的时候，看到的都是跳转指令。不过目前这块并不需要深度学习，可以先跳过这里，等分析时通过指令集进行对照即可。

ARM 处理器的指令集可以分为跳转指令、数据处理指令、程序状态寄存器（PSR）处理指令、加载/存储指令、协处理器指令和异常产生指令六大类。

跳转指令用于在条件结构中或者子例程中跳转，或者在 ARM 状态和 Thumb 状态之间转换处理器状态。数据处理指令用于对通用寄存器执行运算，它们可对两个寄存器的内容执行加法、减法或按位逻辑等运算，并将结果存放到第三个寄存器中。寄存器加载和存储指令用于从内存加载单个寄存器的值，或者在内存中存储单个寄存器的值。协处理器指令用于减轻系统微处理器的特定处理任务。程序状态寄存器（PSR）处理指令用于在程序状态寄存器和通用寄存器之间传送数据。异常产生指令用于产生异常中断指令，如表 6-5 到表 6-14 所示。

表 6-5　跳转指令

指　　令	简　　介
B	无条件跳转
BL	带链接的无条件跳转
BX	带状态跳转，更改指令集
BLX	带链接和状态切换的无条件跳转，更改指令集
BXJ	跳转，更改为 Jazelle
TBB，TBH	跳转字节

表 6-6　存储器和寄存器交互数据指令（内存访问）

指　　令	简　　介
LDR	从存储器中加载数据到寄存器
LDR R8，[R9，#04]	R8 为待加载数据的寄存器，加载值为 R9+0x4 指向的存储单元

（续）

指　　令	简　　介
STR	将寄存器的数据存储到存储器 Store
STR R8，[R9，#04]	将 R8 寄存器的数据存到 R9+0x4 指向的存储单元
LDM	将存储器的数据加载到一个存储器列表
LDM R0，{R1-R3}	将 R0 指向的储存单元的数据依次加载到 R1、R2、R3 寄存器
STM	将一个寄存器列表的数据存储到指定的存储器
PUSH	将寄存器值推入堆栈
POP	将堆栈值推到寄存器
SWP	将寄存器与存储器之间的数据进行交换
SWP R1，R1 [R0]	将 R1 寄存器与 R0 指向的存储单元的内容进行交换
PLD	预载数据
RFE	从异常中返回
SRS	存储返回状态
LDREX 和 STREX	独占加载和存储寄存器
CLREX	独占清零，清除执行处理器的局部记录：有地址请求进行独占访问

表 6-7　数据传送指令

指　　令	简　　介
MOV	将立即数或寄存器的数据传送到目标寄存器
MOV R1，R0	将寄存器 R0 的值传送到寄存器 R1
MOV PC，R14	将寄存器 R14 的值传送到 PC，常用于子程序返回
MOV R1，R0，LSL#3	将寄存器 R0 的值左移 3 位后，传送到 R1（即乘 8）
MOVS PC，R14	将寄存器 R14 的值传送到 PC 中，返回到调用代码并恢复标志位
MVN R0，#0	将立即数 0 取反，传送到寄存器 R0 中，完成后 R0=-1（有符号位取反）

表 6-8　数据算术运算指令

指　　令	简　　介
ADD	加
SUB	减
MUL	乘
DIV	除
ADC	带进位的加法指令
SBC	带借位减法指令
AND	逻辑“与”
ASR	算术右移
RSB	反向减法
SBC	带进位减法

（续）

指　　令	简　　介
RSC	带进位反向减法（仅 ARM）
SDIV	有符号除法
UDIV	无符号除法
QADD	有符号加法
QSUB	有符号减法
QDADD	加倍加法
SSAT	将有符号值饱和到有符号范围内
USAT	可将有符号值饱和到无符号范围内

表 6-9　数据逻辑运算指令

指　　令	简　　介
AND	与
ORR	或□
EOR	异或□
移位	因为是二进制，逻辑移位左移变大，右移变小，且按 2 的倍数进行
LSL	逻辑左移⬅□□
LSR	逻辑右移⬅□□
ROR	将 Rm 中的值向右循环移
RRX	可提供经右移一位后的寄存器中的值

表 6-10　比较指令

指　　令	简　　介
CMP	直接比较
CMP R0 #0	R0 寄存器中的值和 0 比较
CMN	负数比较指令
CMN R1，R0	将寄存器 R1 的值与寄存器 R0 的值相加，并根据结果设置 CPSR 的标志位
CMN R1，#100	将寄存器 R1 的值与立即数 100 相加，并根据结果设置 CPSR 的标志位
CBZ	比较，为零则跳转
CBNZ	比较，为非零则跳转

表 6-11　组合和分离指令

指　　令	简　　介
BFC 和 BFI	位域清零和位域插入
SBFX 和 UBFX	有符号或无符号位域提取
SXT、SXTA、UXT 和 UXTA	符号扩展或零扩展指令，可选择进行加法运算
PKHBT 和 PKHTB	半字组合指令

表 6-12　寄存器寻址方式

指　　令	简　　介
立即寻址	MOV R0，#1234 R0=0x1234
寄存器寻址	MOV R0，R1 R0=R1
寄存器移位寻址	MOV R0，R1，LSL #2 R0=R1 * 4
寄存器间接寻址	LDR R0，[R1]；将 R1 寄存器中的值作为地址，取出值给 R0
寄存器间接寻址偏移寻址	LDR R0，[R1，#-4]

表 6-13　ThumbEE 指令

指　　令	简　　介
ENTERX，LEAVEX	将状态更改为 ThumbEE 或更改状态 ThumbEE
CHKA	(检查数组) 可比较两个寄存器中的无符号值
HB、HBL、HBLP、HBP	处理程序跳转，跳转到指定处理程序
SEL	根据 APSR GE 标记的状态，从每个操作数中选择字节
REV、REV16、REVSH 和 RBIT	在字或半字内反转字节或位的顺序

表 6-14　其他指令

指　　令	简　　介
CPS	更改处理器状态
CPY	复制
DBG	调试
SWT	协处理器指令，切换用户模式
DCB	伪指令：分配一片连续的字节存储单元并用指定的数据初始化
BIC	位清零指令
BIC R0，R0，#%1011	该指令清除 R0 中的位 0、1 和 3，其余的位保持不变
BKPT	断点，当指令到达某个特定地址处时，使用此指令来检查系统状态
MRS	状态寄存器到通用寄存器的传送指令 MRS {cond} Rd，psr
MSR	将通用寄存器状态寄存器（PSR）的传送指令
CPS	更改处理器状态
SMC	安全监控调用 SMC {cond} #immed_16
SETEND	设置 CPSR 中的端序位，不影响其他位
NOP	进行填充来使当前位置与指定的边界对齐
SEV	设置事件
WFE | WFI | YIELD	等待事件，等待中断，通知
WFI	WFI 会暂时将执行中断挂起，直至发生 IRQ 后
YIELD	YIELD 可告知硬件有线程正在执行任务，例如可换出的自旋锁

（续）

指　令	简　介
DBG	调试提示可向调试系统及其相关系统发送提示
DMB	数据内存屏障可作为内存屏障使用
DSB	数据同步屏障是一种特殊类型的内存屏障
ISB	指令同步屏障
MAR	MAR 指令可将 RdLo 中的值复制到 Acc 的位［31：0］中，还会将 RdHi 的最低有效字节复制到 Acc 的位［39：32］中。MAR {cond} Acc，RdLo，RdHi
MRA	MRA {cond} RdLo，RdHi，Acc 可进行以下操作：将 Acc 的［31：0］位复制到 RdLo

6.1.5 Android 应用启动过程

在 App 应用启动之前，需要先说一下 Android 系统的启动，Android 系统在启动时，第一个启动的进程就是 init 进程，init 进程根据读取/init.rc 文件中的配置创建并启动 App_process 进程，也就是 Zygote（孵化器）进程。Zygote 启动后会继续创建 SystemServer 进程，然后开始创建应用程序的进程。

Zygote 进程很重要，是 Android 系统中所有应用的父进程，它会开启 Socket 接口来监听请求，然后通过自身的 Dalvik 虚拟机实例来启动应用程序。因为 App 的进程都是通过 Zygote 分裂出来的，所以很多 hook 工具都是基于 Zygote 进程来实现的，详细内容在后续章节中会进行说明。

SystemServer 是 Android 系统的核心进程之一，提供了大部分的 Android 基础服务，比如 AMS、WMS、PMS 等。AMS 相当于一个调度器，主要负责系统中组件和应用进程的启动、切换、调度等工作。

接下来看一下 Android 应用的具体启动过程，大家的手机屏幕是一个 Activity，也叫作 Launcher。Android 应用一般是通过触发来产生启动条件，Launcher 进程可以接收事件并通知 AMS，AMS 收到消息后，会创建 Taks 启动指定的 Activity，此时 AMS 会和 Zygote 进行通信，去 Fork 一个实例来执行应用。

笔者这里只是简单概括了一下，过程描述得比较简单，另外 App 启动方式也有很多种。

6.1.6 逆向通用分析步骤

爬虫开发逆向中通常需要分析接口中的加密参数，通用的分析步骤如下：

（1）抓包，分析接口确定加密参数或者关键词。

（2）对 APK 进行查壳和脱壳。

（3）反编译 APK，提取出 Dex 文件，使用 Dex2jar 把 Dex 转换成 jar 文件，再用 Java 逆向工具得到 Java 源码（Dex->jar->java）。

（4）分析源码，根据特征（字符串、常量、包名类名方法名、manifest 文件、布局文件等方式）或其他调试手段定位到关键代码。

（5）分析代码中的变量含义类型、函数逻辑、模块流程。

（6）通过 Hook 工具调试分析、还原加密流程或者模拟调用。

在接下来的章节中会逐步介绍实现该分析流程所需要的工具和方法。

6.2 Android 逆向工具

工欲善其事必先利其器，对于 App 的逆向工程需要先做好准备工作，各种逆向工具的合理搭配使用更是重中之重。比如一次简单的逆向，需要准备好应用程序的 APK、APK 反编译工具 APKtools、Dex 文件反编译工具 Dex2jar、class 源码查看工具 jd-gui，或者已经封装好功能的软件 AndroidKiller、Jeb、Jadx 等。

本节主要介绍常用的逆向工具，具体的使用方法在之后的章节会配合案例进行讲解。本节介绍的工具都可以到本书代码库中进行下载。

APKtools、Dex2jar、jd-gui 就不再单独介绍了，下面小节中的工具会有一些集成。

6.2.1 Android Killer

Android Killer 是一款 Windows 平台下使用最便捷的 Android 反编译软件，直接把 APK 拖入软件中就能自动进行反编译，它还能修改反编译后的 Smali 文件，并将修改后的文件重新打包成 APK，如图 6-5 所示。

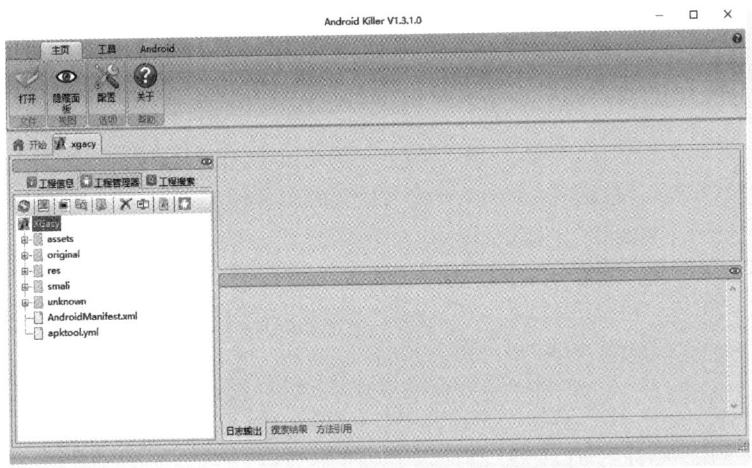

● 图 6-5

Android Killer 主要集成了三个反编译工具，分别是 APKtool、Dex2jar、jd-gui。APKtool 能够将 APK 文件反编译成 Dex 文件，Dex2jar 能够将 Dex 文件反编译成 jar 包，jd-gui 则是把 jar 包反编译成 Java 的 class 文件。

所以如果是 Mac 或者 Linux 系统，虽然不能使用 Android Killer，但是可以分别下载这三个反编译工具，按照流程自行进行反编译。

除了反编译外，Android Killer 有强大的工程搜索功能，可以根据字符串在整个项目或者指定的文件类型中进行检索，通常作为定位加密参数的首要方法。

另外它还具有修改代码、回编译等功能，但是对于爬虫逆向来说，这部分基本没有涉及，所以就不多介绍了。

6.2.2 Jadx

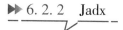

Jadx 是笔者比较喜欢的一款反编译工具，支持命令行和图形界面，使用方式非常简单，导入或者拖入 APK 即可自动反编译。

Github 地址：https：//Github. com/skylot/jadx

除了反编译代码，在 Jadx 中可以直接查看 APK 的证书文件，如图 6-6 所示。

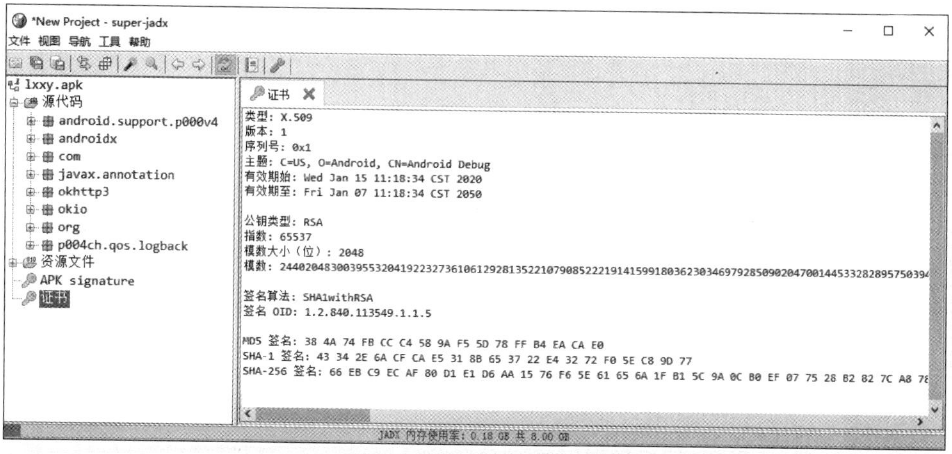

● 图 6-6

当进行搜索的时候，Jadx 会把所有文件预加载到内存中，等加载完成后才能进行各种搜索操作，如图 6-7 所示。

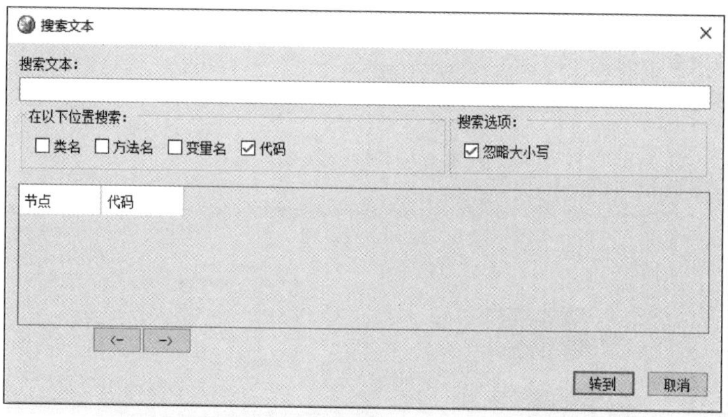

● 图 6-7

但是 Jadx 的默认内存上限只有 4GB，如果 APK 超过 60MB 可能就因为内存不足导致无法反编译。一般来说 8GB 内存足以反编译大部分 App 了，具体能给到多少还需要看计算机的配置。接下来修改一下 Jadx 的可用内存：

（1）使用记事本或者 notpad++编辑 jadx-gui. bat 文件。

（2）找到 set DEFAULT_JVM_OPTS = "-Xms128M" "-Xmx4g"。

（3）将其修改为 set DEFAULT_JVM_OPTS = "-Xms128M" "-Xmx8g" 后保存，如图 6-8 所示。

此时再重新打开软件，查看最下方的内存提示信息已经被更改，如图 6-9 所示。

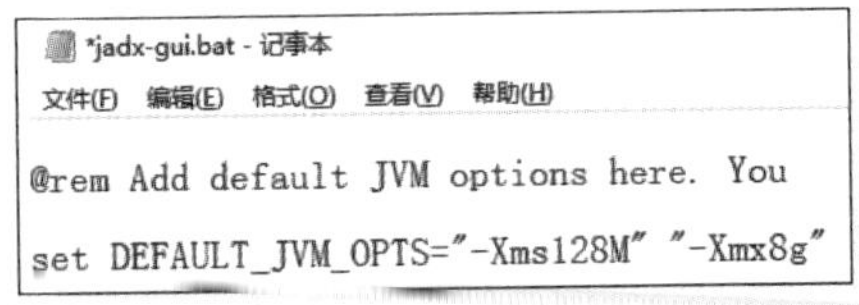

● 图 6-8

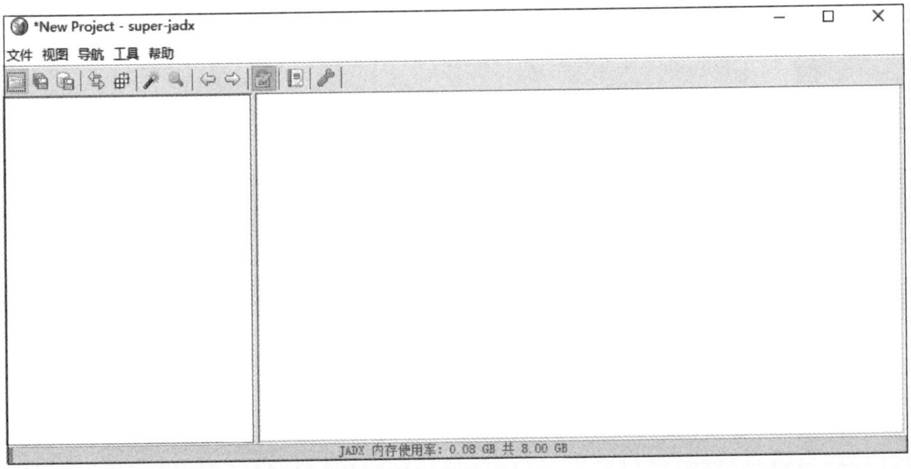

● 图 6-9

6.2.3 JEB

JEB 是一款优秀的逆向软件，用于反汇编、反编译、调试并分析二进制代码和文档文件，如图 6-10 所示。

官网：https://www.pnfsoftware.com/

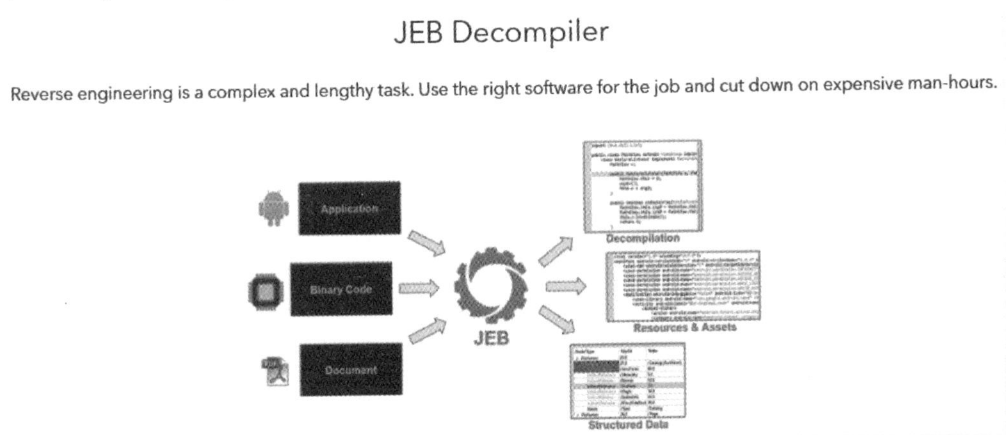

● 图 6-10

1. JEB 基本使用

把 APK 拖入 JEB 中即可反编译 APK，工程浏览器中的 Bytecode 是反编译后的 Smali 代码，Manifest 是配置文件，Certificate 是证书，Resources 存放资源文件，如图 6-11 所示。

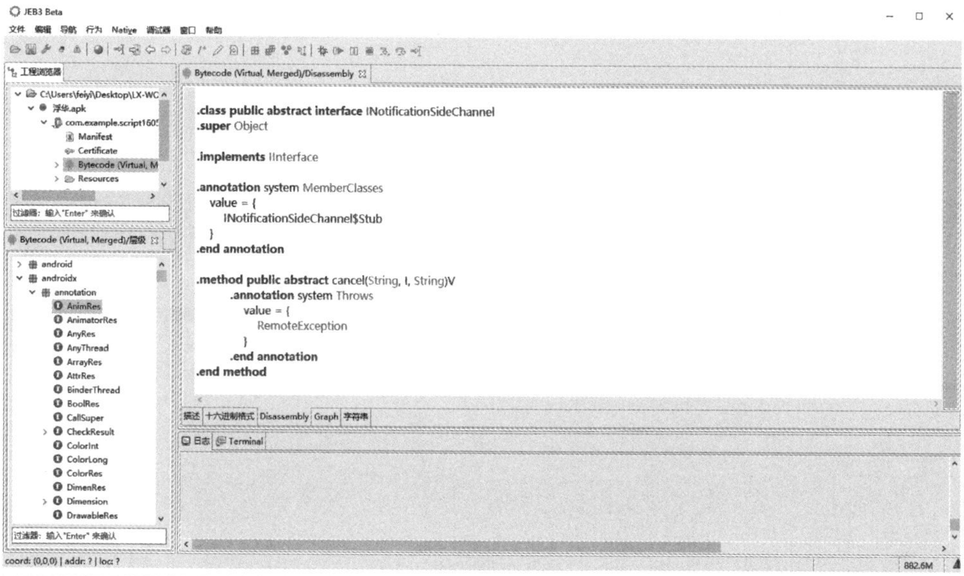

● 图 6-11

JEB 反编译后会把所有的 Smali 文件集合在一块放在 Bytecode 中。可以按 Ctrl+F 快捷键进行关键词查找，在代码区域使用鼠标右键单击函数，选择“交叉引用”命令，可以快捷查询一个函数的调用关系，如图 6-12 所示。

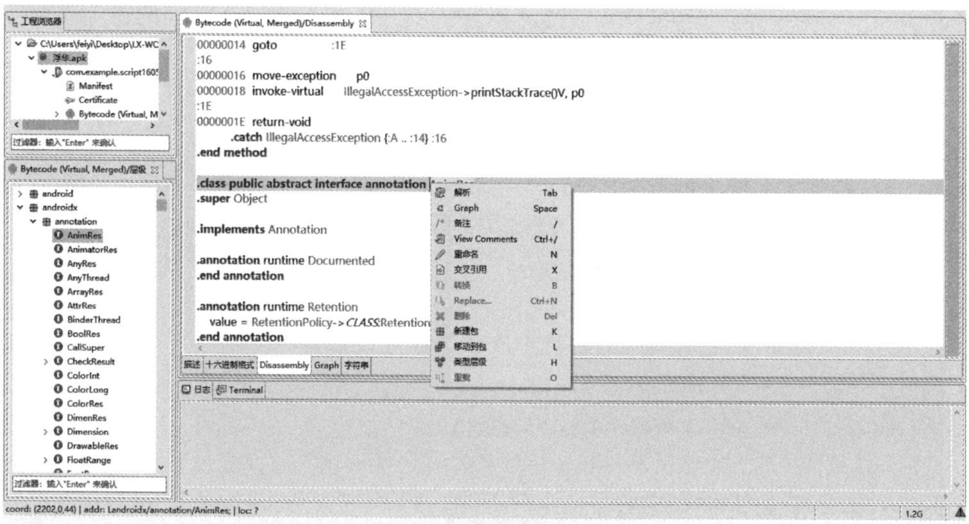

● 图 6-12

左下角的层级位置展示的是类名，可以双击类名查看对应的 Smali 代码，在类名处单击鼠标右键即可查看对应的 Java 代码。或者在右侧代码中单击鼠标右键选择“解析”命令，如图 6-13 所示。

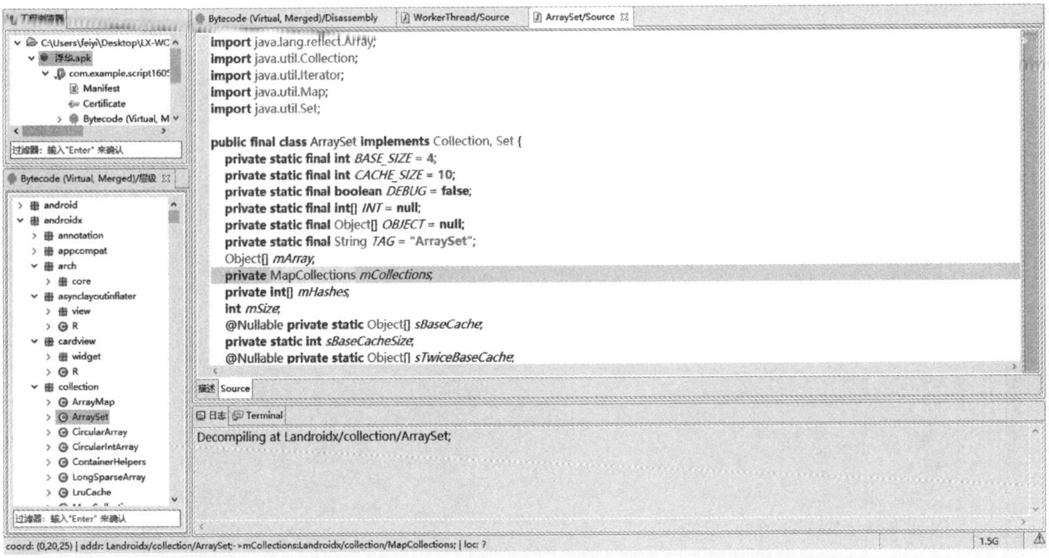

● 图 6-13

进入 Java 代码后，双击方法名即可跳转到方法的定义位置，单击方法后按 x 键也可以查看方法的交叉引用。工具很容易上手，需要大家多熟悉使用。

2. JEB 修改内存

JEB 默认的内存最大值为 4GB，而目前反编译一个 100MB 的 APK，需要的内存都超过 4GB，默认内存完全不够用。所以要设置内存 max 值为 7.9GB，当然如果计算机本身内存不满 8GB 则会崩溃。

下面介绍在 Windows 环境下修改 JEB3 默认内存的方法，如图 6-14 所示。

编辑 jeb_wincon. bat 文件，在 startjeb 下面添加-Xmx8200m。

3. JEB 动态调试

JEB 动态调试的前提是 Android 系统属性 ro. debuggable = 1（模拟器一般是 1），并且要调试的 App 配置文件 Manifest 中的 debuggable 是 true。否则只能反编译修改配置文件重新打包 APK 并签名。

具体的调试方式如下：

（1）启动夜神模拟器，提前安装好 APK。

（2）在 JEB 中给 Smali 某行标记断点的快捷键是 Ctrl+B，打上断点。

（3）通过命令启动应用（adb shell am start -D -n 包名/入口名）：

adb shell am start -D -n com. xx. xxx/com. xx. MainActivity

（4）然后点击软件界面上的调试器，开始后等待打开附加调试。选择好设备和进程后，单击“附上”按钮即可进行调试，如图 6-15 所示。

用 JEB 动态调试的误区有很多，连接模拟器很容易 offline，有时找不到进程，可以重启解决问题。

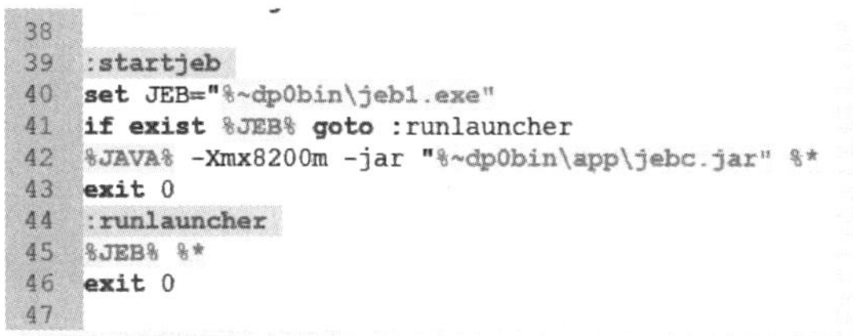

:startjeb
set JEB="%~dp0bin\jeb1.exe"
if exist %JEB% goto :runlauncher
%JAVA% -Xmx8200m -jar "%~dp0bin\app\jebc.jar" %*
exit 0
:runlauncher
%JEB% %*
exit 0

• 图 6-14

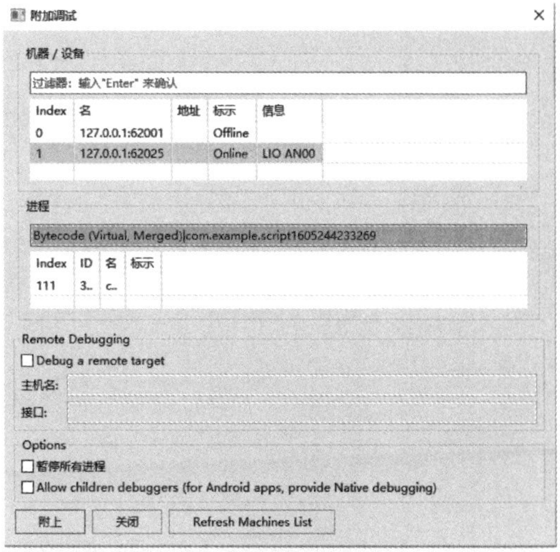

• 图 6-15

6.2.4 IDA Pro

IDA Pro 是目前最优秀的静态逆向工具之一，IDA PRO 简称 IDA（Interactive Disassembler Professional），是一个世界范围内的顶级交互式反汇编专业工具，如图 6-16 所示。

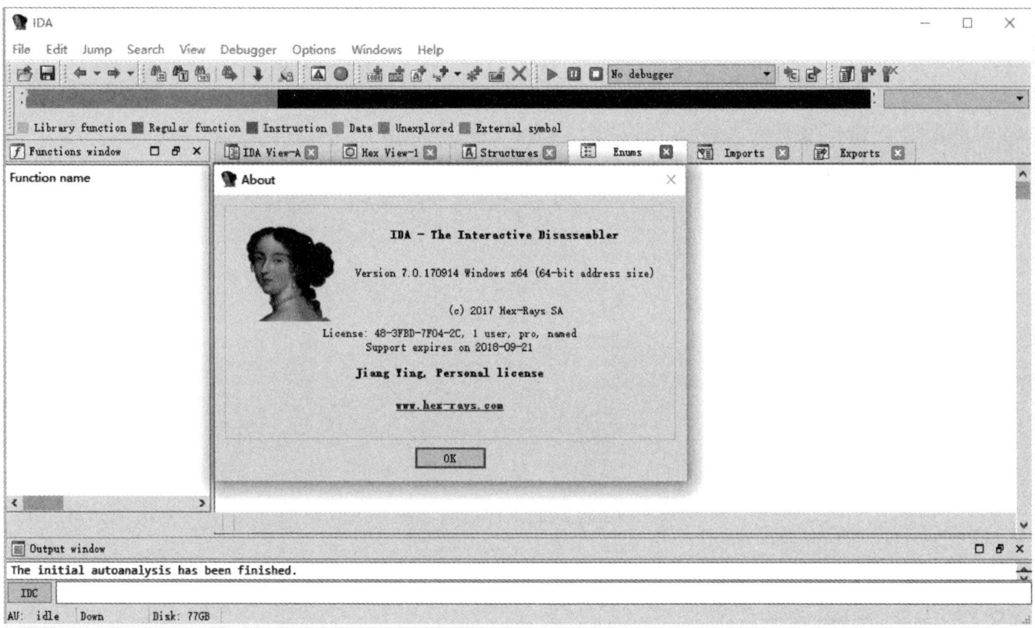

• 图 6-16

IDA Pro 支持多种处理器和操作系统的多种可执行格式，允许开发人员以交互方式更改显示数据的元素，包括变量、函数和数据结构等。它可以构建代码流的图表，以简化对反汇编代码的理解，也能自动识别和汇编代码中的标准库函数。这些特性使其成为开发人员普遍使用的工具。

尽管爬虫工程师日常工作中涉及汇编语言的场景不多，也有很多的方法可以避免分析 so 文件。但还是希望大家能掌握反汇编工具的基本使用，这在分析时很有帮助。

1. IDA 基本介绍

目前一般都是使用 IDA Pro7. x 版本，下载链接可以到代码库中查看，也可以到网上查找软件资源。

安装后，查看 IDA 的安装根目录，目录中的各个文件夹存储了不同的内容，如图 6-17 所示。

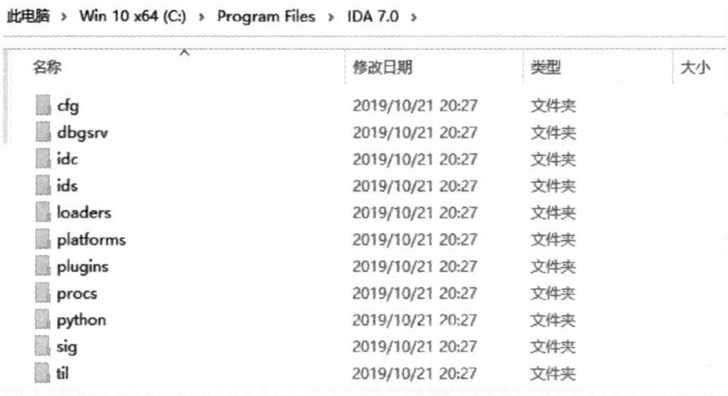

• 图 6-17

cfg 目录包含了各种配置文件，如 IDA 配置文件 ida. cfg、GUI 配置文件 idagui. cfg、文本模式用户界面配置文件 idatui. cfg。

dbgsrv 目录中包含了各种环境下的 IDA 调试工具 android_server、linux_server 等。

idc 目录包含了 IDA 的内置脚本语言 IDC 所需的核心文件。

ids 包含了一些符号文件，用于描述可被加载到 IDA 的二进制文件引用的共享库的内容。

loaders 目录包含在文件加载过程中用于识别和解析 PE 或 ELF 等文件格式的 IDA 扩展。

plugins 目录包含了附加的插件模块。

procs 目录包含了已安装的 IDA 版本所支持的处理器模块。

sig 目录包含了 IDA 在各种模式匹配操作中利用的现有代码的签名。

启动 IDA，新建一个项目，找一个 Android APK 或者 so 文件并拖入 IDA 中，一般 IDA Pro 能够自动检测文件类型，选择默认格式载入即可。如果不知道文件是什么类型，就选择 Binary 载入（二进制文件加载），如图 6-18 所示。

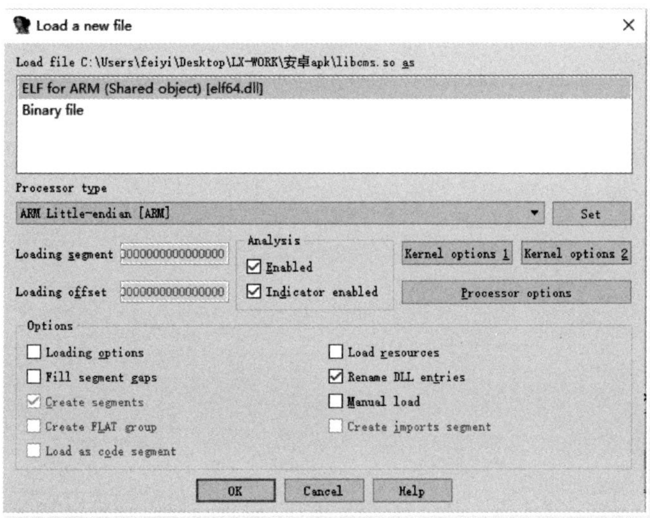

• 图 6-18

单击“OK”按钮等待 IDA 反汇编完成，如图 6-19 所示。

一般正常的界面如上图所示，分为

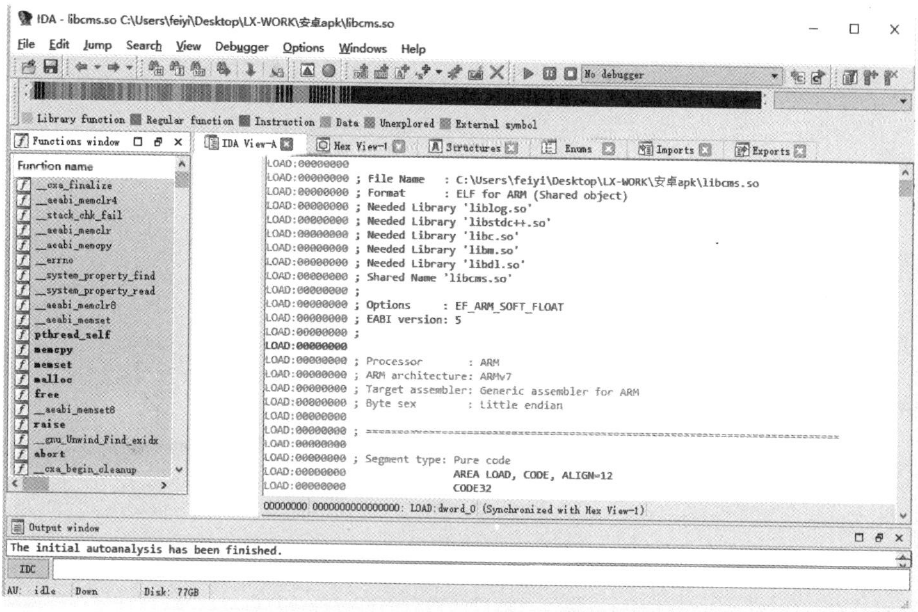

● 图 6-19

菜单栏、工具栏、导航栏、函数窗口、工作窗口。

菜单栏位于最顶部，有 File、Edit、Jump、Search、Viem 等一行的可选菜单。

工具栏位于菜单栏下方，主要是导入、保存、搜索、调试等功能操作，如图 6-20 所示。

● 图 6-20

导航栏是工具栏下面紧挨着的彩色水平带，导航栏也叫作导航带，是 IDA 加载出的地址空间线性视图，导航栏中有 6 种颜色，表示不同的代码块，浅蓝色表示库函数、深蓝色表示常规函数、棕色表示指令、灰色表示数据、绿色和黄色表示未知情况、粉色表示不确定的外部符号。单击不同位置不同颜色的线条会跳转到对应的代码区域。

在导航栏下面是函数窗口和工作窗口。函数窗口是左侧的 Functions window，列举了 IDA Pro 识别出的每一个函数，包括函数名、函数起始地址、函数长度、函数所属段、参数等信息，双击函数可跳转到对应函数位置查看详细信息。

右侧的工作窗口主要有 IDA View-A、HEX View-A、Structures、Enums、Exports 和 Imports 五个版块。

IDA View-A 是分析窗口，支持两种显示模式：默认的反汇编模式和图形视图模式。图形视图通过在工作区域单击鼠标右键，选择“Graph View”命令，它展示了函数整体的执行流程，非常炫酷。也可以使用空格键在两种视图之间切换，如图 6-21 所示。

HEX View-A 是 16 进制的分析窗口，可以用 F2 快捷键对数据区域（绿色字符区域）在只读和编辑两种状态切换，方便定位代码后进行数据修改。

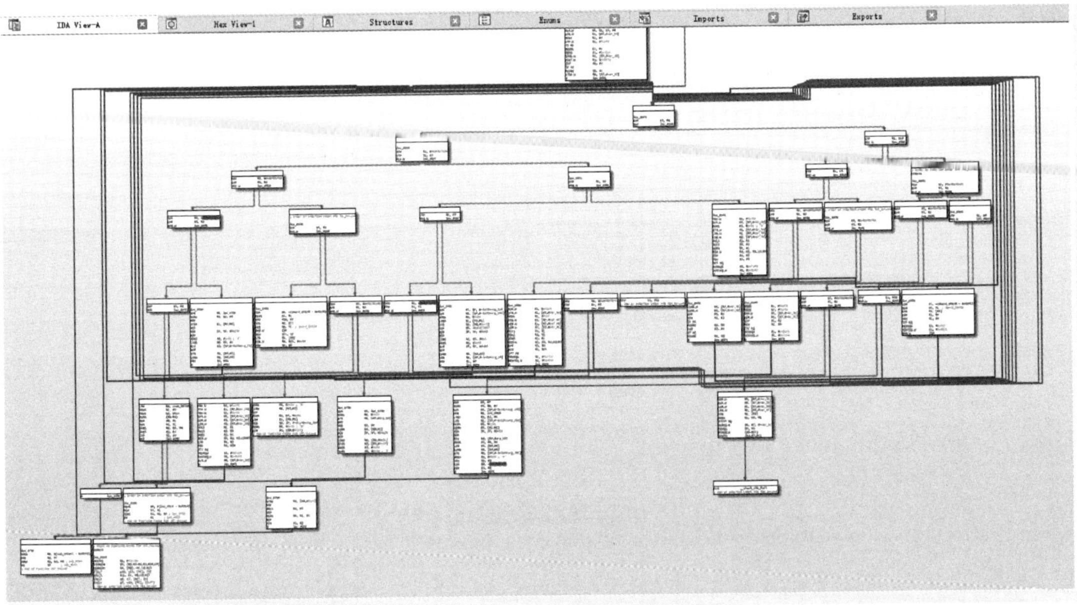

● 图 6-21

Strctures 是结构体窗口，用于展示 IDA Pro 在被分析的二进制文件中使用的数据结构。

Enums 是枚举窗口，Exports 是输出函数参考，Imports 是输入函数参考。

除了这些展示的窗口，还有 String window 字符串窗口，可以使用快捷键 Ctrl+F12 打开，显示程序中所有字符串，方便检索定位。

2. IDA 使用技巧

笔者总结了一些常用的快捷键，可以方便大家调试，如表 6-15 和表 6-16 所示。

表 6-15　常用的快捷键

快 捷 键	功 能 简 介
F2	打断点
Ctrl+Alt+B	打开断点列表
F4	运行到光标所在位置
F5 键	反汇编，转为 c 伪代码
F7	单步步入，跳转方法内单步调试
F8	单步步过，不用跳转方法内调试
F9	开始动态调试
Alt+T	搜索字符串
Alt+B	搜索字节数据
空格键	反汇编窗口和图形窗口切换
X	查看 j 交叉引用

（续）

快捷键	功能简介
A	将数据转换为字符串
N	更改变量的名称
Y	更改变量的类型
/	给伪代码加注释
U	取消函数、代码、数据的定义
G	跳转到某地址
Shift+f12	打开 String 窗口，找出所有的字符串
Shift+/	计算器
Ctrl+S	在某个数据段跳转
Ctrl+W	保存 IDA 数据库
ALT+Enter	新建窗口并跳转到选中地址
Esc	回退前一个位置
Ctrl+Enter	返回后一个位置
Ctrl+Shift+W	IDA 快照
Home	跳到文件头
End	跳到文件尾

表 6-16　窗口快捷键

快捷键	窗口简介
Shift+F4	Names window
Shift+F3	Functions window
Shift+F12 键	String window
Shift+F7	Segments
Shift+F8	Segment registers
Shift+F5 键	Signatures
Shift+F11	Type libraries
Shift+F9	Structures
Shift+F10	Enumerations
Alt+A	ASCII String style
Alt+D	Setup data types
Ctrl+F9	Parse C header file
Ctrl+W	Save database

3. IDA 动态调试

虽然 IDA 主要是做静态分析的，但是也有动态调试的功能，本小节使用的环境是 IDA 7.0，夜神模拟器（Android 系统 5.0）。

先用 adb 连接夜神模拟器，第一次失败了就再试一次。成功后用 adb devices 查看当前设备，如图 6-22 所示。

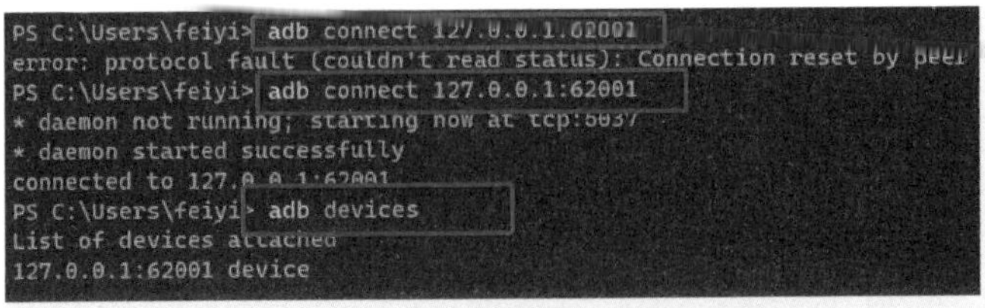

● 图 6-22

连接成功后，需要把 IDA 的 android_server 复制到模拟器中。android_server 一般在 IDA 文件夹下的 dbgsrv 目录中。

开始使用 adb push 命令上传文件，如图 6-23 所示。

● 图 6-23

上传后进入 adb shell，给文件授权并启动，如图 6-24 所示。

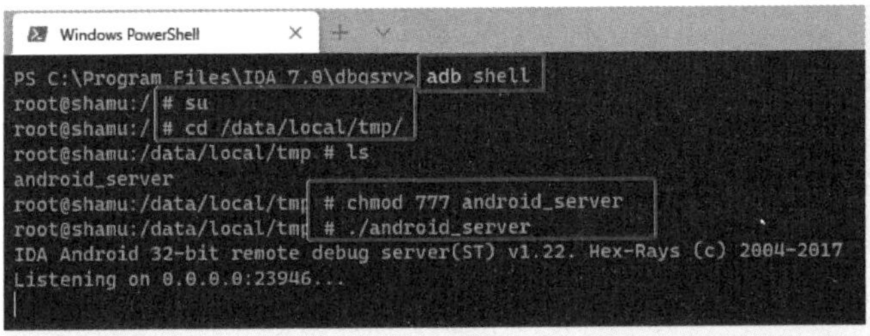

● 图 6-24

通过命令 chmod 777 授予 android_server 可执行权限，并启动。

接下来重新开启一个 cmd，进行端口转发（23946 是固定的），如图 6-25 所示。

● 图 6-25

打开 IDA，选择 go，然后进入界面，选择“Debugger”中的“Run”中的“ARM android”命令，如图 6-26 所示。

然后输入 Hostname，如图 6-27 所示。

单击“OK”按钮后，如果报错（Incompatible debugging server：address size is 4 bytes），则 Android 系统跟 IDA 不匹配。需要换成 32 的 IDA，如果相反，可换成 64 的 IDA。

没有异常的情况下，在弹出的进程框中选择 App 包名，如图 6-28 所示。

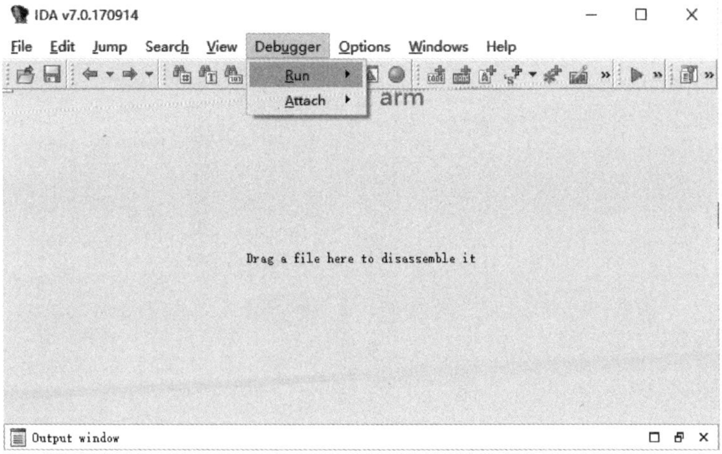

● 图 6-26

● 图 6-27

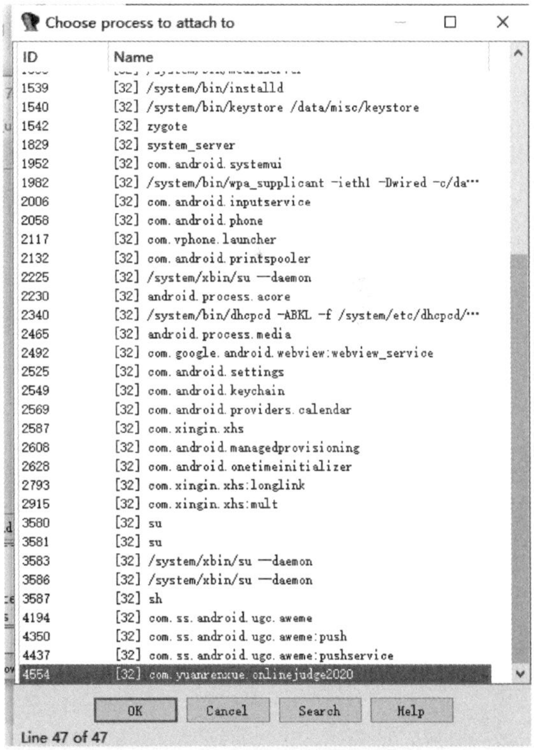

● 图 6-28

单击后就进入调试界面了，如图 6-29 所示。

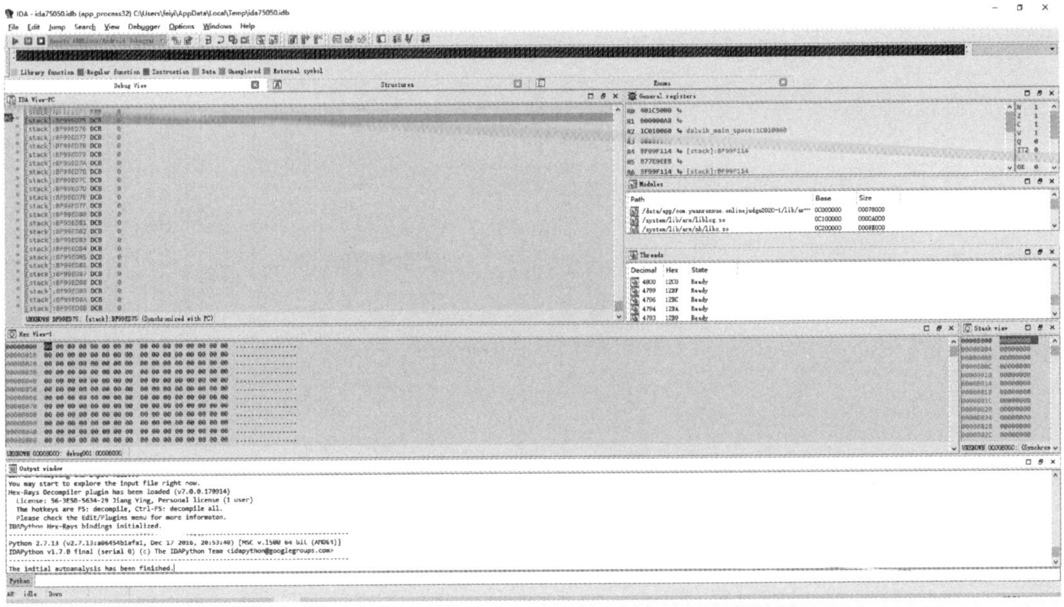

● 图 6-29

一般断点都是先断在 libc. so，因为它是最基本的函数库，里面封装了 io、socket、文件等基本系统调用。可以先按快捷键 Ctrl+S 查看段信息（段信息是相对位置，不是 so 映射之后的位置），然后搜索，再断点，之后启动即可。

IDA 是一款功能非常丰富的工具，但操作起来不容易上手。逆向工程的难点除了工具的熟练使用，更多的是分析方法和调试技巧，后续的部分需要大家自行探索了。

6.2.5 MT 管理器

MT 管理器是一款基于 Android 平台的文件管理和逆向分析工具，可作为日常文件管理器使用，或者对 APK 进行修改、汉化、分析和构造，如图 6-30 所示。

● 图 6-30

目前使用 MT 的基本都是为了修改 App 源码，从而做一些特别的事情，比如过滤广告、解锁权限、绕过激活、去除校验、脱壳修复等。

1. 逆向功能

MT 在打开后是一个双窗口模式，左上角有一个菜单栏，右上角有一个工具栏。想要快速添加一个 APK，可以单击菜单栏的“安装包提取”，笔者随便选了一个 APK 来进行演示，如图 6-31 所示。

选择一个 APK 后，会在 MT 的窗口下复制一个相同的 APK 文件。此时可以查看 MT 管理器具体的逆向功能。

双击 APK 文件，可以查看 APK 信息，包括版本号、数据目录、APK 路径、UID 等信息，如图 6-32 所示。

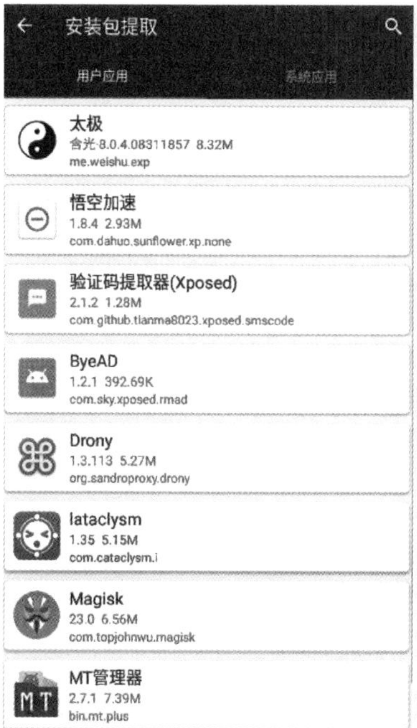

● 图 6-31

● 图 6-32

另外单击“功能”后，还有 APK 签名、APK 优化、APK 共存、去除签名校验、XML 翻译模式、RES 反资源混淆等功能。

单击“查看”后，可以看到 APK 内部的文件信息，包括 Dex、arsc、xml、META-INF、res 等，然后长按 Dex 文件，选择“打开方式”，可以看到多种文件打开方式，如图 6-33 所示。

选择 Dex 编辑，出现了 Dex 编辑器++、Dex 编辑器、Dex 修复、Dex2Jar 和翻译模式，这些功能的具体作用就不再详细介绍了。

通过 Dex 编辑器打开 Dex 文件，即可查看所有类名，如图 6-34 所示。

通过 Dex 编辑器可以在找到关键代码后，对其进行修改。比如某些 App 无法抓包，需要修改特定参数类型才能抓包，此时可以直接修改 Dex 代码。

2. 简单示例

修改原 App 的代码文件并使用属于灰色技术，不适合在书中详细讲解，所以笔者简单描述一下即可。

比如某 APK 要求强制更新，但是更新后的版本无法抓包了，此时可以通过 MT 管理器修改 AndroidManifest.xml 文件中的版本标识，文件中 versionCode 是版本号，versionName 是版本名称，把参数改成最新的，然后编译保存，重新签名后再次安装。如果还是要求更新，那么说明版本号“写死”在 Dex 的某个文件中，此时可以通过“Dex 编辑器++”查找到关键词，找到后修改为最新版本，如图 6-35 所示。

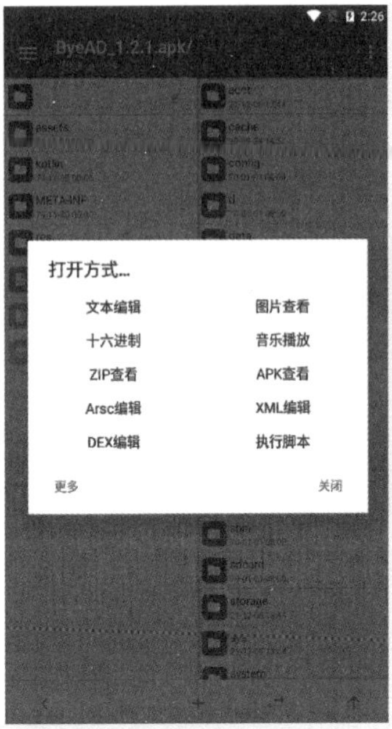

● 图 6-33

● 图 6-34

再比如某个 App 中有 VIP 权限校验，需要通过校验才能正常使用。此时通过“Dex 编辑器++”打开 Dex 文件，搜索一些关于 VIP 的关键字，比如 getVip、isVip，然后根据代码逻辑进行修改，如图 6-36 所示。

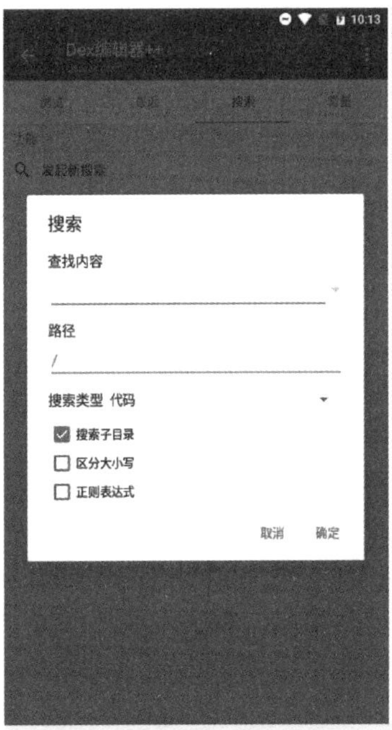

● 图 6-35

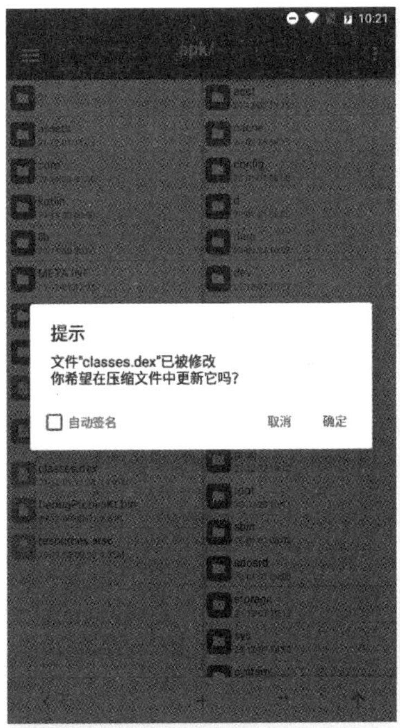

● 图 6-36

修改后的 APK 文件需要重新编译签名，可以在提示中选择自动签名，也可以在功能选项中进行 APK 签名，签名后重新安装应用进行测试。

6.2.6 NP 管理器

NP 管理器是一款免 root 的手机多功能文件管理器，功能和 MT 管理器类似，都提供了 Android 逆向的相关功能，虽然兼容性不如 MT，但是所有功能都是免费的，足以支持大家做一些事情，如图 6-37 所示。

首先可以单击“关于”查看使用说明和功能介绍。作者声明 NP 管理器主要是对 APK、Dex、Jar、Smali、Pdf、视频和音频文件的简单应用。

逆向时会使用到的主要功能如下：

Dex、Jar、Smali 文件的相互转换；

Dex 文件合并、分割；

APK、Dex、jar 混淆和字符串加密；

APK 签名、共存、去除签名校验、对话框取消、去除 VPN/代理检测；

APK 加固判断、Dex 编辑（批量删除类）；

Dex 文件查看字符常量、Dex 批量修复、Dex 功能-属性查看；

APK 对齐优化、文本文件对比、超强版去除签名校验；

Smali 文件转 Java、class 文件和 jar 包反编译；

Smali 语法查询、Smali 执行流程图查看、Smali 方法 IR 查看；

APK-Dex 字符串解密、控制流-防字符串一键解密；

工具箱（常见字符串转换，如 base64、des、MD5 等）。

接着单击“工具箱”可以看到常见的加解密方法和转换方法，如图 6-38 所示。

● 图 6-37

● 图 6-38

接下来找一个 APK 测试一下其他的功能。首先将 APK 文件放到移动设备的存储文件夹中，然后打开 NP 管理器，进入 APK 的存储文件夹中。

点击 APK 文件，在弹出的选项中选择“功能”，即可看到对 APK 的所有功能。

主要功能如图 6-39 所示。

● 图 6-39

如果需要脱壳，选择“一键拆分 DEX”，然后等待拆分完成，会在同级目录下生成一个后缀名为 split 的绿色的 APK 文件，该文件就是脱壳后的 APK 包。

6.3 Android Hook 工具

Hook 是 Android 逆向中最常用和最有效的逆向分析方法，本节对 Android 逆向时常用的 Hook 工具做一个总结，一般只要熟练掌握其中任何一个，都可以满足基本的逆向需求，比如进行堆栈调试、方法或参数的定位及修改，以及返回值的修改等操作。当然重点讲解内容还是放在 Xposed、Frida、Unidbg 上，其他的工具只做一些基本介绍。

6.3.1 Xposed

Xposed 框架（Xposed Framework）是一套开源的、在 Root 权限模式下运行的 Hook 框架，可以在不修改 APK 文件的情况下影响程序运行的框架服务，基于它可以制作出许多功能强大的模块，且在功能不冲突的情况下同时运行，如图 6-40 所示。

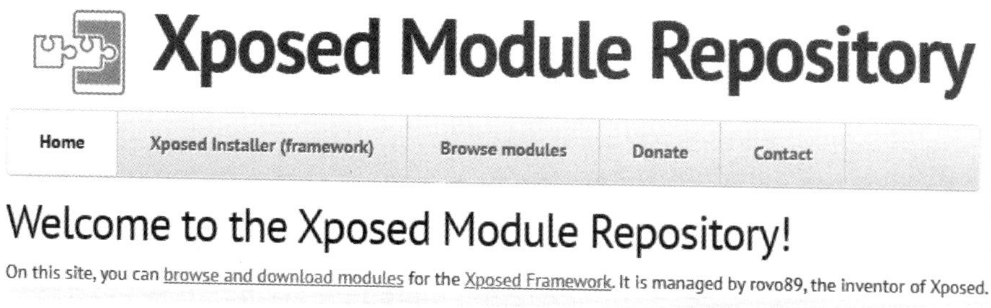

• 图 6-40

1. Xposed 框架介绍

Xposed 官网地址：https：//repo. xposed. info/

具体下载安装步骤就不介绍了，Android（安卓）5 以上版本需要手动刷入框架，Xposed 并不支持 Android 9 以上版本，但可经由 EdXposed 代替。Xposed 下载之后可一键安装，但是需要注意的是必须下载和 Android 系统相匹配的 Xposed 版本，并且设备已经有 Root 权限，如图 6-41 所示。

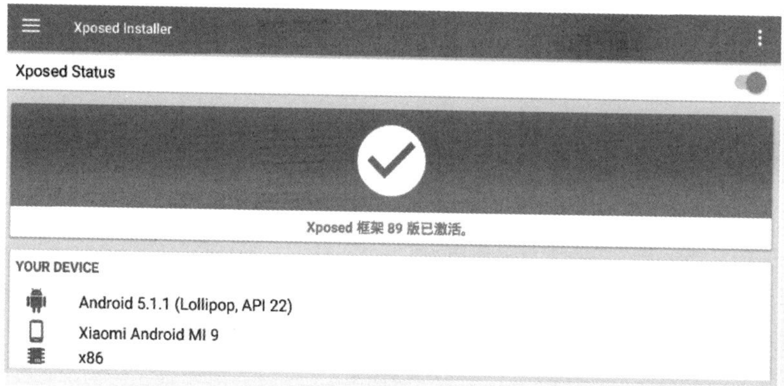

• 图 6-41

关于 Xposed 的模块，也被称为 Xposed 插件，其实是一种特殊类型的 Android App，这种 App 可以被 Xposed 框架自动识别并加载，然后通过框架 Hook 到其他的 App 进程中，如图 6-42 所示。

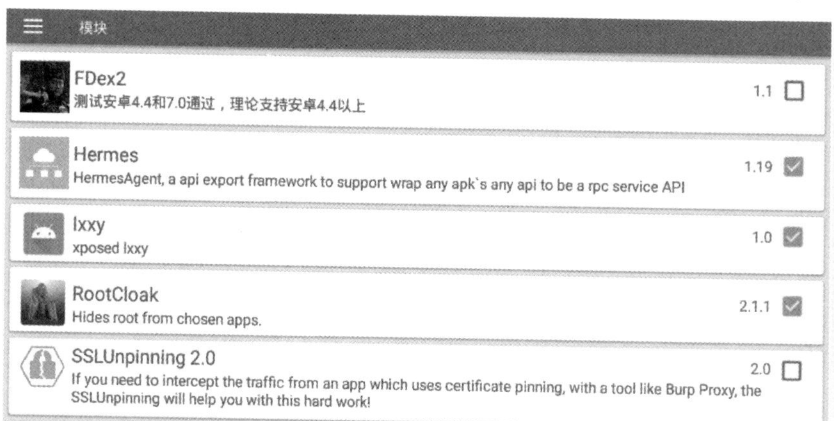

• 图 6-42

Android 中所有 App 都是由 Zygote 进程 Fork 出来的，所以自定义 Zygote 进程就能实现对其他 App 的 Hook 注入。Xposed 就是利用这个原理，修改了 Zygote 进程对应的可执行文件 App_process，然后通过 re-covory（工程模式）替换系统原有的 App_process 文件，因此每次勾选 Xposed 模块后，都需要重启设备才能生效。

接下来学习一下如何编写一个 Xposed 模块。

2. Xposed 模块编写

要开发 xposed 模块，需要先创建一个 Android 项目。这里笔者用的开发工具是 IntelliJ IDEA，其实用 Android Studio 效果更好。本小节前面的内容是项目创建和项目介绍，有基础的同学可以直接看后面的模块编写部分。

首先准备好 jdk 环境，然后通过 IDEA 来新建一个 Project，选择 Android，如图 6-43 所示。

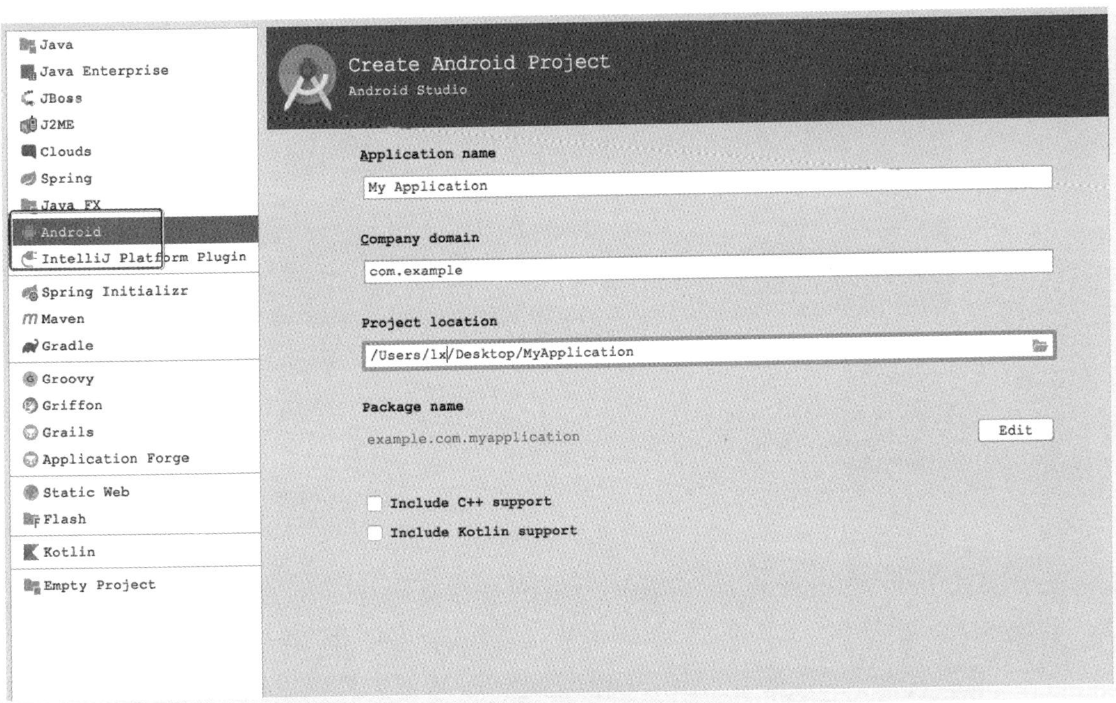

● 图 6-43

然后一直进行到 Creates a news empty activity，输入项目名完成创建，笔者在本节案例中创建的项目名字叫作 AndroidDemo，如图 6-44 所示。

刚创建的 Android 项目只包含一些默认文件，下面来花一点时间看看重要的部分。

app/src/main/res/layout/activity_main. xml，这是刚才创建项目时新建的 Activity 对应的 xml 布局文件，按照创建新项目的流程会同时展示这个文件的文本视图和图形化预览视图，该文件包含一些默认设置和一个显示内容为“Hello world!”的 TextView 元素，如图 6-45 所示。

app/src/main/java/example. com. androiddemo/MainActivity，创建新项目完成后，可看到该文件对应的

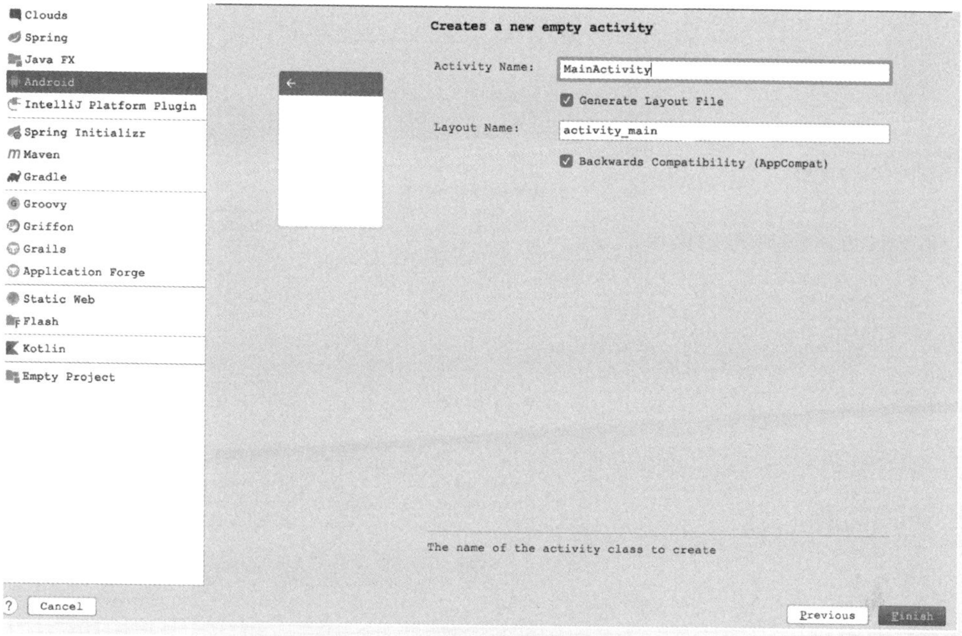

● 图 6-44

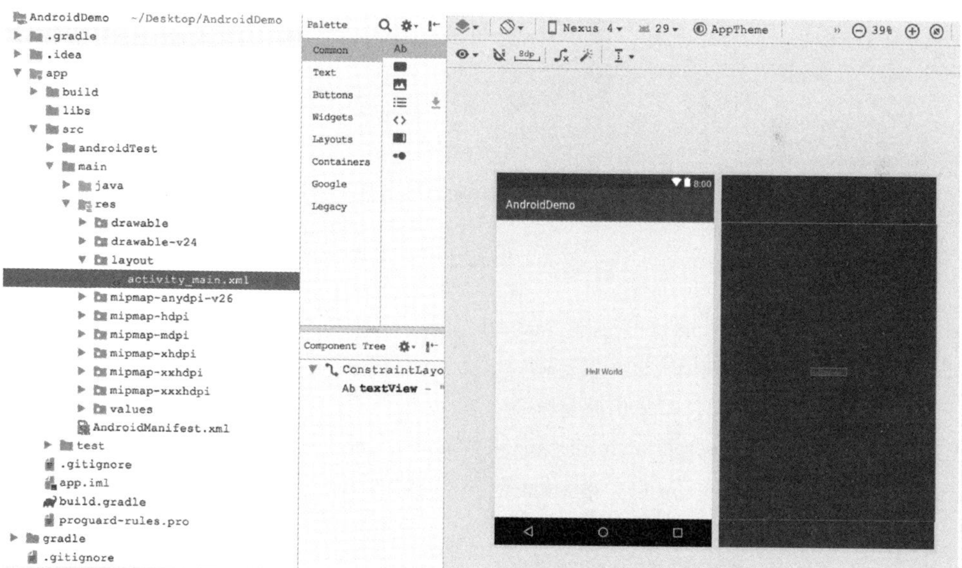

● 图 6-45

选项卡，选中该选项卡，可以看到刚创建的 Activity 类的定义，如图 6-46 所示。编译并运行该项目后，Activity 启动并加载布局文件 activity_main. xml，显示一条文本:"Hello world!"。

app/src/main/AndroidManifest. xml，manifest 文件描述了项目的基本特征并列出了组成应用的各个组件，接下来的学习会更深入地了解这个文件，并添加更多组件到该文件中，如图 6-47 所示。

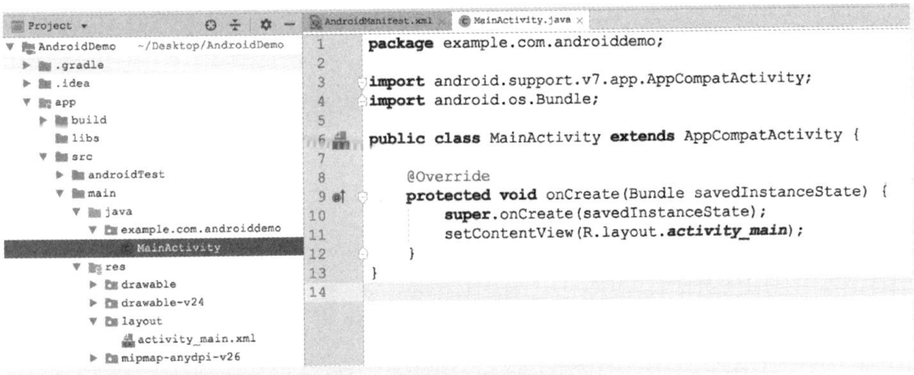

● 图 6-46

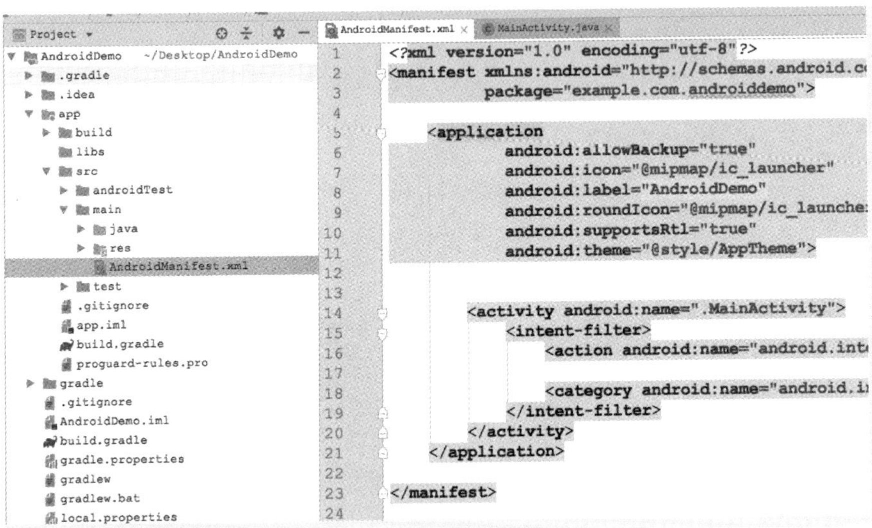

● 图 6-47

app/build. gradle，Gradle 用来编译和运行 Android 工程。工程的每个模块以及整个工程都有一个 build. gradle 文件。通常只需要关注模块的 build. gradle 文件，该文件存放编译依赖设置，包括 defaultConfig 设置。

接下来在项目中配置 xposed，如图 6-48 所示。

首先打开文件 AndroidDemo/App/src/main/AndroidManifest. xml。

在该文件中加入下面的代码（name：xposedmodule 不能修改）。

```
<meta-data
        android:name="xposedmodule"
        android:value="true" />
<meta-data
        android:name="xposeddescription"
        android:value="这是一个 Xposed 案例" />
<meta-data
        android:name="xposedminversion"
        android:value="53" />
```

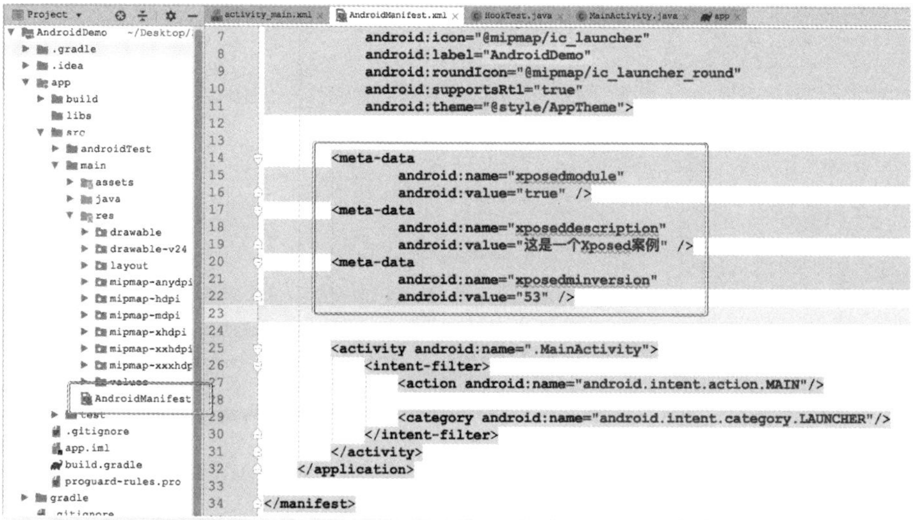

● 图 6-48

```
{
    compileOnly 'de.robv.android.xposed:Api:82'
    compileOnly 'de.robv.android.xposed:Api:82:sources'
}
repositories {
        jcenter()
      }
```

然后在这个文件下的 AndroidDemo/app/src/build. gradle 中加入配置（注意跟图 6-49 位置对应）。

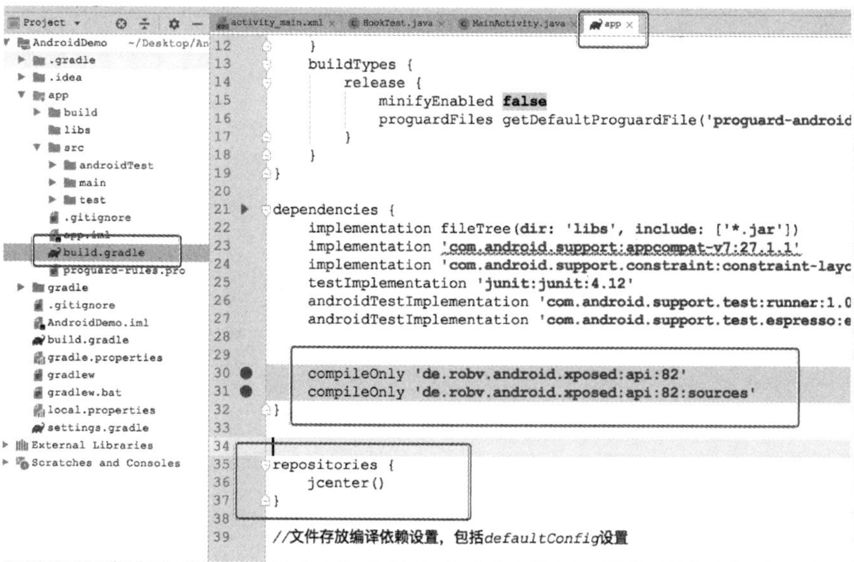

● 图 6-49

接着在 AndroidDemo/app/src/main/res/layout/activity_main.xml 中创建一个“BUTTON”按钮来测试 Hook 的结果，如图 6-50 所示。

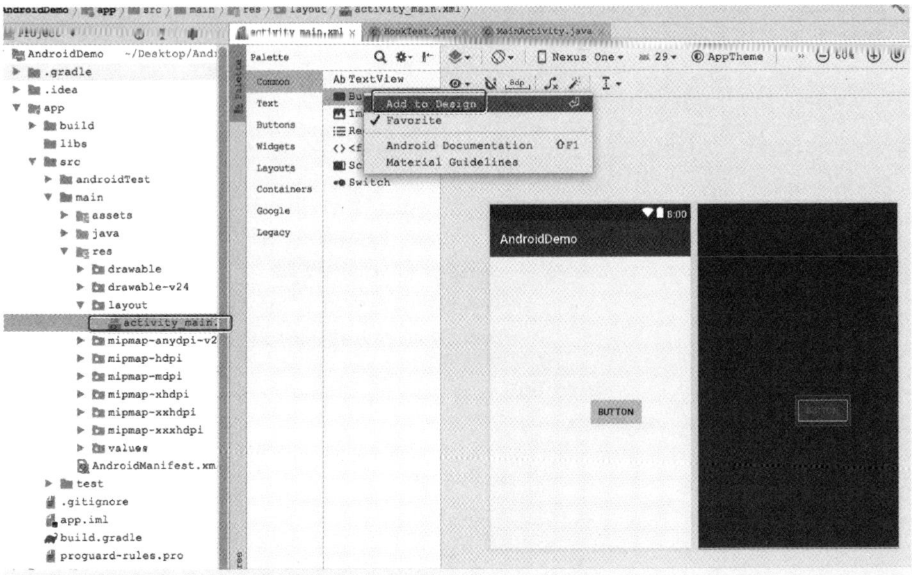

● 图 6-50

上面这些配置完成之后，就可以接入设备了，如果配置无误，xposed 框架就会捕捉到自定义的模块。

接下来在 AndroidDemo/app/src/main/java/example.com.androiddemo/MainActivity 文件中先给 BUTTON 写上触发事件，如图 6-51 所示。

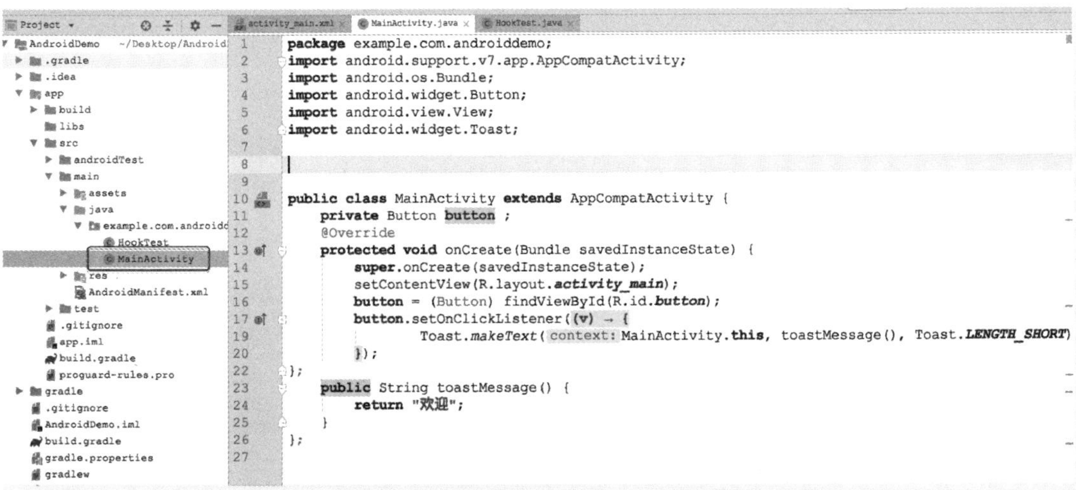

● 图 6-51

```
package example.com.androiddemo;
import android.support.v7.App.AppCompatActivity;
```

```
import android.os.Bundle;
import android.widget.Button;
import android.view.View;
import android.widget.Toast;
public class MainActivity extends AppCompatActivity {
    private Button button ;
    @ Override
    protected void onCreate(Bundle savedInstanceState) {
        super .onCreate(savedInstanceState);
        setContentView(R.layout.activity_main ) ;
        button = ( Button ) findViewById ( R. id. button ) ;
        button. setOnClickListener ( new View. OnClickListener ( ) {
            public void onClick ( View v ) {
                Toast. makeText ( MainActivity. this , toastMessage ( ) , Toast. LENGTH_ SHORT ) .
show ( ) ;
            }
        } ) ;
    };
    public String toastMessage ( ) {
        return " 欢迎" ;
    }
};
```

通过 IDEA 单击“运行”按钮，查看是否成功启动，如图 6-52 所示。

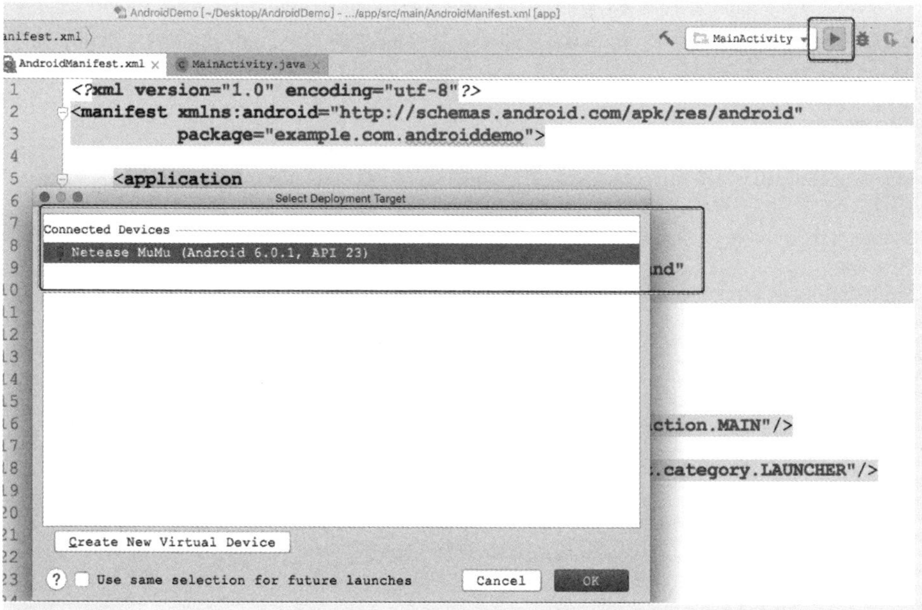

● 图 6-52

如果没有找到设备，则需要用 adb 命令去开启（adb connect 127. 0. 0. 1：＊＊＊）。

连接完成后，单击应用中的 BUTTON，查看是否出现“欢迎”。出现“欢迎”则说明目前流程无误，可以正式开发编写 Xposed 的 Hook 脚本了。

在 MainActivity 同级目录下创建名为 HookTest 的 Java 文件，如图 6-53 所示。

● 图 6-53

Hook 脚本内容，通过 IXposedHookLoadPackage 接口中的 handleLoadPackage 方法来实现 Hook 并篡改程序的输出结果。

example. com. androiddemo 是目标程序的包名，example. com. androiddemo. MainActivity 是想要 Hook 的类，toastMessage 是想要 Hook 的方法，afterHookedMethod 方法修改了 toastMessage( )方法的返回值。

```
package example.com.androiddemo;
import de.robv.android.xposed.IXposedHookLoadPackage;
import de.robv.android.xposed.XC_MethodHook;
import de.robv.android.xposed.XposedBridge;
import de.robv.android.xposed.XposedHelpers;
import de.robv.android.xposed.callbacks.XC_LoadPackage;

public class HookTest implements IXposedHookLoadPackage {
    public void handleLoadPackage(XC_LoadPackage.LoadPackageParam loadPackageParam) throws
Throwable {
        if (loadPackageParam.packageName.equals("example.com.androiddemo")) {
            XposedBridge.log("has Hooked!");
            Class clazz = loadPackageParam.classLoader.loadClass(
                    "example.com.androiddemo.MainActivity");
            XposedHelpers.findAndHookMethod(clazz, "toastMessage", new XC_MethodHook() {
                protected void beforeHookedMethod(MethodHookParam param) throws Throwable {
                    super.beforeHookedMethod(param);
                }
                protected void afterHookedMethod(MethodHookParam param) throws Throwable {
                    param.setResult("你已被劫持");
                }
            });
        }
    }
}
```

接着创建入口点 xposed_init 文件。

使用鼠标右键单击“main”文件夹，选择“New”中的“Folder”中的“Assets Folder”命令，创建 assets 文件夹，如图 6-54 所示。

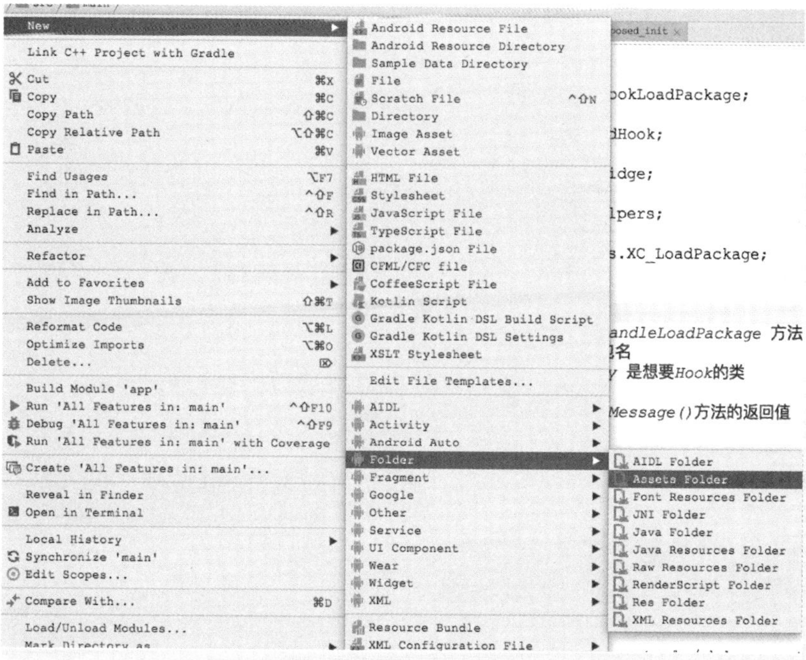

• 图 6-54

然后在 assets 文件夹下创建 File 文件 xposed_init，如图 6-55 所示。

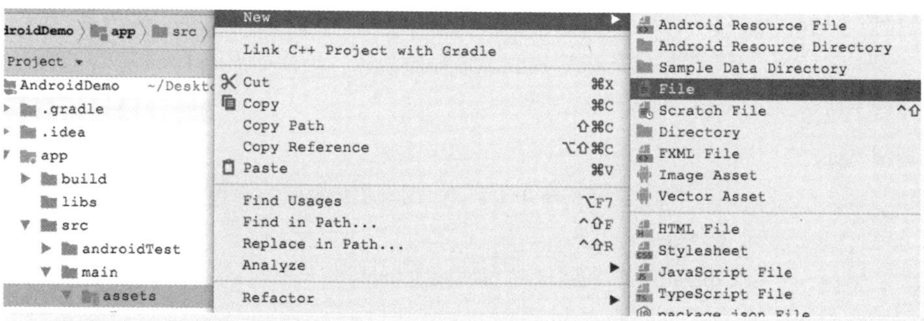

• 图 6-55

创建完成之后，在文件中写上（包名. 类名）。这样 Xposed 框架就能够从这个 xposed_init 读取信息来找到模块的入口，然后进行 Hook 操作，如图 6-56 所示。

Android 项目的创建和 Xposed 模块编写已经完成了，接下来进行测试。

在 Xposed 中勾上编写的 Xposed 模块，然后重启设备，如图 6-57 所示。

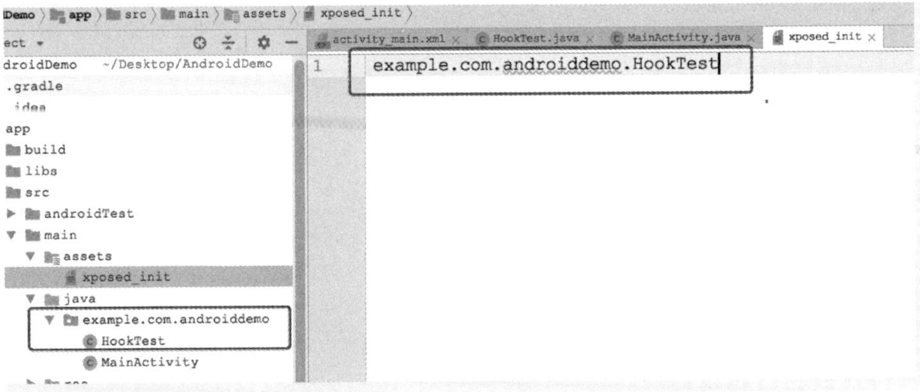

● 图 6-56

设备重启完成后，单击 App 中的 BUTTON 按钮，查看是否成功 Hook。

如图 6-58 所示为已经 Hook 成功。

● 图 6-57

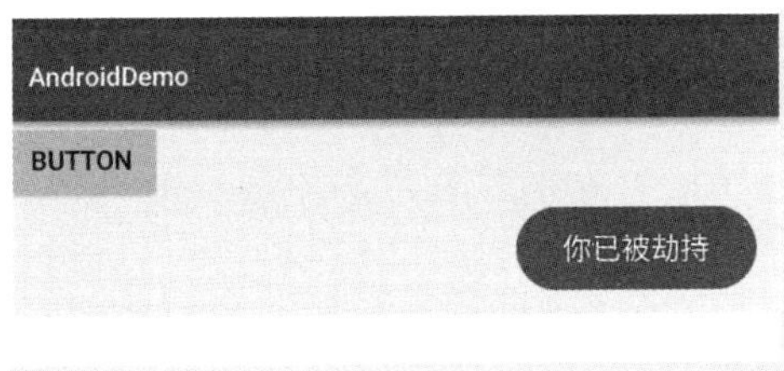

● 图 6-58

如果最后没有成功，则先查看是否有报错信息，查看模拟器 Xposed 模块是否选中，查看 HookTest 文件中，路径和包名是否对应自己的路径，查看 xposed_init 文件中的指示路径是否正确。

本小节内容相对丰富，从创建 Android 应用到设置触发事件，再到最后的 Hook 模块编写，很适合自己动手去实践一遍，这对之后的逆向开发很有帮助。

3. Xposed Api

下面主要介绍一下 Xposed 的两个类 XposedBridge 和 XposedHelpers 的常用方法，每个方法的具体示例就不写了，这些在文档中都有介绍。

Api 文档：https://Api.xposed.info/reference/packages.html

XposedBridge 类包含 Xposed 的大部分核心逻辑，如表 6-17 所示。

表 6-17　Xposed 的大部分核心逻辑

方　法	简　介
XposedBridge.log()	用于输出日志
XposedBridge.hookAllMethods()	Hook 类中的所有方法（不包括构造函数）
XposedBridge.hookAllConstructors()	Hook 类中的所有构造函数
XposedBridge.hookMethod()	Hook 类中的方法或者构造函数

XposedHelpers 类提供了很多 Xposed 的 Hook 方法，笔者总结了一些常用的方法，如表 6-18 所示。

表 6-18　Xposed 的 Hook 方法

方　法	简　介
XposedHelpers. findAndHookMethod( )	Hook 一般函数，获取方法中字段的值
XposedHelpers. callMethod( )	对类里的方法的重获取
XposedHelpers. findClass( )	指定的类加载器查找类
XposedHelpers. getObjectField( )	反射类中方法，获取方法中字段的值
XposedHelpers. callStaticMethod( )	对类里的公用方法的重获取
XposedHelpers. getIntField( )	返回 int 给定对象实例中字段的值
XposedHelpers. setBooleanField( )	设置 boolean 给对象中字段的值
XposedHelpers. findMethodExactIfExists( )	获取方法是否存在
XposedHelpers. getStaticObjectField( )	返回类中静态对象字段的值
XposedHelpers. findClassIfExists( )	获取类是否存在
XposedHelpers. setAdditionalInstanceField( )	将值附加到对象实例
XposedHelpers. setObjectField( )	设置对象域
XposedHelpers. setStaticObjectField( )	设置静态对象域
XposedHelpers. assetAsByteArray( )	以 byte 数组的形式返回资源
XposedHelpers. getStaticIntField( )	获取静态整数域

4. VirtualXposed

VirtualXposed 是基于 VirtualApp 和 epic 在非 Root 环境下运行 Xposed 模块的实现，它无须 Root 或刷入系统映像。工作原理是在设备上建立一个虚拟空间或者平行空间，在这个空间里面安装 App，并且安装其对应的 Xposed 框架模块，等于把本机给隔离开，这样就能让这个模块对安装的 App 起到作用。这也导致了它具有一些局限性，比如无法修改系统，不能支持资源 Hook 等。

VirtualXposed 官网：https：//vxposed. com/

Github 地址：https：//Github. com/android-hacker/VirtualXposed

在 Github 上可以下载 APK 文件，安装时需要注意，如果出现应用安装失败，就更换其他 VirtualXposed 版本。笔者在 Android 5 的模拟器上安装 0. 20. 0 版本失败，切换到 0. 18. 0 后正常，如图 6-59 所示。

安装完成之后，需要先添加应用和 Xposed 模块，在设置中选择添加应用可以把真实环境中的应用复制一份到虚拟环境中，然后在设置中启用 Xposed 模块即可。

VirtualXposed 使用时容易出现很多问题，大多是由于版本兼容性导致的，如果无法使用就更换 VirtualXposed 版本，有条件的话就根据 VirtualXposed 要求去更换 Android 系统版本。

5. Inspeckage

Xposed 的插件和模块很多，这里列出一个对逆向分析很有帮助的模块 Inspeckage。

Inspeckage 是一个基于 Xposed 开发的 Android 应用动态分析模块，有一个 HTTP 服务器来展示网页界面。可在 Xposed 中下载或者直接在设备中安装下载好的 Inspeckage APK，如图 6-60 所示。

● 图 6-59

Github 地址：https：//Github. com/ac-pm/Inspeckage

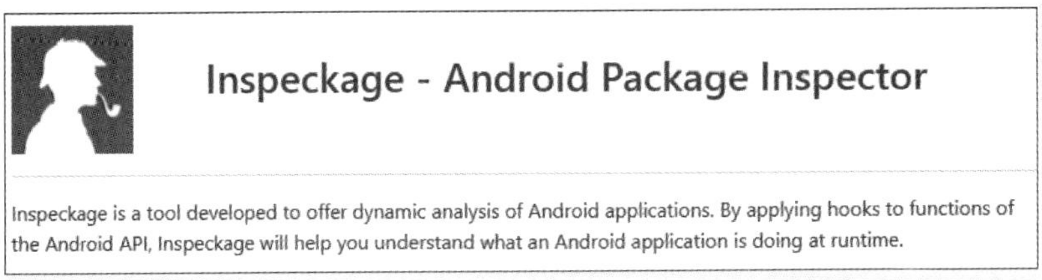

● 图 6-60

在 Xposed 上完成配置之后，打开软件。可以看到 Inspeckage 的控制界面，能选择指定的 App 去分析，如图 6-61 所示。

这里选择了京东的 App，启动 App，查看一下 Inspeckage 的 Web 页面上都有什么，如图 6-62 所示。

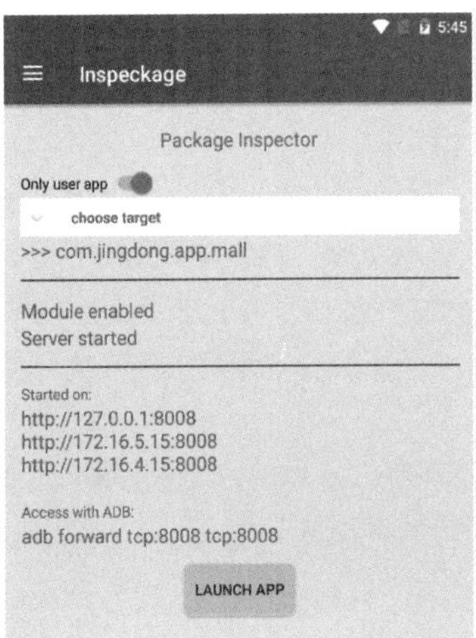

● 图 6-61

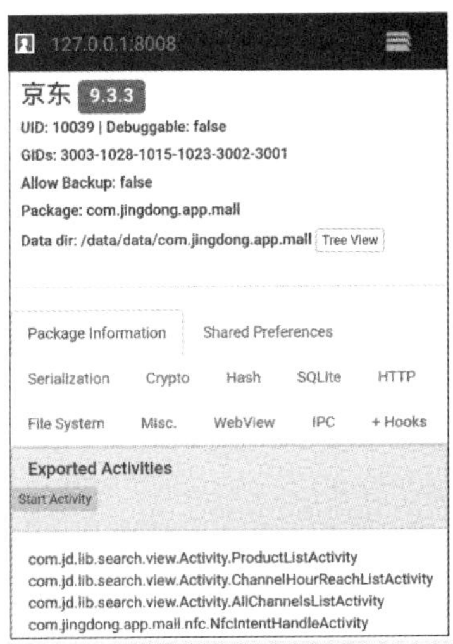

● 图 6-62

除了基本的应用信息外，还包含了很多对分析非常有帮助的功能，如表 6-19 所示。

表 6-19　帮助功能

工 具 栏	简　介
Serialization	反序列化记录
Crypto	加解密记录（KEY、IV 值）
Hash	哈希算法记录
SQLite	SQLite 数据库记录
HTTP	HTTP 网络请求记录
File System	文件读写记录
Misc.	URL. Parse( ) 记录
WebView	调用 webView 记录
IPC	进程通信记录
+Hooks	自定义 Hook 记录

善用工具可以事半功倍，也是逆向技术进步的标志。

6.3.2　Frida

Frida 是一个由 Python 语言编写的 Hook 框架，它可以帮助逆向人员对指定的进程或者指定的 so 模块进行分析。通过 Frida 可以把一段 JavaScript 代码注入某个进程中去，也可以把一个动态库加载到另一个进程中去。通常使用 Frida 来获取进程的信息（模块列表、线程列表、库导出函数），拦截指定函数和调用指定函数。总而言之，使用 Frida 可以对进程模块进行各种操作，如图 6-63 所示。

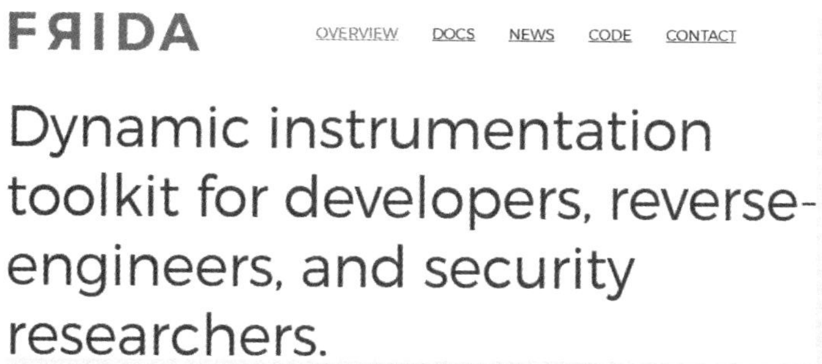

● 图 6-63

Frida 的核心是用 C 语言编写的，并集成了 Google 的 V8 引擎，把 V8 引擎注入目标进程后，可以通过 Js 访问内存、Hook 函数，甚至在进程内部调用本机函数。所以使用 Frida 可以快速开发 Hook 脚本，并且 Js 代码有异常的话，Frida 也会捕获异常，不会结束目标进程。

作为目前最受欢迎的 Hook 框架，Frida 已具有了跨度广、扩展多、效率高的强大特性，所以要成为优秀的爬虫工程师，Frida 是必不可少的技能。因为可能会出现设备不通用的问题，所以书中涉及 Frida 的案例皆使用模拟器来搭建 Frida 环境。

1. Frida 环境配置

Frida 安装很简单，本节内容是在 Windows10 系统下配合 Android 模拟器进行的 Frida 环境配置（书中所使用的 Frida 版本为 12.11.18，Frida 版本可自行选择）。

输入下面的命令即可开始安装：pip install Frida。

Frida 安装完成后，再安装 Frida-tools，执行命令：pip install Frida-tools。

接着安装 Frida Android 服务端，到 https：//Github.com/Frida/Frida/releases 下载和 Frida 版本相对应的 Frida-server-android。

下载完成之后，把这个文件重命名为 frida-server。

夜神模拟器配置示例：

把 frida-server 复制到设备文件中的/data/local/tmp 目录下，如图 6-64 所示。

接下来需要给 frida-server 执行权限，可按照下面的步骤操作，如图 6-65 所示。

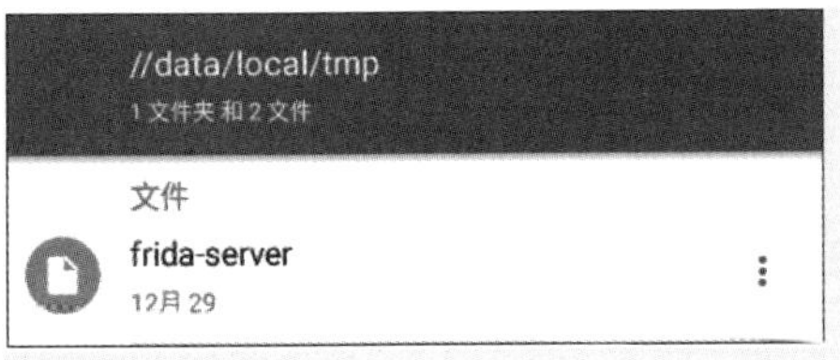

● 图 6-64

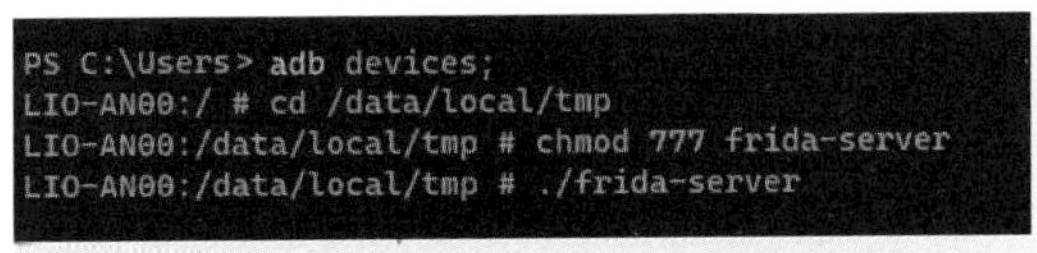

● 图 6-65

（1）连接模拟器	adb devices;
（2）进入 tmp 目录	cd /data/local/tmp
（3）给 frida-server 授权	chmod 777 frida-server
（4）启动 frida-server	./Frida-server

启动后重新打开一个 cmd 窗口查看是否启动成功，执行命令：frida-ps -U

因为本地需要调试，所以还要将移动设备的端口转发到 PC 端进行通信。

adb forwardtcp：27042 tcp：27042

adb forwardtcp：27043 tcp：27043

小技巧

如果本地没有 adb 环境，adb devices 时会报错。此时需要自行配置 adb 环境，或者使用模拟器自带的 adb，可以参考下方的木木模拟器配置示例。

木木模拟器配置示例如下：

下载 frida-server 后，把 frida-server 复制到设备文件中的/data/local/tmp 目录下，如图 6-66 所示。

● 图 6-66

接下来先找到模拟器的安装目录，然后进入 emulator/nemu/vmonitor/bin 目录，在文件中打开 cmd，输入 adb 命令连接模拟器：.\ adb_server.exe connect 127.0.0.1：7555。

不同模拟器的 adb 名称可能不同，正常情况是 adb，木木叫作 adb_server，夜神叫作 nox_adb。不同的模拟器也需要指定对应端口，可以通过 adb devices 查看现有设备和端口。

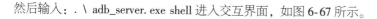

然后输入：.\ adb_server. exe shell 进入交互界面，如图 6-67 所示。

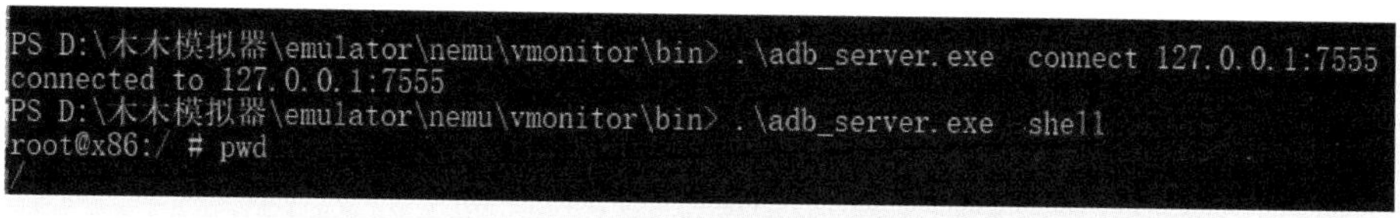

● 图 6-67

进入 adb shell 后，cd 到/data/local/tmp 目录。

然后设置 frida-server 的权限：chmod 777 frida-server，如图 6-68 所示。

给予了可执行权限之后，输入./frida-server 命令来启动 frida-server。

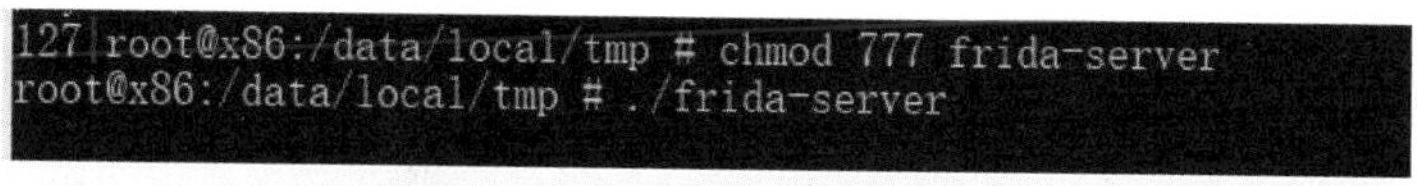

● 图 6-68

查看是否启动成功。重新打开一个 cmd 窗口，执行下面的命令：

frida-ps -U

查看当前运行的进程，有输出则说明启动成功。

需要进行调试，所以要将移动设备的端口转发到 PC 端进行通信。

adb forward tcp：27042 tcp：27042

adb forwardtcp：27043 tcp：27043

到此，环境就搭建完成了。需要注意的是不同设备的端口和 adb 工具可能都不一样，比如夜神模拟器叫作 nox_adb. exe，如图 6-69 所示，默认端口是 62001。

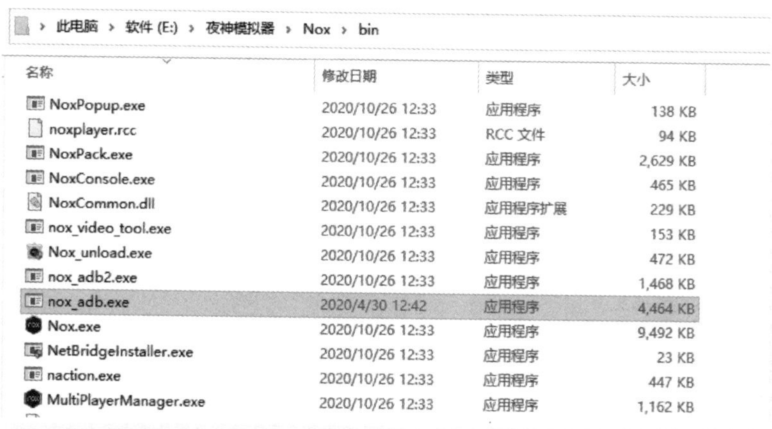

● 图 6-69

2. Frida 基本命令

Frida 相关的基本命令，包括 adb 相关命令，如表 6-20 所示。

表 6-20　Frida 相关的基本命令

adb devices	列 出 设 备
adb connect 127. 0. 0. 1:62001	连接设备（注意端口）
adb shell	进入 shell
adb kill-server	关闭服务
adb start-server	启动服务
adb reboot	重启设备
adb forwardtcp:27042 tcp:27042	端口转发
adb shelldumpsys activity top	查看 APK 包名
frida-ls-devices	列出所有连接到计算机上的设备
frida-ps-U	列出正在运行的进程
frida-ps-Uai	列出安装的程序
frida-ps-Ua	列出运行中的程序
frida-ps-D"　设备 id"	连接 Frida 到指定的设备
frida-trace-U-f Name-i "函数名"	跟踪某个函数
frida-trace-U-f Name-m "方法名"	跟踪某个方法
frida -U -l ＊. js "　进程 ID"	加载 Js 脚本
frida-discover-n Name	发现程序内部函数
frida-discover-p pid	发现程序内部函数
frida-kill-U "　进程 ID"	结束进程

3. Frida 启动方式

使用命令执行 Js 脚本：frida -U -l ＊. js -f com. package. name。

```
setImmediate (function () {
  Java.perform(function () {
    myClass = Java.use("com.package.name.xxClass");
    myClass .implementation = function (v) {
      // ...
          }
          })
      })
```

使用 Python 脚本启动。

```
import Frida, sys
def on_message(message, data):
    if message['type'] == 'send':
        print(message['payload'])
    else:
        print(message)

jscode = """
Java.perform(function () {
    var MainActivity = Java.use('com.example.hook.MainActivity');
    MainActivity.setMethod.implementation = function (arg1) {
```

```
        send('Frida hook success');
        console.log(arg1);
        var res =MainActivity.setMethod(arg1);
        console.log("result:" + res);
    };
});
"""

process =Frida.get_usb_device().attach('com.example.hook')
script = process.create_script(jscode)
script.on('message', on_message)
script.load()
sys.stdin.read()
```

下面分析一下上面代码中的 Js 脚本。

"Java. perform (function)" 是 Js 代码成功被附加到目标进程时进行调用。

"Java. use( )" 是声明要使用的类。

" 类 . 方法 . implementation" 是对方法的具体 Hook 实现。

"function (arg1, arg2, arg *) " 的参数一定要和 Hook 的方法参数类型和参数个数相同。在 function 方法中可以使用"console. log" 打印参数，以及通过调用方法去查看执行结果。

4. Frida 常用方法

本节介绍一下 Frida 常用的 Hook 方法，包括 Hook 一般函数、重载函数、构造函数、native 函数，打印堆栈信息、类方法名等。

先看一下 Frida 中的参数类型缩写表，如表 6-21 所示。

表 6-21 Frida 中的参数类型缩写表

参数类型	缩写
byte	B
int	I
short	S
long	J
float	F
double	D
char	C
boolean	Z

基本类型数组也可以使用缩写来进行表示，格式是左中括号"["加上"基本类型的缩写"。比如 int [] 类型表示为"[I", byte [] 类型表示为"[B", 对象数组"[java. lang. String;"。

Hook 一般函数：

这里的一般函数是指普通的没有特别声明的函数。

```
var MyClass = Java.use('xx.xx.MainActivity');
MyClass .myMethod.implementation = function (arg) {
    var ret = this .myMethod(arg);
```

```
    console .log('Done:' + arg);
    return ret;
}
```

Hook 重载函数：

重载函数是指在同一个类内定义了多个相同的方法名，但是每个方法的参数类型和参数的个数都不同。在调用方法重载的函数编译器会根据所填入的参数个数以及类型来匹配具体调用对应的函数。

如果调用的对象方法有其他重载方法时，则需要通过 overload 指定具体参数类型，不能用 implementation，否则会报错 Error：xx()：has more than one overload。

```
myClass.myMethod.overload("java.lang.String").implementation = function (param1){
    console.log(param1);
    }

myClass.myMethod.overload("[B","[B").implementation = function (param1,param2) {
    const p1 = Java.use("java.lang.String"). $ new(param1);
    const p2 = Java.use("java.lang.String"). $ new(param2);
    }

myClass. myMethod. overload (" android. context. Context ", " boolean "). implementation =
function (param1, param2){
    //do something
}
```

Hook 构造函数：

构造函数是一种特殊的方法，主要用来在创建对象时初始化对象，即为对象成员变量赋初始值，常与 new 运算符一起使用在创建对象的语句中。

```
const StringBuilder = Java.use('java.lang.StringBuilder');
StringBuilder . $ init.overload('java.lang.String').implementation = function (arg) {
    var partial = "";
    var result = this . $ init(arg);
    if (arg !== null ) {
    partial = arg.toString().slice(0,10);
        }
    console .log('new StringBuilder("' + partial + '");');
    return result;
};

StringBuilder . $ init.overload('[B', 'int').implementation = function (arg1,arg2,) {
    //do something
}
```

Hook 成员方法：

成员方法是指没有加 static 等类修饰符的方法，Hook 时需要对类实例化 $ new()。

```
Java.perform(
    function (){
          var ba = Java.use("com.xx.xx.xx"). $ new();
```

```
        if (ba != undefined ) {
            ba.mdthod .implementation = function (a1) {
            //do something
            }
        }
    }
)
```

Hook 内部类：

内部类是指一个类定义在另一个类里面或者方法里面。

```
var inInnerClass = Java.use('ese.xposedtest.MainActivity $ inInnerClass');
// 类路径 $ 内部类名
inInnerClass .methodInclass.implementation = function (arguments ){
    var arg0 = arguments [0];
    var arg1 = arguments [1];
    send("params1:"+ arg0 +" params2:" + arg1);
    return this .formInclass(1,"Frida");
}
```

HookNative 函数：

通过 so 名和方法名查找方法位置，创建 NativePointer 指针对象，然后通过 Interceptor. attach( )拦截函数。一般不需要添加 setTimeout 定时器，不过有时候添加等待时间可能会避免掉一些异常。

```
function hookNativeFun (callback, funName, moduleName) {
    var time = 1000;
    var address = Module.findExportByName(moduleName, funName);
    if (address == null ) {
        setTimeout (hookNativeFun , time, callback, funName, moduleName);
    }
    else {
        console .log(funName + "hook result")
        var nativePointer = new NativePointer(address);
        Interceptor.attach(nativePointer, callback);
    }
}
```

从内存中主动调用 Java 方法：

运行中对象的成员的值可能会定时发生变化，等到调用时，新对象可能会无法使用，可以从内存中读取已经有的对象。同理也可以主动调用对象的 native 方法。

```
Java.perform(
    function (){
        Java.choose ("com.xx.xx.xx", {
        onMatch:function (x) {
            ba.signInternal.implementation = function (a1,a2) {
            result = x.method(a1,a2);
            },
        onComplete:function () {
            }
        })
    }
)
```

获取所有已加载的类名：

```
Java.perform(function(){
    Java.enumerateLoadedClasses({
        onMatch:function(className) {
            send(className);},
        onComplete:function(){
            send("done");
        }
    });
});
```

获取方法名：

```
function getMethodName() {
    var ret;
    Java.perform(function() {
        var Thread = Java.use("java.lang.Thread")
        ret = Thread.currentThread().getStackTrace()[2].getMethodName();
    });
    return ret;
}
```

打印堆栈信息：

```
function showStacks() {
    Java.perform(function() {
        console.log(Java.use("android.util.Log").getStackTraceString(Java.use("java.
lang.Exception").$new()));
    });
}
```

打印类所有方法名：

```
function enumMethods(targetClass) {
    var ret;
    Java.perform(function() {
            var hook = Java.use(targetClass);
            var ret = hook.class.getDeclaredMethods();
            ret.forEach(function(s) {
                console.log(s);
            })
    })
    return ret;
}
```

本小节列出了一些常用的方法，在具体的 Hook 开发中可能使用的方法会更多，但是该如何使用是有技巧的，比如可以先定义一个一般函数的 Hook，然后根据 Frida 报错内容去修改，比如修改参数类型、参数个数之类，Frida 的报错提示很智能。另外大家也可以在后面的实战案例中观察规律。

5. Frida 入门案例

本小节的案例是通过 Frida 对某音乐 App 的 signature 进行分析。

已知接口中有加密参数 signature，用 AndroidKiller 进行反编译后，在工程搜索中检索关键词，查找加密参数位置。经过分析，确定签名在 com. kugou. common. utils. ba 的 b 方法中生成，如图 6-70 所示。

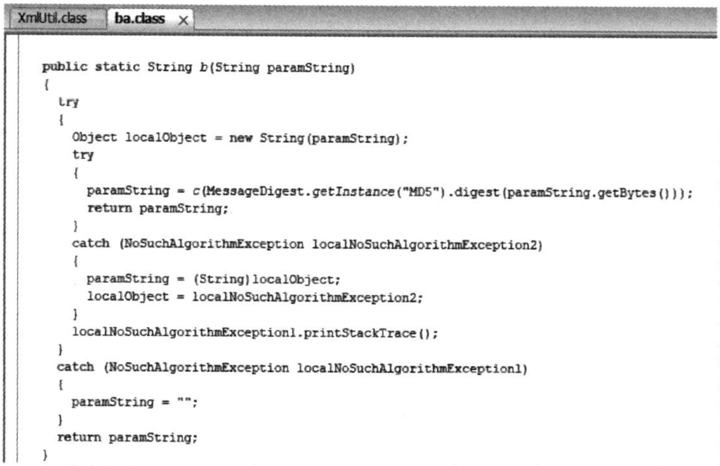

```
XmlUtil.class   ba.class ×

public static String b(String paramString)
{
  try
  {
    Object localObject = new String(paramString);
    try
    {
      paramString = c(MessageDigest.getInstance("MD5").digest(paramString.getBytes()));
      return paramString;
    }
    catch (NoSuchAlgorithmException localNoSuchAlgorithmException2)
    {
      paramString = (String)localObject;
      localObject = localNoSuchAlgorithmException2;
    }
    localNoSuchAlgorithmException1.printStackTrace();
  }
  catch (NoSuchAlgorithmException localNoSuchAlgorithmException1)
  {
    paramString = "";
  }
  return paramString;
}
```

● 图 6-70

根据观察得知类中有很多同名的 b 方法，所以需要 overload 重载。另外确定类型是 String，所以参数类型为“java. lang. String”。

重载是指在同一个类内定义了多个相同的方法名称，但是每个方法的参数类型和参数的个数都不同。在调用方法重载的函数编译器会根据所填入的参数的个数以及类型来匹配具体调用对应的函数。

接下来启动 Frida，编写 Hook 脚本。

```
import Frida, sys

def on_message(message, data):
    if message['type'] == 'send':
        print("[* ] {0}".format(message['payload']))
    else:
        print(message)

jscode_hook = """
  Java.perform(
    function (){
            console .log("1. start hook");
            var ba = Java.use("com.kugou.common.utils.ba");
            if (ba != undefined) {
                console .log("2. find class");
                ba.b .overload('java.lang.String').implementation = function (a) {
                    console .log("计算参数 a:" + a);
                    var res = ba.b(a);
                    console .log("计算 result:" + res);
                    return res;
                }
            }
    }
```

```
)
"""
process =Frida.get_usb_device().attach('com.kugou.android')
script = process.create_script(jscode_hook)
script.on('message', on_message)
print('[*] Hook Start Running')
script.load()
sys.stdin.read()
```

运行 Hook 代码后，可以看到输出的参数值，包括加密时的入参和加密结果，如图 6-71 所示。

```
Application(identifier="com.kugou.android", name="狗音乐", pid=7655)
[*] Hook Start Running
1. start hook
2. find class
计算参数a: OIlwieks28dk2k092lksi2UIkpappid=1005childrenid=82117948clienttime=163463321
计算result:ab965c77781dbe7cb9beb7f66f0a8157
计算参数a: OIlwieks28dk2k092lksi2UIkpappid=1005childrenid=82117948clienttime=163463321
计算result:ab965c77781dbe7cb9beb7f66f0a8157
```

● 图 6-71

通过分析入参的构建方式，就可以快速地构建出 signature 的生成方法。

6. Frida 远程调用

远程调用（RPC）的原理在之前的 Web 逆向中有所说明。RPC 对于逆向分析起到了很便捷的作用，比如有一个加解密的函数，想分析整个加解密的流程需要耗费非常多的时间。此时可以使用 RPC，只要确定加解密函数的位置，还有对应的参数，即可直接调用加解密函数。

远程调用代码示例：

```
import Frida

def on_message(message, data):
    print("[%s] => %s" % (message, data))

session =Frida.get_usb_device().attach('com.xx.xx')
js_code ="""
    rpc.exports = {
    add:function (a, b) {
        return a + b;
    }
    };
"""
script = session.create_script(js_code)
script.on('message', on_message)
script.load()
print(script.exports.add(2, 3))
session.detach()
```

Python 可以结合 Flask 实现 RPC。下方代码中通过 flask 开启 Web 服务，通过 Frida 附加到目标进程中去调用 a 方法，获得参数 Sign。

```
import Frida
from flask import Flask, jsonify, request

App = Flask(_name_)

def on_message(message, data):
    print("[% s] => % s" % (message, data))

def start_hook():
    # 启动应用并附加进程
    device =Frida.get_usb_device(timeout=5)
    pid = device.spawn(["App 包名"])
    device.resume(pid)
    session = device.attach(pid)
    print("[* ] start hook")
    # 加载脚本
    js_code = '''
    // 导出 RPC 函数
    rpc.exports = {
        "a":function (str1) {
            var ret = {};
            Java.perform(function () {
                var tt1 = Java.use("xx.xx.xx");
                var result = tt1.a("");
                ret["Sign"]=result;
            });
            return ret;
        }
    };
    '''
    script = session.create_script(js_code)
    script.on('message', on_message)
    script.load()
    return script

@ App.route("/hook")
def search():
    param = request.args.get("param")
    Sign = start_hook().exports.a(param)
    return jsonify({'result':Sign})

if _name_ == '_main_':
    App.run()
```

上面的代码只是示例，一些地方在使用中需要修改，比如当前附加方式是先启动应用，再进行代码注入，如果不需要重启应用，可以直接使用 Frida. get_usb_device( ). attach （''） 来附加。另外需要注意 RPC 导出函数中的 return 位置，不能放到 Java. perform 中返回，需要写到自定义的函数中。

Github 上有一款基于 FastApi 实现的 Frida-RPC 工具 Arida。Arida 可以自动解析 JavaScript 文件生成对应 Api 接口，具备文件的映射关系，可以自动生成 OpenAi 文档，能大幅度提高工作效率。

Github 地址：https：//Github. com/lateautumn4lin/arida

官方实现原理：通过 Js 的 AST 树结构去获取 Frida-Js 脚本中 rpc. exports 的方法以及对应方法的参数个数，根据方法名和参数个数通过 types. FunctionDef 从 Python AST 字节码来动态生成新的 Function 对象，并且结合 Pydantic 的 create_model 自动生成的参数模型注册到 FastAPI 的路由系统中，实现 Frida-RPC 的功能，如图 6-72 所示。

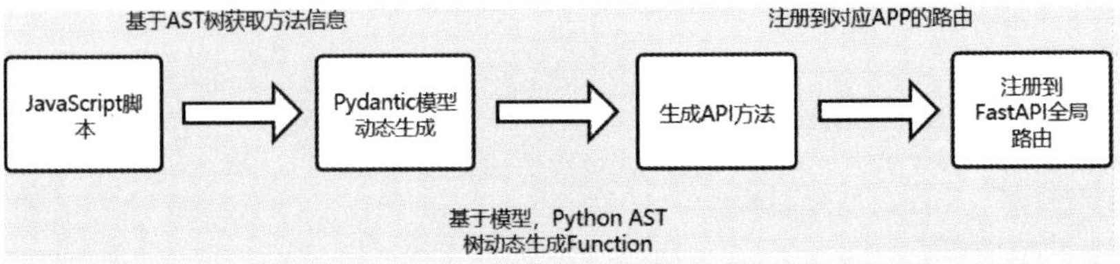

● 图 6-72

7. Frida 自吐算法

所谓自吐算法其实是对一些常用加密算法的 Java 接口特征进行汇总，通过 Frida 去 Hook 加密算法常用的 Api，比如 secretKeySpec、Cipher. getInstance、DESKeySpec 等。

Java 实现 AES 加密的示例：

```
public static byte [] aes (byte [] bytesContent, String key) throws Exception
{
    byte [] raw = key.getBytes("utf-8");
    SecretKeySpec skeySpec = new SecretKeySpec(raw, "AES");

    Cipher cipher = Cipher.getInstance("AES/ECB/PKCS5Padding");
    cipher.init(Cipher.ENCRYPT_MODE,skeySpec);

    byte [] enc = cipher.doFinal(bytesContent);
    return enc;
}
```

通过自吐可以实现自动输出相关参数、调用栈，方便快速地定位，并且在源码混淆、通信加密、数据加密的场景中十分好用。

常用的加密算法在之前的 Js 逆向中讲解过，对称加密算法（AES、DES 等）、非对称加密算法（RSA、ECC 等）和消息摘要算法（MD5、sha1 等）。这里用 Java 语言实现的方法不再一一举例。大家可以用实现这些加密算法的代码来总结出一些特征，然后用 Frida 去 Hook 并输出。

Frida-hook 代码示例：

```
Java.perform(function () {
    var secretKeySpec = Java.use('javax.crypto.spec.SecretKeySpec');
    secretKeySpec.$init.overload('[B','java.lang.String').implementation = function (a, b) {
    showStacks();
    var result = this.$init(a, b);
    console.log("======================================");
    console.log("算法名：" +b + "|str 密钥：" + bytesToString(a));
    console.log("算法名：" +b + "|Hex 密钥：" + bytesToHex(a));
```

```
    return result;
    }

    var DESKeySpec = Java.use('javax.crypto.spec.DESKeySpec');
    DESKeySpec.$init.overload('[B').implementation = function (a) {
    showStacks();
    var result = this.$init(a);
    console.log("======================================");
    var bytes_key_des = this.getKey();
    console.log("des 密钥 |str " + bytesToString(bytes_key_des));
    console.log("des 密钥 |hex " + bytesToHex(bytes_key_des));
    return result;
    }
}
```

大家可到 Github 仓库中查看完整代码。

8. Frida objection

objection 是基于 Frida 开发的命令行工具，它的运行逻辑和之前所说的内存漫游相似，可以方便地 Hook 函数和类，查看调用栈、返回值等。熟练使用 objection 是 Frida 进阶的必要能力之一。

Github 地址：https://Github.com/sensepost/objection

安装方法很简单，直接 pip 安装即可，但是需要注意 objection 和 Frida 版本是否匹配。如果已经安装了 12.11 版本的 Frida，那么用 1.8.4 版本的 objection 即可。也可以全部安装最新版本。

基本的使用方法是在启动 Frida 后，使用 objection 命令注入目标应用中，如表 6-22 所示。

注入命令：objection -g com.xx.xx explore

注入成功后可进行各种查询操作。

表 6-22　各种命令

命　令	简　介
objection -N	指定 IP 远程连接手机
objection -h	指定主机
objection -p	指定端口
objection -g	指定应用
memory list modules	列出内存中加载的 so 库
memory list exports lx.so	列出 so 库的导出函数
memory search "字节串"	搜索内存数据
memory write 内存地址 "字节串"	写入内存数据
android hooking list activities	列出所有 activities
android hooking list classes	列出内存中所有的类
android hooking list class_methods com.xx.xxx.Lx	列出指定类的所有方法
android hooking search classes 类名	在内存中所有的类里搜索类
android hooking search methods 方法名	在内存中所有的类里搜索方法

（续）

命　令	简　介
import/root/opt/objectionHook. js	导入 Hook 代码
android hooking watch class com. xx. xxx. Lx	Hook 类所有方法
android hooking watch class_method com. xx. xxx. Lx. $ init	Hook 类单个方法
android root disable	尝试关闭 App 的 Root 检测
android root simulate	尝试模拟 Root 环境
android ui screenshot [image. png]	截图
androidsslpinning disable	关闭 App ssl 校验

9. Frida 延时 Hook

Android 应用中有一些类是通过动态加载的方式来加载的，和 Web 页面中的异步加载相似。所以用 Frida 在 Hook 时，可能会出现找不到类、找不到代码的情况，此时的解决方式就是使用延时 Hook。

延时有很多种方法，最简单的方式就是通过 Js 的 setTimeout 设置延时。不过这种硬式等待的方式具有一定的局限性。

通过命令延时，Frida--no-pause 是进程直接执行，如果把--no-pause 拿掉，可以在进入 CLI 之后延迟一段时间，再使用%resume 恢复执行。

还有一种方法是在 ClassLoader 类加载器上添加 Hook，其实和 Hook 上层函数的方法相似。

10. Frida 免 Root

因为 Hook 操作一般都需要 Root 权限，大部分厂家都会对设备进行 Root 检测。FridaGadget 是一种免 Root 嵌入方式，和 Frida 注入的方式不同，其主要通过修改程序加载动态库而实现 Hook。

官方文档：https：//Frida. re/docs/gadget/

实现方法是把 Frida gadget. so 嵌入到 App 应用中，编写 Hook 代码后，再重新打包 App。不过在修改 APK 后，应用签名会发生变化，想要正常使用，还需要绕过签名校验。

11. Frida 持久化

Frida 没有特别好的持久化方法，关闭终端后 Frida-server 也会停止。本小节介绍的内容是让 Frida 像 Xposed 一样做到持久化的方式，另外上一小节的 Gadget 属于非 Root 环境下 Frida 持久化的方法。

开源库 FridaManager。

Github 地址：https：//Github. com/hanbinglengyue/FridaManager

基于 Fridagadget 的持久化方案。

开源库 xcubebase。

Github 地址：https：//Github. com/svengong/xcubebase

基于 Xposed 的 Frida 持久化方案，可以理解为一个用于驱动 Frida 脚本的 Xposed 插件。

另外还有基于 magisk 和 riru 的 Frida 持久化方案，这些开源库中都有详细的使用教程，所以不再过多说明。

12. Frida 插件 Brida

Brida 是基于 Burp Suite（渗透测试工具）的一个扩展 Web 服务，作为 Burp Suite 和 Frida 之间的桥梁，可以使用和操纵应用内的方法，同时可修改应用与其服务器之间的数据包。概括一下就是支持插桩定位、远程 Hook、加密解密、拆包解包等功能。另外它也支持 Frida 所支持的所有平台（Windows、macOS、Linux、iOS、Android 和 QNX），如图 6-73 所示。

● 图 6-73

Github 地址：https：//Github. com/federicodotta/Brida

想要运行 Brida 需要准备的环境有 Burp Suite（1. X 或 2. X）、已 Root 设备、Frida client、Python Frida 库、Pyro4 库，Pyro4 是 Python 的 RPC 框架。所以 Brida 的运行原理就是通过 Python 结合 Frida 和 Burpsuit 的图形化按钮来进行远程 Hook，如图 6-74 所示。

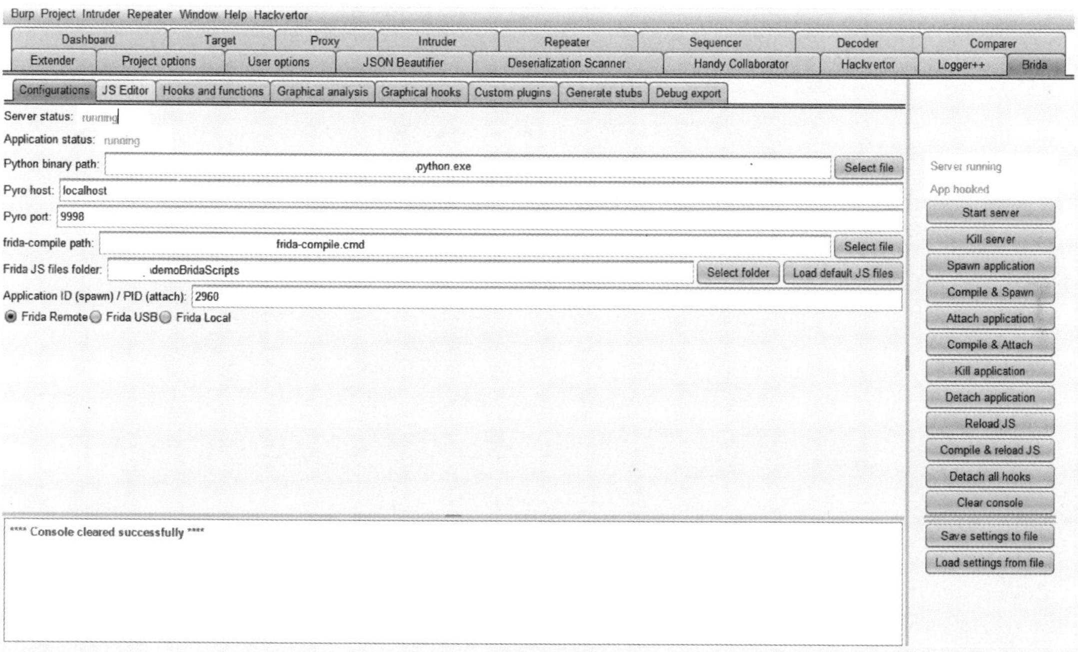

● 图 6-74

Brida 的界面如上所示，主要分为三个部分。

上方是功能区，最重要的 configurations 是插件正常运行所需的环境参数。Python binary path 是 Python 的启动路径，用于启动 Pyro 服务；Frida JS file folder 是需要注入的 Frida 脚本路径；Application ID 是目标进程 ID。

右侧的控制按钮用于用户启动终止、载入脚本等。Start server 启动 Pyro 服务桥接 Burp 和 Frida；

Spawn Application 在设备中启动应用并注入 Hook 脚本；Reload JS 是重载 Js 文件；Execute Method 是执行脚本方法。

下方的 console 输出框用于输出启动、调用、运行、报错等信息；

本节以介绍插件为主，具体的应用需要大家去进行挖掘。不过在接口中有签名或者数据被加密时，无法自定义修改参数进行请求，此时可以使用 Brida 调用加解密函数，一键实现加密解密操作。

13. FridaUiTools

FridaUiTools 是一个用 PyQt5 开发的界面化整理脚本的工具，把一些常用的 Hook 脚本整理到一个界面中，方便大家进行逆向分析。工具包括 r0capture、jnitrace、ssl pining、ZenTracer、sktrace、Frida_dump、Fart、FRIDA-DEXDump 等，如图 6-75 所示。

● 图 6-75

Github 地址：https：//Github. com/dqzg12300/FridaUiTools

正好这个 UI 工具把一些常用的 Frida 脚本都汇集在一起，就不用单独去进行介绍了，本小节中挑一些经常用到的给大家讲解。

r0capture Android 应用层抓包“通杀”脚本支持 Android 7 以上，不用考虑任何证书，便可“通杀”TCP/IP 四层模型中的应用层中的很多协议，包括 Http、WebSocket、Ftp、Xmpp、Imap、Smtp、Protobuf 等。不同于以中间人拦截方法的抓包工具，r0capture 通过 Frida 去 hook libssl. so 中的 SSL_read、SSL_write、SSL_get_ * 等函数，以实现在 ssl 通道加密之前，拿到明文内容并存储，所以它虽然支持对 tcp 报文的收发 Hook，但是也导致对报文显示不太友好，需要借助 Wireshark 进行展示。

sslpining 整合自开源库 DroidSSLUnpinning，主要的功能是在抓包时，解除 Android 证书锁定。主要使用了 SSLcontext、okhttp3、WebView、TrustKit 等函数，更多内容可以查看源码中 ObjectionUnpinningPlus 目录下的 hooks. js 文件。

Java 加解密 Hook 和之前小节中讲的 Frida 自吐算法一样，主要 Hook 了 Java 层的加解密相关内容。

ZenTracer 是一个快速定位关键点、追踪代码（执行）的 Frida 工具。主要实现了对 Android Java 方法的定位，原理和 Objection 类似，可以模糊匹配函数进行批量 Hook。

sktrace 也是一个 trace（追踪代码）工具，它实现的原理是动态编译，实现了一个类似 IDA 指令 trace 的功能。另外对每个寄存器的连续变化做了统计，提供辅助分析。

Frida_dump、Fart、FRIDA-DEXDump 等与脱壳相关的脚本放到之后的章节中进行讲解。

总之 FridaUiTools 集成了很多优秀的 Hook 脚本，方便逆向调试，在对逆向不够熟练时，合理使用开源工具是最有效的方式。

6.3.3 Unidbg

目前很多 App 的加密签名算法都在 so 文件中，强行逆向 so 的话可能会消耗大量时间和资源。笔者之前用过 Xposed 或者 Frida，通过 Hook 的方法从应用中计算签名，但是需要模拟器或者真机来运行这个应用。也用过 Jtype 调用 JVM，然后通过 native 对 so 文件进行调用，因为每次都需要启动 JVM，导致效率也不高。

而 unidbg 不需要运行 App，也无须逆向 so 文件，它通过在 App 中找到对应的 JNI 接口，然后用 unicorn 引擎直接调用 so 文件，所以整体效率会提高很多（Unicorn 是一个基于 Qemu 的轻量级的多平台、多架构的 CPU 模拟器框架）。

1. Unidbg 介绍

Unidbg 是一个基于 unicorn 的逆向工具，可以黑盒调用 Android 中的 so 文件。另外 Unidbg 项目是一个标准的 maven 项目，如图 6-76 所示，可以通过 maven 一键部署，也可以在 SpringBoot 中运行，打包成 Web 服务或者 jar 包供第三方调用。

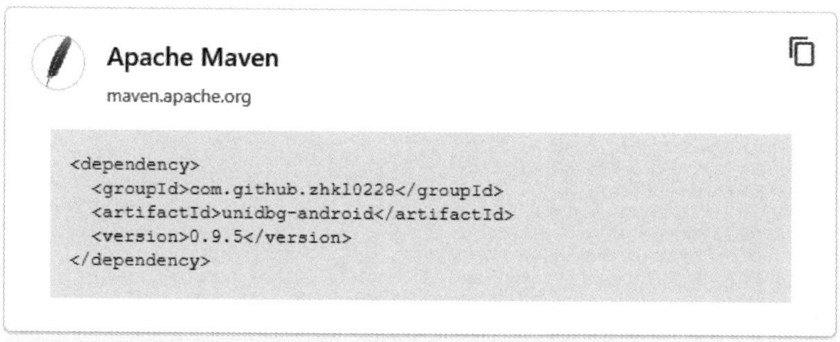

• 图 6-76

Github 地址：https：//Github. com/zhkl0228/unidbg

Unidbg 特点如下：

- 模拟 JNI 调用 Api，可以调用 JNI_OnLoad。
- 支持 JavaVM、JNIEnv。
- 模拟系统调用指令。

- 支持 ARM32 和 ARM64。
- 支持基于 HookZz 实现的 Inline Hook。
- 支持基于 xHook 实现的 Import Hook。
- 支持控制台调试器、gdb stub、指令跟踪、内存读写等。

Unidbg 目前最新版是 0.9.5，可以直接到 Github 下载源码。下载完成之后，在 IntelliJIDEA 中以 Maven 项目形式导入，当然需要提前准备好 Java 环境（jdk、maven）。

等待 IDEA 中的项目加载完成之后，运行 src/..../encrypt 中的 TTEncrypt 测试用例，如图 6-77 所示。

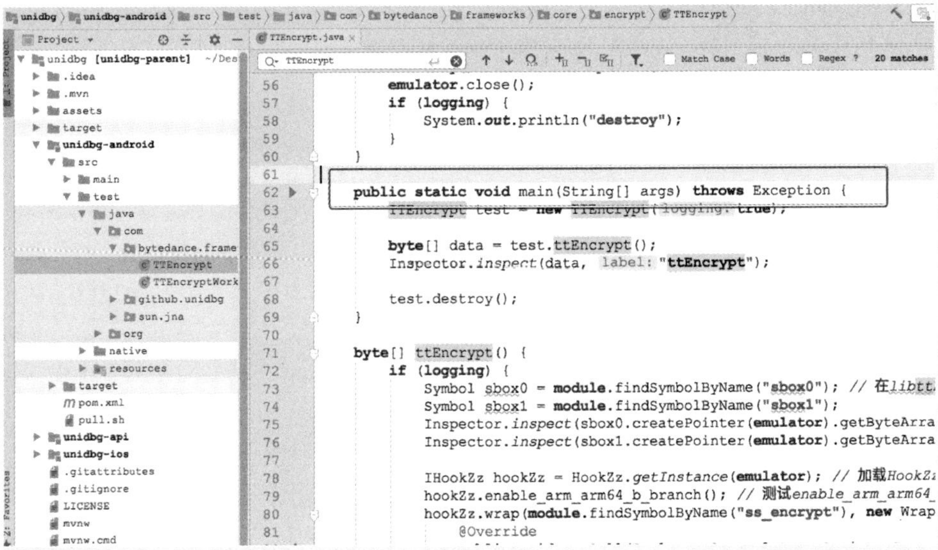

● 图 6-77

如果控制台打印相关调用信息，说明已经导入成功，如图 6-78 所示。

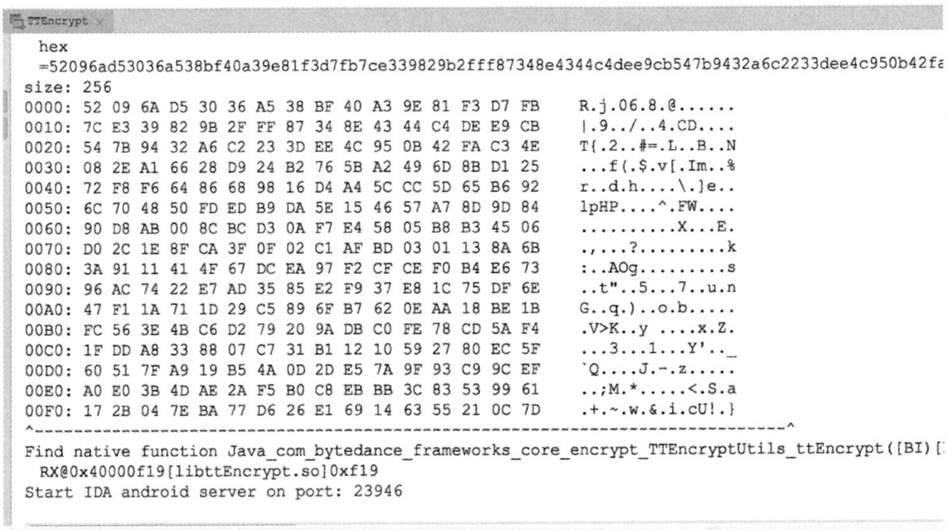

```
 hex
 =52096ad53036a538bf40a39e81f3d7fb7ce339829b2fff87348e4344c4dee9cb547b9432a6c2233dee4c950b42fa
size: 256
0000: 52 09 6A D5 30 36 A5 38 BF 40 A3 9E 81 F3 D7 FB    R.j.06.8.@......
0010: 7C E3 39 82 9B 2F FF 87 34 8E 43 44 C4 DE E9 CB    |.9../..4.CD....
0020: 54 7B 94 32 A6 C2 23 3D EE 4C 95 0B 42 FA C3 4E    T{.2..#=.L..B..N
0030: 08 2E A1 66 28 D9 24 B2 76 5B A2 49 6D 8B D1 25    ...f(.$.v[.Im..%
0040: 72 F8 F6 64 86 68 98 16 D4 A4 5C CC 5D 65 B6 92    r..d.h....\.]e..
0050: 6C 70 48 50 FD ED B9 DA 5E 15 46 57 A7 8D 9D 84    lpHP....^.FW....
0060: 90 D8 AB 00 8C BC D3 0A F7 E4 58 05 B8 B3 45 06    ..........X...E.
0070: D0 2C 1E 8F CA 3F 0F 02 C1 AF BD 03 01 13 8A 6B    .,...?.........k
0080: 3A 91 11 41 4F 67 DC EA 97 F2 CF CE F0 B4 E6 73    :..AOg.........s
0090: 96 AC 74 22 E7 AD 35 85 E2 F9 37 E8 1C 75 DF 6E    ..t"..5...7..u.n
00A0: 47 F1 1A 71 1D 29 C5 89 6F B7 62 0E AA 18 BE 1B    G..q.)..o.b.....
00B0: FC 56 3E 4B C6 D2 79 20 9A DB C0 FE 78 CD 5A F4    .V>K..y ....x.Z.
00C0: 1F DD A8 33 88 07 C7 31 B1 12 10 59 27 80 EC 5F    ...3...1...Y'.._
00D0: 60 51 7F A9 19 B5 4A 0D 2D E5 7A 9F 93 C9 9C EF    `Q....J.-.z.....
00E0: A0 E0 3B 4D AE 2A F5 B0 C8 EB BB 3C 83 53 99 61    ..;M.*.....<.S.a
00F0: 17 2B 04 7E BA 77 D6 26 E1 69 14 63 55 21 0C 7D    .+.~.w.&.i.cU!.}
^-----------------------------------------------------------------------^
Find native function Java_com_bytedance_frameworks_core_encrypt_TTEncryptUtils_ttEncrypt([BI)[
 RX@0x40000f19[libttEncrypt.so]0xf19
Start IDA android server on port: 23946
```

● 图 6-78

2. Unidbg 方法

先分析一下在测试文件中出现的方法，如表 6-23 到表 6-25 所示。

表 6-23 AndroidEmulator 方法（AndroidEmulator emulator = AndroidEmulatorBuilder. for32Bit( ). build( ); ）

方　法	简　介
emulator. getMemory( )	获取操作内存的接口
emulator. getPid( )	获取进程 pid
emulator. createDalvikVM( )	创建 Android 虚拟机
emulator. createDalvikVM（new File（"path"））	指定 APK 文件创建虚拟机
emulator. getDalvikVM( )	获取已创建的虚拟机
emulator. showRegs( )	显示当前寄存器状态
emulator. getBackend( )	获取后端 CPU
emulator. getProcessName( )	获取进程名
emulator. getContext( )	获取寄存器
emulator. isRunning( )	是否正在运行

表 6-24 Memory 方法（Memory memory = emulator. getMemory( ); ）

方　法	简　介
memory. setLibraryResolver	指定 Android SDK 版本（19 或 23）
memory. pointer（"内存地址"）	通过指针操作内存
memory. getMemoryMap( )	获取当前内存映射情况
memory. findModule（""）	通过名称获取模块
memory. findModuleByAddress（"内存地址"）	通过内存地址获取模块

表 6-25 VM 方法（VM vm = emulator. createDalvikVM( ); ）

方　法	简　介
vm. setVerbose（true）	输出 JNI 日志
vm. loadLibrary（new File（"path"），true）	加载 so 并且自动 init
vm. setJni（this）	设置 JNI 交互接口
vm. getJNIEnv( )	获取 JNIEnv 指针
vm. getJavaVM( );	获取 JavaVM 指针
vm. callJNI_OnLoad( )	调用 JNI_OnLoad
vm. addGlobalObject（dvmObj）;	vm 添加全局对象且返回 hash 值
vm. getObject（hash）	通过 hash 值获取 vm 中的对象
vm. callStaticJniMethod( )	调用 native 方法
vm. callStaticJniMethodObject( )	先 new 对象，再调用 native 方法
vm. resolveClass（"com. xx. xx. xx"）	vm 解析类创建 jobject 对象

Unidbg 中的一些其他方法。

获取 so 在内存中的地址：

```
DalvikModule smd = vm.loadLibrary("xx.so", true);
module =smd.getModule();
System.out.println(module.base);
```

通过地址来调用 so 中的函数：

```
//params 是参数
Number[] numbers = module.callFunction(emulator, "函数地址", params);
System.out.println(numbers[0].intValue());
```

单步调试（Unidbg console debugger）：

```
debugger debugger = emulator.attach(DebuggerType.CONSOLE);
debugger.addBreakPoint("内存地址");
```

Unidbg 除了模拟调用之外，还可以对 so 进行调试，用来反混淆和算法还原，不过一般不会去分析 so 文件，所以上述的这些方法已经足够使用了。

3. Unidbg 案例

本节案例是使用 Unidbg 调用某 App 的 so 文件生成 xgorgon 参数。

已经通过静态分析找到 xgorgon 函数的位置，下面准备调用 libcms. so 文件中的 leviathan 函数。

首先在 src/test/resources 目录下新建文件夹 dylib，放入 libcms. so 文件。10. 4 版本的 libcms. so 可在代码块中下载，如图 6-79 所示。

然后在/unidbg/unidbg-android/src/test/java/com/sun. jna/目录下新建了 JniDispatch128. java 文件，如图 6-80 所示。

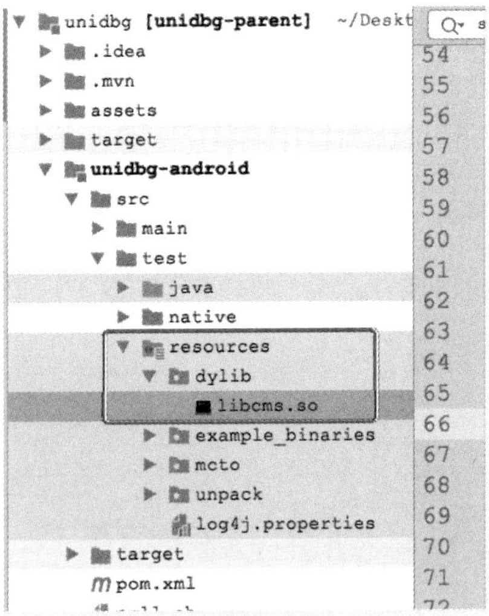

● 图 6-79

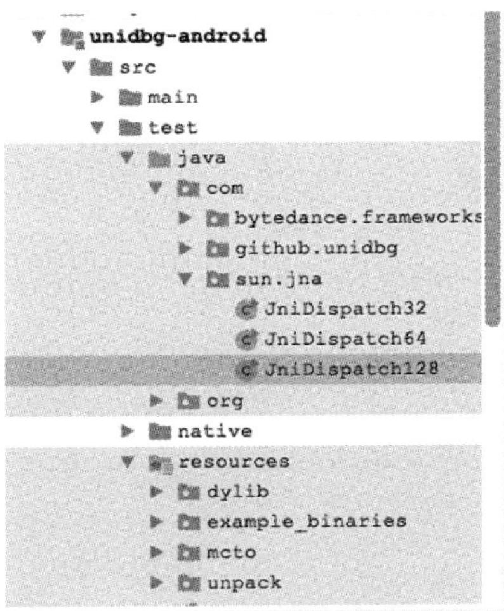

● 图 6-80

JniDispatch128. java 文件内容如表 6-26 所示。

表 6-26 JniDispatch128. java 文件内容

"com/ss/sys/ces/a"	需要调用函数所在的 Java 类完整路径，比如 a/b/c/d 等，注意需要用/代替
"leviathan(II[B)[B"	需要调用的函数名，名字是 Smali 语法，可通过 Jadx 等工具查看
"vm. loadLibrary(new File)"	so 文件的路径，需要自行修改，最好为绝对路径

```
package com.sun.jna;
import com.Github.unidbg.* ;
import com.Github.unidbg.linux.android.AndroidARMEmulator;
import com.Github.unidbg.linux.android.AndroidResolver;
import com.Github.unidbg.linux.android.dvm.* ;
import com.Github.unidbg.memory.Memory;
import com.Github.unidbg.memory.MemoryBlock;
import com.Github.unidbg.linux.android.dvm.array.ByteArray;
import java.io.File;
import java.io.IOException;

public class JniDispatch128 extends AbstractJni {
    private static LibraryResolver createLibraryResolver() {
        return new AndroidResolver(23);
    }
    private static AndroidEmulator createARMEmulator() {
        return new AndroidARMEmulator("com.sun.jna");
    }
    private final AndroidEmulator emulator;
    private final Module module;
    private final VM vm;
    private final DvmClass Native;

    private JniDispatch128() {
          emulator= createARMEmulator();
        final Memory memory = emulator.getMemory();
        memory.setLibraryResolver(createLibraryResolver());

        vm= emulator.createDalvikVM(null); vm.setJni(this);
        vm.setVerbose(true); // 自行修改文件路径
        DalvikModule dm = vm.loadLibrary(new
            File ( "/Users/Desktop/unidbg/unidbg-android/src/test/resources/dylib/libcms.
so"), false);
        dm.callJNI_OnLoad(emulator);
        module= dm.getModule();
        Native= vm.resolveClass("com/ss/sys/ces/a");
    }
   private void destroy() throws IOException {
        emulator.close();
        System.out.println("destroy"); }
        public static void main(String[] args) throws Exception {
            JniDispatch128 test = new JniDispatch128();
            test.test();
            test.destroy();
```

```
    }

    public static String xuzi1(byte[] bArr) {
        if (bArr == null) {
            return null;
        }
        char[] charArray = "0123456789abcdef".toCharArray();
        char[] cArr = new char[(bArr.length * 2)];
        for (int i = 0; i < bArr.length; i++) {
            int b2 = bArr[i] & 255;
            int i2 = i * 2;
            cArr[i2] = charArray[b2 >> 4];
            cArr[i2 + 1] = charArray[b2 & 15];
        }
        return new String(cArr); }

        private void test() {
            String methodSign = "leviathan(II[B)[B";
            byte[] data = "这里是 url 经过处理后的 data".getBytes();
            int time = (int) (System.currentTimeMillis() / 1000);

            Native.callStaticJniMethod(emulator, methodSign, -1,time,new ByteArray(vm,data));

            Object ret= Native.callStaticJniMethodObject(emulator, methodSign, -1,time,new
ByteArray(vm,data));

            System.out.println("callObject 执行结果:"+((DvmObject) ret).getValue());
            byte[] tt = (byte[]) ((DvmObject) ret).getValue();
            System.out.println(new String(tt));
            String s= xuzi1(tt); System.out.println(s);
            }
}
```

现在运行 main 方法即可查看生成出来的 xgorgon 了，如图 6-81 所示。

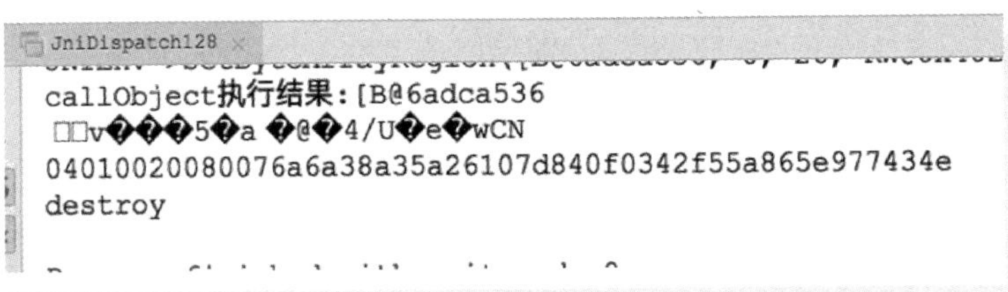

● 图 6-81

本小节的案例是以学习为主，所以对于 App 逆向上涉及一些关键的代码无法完全展示出来。另外也不是说只要找到了方法位置，so 就能 100%调用，大部分场景都需要在 Unidbg 中补环境。

补环境和 Js 补环境有些相似，一般是运行环境缺失或者上下文缺失。环境缺失还好办，根据报错提示缺什么就补什么。上下文缺失就相对复杂了，往往是因为应用在运行目标函数前对 so 或目标函数做了一些初始化工作，而直接调用 so 缺少了这样的操作，导致上下文缺失。

大家掌握到使用方法就好，剩下的需要靠自己实践探索。

6.3.4 Magisk

Magisk 是一套开源的 Android（5.0 以上版本）Root 管理器，和 Xposed 有高度的相似性，附带修改系统功能。Magisk 功能很强大，只要安装了 Magisk，等于给设备开启了 Root 权限，从而可以使用一些需要 Root 的框架和插件，如图 6-82 所示。

● 图 6-82

虽然目前 Magisk 的模块并不丰富，但是 magisk 有 hide 功能，可以隐藏 Root 特征，另外也可以在 Magisk 中安装 Xposed、太极等框架。

1. 安装 Magisk

由于 Magisk 安装过程比较复杂，容易出问题，并且安装方法往往会随着时间发生变化，所以笔者把有人维护的教程地址贴出来，大家可以参照该教程安装最新版本的 Magisk。

中文安装教程：https：//magiskcn. com/

英文安装教程：https：//topjohnwu. Github. io/Magisk/install. html

虽然教程很全面，但还是要给大家提示一下，Magisk 目前很难在模拟器上安装，尽管有人在官方模拟器上安装成功过，参考开源库 MagiskOnEmulator，如图 6-83 所示。

另外安装前，先下载一个 Magisk 看看，如果 Ramdisk 显示为“是”，那么设备可以安装 Magisk，参照安装教程进行安装。如果不是则需要从长计议。

● 图 6-83

2. Magisk 概述

Magisk 内置了 Magisk Manager（图形化管理界面）、Root、启动脚本、SElinux 补丁和强制加密等功能。Magisk 可以在不修改系统文件的情况下更改 system 或 vendor 分区内容的接口，同时利用与 Xposed 类似的模块系统，可以对系统进行修改或对所安装的软件功能进行修改等。

虽然 Magisk 和 Xposed 都是通过 Hook 拦截，Xposed 主要是通过拦截 Zygote 进程来加载自定义功能，在应用启动之前，就将自定义内容附加在了系统进程中，而 Magisk 主要是通过挂载一个与系统文件相隔离的文件系统来加载自定义内容，为系统分区打开入口，所有的改动只会在 Magisk 分区里发生，如图 6-84 所示。

当被挂载的 Magisk 分区被隐藏或者被取消挂载时，原有系统分区的完整性丝毫未损，所以 Magisk 可以对一些验证系统完整性的 App 进行隐藏（Magisk Hide），这样可以在 Root 权限下使用一些有 Root 检测的应用，具体方法是打开侧栏 Magisk Hide，勾选需要隐藏的 App 即可。

6.3.5 Tai Chi

太极（Tai Chi）是一个可以运行 Xposed 模块的框架，无论是否 Root 都可以运行，并且它目前支持 Android 5.0~12 系统在内的大部分机型（如华为、三星、小米、OPPO 和 VIVO 等），如图 6-85 所示。

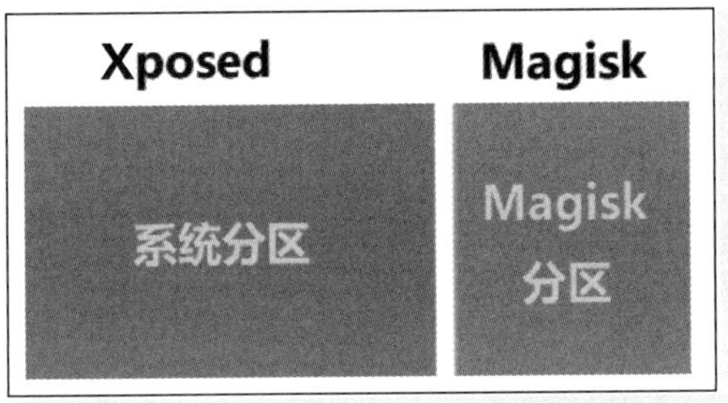

● 图 6-84

● 图 6-85

官网地址：https：//taichi. cool/zh

虽然太极是一个和 Xposed 相似的框架，但是它本身与 Xposed 几乎没有关系，两者的实现机制和运作逻辑完全不同，尽管太极能够兼容 Xposed 模块。

太极有两种工作模式：太极阴（免 Root 模式）和太极阳（Magisk 模式）。如果需要对系统做更多的控制，可以使用太极阳对系统解锁和刷机获取更多功能。

1. 太极阴

太极阴的使用方法很简单，下载并安装太极 App 之后就可以使用。由于太极阴是自己构建了一个虚拟框架，所有应用必须重新在虚拟框架中安装才能使用，所以在太极阴中创建 App 时，需要先卸载再安装，这样会修改 App 的原签名，可能导致应用无法使用，而且太极阴无法作用于系统 App。

下载地址：https：//taichi. cool/zh/download. html

安装之后选择创建应用，根据提示进行操作即可，如图 6-86 所示。

模块管理中可以管理已经存在的 Xposed 模块，如果想新增模块，可以在“下载模块”中下载，或者添加本地模块，或者到官网下载，如图 6-87 所示。

模块下载：https：//taichi. cool/zh/module/

为了避免一些不必要的麻烦，就不演示应用的具体安装了，如图 6-88 所示。

平时使用的一些 Xposed 插件，如果不涉及系统相关权限，也可以在太极阴中使用。有时候插件启动异常时，比如显示未激活，可以尝试把该插件也当作应用添加到太极的“创建应用”中。

2. 太极阳

太极阳需要 Root 权限，目前是结合 Magisk 使用的，它不需要修改 App 的签名，可以支持系统级别的 Xposed 模块，可以作用于所有 App，实现 Xposed 框架所具备的完整功能。

太极阳的安装步骤也很简单，先安装好 Magisk，然后刷入太极提供的 Magisk 模块，再安装太极 App 即可。Magisk 的安装不再说了，可以参考之前的介绍。安装成功后，一些基于系统权限的模块都可以正常使用了，如图 6-89 所示。

● 图 6-86

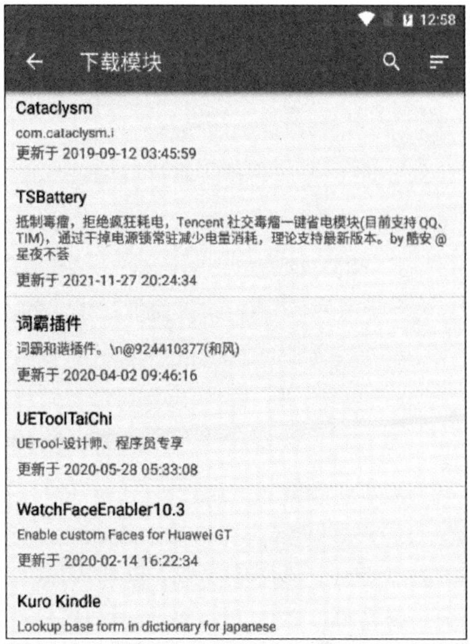

● 图 6-87

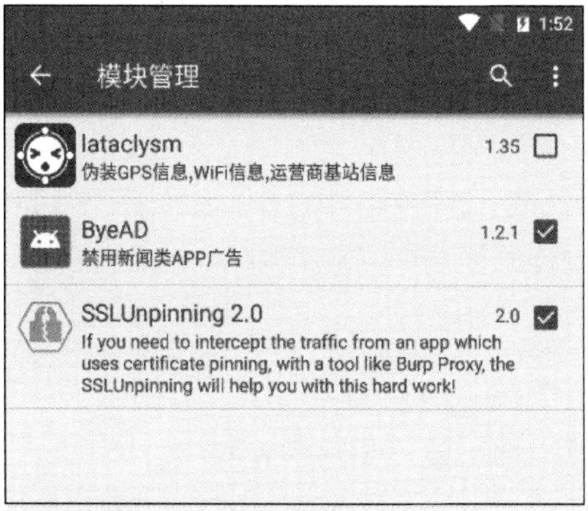

● 图 6-88

● 图 6-89

另外刷机有风险，建议大家提前备份好数据。

本节的内容主要是做一些介绍，具体的使用还需要自己探索，太极还有其他有趣的地方，比如“无极模式”“阴阳之门”等。

6.4 Android 混淆和加密

Android 代码的混淆和 Js 的混淆很相似，比如常见的包名类名和方法名混淆、字符串混淆、花指令、OLLVM 混淆等。Android 中的混淆不仅在 Java 层有，so 动态链接库中也会出现。

6.4.1 Android 混淆技术

包名、类名和方法名的混淆很常见，一般反编译出来的源码都有这种混淆方式，把包名、类名、方法名替换成了“a，b，c，d”或者“OooO”这种不便阅读的名称，增加逆向的分析成本，对于这种混淆也没太好的处理方式，只要认真分析源码问题并不大。

字符串混淆是指对源码中一些字符串变量进行混淆，Android 的字符串混淆在 Java 层或者 Native 层中都可以进行。实现的方法有通过编码进行混淆，比如把字符串转换成 16 进制，等到使用的时候再还原成字符串变量。对于使用了字符串混淆的源码，只要能找到源码中对应的解密方法，通过 Hook 调用解密函数即可。

花指令是指在源码中插入很多无用的或者不完整的指令，其不会改变程序的运行逻辑，但是通过一些工具反编译时会出错。因为工具反编译流程和应用的执行流程不同，会出现很多无法识别的指令。这种情况的处理方式比较费时费力，需要找到花指令的具体位置，然后一层层去解开或者替换。

so 混淆之 JNI 函数名混淆，因为 so 位于 Native 层，需要通过 JNI 才能和虚拟机中的 Java 层进行连接。虚拟机在加载 so 的时候会先执行 JNI_Onload 函数，所以混淆了 JNI_Onload 函数名，逆向时找不到入口函数就难以断点调试。混淆的实现方法有很多，比如让 JNI_OnLoad 和 JNIEnv 的 registerNatives 函数结合去实现动态的函数替换，再通过 getStringc 函数符号表进行隐藏，就等于混淆了 JNI 函数的函数名。

so 混淆之 OLLVM 混淆，OLLVM 混淆在之前的 Js 逆向章节中有过介绍，其在 Android 混淆的应用上也是基本一致的。被 OLLVM 混淆后，再通过 IDA 查看流程视图会变得非常复杂。关于如何反混淆，简单费时的方法是在程序运行的时候把寄存器的参数打印出来，然后人工进行分析。省时的方法是直接用别人写好的工具，比如去控制流平坦化的工具 deflat 之类。

6.4.2 Android 加密技术

Android 加密有多种含义，可对 Dex、RES、so 文件进行加密，这是 Android 应用加固的一种方式，在后面的章节会具体讲解。而本节的加密指的是 Java 层或者 so 层的加密算法，比如 MD5、Aes、Des、Hmac 等，通常是对一些参数或者数据进行加密。

了解常见加密算法的实现有助于快速进行源码分析和参数定位，具体的代码实现就不再贴出来了，笔者总结了一些可作为关键词检索的特征词。

MD5 算法：MD5 加密后一般都是 32 位，检索词:"MD5"、digest()、MessageDigest。

AES 算法：AES 的密钥一般都是明文的 16 字节，密钥长度是 128bit 或 256bit，加密出来的数据是 128 或 256 的整倍数。检索词:"AES""ECB""PKCS5Padding"。

RSA 算法：RSA 密钥长度是 64 的倍数，默认 1024。检索词：PrivateKey、PublicKey。

DES 算法：DES 密钥长度是固定的 8 字节，密钥需要一个初始化函数。检索词:"DES"。

Hmac 算法：检索词：hmac、"HmacSHA1"。

还有一些通用检索词：SecretKeySpec、cipher、cipherMode、encrypt、decrypt 等。

小技巧

如果说这些检索词在源码中出现得非常多，并不能帮助大家快速找到加解密位置，那么可以使用 Frida 去 Hook 加密算法，或者使用 Xposed 的插件 Inspeckage、算法助手 APK 等来协助分析，都可以快速打印出调用堆栈和秘钥、密文、明文等信息。

6.5 加密参数定位方法

在逆向一个 Android 程序时，如果只是盲目分析，可能需要阅读成千上万行的反汇编代码，才能找到程序的关键点或者 Hook 点，这无疑是浪费时间，本节将分享一下如何快速定位到程序的关键代码。

6.5.1 静态分析

静态分析是巧用搜索，找加密参数的流程都是先查壳（脱壳）、反编译、查找程序的入口方法、分析程序的执行流程。

假设已经使用 Android killer 反编译了未加壳的 App，直接使用工程搜索检索需要查找的参数名，一般是根据程序运行中出现的特征字词进行搜索，然后根据 AK 的反馈信息进行对比，找到其对应的参数位置。

6.5.2 动态分析

objection 是基于 Frida 的动态分析工具包，在 Frida 章节中已经介绍过。

在通过搜索之后，如果有几个不确定的位置，则可以使用 objection，objection 就是专业的定位小能手，从定位流程上来说也只有三步。

（1）注入目标进程。

```
objection -g com.xxx.xxx explore
```

（2）跟踪类。

```
android hooking watch class 'com.xxx.xxx.lx.ApiSign'
```

（3）查看入参和返回值。

```
android hooking watch class_method 'com.xxx.xxx.lx.ApiSign.a' --dump-args --dump-return
```

然后通过参数和返回值与请求接口中的协议进行对比，就可以确定究竟是在哪一个位置了，非常简单实用。

6.5.3 日志注入

日志注入是在 Smali 中修改代码插入 log 日志，修改后需要回编译和签名。从本质上讲，Smali 代码注入是在已有的 APK 或 JAR 包中插入 Dalvik 虚拟机的指令，从而改变原本程序的执行。

如果想要确定某个方法是否被调用，或者查看某参数值，可以使用 Android Killer 进行反编译，找到 Smali 文件后，在函数中单击鼠标右键，选择“插入代码”，然后选择 Log 信息输出。

插入日志后，需要使用 APKtools 将 Smali 代码回编译成 APK，然后将 APK 安装到移动设备中，即可通过一些虚拟机调试或监控工具来查看插入的日志信息，比如 DDMS（Dalvik Debug Monitor Service）。

6.5.4 动态调试

通过动态调试可以更好地进行程序分析、加密定位，可以通过 Android Studio 或者 JEB 动态调试 Smali，通过 IDA 动态调试 Dex 和 so。

6.5.5 技巧补充

大部分请求是通过 http 进行封装的，所以有时去 Hook URL 的构造方法，可以更方便地找到代码关键点。

Xposed Hook 代码：

```
RposedBridge.hookAllConstructors(URL.class , new RC_MethodHook ( ) {
    @ Override
    protected void afterHookedMethod ( MethodHookParam param ) throws Throwable {
        String url = param. thisObject + " " ;
        if ( url . contains ( " _signature" ) ) {
            //...
        }
    }
});
```

假设某 App 的接口有 signature 签名，该参数值看上去像是 Base64，并且长度为定长且少于 20 位。这个时候如果通过工具全局搜索没有找到，则可以 Hook App 中所有操作 Base64 的位置。

Frida Hook 代码如下：

```
var Base64Class = Java.use("android.util.Base64");
Base64Class .encodeToString.overload("[B", "int").implementation = function (a,b){
    var resault = this .encodeToString(a,b);
    if (resault.length <= 20){
        var stackAdd = threadinstance.currentThread().getStackTrace();
        console .log(Where(stack ));
    }
    return rc;
}
```

通过这种方式大概率能打印出签名计算的位置，这属于巧计的一种。当然也可以使用 Xposed 去做相同的操作，通过 Hook 一些关键 Api 来获取程序加载时的数据。

6.6 Android 加固和脱壳

现在对 App 的安全管控越来越严格，也要求一些 App 在上架之前一定要做合规检测和加固处理。App 加固的作用就是可以提高 App 的安全性，保护 App 不被逆向分析或者破解。

在爬虫逆向的开发中，主要的需求是分析源码中的加密参数，所以对脱壳的要求没有那么高。在反编译工具无法正常反编译或者拿不到关键代码的时候才需要去脱壳，脱壳后只要能获取关键的 Dex 文件即可，不需要完美的脱壳和修复。

甚至有些时候工具可以直接反编译出关键位置的代码，那就不需要再去脱壳。但是一些加固概念还是需要去了解和掌握的，本节主要内容就是对目前主流的加固方法和常用的脱壳工具进行梳理总结。

6.6.1 加固概念

Android 应用的加固非常重要，加固能够有效防逆向、防调试、防篡改，提高数据的安全性，保护自己的核心代码不被二次打包。目前常见的第三方加固平台有阿里聚安全、腾讯、网易易盾、360、娜迦、爱加密、梆梆、网盾、瑞星、顶象等，平时需要逆向的应用加固大都属于其中某一个，如图 6-90 所示。

加固主要是对 APK 中的 Dex 文件、so 文件、资源文件等进行保护。常见的加固方案有反模拟器反调试的加固，在内存中动态加载的加固，代码切割分块加密的加固，以及自建虚拟机把原生代码转换为自定义指令的加固。

1. 动态加载

Dex 整体加固也被称为第一代加固，把 DEX 整体加密，然后动态加载。

Dex 整体加固的主要流程如图 6-91 所示。

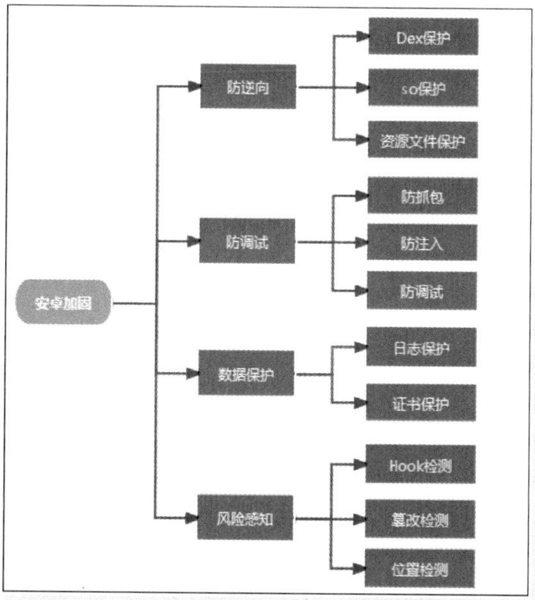

● 图 6-90

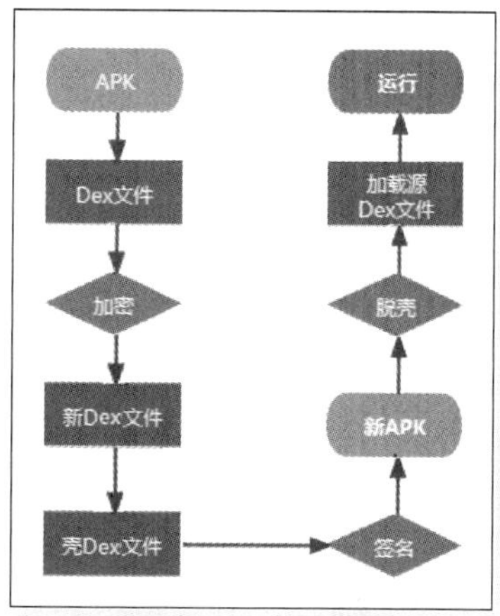

● 图 6-91

先从 APK 中解压出 Dex 文件，用加密算法把 Dex 进行加密，得到新的 Dex 文件，然后用这个新的 Dex 文件去替换壳中的 Dex 文件，这样就得到了加固后的 APK。但是 APK 想要运行还需要完成签名和脱壳才能加载源 Dex 文件。

第一代加固现在已经很少见了，常用的脱壳工具都可以进行脱壳。

2. 不落地加载

不落地加载是第二代加固，通过内存动态加载 Dex 文件，可以将 Dex 文件加密放在 APK 中，在内存中实现解密。

加固实现的主要流程如图 6-92 所示。

系统先加载 Loader，然后初始化 Loader 内的 StubApplication。对 StubApplication 进行解密并且加载原始的 Dex 文件，然后从 Dex 文件中找到原始的 Application 对象，创建 Application 并初始化。最后通过反射将系统内所有对 StubApplication 对象的引用替换成原始 Application。Android 系统来进行其他组件的正常生命周期管理。

目前针对第二代壳的脱壳工具有很多，比如 FDex2、dumpDex、ZjDroid 等，后面会介绍相关工具。不落地加载的内存是连续的，所以通过 Hook 关键函数，直接在内存中把 Dex 遍历出来就可以。

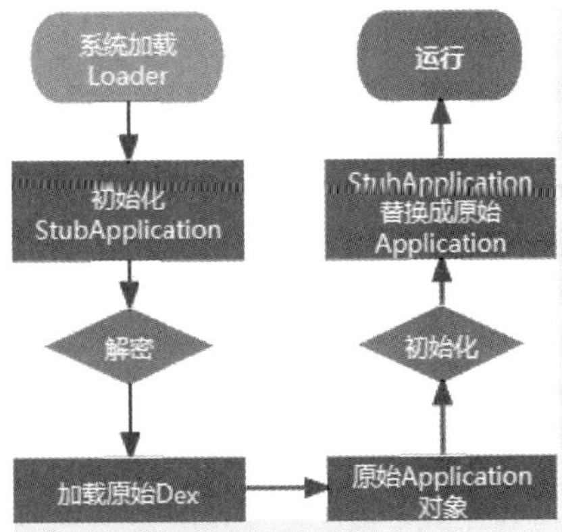

● 图 6-92

3. 指令抽取和转换

指令抽取（代码抽取）是第三代加固方案，核心在于拦截系统的加载类函数方法，将类中的方法指令进行剥离，壳在方法执行时才会进行解密填充，将方法指令重新恢复到对应的函数体，甚至执行完之后还会再次剥离。

但是因为指令抽取技术需要使用 Android 虚拟机自带的解释器执行代码，所以兼容性不高，并且可以通过一些脱壳机进行脱壳。除了使用工具脱壳外，还可使用 Hook 来进行脱壳，在某个合适的 Hook 点将加载完毕的 Dex 进行内存重组。

指令转换（VMP 加固）是第四代加固方案，核心是通过自定义 Android 虚拟机解释器，将保护后的代码放到自定义的虚拟机解释器中运行。由于自定义解释器无法对 Android 系统内的其他函数进行直接调用，所以必须使用 Java 的 jni 接口进行调用。

这种实现技术主要有两种，第一种是把 Dex 文件内的函数标记为 native，内容被抽离并转换为一个符合 jni 要求的动态库。第二种是把 Dex 文件内的函数标记为 native，内容被抽离并转换为自定义的指令格式，并通过实现自定义接收器，执行代码。

脱壳思路是对自定义的 JNI 接口对象进行内部调试分析，得到完整的原始 Dex 文件。

4. 虚拟机源码保护

虚机机源码保护是第五代加固方案，用虚机技术来保护 Java、Kotlin、C/C++等多种代码。加固的逻辑是把待保护的核心代码编译成中间的二进制文件，然后生成独特的虚机源码保护执行环境和只能在该环境下执行的运行指令。

虚机源码保护会在 App 内隔离出独立的执行环境，该核心代码的运行程序在此独立的执行环境里运行。即便 App 本身被破解，这部分核心代码仍然不可见，如图 6-93 所示。

虚拟机还具备一定的反调试能力，可以实时监测到外界对虚拟机环境的调试、注入等调试动作，将其引入程序陷阱。这种强度特别高的加固，是未来加固的发展方向，目前在很多金融、银行应用中会多一点。

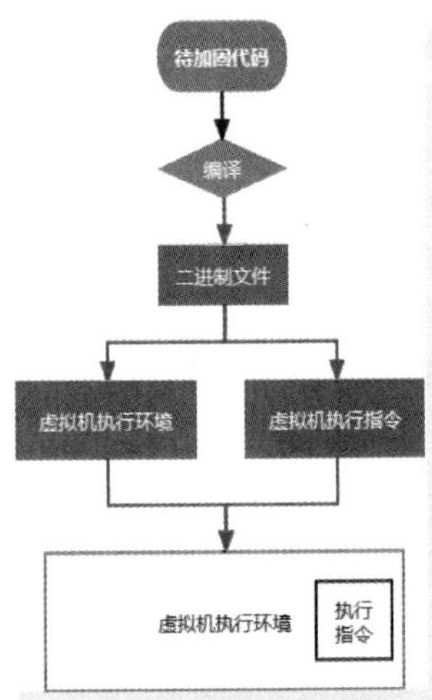

● 图 6-93

6.6.2 查壳工具

查壳是逆向分析前的准备工作，市面上每家厂商的加固策略都有其特点，只有确定加固策略时，才能更好地制定脱壳方案，本小节介绍的是根据加固厂商 so 文件名特征识别的 APK 查壳工具。

工具原理和实现其实都比较简单，通过解压 APK 文件，查询文件中的 so 库的文件名来判断是否被加固和加固的种类。方法并不通用，具有一定的局限性，但胜在便捷。

这种工具有很多，比如 PKID 查壳工具、APKScan 查壳工具，可以直接下载使用。

```
import zipfile

class shellDetector():
    def _init_(self):
self.shellfeatures={
        "libchaosvmp.so":"娜迦",
        "libddog.so":"娜迦",
        "libfdog.so":"娜迦",
        "libedog.so":"娜迦企业版",
        "libexec.so":"爱加密",
        "libexecmain.so":"爱加密",
        "ijiami.dat":"爱加密",
        "ijiami.ajm":"爱加密企业版",
        "libsecexe.so":"梆梆免费版",
        "libsecmain.so":"梆梆免费版",
        "libSecShell.so":"梆梆免费版",
        "libDexHelper.so":"梆梆企业版",
        "libDexHelper-x86.so":"梆梆企业版",
        "libprotectClass.so":"360",
        "libjiagu.so":"360",
        "libjiagu_art.so":"360",
        "libjiagu_x86.so":"360",
        "libegis.so":"通付盾",
        "libNSaferOnly.so":"通付盾",
        "libnqshield.so":"网秦",
        "libbaiduprotect.so":"百度",
        "aliprotect.dat":"阿里聚安全",
        "libsgmain.so":"阿里聚安全",
        "libsgsecuritybody.so":"阿里聚安全",
        "libmobisec.so":"阿里聚安全",
        "libtup.so":"腾讯",
        "libshell.so":"腾讯",
        "mix.Dex":"腾讯",
        "lib/armeabi/mix.Dex":"腾讯",
        "lib/armeabi/mixz.Dex":"腾讯",
        "libtosprotection.armeabi.so":"腾讯御安全",
        "libtosprotection.armeabi-v7a.so":"腾讯御安全",
        "libtosprotection.x86.so":"腾讯御安全",
        "libnesec.so":"网易易盾",
        "libAPKProtect.so":"APKProtect",
        "libkwscmm.so":"几维安全",
        "libkwscr.so":"几维安全",
        "libkwslinker.so":"几维安全",
        "libx3g.so":"顶像科技",
        "libapssec.so":"盛大",
        "librsprotect.so":"瑞星"
    }
```

```python
def shellDetector(self,APKpath):
    zipfiles=zipfile.ZipFile(APKpath)
    nameList=zipfiles.namelist()
    for fileName in nameList:
        for shell in self.shellfeatures.keys():
            if shell in fileName:
                shellType=self.shellfeatures.get(shell,'unknown')
                return shellType
return "未加固或未知加固"
```

通过静态文件特征来查壳局限性很大，如果厂家修改一下 so 名就无法查到了，或者修改成另一厂家的特征名，查起来就会很麻烦。所以大家要掌握加固的基本概念，在反编译时结合自己的经验进行分析和判断。

除了使用查壳工具外，如何判断是否有壳：

最简单的方法是，如果使用多种工具都反编译失败或者发现文件中缺失大量关键代码，那么大概率是加固导致的。另外可以自行查看源码，来查找源码中是否有加固的特征。

6.6.3 脱壳工具

初期脱壳没有太多技巧，用各种工具脱壳就可以，要相信总有一款工具能把 Dex 文件 dump 出来，如果所有工具都无法使用，需要考虑是否是反编译工具问题或者 APK 本身是否有问题，之后再尝试分析。本节中对工具的介绍不会特别详细，因为都比较常用并且操作简单。

1. FDex2

FDex2 是一个 Xposed 脚本，可对 Android 应用 App 实现脱壳反编译、应用内存修改、包名修改等功能，但是必须配合 Xposed 框架使用，另外 Android 系统版本需要超过 4.4。

FDex2 的脱壳逻辑是通过 Hook ClassLoader 的 loadClass 方法，调用 getDex 方法获得 Dex，再将里面的 Dex 写到本地。

脱壳操作也很简单，在工具列表中选择一个应用，选择后应用名会变红色，然后打开该应用即可。脱壳出来的 Dex 文件位置会有提示，如图 6-94 所示。

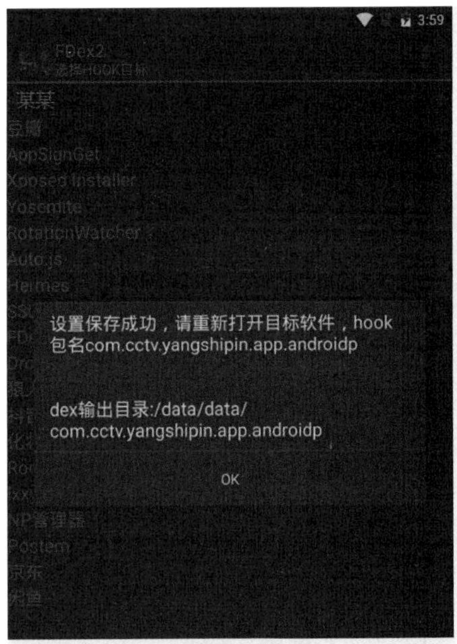

• 图 6-94

尽管 FDex2 现在很少用，脱壳效果也一般，但还是需要写出来让大家了解一下。

2. DEXDump

DEXDump 是基于 Frida 开发的脱壳工具，代码开源且操作简单，如图 6-95 所示。

Github 地址：https：//Github. com/hluwa/FRIDA-DEXDump

工具使用方法有两种，一种是下载源码，通过运行 Frida-Dexdump 文件中的 main. py 文件来进行脱壳，另一种是通过命令行的命令进行脱壳，使用命令启动前需要先安装 Frida-Dexdump。

安装方法：pip install Frida-Dexdump

● 图 6-95

脱壳步骤如下：

第一步：启动 Frida。

第二步：在设备中打开要脱壳的 App。

第三步：运行 firda-dexdump，可以加参数-d。

脱壳后的 Dex 文件保存在同级目录下，以包名为文件名。

在内存中转存 Dex 文件，能脱大部分的壳。

3. ZjDroid

ZjDroid 是基于 Xposed 的动态逆向分析模块，也是一个 Xposed 插件，可完美解决二代加固。

Github 地址：https：//Github. com/halfkiss/ZjDroid

ZjDroid 功能特点：

- DEX 文件的内存 dump。
- 基于 Dalvik 关键指针的内存 BackSmali。
- 敏感 Api 的动态监控。
- 指定内存区域数据 dump。
- 获取应用加载 Dex 文件信息。
- 获取指定 Dex 文件加载类信息。
- dumpDalvik java 堆信息。
- 在目标进程动态运行 Lua 脚本。

ZjDroid 源码中主要有 dump_Dexinfo、dump_Dexfile、backsmail、dump_Dex、dump_mem、dump_heap、invoke 这些方法，具体作用就不介绍了，可以根据下面的命令解析进行对比。

ZjDroid 工具相关命令如下：

（1）获取 APK 当前加载 Dex 文件信息（dump_Dexinfo）：

adb shell am broadcast -a com. zjdroid. invoke --ei target pid --es cmd '{"action":"dump_Dexinfo"}'

（2）获取指定 Dex 文件包含可加载类名（dump_Dexfile）：

adb shell am broadcast -a com. zjdroid. invoke --ei target pid --es cmd '{"action":"dump_class","Dexpath":"*****"}'

（3）根据 Dalvik 相关内存指针动态反编译指定 Dex 文件，并以文件形式保存（backsmail）。

adb shell am broadcast -a com. zjdroid. invoke --ei target pid --es cmd '{"action":"backSmali","Dexpath":"*****"}'

(4) Dump 指定 Dex 文件内存中的数据并保存到文件 (dump_Dex)，(数据为 oDex 格式，可在计算机上反编译)。

adb shell am broadcast -a com. zjdroid. invoke --ei target pid --es cmd '{" action":" dump_Dex"," Dex-path":" *****"}'

(5) Dump 指定内存空间区域数据到文件 (dump_mem)。

adb shell am broadcast -a com. zjdroid. invoke --ei target pid --es cmd '{" action":" dump_mem"," start": 1234567," length": 123}'

(6) Dump Dalvik 堆栈信息到文件，文件可以通过 Java heap 分析工具分析处理 (dump_heap)。

adb shell am broadcast -a com. zjdroid. invoke --ei target pid --es cmd '{" action":" dump_heap" }'

(7) 运行时动态调用 Lua 脚本，该功能可以通过 Lua 脚本动态调用 Java 代码。使用场景：动态调用解密函数、动态触发特定逻辑 (invoke)。

adb shell am broadcast -a com. zjdroid. invoke --ei target pid --es cmd '{" action":" invoke"," filepath":" ****" }'

(8) 打印日志 tag，可以查看相关命令执行的结果，分析命令执行时的状态。

adb shelllogcat -s zjdroid-shell- {package name}

(9) 打印日志 tag，可以监听对应包名应用调用的 Api 信息。

adb shelllogcat -s zjdroid-Apimonitor- {package name}

ZjDroid 工具使用方法：

(1) 安装 Xposed，再安装 ZjDroid. APK 模块，然后软重启。

(2) 在 monitor 中开启全局调试模式。

(3) 从手机上打开壳 APK，查看 APK 当前加载的 Dex 文件的信息。参考 ZjDroid 工具相关命令 1。

(4) 通过脱壳命令' am broadcast - a... {" action":" backSmali", " Dexpath":" " }'进行脱壳，参考 ZjDroid 工具相关命令 3。

(5) 把脱壳后的 Dex 文件替换进原加壳的 APK 里面，再用 Android Killer 反编译，如果脱壳成功，反编译则会成功。

4. 反射大师

反射大师也是一个 Xposed 插件，但是看起来就比较高端，工具界面上有一个六角星，如图 6-96 所示。

脱壳步骤：

第一步：打开工具，选择一个应用。

第二步：打开目标应用，单击一下界面中间的六角星，选择当前的 Activity。

第三步：然后点击写出 Dex 的选项，长按可以写出多个 Dex 文件。

第四步：到/storage/emulated/0 中查看 Dex 文件 (夜神模拟器)。

接下来对选中的应用进行 Dex 获取，长按可以“写出 Dex”，如图 6-97 所示。

该应用解析出了 4 个 Dex 文件，到文件夹中查看，如图 6-98 所示。

可以把这些 Dex 文件复制到共享文件夹中，然后拿到本地查看。

除了脱壳功能外，反射大师还具有一些特色功能：

(1) 任意的屏幕界面都能获取点击范围内的全部对象；

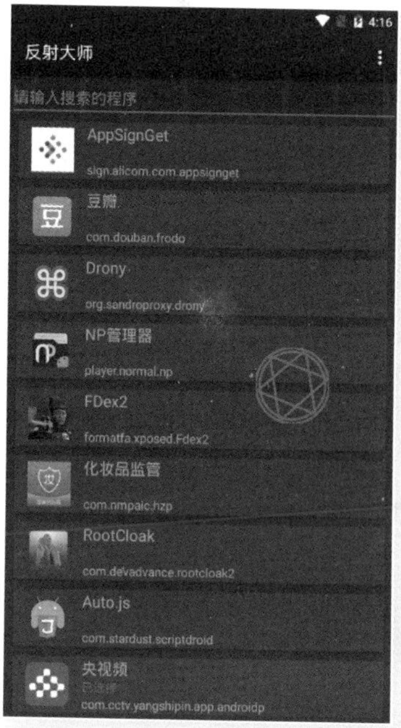

● 图 6-96

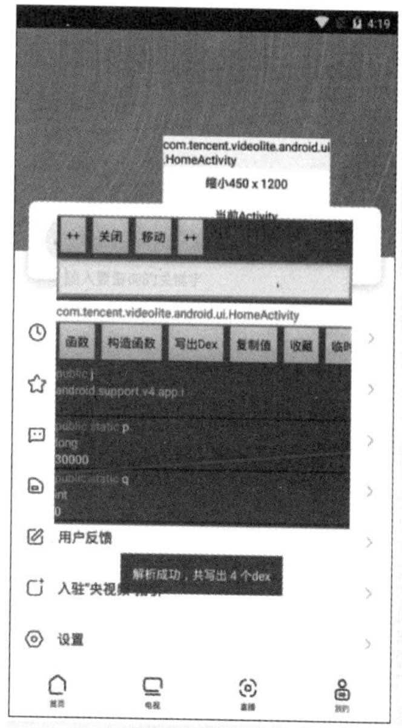

● 图 6-97

（2）在应用中点击当前 Activity 的名称，会获取所有 Activity 列表。

（3）可获取当前 Activity 的所有变量，可操作窗口。

反射大师简单易用，能脱掉大多数壳，值得使用。

5. BlackDex

BlackDex 是一个无须 Root 的 Android 应用脱壳工具，支持 Android 系统在 5.0 到 12 之间的版本，可以在任何手机上使用，包括模拟器，并且可对未安装的 APK 进行脱壳，但是 BlackDex 主要针对第一代壳，二、三代壳需要看缘分。

Github 地址：https://Github.com/CodingGay/BlackDex

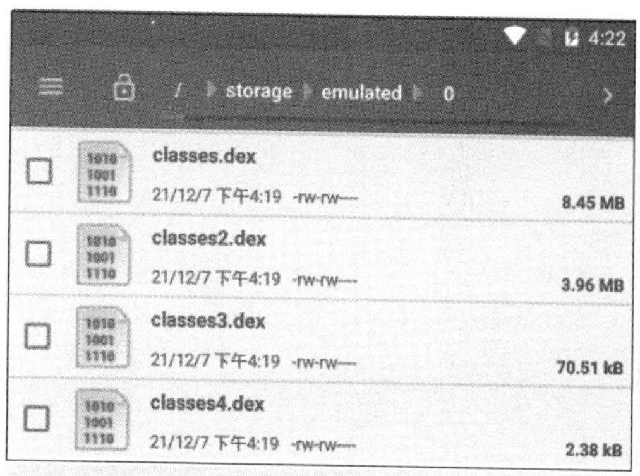

● 图 6-98

BlackDex 可以当作备用脱壳工具，如果想在未 Root 的设备上脱壳，那么 BlackDex 是首选工具。

6. Youpk

Youpk 是一款基于 ART 的主动调用的脱壳机，主要针对 Dex 整体加固和各式各样的 Dex 抽取加固。但是 Youpk 目前只支持 pixel 1 代手机，而且需要刷入对应的系统。

Github 地址：https://Github.com/Youlor/Youpk

Youpk 基本流程如下：

（1）从内存中 dump Dex。

（2）构造完整调用链，主动调用所有方法并 dump CodeItem。

（3）合并 Dex，CodeItem。

Youpk 脱壳步骤如下：

步骤一：配置待脱壳的 App 包名，生成 config 文件：adb shell "echo cn. youlor. mydemo ≫ /data/local/tmp/unpacker. config"。

步骤二：启动 App，每隔 10 秒将自动重新脱壳。

步骤三：pull 出 dump 文件，dump 文件路径为/data/data/包名/unpacker。

Youpk 可以处理大部分的加固，一些企业版的加固也可以处理。大家遇到壳的时候先在网上查一查方法，查不到明确的解决方法就使用脱壳工具，如果脱壳工具也处理不了，就需要去调试分析了。

Youpk 需要准备一定的环境，需要投入一些资源，但是脱壳效果非常强大，包括企业壳。

6.7 常见检测及绕过

本节内容对反调试手段进行了一些总结，包括系统检测、Hook 工具检测、调试检测等。

6.7.1 双进程保护

Frida 越来越流行，针对它的检测也越来越多了，如特征串检测、TracerPid 检测，还有双进程保护。双进程保护是采用双进程的方式，对父进程进行保护，基于信号的发送和接收实现相互的保护，防止被动态注入。也就是说在 App 启动后，主进程已经被子进程保护（附加）了，导致 Frida 无法 attach 到 App 的进程上。

双进程保护主要功能是保护父进程，ptrace 所有线程，防止被附加、调试、暂停。遇到这种情况时，Frida 在附加时会挂掉，报错找不到进程或者无法 spawn。

双进程保护的应对方式如下：

（1）找到 fork 位置，修改代码，让子进程 fork 失败。

（2）让 Frida 脚本像 Xposed 一样持久化。

xcubebase 是一个用于驱动 Frida 脚本的 Xposed 插件，可通过 Frida 脚本的持久化来绕过双进程保护。

Github 地址：https：//Github. com/svengong/xcubebase

6.7.2 权限检测

像美团众包、某移动、化妆品监管、交管 12123、某某银行等 App 都有 Root 检测，如图 6-99 所示。

App 检测是否 Root，一般都是通过检测系统属性、安装的 APK 文件或者目录权限。常见的检测方式如下：

（1）检测系统版本是否为开发版。

（2）检测手机上是否安装了 Root 管理器。

（3）检测手机上是否安装了需要 Root 的软件。

（4）检测手机是否存在二进制 su 文件。

（5）检测手机是否存在 busybox。

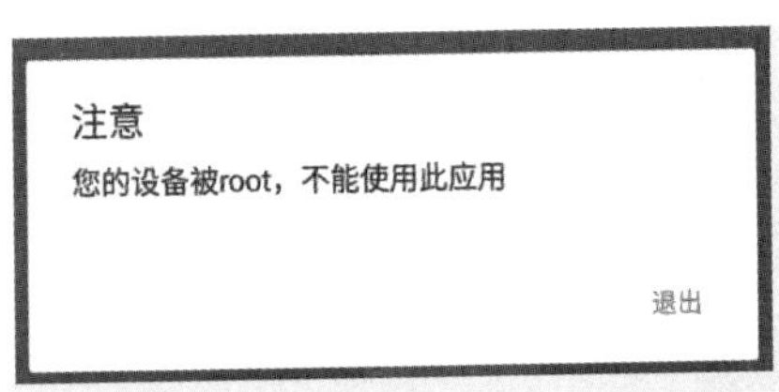

注意
您的设备被root，不能使用此应用
退出

图 6-99

笔者应对 Root 检测的方法一般是使用开源工具或者插件，比如 ANRC、RootCloak 去隐藏 su，或者分析源码去 Hook 掉检测 su 的方法，后边的章节中会有专门的案例来绕过 Root 检测。

不过修改系统和软件都不是最终的解决办法，大厂基本上都有针对 Xposed、Frida 等 Hook 工具的检测。不过在特殊情况时，可以使用未 Root 的设备，用太极+Magisk 免 Root 或者使用 Frida 的免 Root 方式 FridaGadget 来做一些 Hook，这样等于通用过 Root 检测了。

6.7.3 调试端口检测

以调试工具 IDA 为例，若发现 23946 端口，说明进程正在被 IDA 调试。

检测原理：通过读取/proc/net/tcp，查找 IDA 远程调试所用的默认端口 23946。

解决方法：修改调试工具的默认端口号。

6.7.4 进程名检测

通过遍历进程，查找固定的进程名，找到一些关键词，则说明调试器或者模拟器在运行（比如固定的进程名 android_server、gdb_server、Frida-server、Xposed 等）。

解决方法：修改进程名称。

6.7.5 系统函数检测

Android 系统自带调试检测函数，比如分析 Android 的调试检测函数 isDebuggerConnected()，返回是否处于调试。

解决方法：该检测是在 Java 层实现的，可以删除检测部分的代码，也可以通过 Hook 直接绕过。

6.7.6 执行时间检测

该方法是对某段代码的执行时间进行检测，比如在 A 处获取初始时间，运行一段后，再在 B 处获取当前时间，然后通过（B 时间-A 时间）求时间差，正常情况下，程序执行的时间差会非常小，如果这个时间差比较大，说明正在被单步调试。

解决方法：通过 Hook 修改时间差值即可。

6.8 Android 群控和云机

本节内容对 Android 群控和云机做一个简单的介绍，内容中没有太多技术性的东西，大家平时可能接触到的也不多，所以了解一下扩充知识面就好。

6.8.1 Android 群控

Android 群控是指通过一台主机批量无线操控成百上千台的 Android 设备，市面上群控系统大都需要付费才能体验。目前免费开源且跨平台的群控项目有 Scrcpy，它不需要 Root 权限，也不需要在手机上安装，但是仅以命令行方式操作。后来也有很多人开发了 Scrcpy 的 GUI 版本，比如 QtScrcpy 和 Scrcpy-gui。

群控这块大家可能接触的机会比较少，毕竟成本很大并且做采集的话效率也不够高，但是在某些场景还是很重要的，比如协议难以突破或者风控检测严格，需要批量生成 Cookie 或者设备信息时，通过真机能起到很好的效果，所以笔者简单介绍一下 QtScrcpy。

Gitbub 地址：https：//Github. com/barry-ran/QtScrcpy

到 Github 中的 releases 可以直接下载最新版本的软件，下载之后即可运行，软件界面干净简洁，各部分功能也很清晰，如图 6-100 所示。

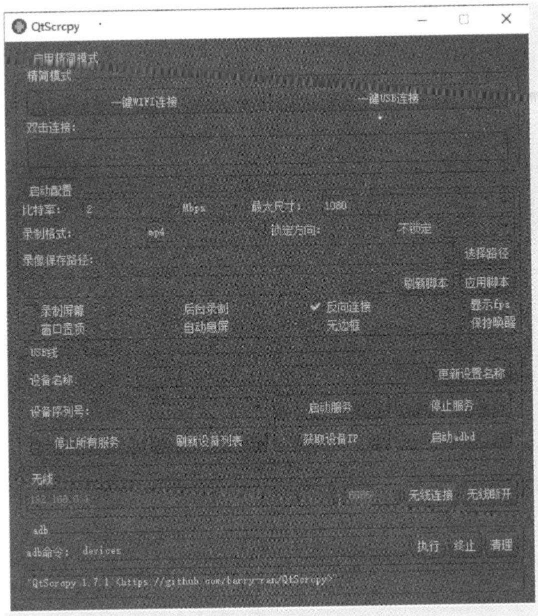

• 图 6-100

通过 Wi-Fi 或者 USB 连接后，主机会显示出当前手机的窗口，此时就可以进行设备控制、脚本录制等操作了，如图 6-101 所示。

• 图 6-101

QtScrcpy 单个应用程序最多支持 16 个 Android 设备同时连接，由于笔者中并没有很多同款移动设备，所以更多操作就不再演示和讲解了。

6.8.2 Android 云机

云手机（Cloudphone）是通过云服务器实现云服务的手机。目前云手机都是 Android 操作系统，这类手机凭借自带的系统以及厂商架设的网络终端可以通过网络实现众多的功能，常用于群控、测试、游戏等，如图 6-102 所示。

● 图 6-102

逆向中使用云手机基本上是为了更好地分析 Android 应用或者通过云服务的特性做一些事情，因为大部分厂家都提供了云机配套的代理 IP、虚拟定位、一键改机等服务，有的厂家也提供了配套的 Xposed 框架。

第7章 小程序逆向

本书中的小程序是指微信小程序，小程序提供了一个简单、高效的应用开发框架和丰富的组件及 Api，帮助开发者在微信中开发具有原生 App 体验的服务。现在很多应用都在小程序上做了备份，比如微博、知乎、小红书等。在 App 采集难度相对较高的时候，就可以转战小程序，根据小程序的接口进行逆向和分析。

小程序的主要开发语言是 JavaScript，代码结构、目录、文件与 HTML 类似，小程序中也有类似 WXML、WXSS 等模板和样式文件。小程序的开发同普通的网页开发相比有很大的相似性。网页开发者需要面对的环境是各式各样的浏览器，PC 端需要面对 IE、Chrome、QQ 浏览器等，在移动端需要面对 Safari、Chrome，以及 iOS、Android 系统中的各式 WebView。而小程序开发过程中需要面对的是两大操作系统 iOS 和 Android 的微信客户端，以及用于辅助开发的小程序开发者工具。

具体的架构体系大家可以参考微信的小程序开发者文档，自己下载开发者工具来亲自体验一下，这里就不再多讲了。大家必须了解这些，才能知道如何入手和读懂小程序代码，进而进一步定位和提取关键逻辑。

文档地址：https：//developers. weixin. qq. com/miniprogram/dev/framework/

7.1 小程序逆向基础

7.1.1 反编译流程

小程序的反编译方式与定位方式与 Android 逆向有所不同，需要先获取小程序源码，然后反编译，通过微信开发者工具进行修复和调试。因为小程序的源码在微信应用的沙盒目录中，所以需要一台 Root 过的手机或者 Android 模拟器，把小程序源码迁移到本地。

迁移之后，通过工具进行反编译，笔者平时使用的是 CrackMinApp 工具。如果已经有 node 环境，也可以使用 wxAppUnpacker 进行反编译，如图 7-1 所示。

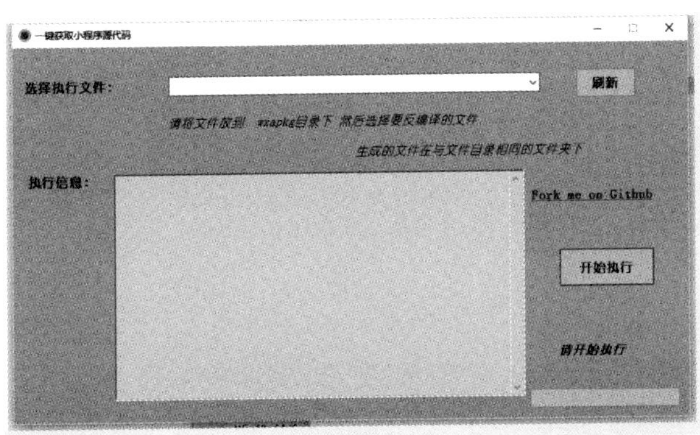

● 图 7-1

Github 地址：https：//Github. com/Cherrison/CrackMinApp

小程序中有对包大小的限制，超过 2MB 后就需要使用分包。因为分包会让用户在操作小程序的时候按需下载资源，所以在迁移小程序包时，可能没有拿到所有的或者重要的包，这点需要大家注意一下。

如果碰到了分包的情况，需要先把主包、分包、基础包都迁移到本地，通过 node 命令进行解包，然后把分包内容复制至主包相应目录，再进行反编译。

反编译完成后，通过微信开发者工具，使用测试号导入项目到开发者工具中，如图 7-2 所示。

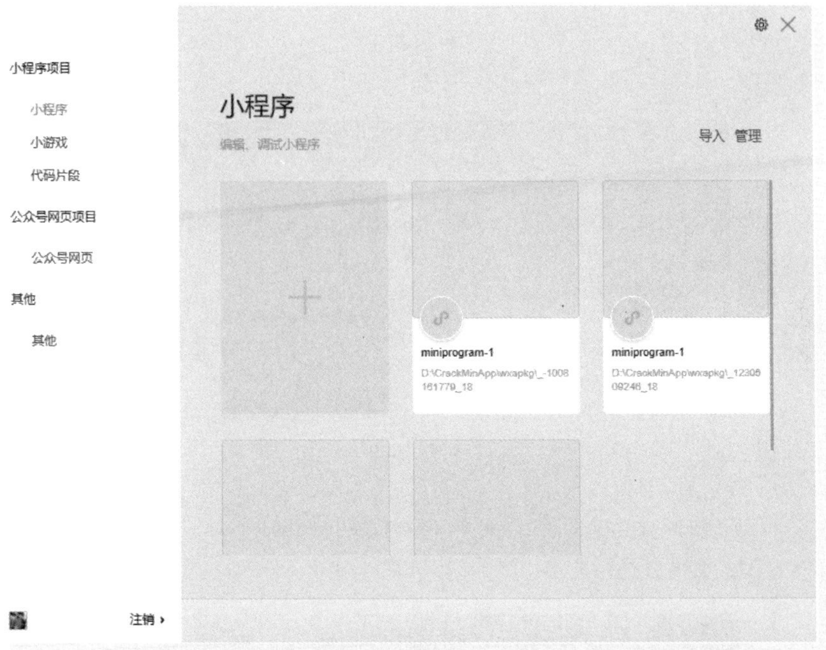

● 图 7-2

另外小程序反编译后，通常会缺失部分插件代码，或者文件中的一些路径无法识别，因此需要手动进行修复。解决方法是根据控制台中的异常，找到错误原因，然后删除异常代码或者修改异常。

越是复杂的小程序就越难修复，所以对各文件作用和目录结构必须有一定了解，才能顺利完成修复。修复后即可根据需求定位相应的加密参数进行一系列逆向操作。

7.1.2 反编译案例

本小节通过案例实操来讲解如何拿到小程序源码并进行反编译。因为一些操作需要 Root，所以案例采用模拟器进行。

1. 获取小程序 pkg

首先安装好模拟器，并且安装微信。然后通过微信启动小程序，完成小程序的加载。接着需要下载一个 RE 文件管理器或者 np、mt 管理器等，并给予 Root 权限，如图 7-3 所示。

然后通过 RE 文件管理器去查询加载过的小程序包。以木木模拟器为例，小程序包位置如图 7-4 所示。

● 图 7-3

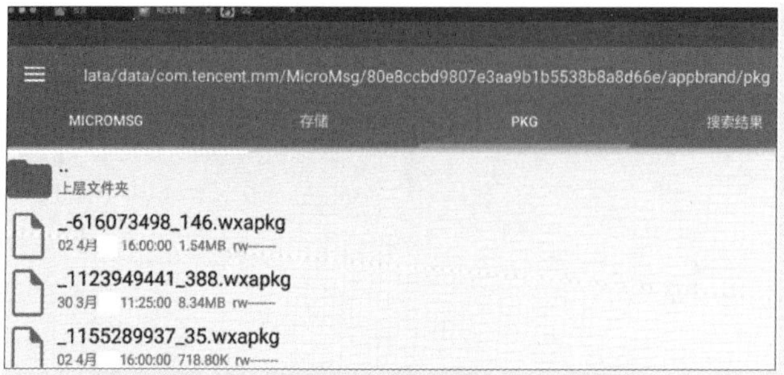

● 图 7-4

如果不好找，可以直接通过关键词“wxapkg”搜索来进行检索。

下面 . wxapkg 类型的文件就是微信小程序的包，如图 7-5 所示。

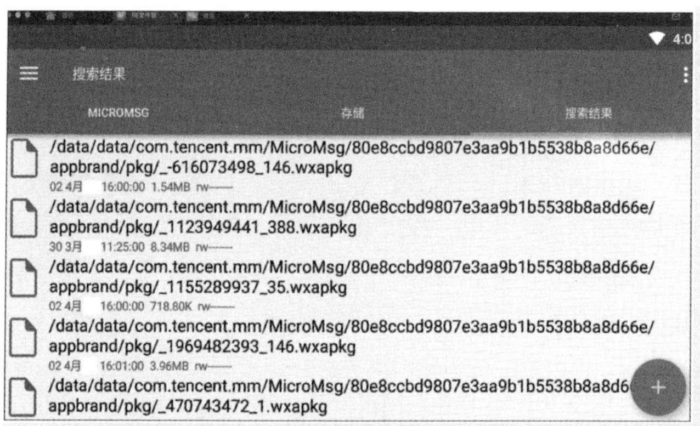

● 图 7-5

接下来把这些包复制到本地。可以通过模拟器的共享文件夹传递文件，或者是通过 adb 命令复制文件，或者通过第三方工具发送文件。

2. 反编译 pkg

下载并配置 CrackMinApp 工具。

下载地址：https：//github. com/Cherrison/CrackMinApp，如图 7-6 所示。

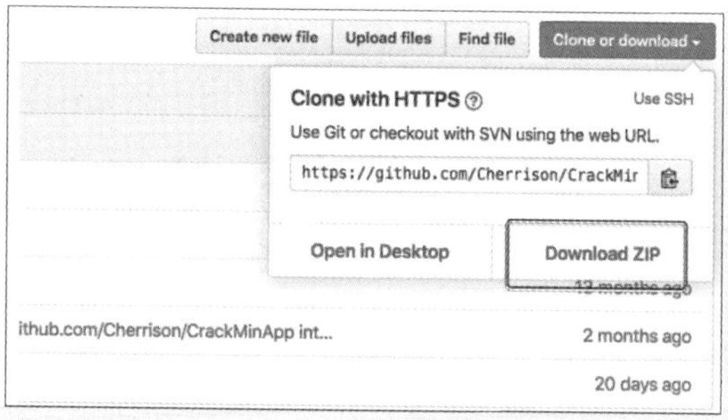

● 图 7-6

下载完成后，按照要求放到 D 盘根目录下。

然后进入 Nodejs/Nodejs 文件下，创建文件夹 node_modules，将其中的 node_modules. zip 解压到 node_modules 文件夹中。

完成之后，将之前准备好的 wxapkg 包放入 wxapkg 中。接下来运行 exe 文件，选择执行文件，然后单击“开始执行”按钮进行反编译，如图 7-7 所示。

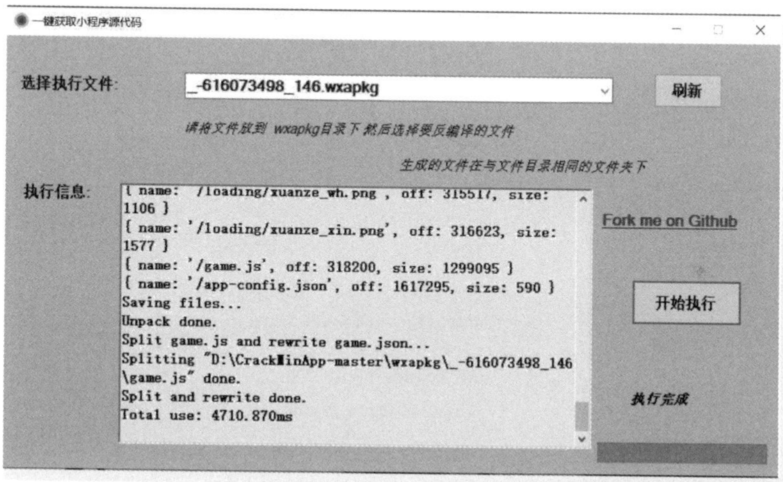

● 图 7-7

执行完成之后，生成的源码文件和 wxapkg 包在相同目录下，如图 7-8 所示。

● 图 7-8

经过测试，部分环境不支持软件执行的 &exit 语法，所以执行后并未进行反编译操作，此时可以进入目录 Nodejs/Nodejs 中手动执行反编译命令，如图 7-9 所示。

● 图 7-9

3. 用开发者工具编译

如果想模拟该小程序的运行，则需要下载微信开发者工具，如图 7-10 所示。

● 图 7-10

选择适合自己的版本，注册账号。然后选择测试 id，导入小程序包，如图 7-11 所示。

导入之后，可能并不能编译成功，这是很正常的事情，需要根据控制台报错信息自行更改，一般都是因为环境或者开发者工具版本的不同导致的，另外可以在“设置”中，选择“项目设置”，把“不校验合法域名”勾上。

本小节的内容到这里就完结了，大家自行尝试一遍，如遇问题，一定要耐心调试，如图 7-12 所示。

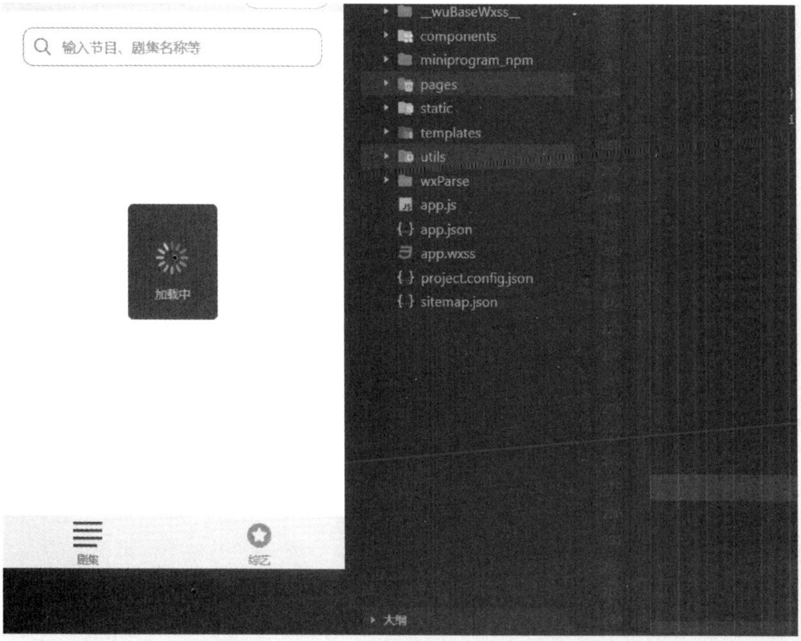

● 图 7-11

小技巧

如何快速定位 pkg：

可以在抓包时根据请求时的 referer 来定位小程序的 pkg。

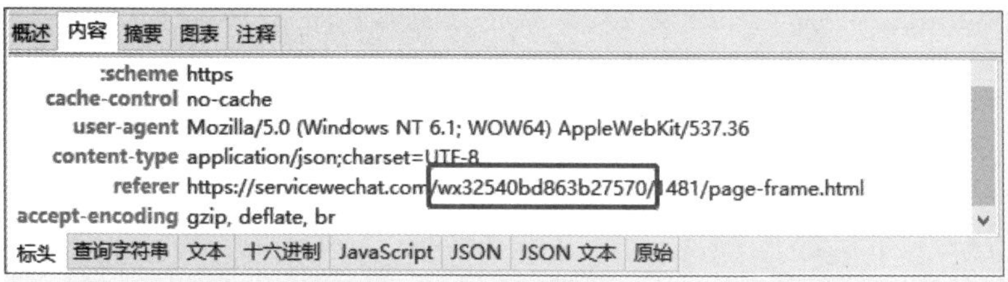

● 图 7-12

7.2 小程序 Hook

PC 端或者 Android 上的微信小程序也是可以使用 Xpsed、Frida 这些工具进行 Hook 的。但是 PC 端的 Hook 需要拥有找到 PC 端小程序参数加密方法的能力，比如下面的 Frida 示例：

```
import Frida
local =Frida.get_local_device()
session = local.attach("wechat.exe")
jscode = '''
Java.perform(function () {
```

```
var baseAddr = Module.findBaseAddress('WeChatAppHost.dll');
  var EncryptLx = Module.findExportByName('WeChatAppHost.dll','EncryptLx');
  if (EncryptLx ) {
      Interceptor.attach(EncryptLx , {
          onEnter:function (args) {
          },
          onLeave:function (retval) {
          }
      });
  }
  else {}
  }
)
'''
script = session.create_script(jscode)
```

接下来的内容以 Android 上的小程序 Hook 为主。

本节部分代码参考自：https：//Github. com/AlienwareHe/awesome-reverse

7.2.1 逻辑层 Hook

小程序中页面初始化加载时，会将 Js 代码由 Native 层传到逻辑层执行，可以 Hook 这个步骤去替换一些关键的 Js 代码。

```
RposedHelpers.findAndHookMethod(WxHookConstants.logicJsEngineClass,
    loadPackageParam.classLoader, WxHookConstants.logicJsEngineExecuteJsMethod,
    "java.lang.String", "java.lang.String", int.class ,
    "java.lang.String", "java.lang.String",
    "com.eclipsesource.v8.ExecuteDetails", new RC_MethodHook() {
    @Override
    protected void beforeHookedMethod(MethodHookParam param) throws Throwable {
        String js = (String ) param.args[0];
        try {
            for (JsHandler jsHandler:jsHandlers) {
                if (jsHandler.support(js)) {
                    param.args[0] = jsHandler.handle(js);
                    break;
                }
            }
        } catch (Throwable e ) {
            Log.e(TAG , "hook logic layer js exception", e );
        }
    }
});
```

7.2.2 渲染层 Hook

小程序通过微信自定义的 WebView 进行渲染，可以通过 WebViewClient 来注入 JsBridge。

```
RposedHelpers.findAndHookMethod("com.tencent.xweb.WebView",
SharedObject.loadPackageParam.classLoader, "setWebViewClient",
```

```
"com.tencent.xweb.aa", new RC_MethodHook() {
        @ Override
        protected void beforeHookedMethod(MethodHookParam param) throws Throwable {
            Log.i(TAG, "web view hook success");
            Object webView = param.thisObject;
            Object webViewClient = param.args[0];

            if (webViewClient == null) {
                Log.i(TAG, "webViewClient is null");
                return;
            }
            Log.i(TAG, "new webview onFinished");
            webViews.add(webView);
              RposedHelpers.callMethod(webView, "addJavascriptInterface", new JavaBridge
(SharedObject.context), "javaBridge");
        }
    });
```

7.3 小程序逆向分析案例

本节案例内容是对某 App 小程序的 x-sign 参数进行分析。可能会涉及一些安全问题，所以如何提取小程序的 pkg 及反编译过程就不再说了，大家自己动手提取一下。

直接对反编译出的源码进行分析。pkg 包和 Js 文件可以在代码库中下载，如图 7-13 所示。

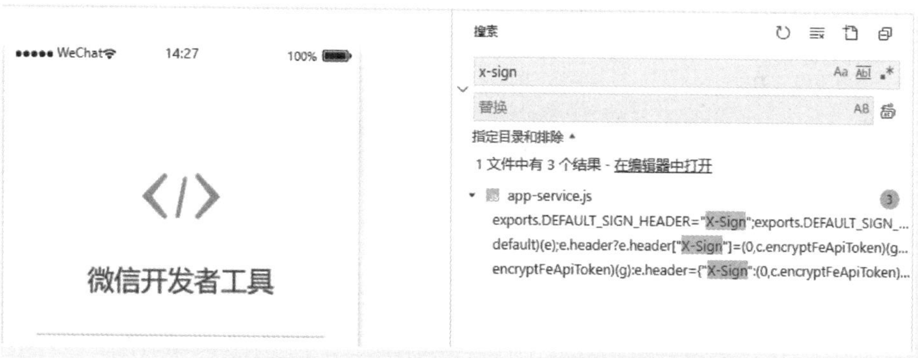

● 图 7-13

首先是参数定位，通过开发者工具查询关键词，找到了一个包含 X-Sign 的 Js 文件，这里直接分析该文件，笔者将文件内容复制到了本地的 IDE 中。

搜索 X-Sign 找到了 DEFAULT_SIGN_HEADER = X-Sign，如图 7-14 所示。

继续搜索 DEFAULT_SIGN_HEADER，发现了 header [_feApiSign. DEFAULT_SIGN_HEADER] = (0, _feApiSign. encryptFeApiToken) (feApiConfig)，如图 7-15 所示。

也就是说 header 中的 X-Sign = (0, _feApiSign. encryptFeApiToken) (feApiConfig);

在 Js 中，(0, function) 这种表达式可看作 (true && function) 或 (0 ? 0: function)，可以让 function 在全局执行，后面的括号是存放函数的参数。

```
exports.encryptFeApiToken = encryptFeApiToken;
var _md = require('../libs/md5');
var _md2 = _interopRequireDefault(_md);

function _interopRequireDefault(obj) {
    return obj && obj.__esModule ? obj : {default: obj}
}

var SECRET_KEY = 'WSUDD';
var DEFAULT_SIGN_HEADER = exports.DEFAULT_SIGN_HEADER = 'X-Sign';
var DEFAULT_SIGN_API_PATH = exports.DEFAULT_SIGN_API_PATH = '/fe_api/';
var DEFAULT_SIGN_VERSION = 'X';
```

● 图 7-14

```
if (config.url.indexOf(_feApiSign.DEFAULT_SIGN_API_PATH) > -1) {
    var feApiConfig = (0, _deepClone2.default)(config);
    config.header[_feApiSign.DEFAULT_SIGN_HEADER] = (0, _feApiSign.encryptFeApiToken)(feApiConfig);
}
```

● 图 7-15

继续查看 encryptFeApiToken 方法，如图 7-16 所示。

```
function encryptFeApiToken(config) {
    var version = arguments.length > 1 && arguments[1] !== undefined ? arguments[1] :
    var _config$url = config.url, url = _config$url === undefined ? '' : _config$url;
    var params = config.params, _config$transform = config.transform,
        transform = _config$transform === undefined ? false : _config$transform;
    url = url.slice(url.indexOf(DEFAULT_SIGN_API_PATH), url.length);
    var queryString = '';
    if (params) {
        queryString = getQueryByParams(params, transform)
    }
    queryString = queryString ? '?' + queryString : '';
    if (version === DEFAULT_SIGN_VERSION) {
        return '' + version + (0, _md2.default)(url + queryString + SECRET_KEY)
    }
    return ''
}
});
```

● 图 7-16

发现只有一处有返回值，直接查看 return 的地方，version+（0，_md2. default）（url+queryString+SECRET_KEY）。

URL 是接口地址，queryString 是请求参数，SECRET_KEY 是"WSUDD"，因为在 version===DEFAULT_SIGN_VERSION 才会执行，所以 version 就是"X"，_md2 是引入的 MD5 方法，如图 7-17 所示。

```
var _md = require('../libs/md5');
var _md2 = _interopRequireDefault(_md);

function _interopRequireDefault(obj) {
    return obj && obj.__esModule ? obj : {default: obj}
}
```

● 图 7-17

那么这一块便是生成 X-Sign 的位置了，定位到了之后，接下来分析具体的参数生成逻辑。

上面根据：version+（0，_md2. default）（url+queryString+SECRET_KEY）已经知道 X-Sign 是由"X"+MD5 后的 url+params+"WSUDD"。

再看一下 encryptFeApiToken 方法中的 url = url. slice（url. inDexOf（DEFAULT_SIGN_Api_PATH），url. length）；

定值 DEFAULT_SIGN_Api_PATH ='/fe_Api/'

意思是在 URL 中找到'/fe_Api/'出现的位置，然后 slice 去截取该段字符串，等于去掉了/fe_Api/之前的字符。

而 queryString 是把请求的参数拼接成字符串，如图 7-18 所示。

```
function transformKey(key) {
    return key.replace(/([A-Z])/g, '_$1').toLowerCase()
}

function getQueryByParams(params, transform) {
    var paramsArray = [];
    Object.keys(params).forEach(function (key :string ) {
        if (typeof params[key] !== 'undefined') {
            var realKey = transform ? transformKey(key) : key;
            paramsArray.push(encodeURIComponent(realKey) + '=' + encodeURIComponent(params[key]))
        }
    });
    return paramsArray.join('&')
}
```

● 图 7-18

所以整体逻辑如下：

当收到请求 URL 为 https：//www. xiaohongshu. com/fe_Api/burdock/weixin/v2/notes/61238b740000000021037d94/comments? 时，请求参数为：{" pageSize"：10，" endId"：0}

则先把 URL 转成/fe_Api/burdock/weixin/v2/notes/61238b740000000021037d94/comments?

然后把参数转成 pageSize = 10&endId = 0，再和 WSUDD 一块进行拼接。

最后把拼接的字符串 MD5 加密，然后加上字符 X 即可。

最终的 X-Sign 是：X+MD5（"/fe_Api/burdock/weixin/v2/notes/61238b740000000021037d94/comments?pageSize = 10&endId = 0"）

可以用在线网站生成 MD5 结果和抓到的包进行对比，发现结果一致，接下来可以进行代码还原了。用 Python 代码进行还原：

```
import requests,hashlib

def m_md5(data:str):
    m = hashlib.md5()
    m.update(data.encode())
    return m.hexdigest()

def get_comments(note_id,endId='',authorization=''):
```

```
    headers['authorization'] = authorization
    URI = f'/fe_Api/burdock/weixin/v2/notes/{note_id}/comments? pageSize=10&endId={endId}'
    xsign = 'X' + m_md5(URI + "WSUDD")
    headers['x-sign'] = xsign
    return gets(URI)

def gets(url_path):
    base_url = 'https://www.xiaohongshu.com'
    data = requests.get(base_url+url_path, headers=headers,verify=False).json()
    return data

if _name_ == '_main_':
    headers = {
        'Host':'www.xiaohongshu.com',
        'device-fingerprint':'抓包替换',
        'user-agent':'抓包替换',
        'content-type':'Application/json'
    }
    # authorization:抓包小红书小程序的 authorization 替换
    print(get_comments('61238b740000000021037d94',authorization=''))
```

authorization 需要抓包获得，如图 7-19 所示。

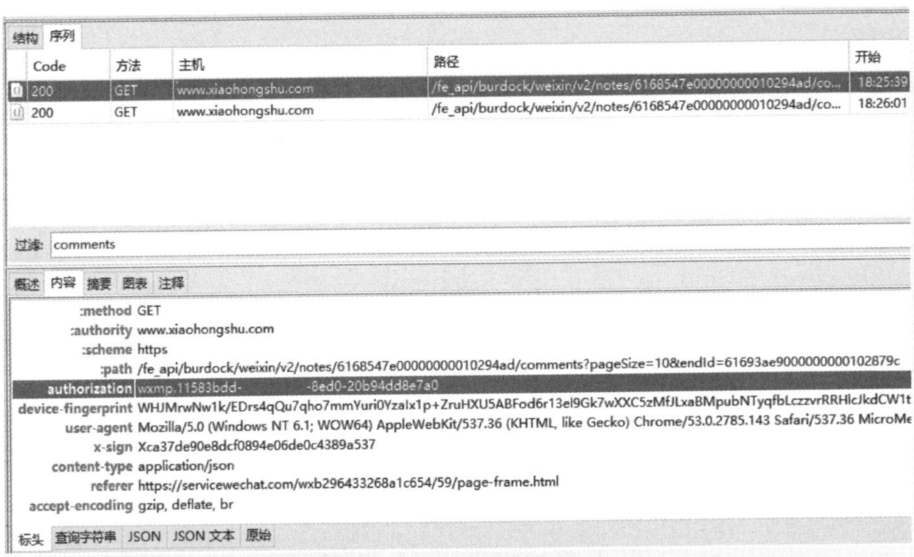

● 图 7-19

本节案例到此结束了，小程序逆向和 Js 逆向相似，所以按照正常的分析流程来做就好。

7.4 Windows 小程序逆向

之前分析的是 Android 应用小程序，提取 pkg 过程比较烦琐，还需要有 Root 权限。而在 Windows 版微信中也可以提取小程序包，并能通过反编译获取小程序的 wxpkg。所以当大家没有 Root 设备时，可以通过 Windows 提取小程序 wxpkg。

需要注意 Windows 小程序的 pkg 是加密的，需要通过工具解密后，才能正常反编译。

7.4.1 确定包位置

首先需要确定小程序包的生成位置，一般默认在"计算机\文档\WeChat Files\Applet"目录中，当加载小程序后，图中以 wx 开头的文件既是生成的小程序包，如图 7-20 所示。

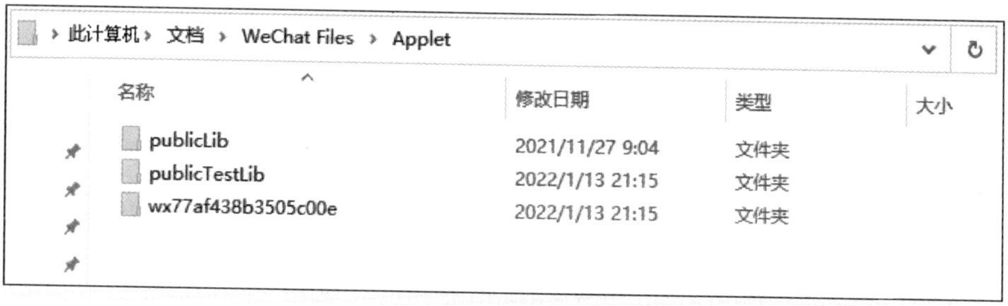

● 图 7-20

如果该目录中未生成，那么在微信设置中查看文件默认保存位置，如图 7-21 所示。

● 图 7-21

比如文件位置在"E:\WeChat\WeChat Files"，那么 Applet 在此目录下，同样以 wx 开头的文件即是生成的小程序包，如图 7-22 所示。

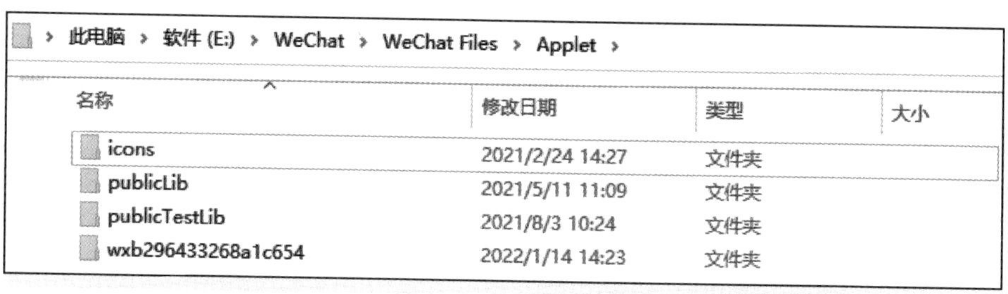

● 图 7-22

7.4.2 提取 wxpkg

当打开一个新的小程序时，在 Applet 中会多出一个文件夹。其中_APP_. wxapkg 文件就是要处理的 wxpkg，如图 7-23 所示。

● 图 7-23

由于 Windows 小程序包是加密的，所以需要使用软件 UnpackMiniApp 进行解密。解密时不要修改_APP_. wxapkg 的路径，否则会导致签名异常。等待解密完成之后，生成的文件在软件的 wxpack 目录中，如图 7-24 所示。

● 图 7-24

接下来使用反编译工具 CrackMinApp 进行 wxpkg 反编译。如果软件未生成源码，则需要参考 7.1.2 反编译案例，手动执行 wuwxapkg. js 反编译，如图 7-25 所示。

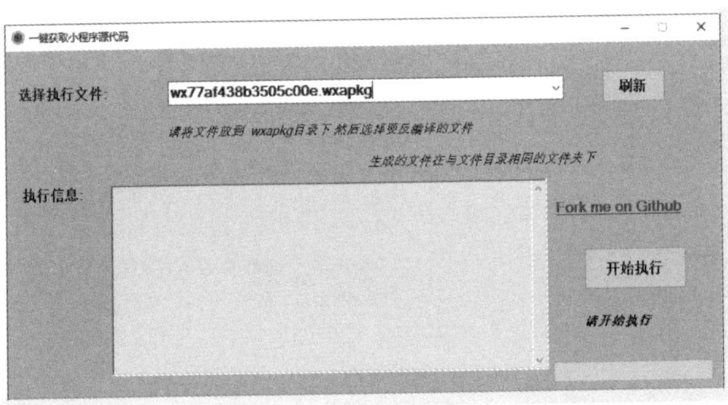

● 图 7-25

反编译后的源码在软件 CrackMinApp 的 wxapkg 目录中，如图 7-26 所示。

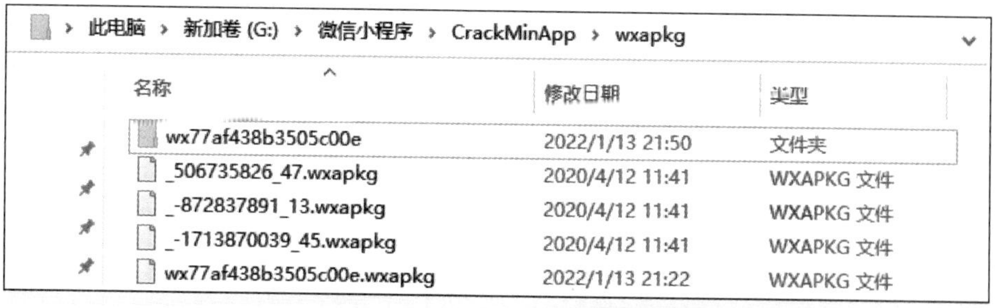

● 图 7-26

此时可使用微信开发者工具导入项目分析源码。一般情况下反编译出的源码会缺失环境或者配置文件，在不影响分析的情况下，可以自行补充和修改。

微信小程序的逆向讲解就到这里了，当大家遇到难以完成的任务时，不妨看一看有没有小程序端，灵活使用工具和变更分析思路是提高逆向开发效率的重要技巧。另外除了微信小程序外，百度小程序、支付宝小程序等都可以通过相同的思路进行分析。

第8章 抓包技巧汇总

因为在对 App 进行抓包时，会遇到很多抓不到包的场景，此时可能需要多种工具的配合，所以笔者把本章内容放在了 Android 逆向章节的后面。

8.1 证书认证

8.1.1 SSL 单向认证

本节内容讲解一下通用场景下抓包工具的证书校验问题，这种情况是在使用代理之后，App 会返回网络出错，且无法获取数据的信息。

首先介绍一下 SSL/TLS Pinning（证书锁定），其将服务器提供的 SSL/TLS 证书内置到移动端开发的 App 客户端中，当客户端发起请求时，通过比对内置的证书和服务器端证书的内容，以确定这个连接的合法性，也叫作单向认证。

Android 7.0 以上的系统版本，应用不再信任用户自己安装的用户证书，一般应用只信任系统预装证书或者是自身的内置证书，导致 SSL Pinning 证书锁定，用 charles 或者 fiddler 无法抓取数据包。

此时想要抓包的方法，最简单的方式是降低 Android 设备的版本，比如换 Android 5.0 的系统。如果只能用 7.0 或更高版本时，可以把证书装在系统信任的证书里，不过手机需要 Root 权限。比如以 fiddler 证书为例，把 fiddler 证书下载后，通过 OpenSSL 将 cer 文件转换成 crt 文件，然后根据证书的 hash 值修改证书名称，将证书 push 到手机的/system/etc/security/cacerts/目录，最后重启设备，就能在系统证书中看到 fiddler 证书了。

重点要说的是另一种方案，采用 Xposed 框架和 JustTrustMe 模块或者 sslunpining 模块。JustTrustMe 是基于 Xposed 的一个模块，可以禁用 SSL 证书检查，从而抓取此应用所有网络流量，不过该模块的禁用方法是针对固定名称的特定函数，所以经常会遇到不友好的模拟器或者 App 导致禁用失效。

sslunpining 也是 Xposed 的模块，主要作用是绕过 SSL 证书的验证，目前更好用一些，如图 8-1 所示。

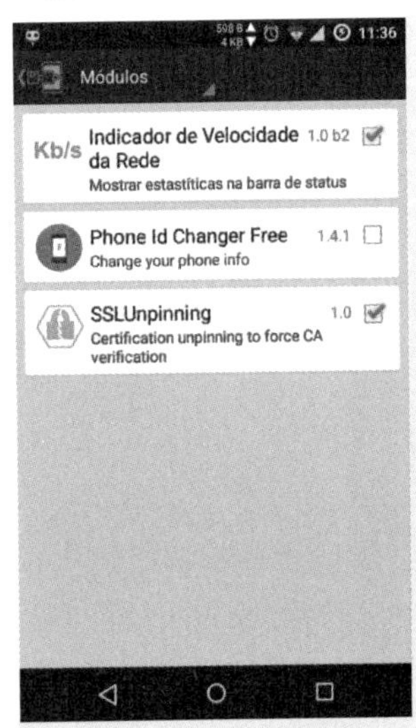

● 图 8-1

Github：https：//Github. com/ac-pm/SSLUnpinning_Xposed

还有一种无须 Root 的方案，使用 VirtualXposed 框架和 JustTrustMe 模块或者 sslunpining 模块。VirtualXposed 可以理解为在手机内装一个虚拟机，然后在虚拟机内运行需要抓包的应用，在虚拟机内是不需要证书验证的，大家感兴趣的话可以自行尝试。

如果在正常情况下以上方法都失效的时候，可能是 App 修改了请求库中检测函数的方法名，此时需要查看源码来确定方法名，然后使用 Xposed 或者 Frida 来 Hook 该方法绕过验证。比如 Frida-skeleton 配合 BurpSuite 抓包，自动绕过证书绑定校验（SSL Pinning）。

8.1.2 SSL 双向认证

双向认证是指服务器和客户端双方都有证书校验，服务端需要客户端提供身份认证。一般情况是打开抓包工具之后，返回 No required SSL certificate was sent 或者需要提供客户端证书。

SSL 双向认证逻辑上很简单，把客户端证书 dump 出来，然后导入到抓包工具中就成功了。

但是如何获取客户端证书呢，需要反编译 APK 去找证书，一般证书文件都在 assets 或者 res 目录中，每个应用的证书名都不相同，可以检索的关键词有 client、cer、pfx、p12、PKC、bks、crt 等。

通过检索找到证书之后，还需要查看证书是否设置有密码。如果有密码，则需要在代码中查找密钥，然后导入到本地抓包工具。

如果实在无法找到证书或者无法找到密钥，可以选择其他抓包方式。

8.2 不走代理

本节内容说一下 NoProxy（不走代理的 App）抓包问题，这种情况是在使用代理之后抓包工具并未捕获到数据，而且不论是开启还是关闭时，都不影响 App 正常的数据加载。如果源码的网络请求接口部分有 NO_PROXY，那么更能说明问题，因为 Android 系统设置的代理并不是强制对所有 App 生效的，App 可以在网络请求类库中通过自定义代理设置，选择是否要走系统代理。

现象：charles 抓不到包，但 Wireshark、HttpAnalyzor 可以抓到包。

此时可以使用 postern、drony 将移动设备的请求直接转发到抓包软件，相当于抓 Android 系统的包。postern、drony 在之前的章节中均有使用案例，所以这里不再赘述。

当然也可以从源码上进行处理，比如使用 Frida 去 Hook 设置代理的函数。

```
function hookProxy () {
    Java.perform(function () {
            let URL = Java.use("java.net.URL");
              URL. openConnection. overload (" java. net. Proxy"). implementation = function
(arg1) {
                return this .openConnection();
            }

            let Builer = Java.use("okhttp3.OkHttpClient $ Builder");
            let newBuilder = Builer. $ new();
            Builer.proxy .overload("java.net.Proxy").implementation = function (arg1) {
```

```
            return newBuilder;
        }
    }
  ),
}
```

8.3 协议降级

Demotion 是降级的意思，这是一种抓包技巧。比如美团系（美团、点评、滴滴）使用了一种叫作移动长连接的技术，就是在打开 App 的时候，移动端和服务器建立起 tcp 连接，后续的请求和接收都走该通道，导致抓不到 http/https 的数据包。

不过这种技术在 TCP 通道无法建立或者发生故障时，会选择使用 UDP 面向无连接的特性提供另一条请求通道，或者绕过代理长连服务器之间向业务服务器发起 HTTP 公网请求。

所以这就有了降级方案，可以通过屏蔽 IP 实现。找服务端 IP 需要用 Wireshark 或者 HTTPAnalyzerStd V7 来进行了。找到 IP 后，通过防火墙屏蔽，就可以正常使用 charles、fiddler 抓包了。

8.4 自定义协议

8.4.1 Quic 协议抓包

Quic（Quick UDP Internet Connection）是谷歌制定的一种互联网传输层协议，它基于 UDP 传输层协议，同时兼具 TCP、TLS、HTTP/2 等协议的可靠性与安全性，可以有效减少连接与传输延迟，更好地应对当前传输层与应用层的挑战。

方法 1：通过 Hook 修改 Quic。

方法 2：使用 iptables 禁止掉 UDP 的 53 端口，因为 Quic 使用的是 UDP 发包，53 端口又主要用于域名解析，所以禁止掉后，无法正常通信，就会自动降级到 HTTP。

方法 3：使用代理转发。

8.4.2 Spdy 协议抓包

阿里系的 App 大多采用 Spdy 协议，使用 HTTP 协议的抓包工具并不能捕获到数据。所以本小节分享的案例是某 App 的抓包方案，采用 Frida 去 Hook App 的 Spdy 协议实现抓包。

案例环境：

- 某 App（夜神模拟器推荐版本 6.8.5）
- 夜神模拟器（Android 7）
- Android Killer（2.5 版本的 APKtools）
- Frida
- httpCanary

因为模拟器和某 App 的兼容问题，所以使用了 Android 7 版本的模拟器，导致对常用抓包工具证书的支持度不够友好，安装 Xposed 可能会被检测，所以选择使用 httpCanary Android 抓包工具（不需要完全按照上面的环境，可以合理调整)。

首先是反编译 APK，把 APK 拖入 AK（Android Killer）中，等待反编译，如图 8-2 所示。

● 图 8-2

反编译完成后，全局搜一下 enableSpdy。

首先说一下 Spdy 是 Google 开发的基于 TCP 的会话层协议，它相对于 HTTP 协议只需增加一个 SPDY 传输层，现有的所有服务端应用均不用做任何修改。所以找到 DisableSpdy、enableSpdy，就是 Spdy 的关键点。

搜索结果：在 Dex8 中的 mtopsdk/mtop/global/SwitchConfig 中，如图 8-3 所示。

Z：Bool 类型。

->：引用对象类型。

Lxxxxx：L 是对象的意思。

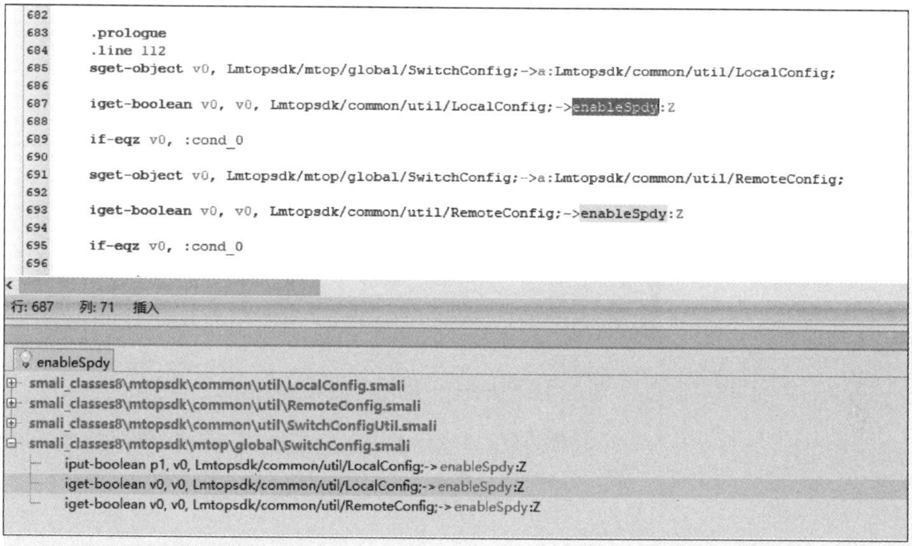

.prologue
.line 112
sget-object v0, Lmtopsdk/mtop/global/SwitchConfig;->a:Lmtopsdk/common/util/LocalConfig;
iget-boolean v0, v0, Lmtopsdk/common/util/LocalConfig;->enableSpdy:Z
if-eqz v0, :cond_0
sget-object v0, Lmtopsdk/mtop/global/SwitchConfig;->a:Lmtopsdk/common/util/RemoteConfig;
iget-boolean v0, v0, Lmtopsdk/common/util/RemoteConfig;->enableSpdy:Z
if-eqz v0, :cond_0
行：687 列：71 插入
enableSpdy
smali_classes8\mtopsdk\common\util\LocalConfig.smali
smali_classes8\mtopsdk\common\util\RemoteConfig.smali
smali_classes8\mtopsdk\common\util\SwitchConfigUtil.smali
smali_classes8\mtopsdk\mtop\global\SwitchConfig.smali
iput-boolean p1, v0, Lmtopsdk/common/util/LocalConfig;->enableSpdy:Z
iget-boolean v0, v0, Lmtopsdk/common/util/LocalConfig;->enableSpdy:Z
iget-boolean v0, v0, Lmtopsdk/common/util/RemoteConfig;->enableSpdy:Z

● 图 8-3

如果 Android Killer 不能把 Dex8 的 Smali 转换成 Java 代码，那么可以通过解压把 Dex8 单独拿出来，用 Dex2jar 工具转成 class，然后用 jd-gui 查看。

根据结果找一下方法名。不同版本的方法名估计是不一样的，所以最好找一个跟模拟器适配的版本，然后反编译看看。这里找到的方法名为 za()，如图 8-4 所示。

找到方法之后，开始编写 Frida 脚本。

```
Java.perform(function(){
    var SwitchConfig = Java.use('mtopsdk.mtop.global.SwitchConfig');
    SwitchConfig.za.overload().implementation = function () {
        return false;
    }});
```

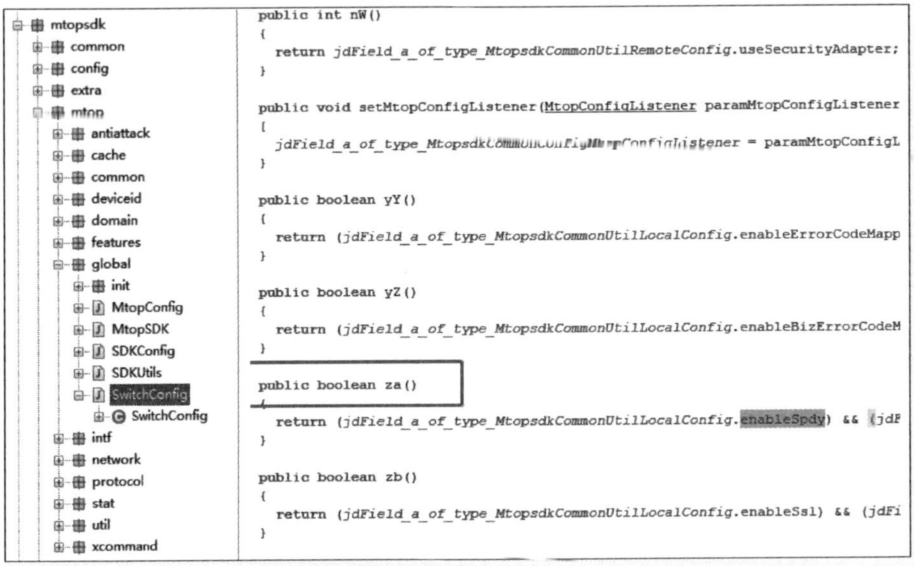

● 图 8-4

脚本的意思是把 za 方法 overload( ) 设置为关闭状态。这里设脚本文件名字为 xy. js。

启动脚本：Frida -U -l xy. js --no-pause -f com. taobao. idlefish

然后开启抓包工具 httpCanary，已经可以抓到包了，如图 8-5 所示。

● 图 8-5

最终开了两个 cmd 窗口和一个模拟器。一个启动 Frida-server，一个执行 Frida 脚本，然后在模拟器上开启 httpCanary 捕获数据，如图 8-6 所示。

● 图 8-6

笔者在操作的时候也遇到过一些问题，基本上是环境兼容导致的，所以选择合理的环境是很重要的。另外不同版本的 App 方法名是不同的，一定要注意。

8.5 方法补充

抓包也是一件神奇的事情，各种各样的场景总是让人猝不及防，有时候会出现各种兼容问题让设备无法正常抓包。

本节推荐一款基于 Frida 开发的 Android 抓包工具 r0capture，它捕获 TCP 协议层及上层所有协议的报文，不用考虑证书校验等问题，无视应用加固，对 Http、WebSocket、Ftp、Xmpp、Protobuf 等协议都能拦截。

Github 地址：https：//Github. com/r0ysue/r0capture

r0capture 和常用的抓包软件原理上有一些区别，比如 Charles、Fiddler 这种是通过中间人原理捕获明文请求，而 r0capture 主要是 Hook Android libssl. so 的 SSL_read 和 SSL_write 函数，将进入 SSL 之前的报文存储下来。但是运行时需要 Frida 环境，且目前支持的 Android 系统在 7~10，数据包保存下来后，需要通过 Wireshark 解析。

启动方式很简单，通过基础指令+包名+存储的文件名，如图 8-7 所示。

启动命令：Python r0capture. py -U -f com. xx. xx -p xx. pcap

通过 Wireshark 打开并保存下来的 pcap 文件，进行数据包分析，如图 8-8 所示。

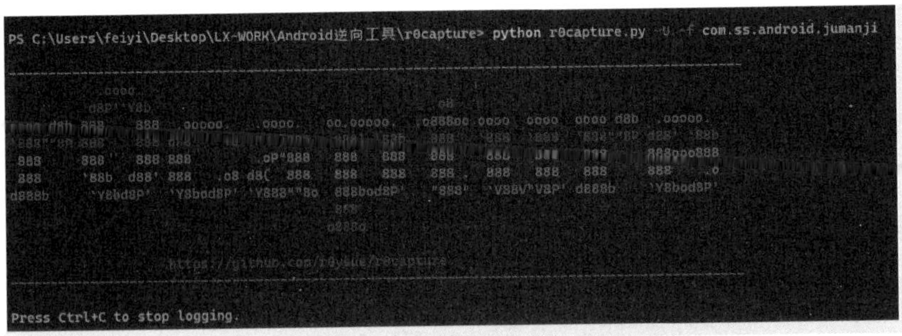

● 图 8-7

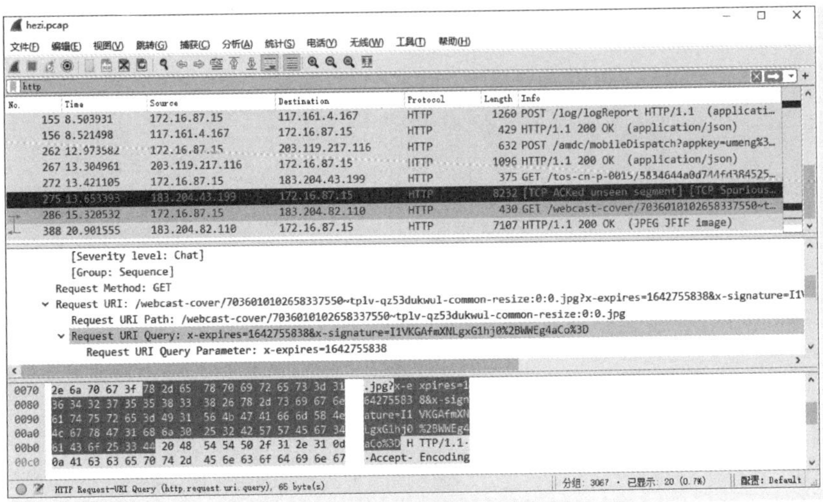

● 图 8-8

尽管 Wireshark 查看 HTTP 报文很不方便，没有 Charles、Fiddler 这种工具好用，但是对于其他协议或者只进行简单的报文分析还是很有帮助的。

第9章

Android 逆向案例

因为 Android 逆向技术目前存在一些问题，有一些内容没办法写到书中，笔者尽量描述得详细一些，让大家都能按原流程实现，另外可能随着时间的变化，某些应用会更新，导致方法失效，笔者会在博客持续维护旧案例、编写新案例。

9.1 某新闻加密参数分析和还原

本节作为逆向入门案例，案例内容是对某新闻 App 的接口 sign 值进行分析和还原。案例环境：某新闻 7.2.7、夜神模拟器、Jadx、Frida。

9.1.1 接口分析

首先抓包分析接口，这里使用的是夜神模拟器（Android 5）+Charles 进行抓包，如图 9-1 所示。

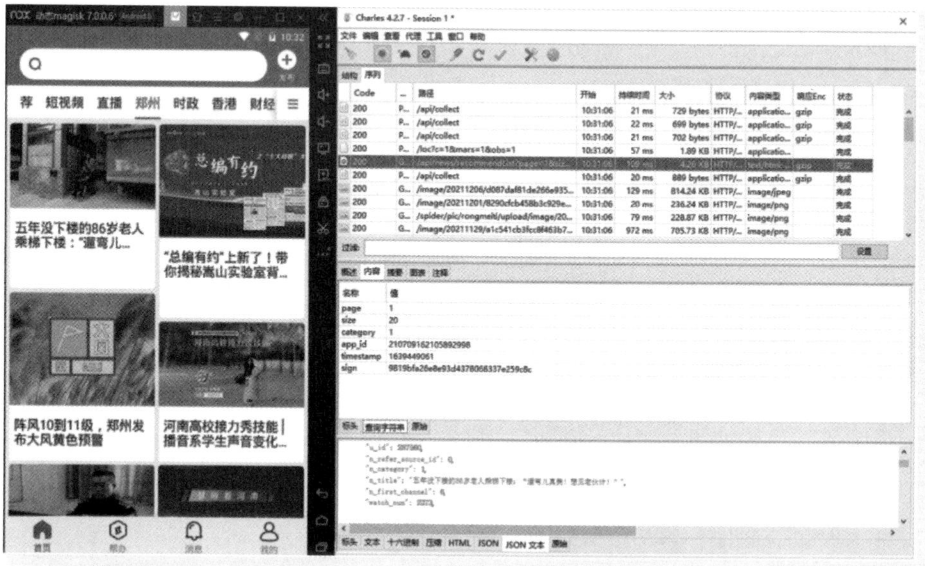

● 图 9-1

分析如下：

- 接口：/Api/news/recommendList?
- 加密参数：sign=9819bfa26e8e93d4378068337e259c8c
- category 是导航栏栏目标签。
- timestamp 是时间戳。
- App_id 是定值，可能是版本信息。
- page 是页码、size 是数据量。

笔者修改了 URL 的部分参数后，再次请求，返回了 {"sign:签名校验失败"}，可以知道 sign 的生成和 page、size、timestamp 这些都有关系，如图 9-2 所示。

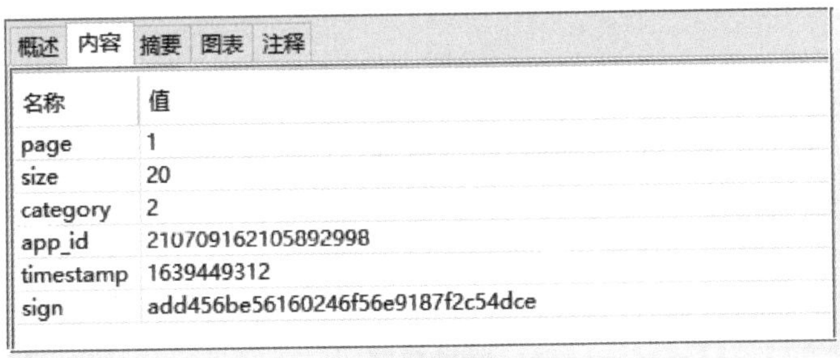

名称	值
page	1
size	20
category	2
app_id	210709162105892998
timestamp	1639449312
sign	add456be56160246f56e9187f2c54dce

• 图 9-2

9.1.2 源码分析

接下来需要反编译 APK，在源码中静态分析。从模拟器中导出 APK，先查壳，所幸未见明显加固，所以直接反编译，如图 9-3 所示。

因为该应用只有 24MB，所以直接用 Jadx 来反编译。Jadx 的内存搜索在加载完毕之后，只占用了 4GB 内存，如图 9-4所示。

• 图 9-3

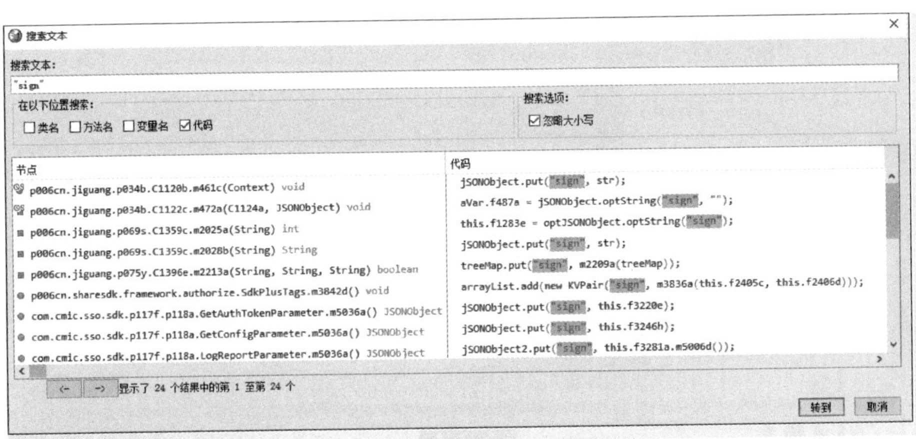

• 图 9-4

搜索关键词 “sign”。好在搜索结果并不多，一般自定义的加密都会放在自己的类中，找了一下感觉这里比较合理，如图 9-5 所示。

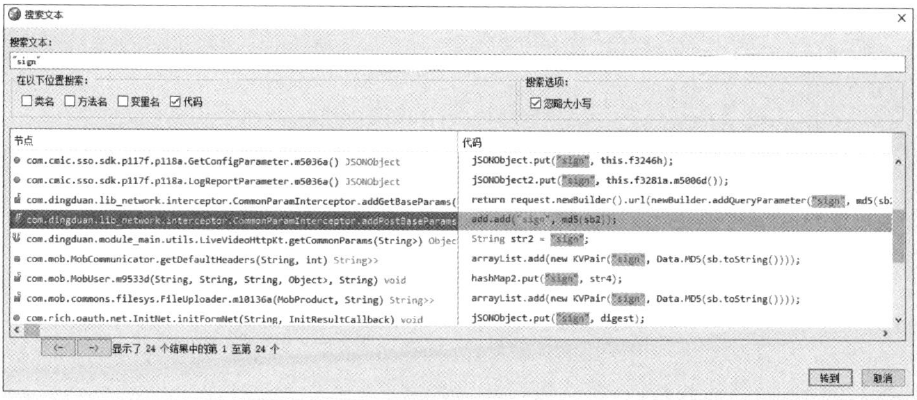

● 图 9-5

该类中出现了 App_id、timestamp、sign 这些接口中的参数，双击进去查看。

可以发现 sign 是通过 sb2 进行 MD5 后生成的，sb2 是一个 StringBuilder 类型的 sb 在 toString 后的值，如图 9-6 所示。

com.dingduan.lib_network.interceptor.CommonParamInterceptor

```java
            long j = (long) 1000;
            String str3 = "timestamp";
            hashMap.put(str3, String.valueOf(System.currentTimeMillis() / j));
            String str4 = "token";
            if (!TextUtils.isEmpty(token)) {
                hashMap.put(str4, token);
            }
            SortedMap sortedMap = MapsKt.toSortedMap(hashMap, CommonParamInterceptor$addPostBaseParams$compara
            StringBuilder sb = new StringBuilder();
            for (Entry entry : sortedMap.entrySet()) {
                sb.append((String) entry.getKey());
                sb.append(ContainerUtils.KEY_VALUE_DELIMITER);
                sb.append(entry.getValue());
            }
            sb.append(BuildConfig.app_secret);
            FormBody.Builder add = builder.add(str, str2).add(str3, String.valueOf(System.currentTimeMillis()
            String sb2 = sb.toString();
            Intrinsics.checkNotNullExpressionValue(sb2, "sb.toString()");
            add.add("sign", md5(sb2));
            if (!TextUtils.isEmpty(token)) {
                builder.add(str4, token);
            }
            return request.newBuilder().post(builder.build()).build();
        }
        throw new NullPointerException("null cannot be cast to non-null type okhttp3.FormBody");
    }

    public final String md5(String str) {
        Intrinsics.checkNotNullParameter(str, MimeTypes.BASE_TYPE_TEXT);
        try {
            MessageDigest instance = MessageDigest.getInstance("MD5");
            Intrinsics.checkNotNullExpressionValue(instance, "MessageDigest.getInstance(\"MD5\")");
            byte[] bytes = str.getBytes(Charsets.UTF_8);
            Intrinsics.checkNotNullExpressionValue(bytes, "(this as java.lang.String).getBytes(charset)");
            byte[] digest = instance.digest(bytes);
            Intrinsics.checkNotNullExpressionValue(digest, "instance.digest(text.toByteArray())");
```

● 图 9-6

仔细分析这一段内容，sortedMap 是一个排序后的 Map，查了一下 SortedMap 是按 KEY 值升序排序，所以后边处理的时候，需要注意排序规则，如图 9-7 所示。

```java
SortedMap sortedMap = MapsKt.toSortedMap(hashMap, CommonParamInterceptor$addPostBaseParams$compara
StringBuilder sb = new StringBuilder();
for (Entry entry : sortedMap.entrySet()) {
    sb.append((String) entry.getKey());
    sb.append(ContainerUtils.KEY_VALUE_DELIMITER);
    sb.append(entry.getValue());
}
sb.append(BuildConfig.app_secret);
FormBody.Builder add = builder.add(str, str2).add(str3, String.valueOf(System.currentTimeMillis()
String sb2 = sb.toString();
Intrinsics.checkNotNullExpressionValue(sb2, "sb.toString()");
add.add("sign", md5(sb2));
```

● 图 9-7

ContainerUtils. KEY_VALUE_DELIMITER 是一个定值=等号。

此处源码大意：从 sortedMap 中取出 KEY 和 VALUE 遍历到 sb 中，KEY 和 VALUE 用等号拼接，然后把 BuildConfig 中的 App_secret 也添加进去，最后 MD5 加密。

查看 app_secret，发现也是定值 cb1ad4178795e38354896556c5939472，如图 9-8 所示。

com.dingduan.lib_network.interceptor.CommonParamInterceptor ✕ | com.dingduan.lib_network.BuildConfig ✕

```java
package com.dingduan.lib_network;

public final class BuildConfig {
    public static final String API_SERVER = "ddapi.dingxinwen.cn";
    public static final String BUILD_TYPE = "release";
    public static final String BURIED_SERVER = "ddbicollect.dingxinwen.cn";
    public static final String COS_BUCKET_NAME = "dingduan-1302344781";
    public static final boolean DEBUG = false;
    public static final String DOMAIN_SERVER = "https://domain.dingxinwen.cn";
    public static final String FLAVOR = "pro";
    public static final String LIBRARY_PACKAGE_NAME = "com.dingduan.lib_network";
    public static final String NEWS_SERVER = "ddnews.dingxinwen.cn";
    public static final String USER_SERVER = "dduser.dingxinwen.cn";
    public static final int VERSION_CODE = 78207;
    public static final String VERSION_NAME = "7.2.7";
    public static final String app_id = "210709162105892998";
    public static final String app_secret = "cb1ad4178795e38354896556c5939472";
}
```

● 图 9-8

已知 sortedMap 是通过 hashMap toSortedMap 排序后返回的。而 hashMap 中分别 put 了 app_id 和 timestamp，以及请求时 Request 对象中的一些参数。

所以得出 sign 值生成流程，先提取参数构建 Map，然后转换成字符串以=拼接，再和 app_secret 组合后进行 MD5 加密。

静态分析到这里就结束了，按照静态分析也能计算出 sign 值，但是为了让大家更好地训练分析能力和 Hook 能力，接下来再用 Frida 来调试分析。

9.1.3 动态分析

通过 Frida 来 Hook 参数，验证静态分析结果是否正确。

先启动移动设备，然后启动 Frida-server，如图 9-9 所示。

```
PS C:\Users> adb shell
LIO-AN00:/ #  ./data/local/tmp/frida-server
```

● 图 9-9

接下来开始选择 Hook 点，根据静态分析可以发现直接 Hook 类中的 MD5 方法，即可查看 sign 生成前的入参。需要注意的是 MD5 方法是成员方法，所以 Hook 时要进行实例化，加上 $ new( )。

Hook 代码如下：

```
import Frida, sys
def on_message(message, data):
    print("[% s] => % s" % (message, data))

session = Frida.get_usb_device().attach('应用包名')

jscode_hook = """
    Java.perform(
        function(){
                console.log("1. start hook");
                var ba = Java.use("com.dingduan.lib_network.interceptor.  CommonParamIntercep-
tor").$ new();
                if (ba != undefined) {
                    console.log("2. find class");
                    ba.md5.implementation = function (a1) {
                        console.log("3. find function");
                        console.log(a1);
                        var res = ba.md5(a1);
                        console.log("计算 Sign:" + res);
                        return res;
                }
            }
        }
)
"""

script = session.create_script(jscode_hook)
script.on('message', on_message)
script.load()
sys.stdin.read()
```

打印结果：

```
1. start hook
2. find class
3. find function
app_id=210709162105892998category=1page=2request_time=1size=20timestamp=1639462959cb1ad4178795e38354896556c5939472
计算Sign:122255958ca2a0a4e159837010a01fd5
```

先把打印出的这串参数用在线 MD5 加密后和 sign 进行对比，看看源码中是否是普通的 MD5 加密。对比过程省略掉了，最后发现结果是一致的。

9.1.4 加密还原

根据静态和动态分析的结果来看，sign 的生成规则就是把 URL 的参数 Params 按照 KEY 值排序，然后转为字符串并用等号拼接，最后加上定值 app_secret 进行 MD5。

Python 还原代码：

```python
import requests
import time
import hashlib

def get_md5(string):
    m = hashlib.md5()
    m.update(string.encode())
    return m.hexdigest()

timestamp = str(round(time.time()))
App_id = "210709162105892998"
App_secret = "cb1ad4178795e38354896556c5939472"

item = {
    "App_id":App_id,
    "category":"1",
    "page":"2",
    "request_time":"1",
    "size":"20",
    "timestamp":timestamp
}

params=sorted(item.items(),key=lambda x:x[0])

sb = ''
for p in params:
    sb += f'{p[0]}={p[1]}'

sb+= App_secret
sign = get_md5(sb)

item.update({"sign":sign})
```

经测试在运行程序后会成功返回数据。本节案例内容并不复杂，希望大家可以根据流程实操一遍，毕竟逆向技术的成长需要不断去积累经验。

9.2 某 App 签名 Frida 还原

本节的案例是分析某 App 的接口签名，结合静态分析和动态分析，讲述了整个逆向流程，以及最后通过 Frida Hook 签名和对加密参数进行还原。

案例环境：夜神模拟器（Android 5）、某 App7.18.0、Jeb3。

9.2.1 接口分析

有的数据只有在 App 上有，比如这些榜单，按照逆向通用流程，先抓包分析接口，如图 9-10 所示。

经过对接口的分析，发现动态参数只有_sig 和_ts，另外的 apikey、udid 应该是设备注册的参数，如图 9-11所示。_sig 就是要分析的接口签名，_ts 是时间戳无疑。

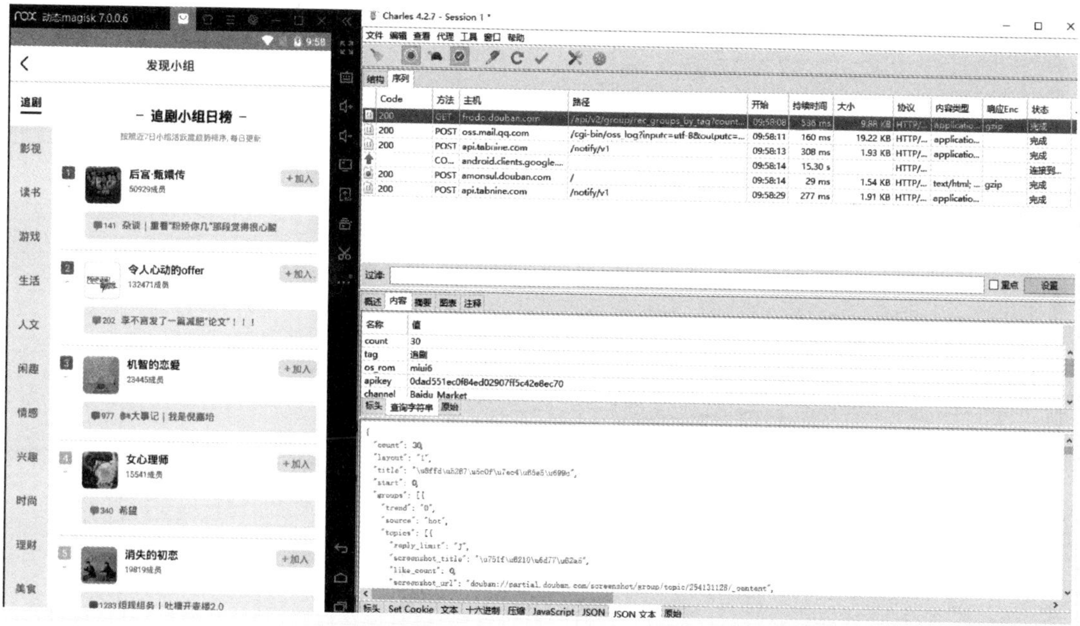

● 图 9-10

名称	值
count	30
tag	追剧
os_rom	miui6
apikey	0dad551ec0f84ed02907ff5c42e8ec70
channel	Baidu_Market
udid	bba04d59bdf9c91ef59ff80573c4480c1a661a70
timezone	Asia/Shanghai
_sig	4YlCeLsTRu1tVflB44NLxr3rL6s=
_ts	1638410285

● 图 9-11

接下来准备反编译，分析 sig 参数的生成方法。

9.2.2 反编译 App

反编译前先查壳，这是一个硬性要求。通过基于 so 特征名的检索未发现壳，那就当作没有壳直接反编译（有壳的话就根据对应的壳去找对应的脱壳方法）。

然而用 Android Killer 反编译失败了，如图 9-12 所示。先不用去管原因，直接换 Jeb 或者 Jadx 再次尝试，如果都不能反编译，再分析原因。用 Jeb 后反编译成功。

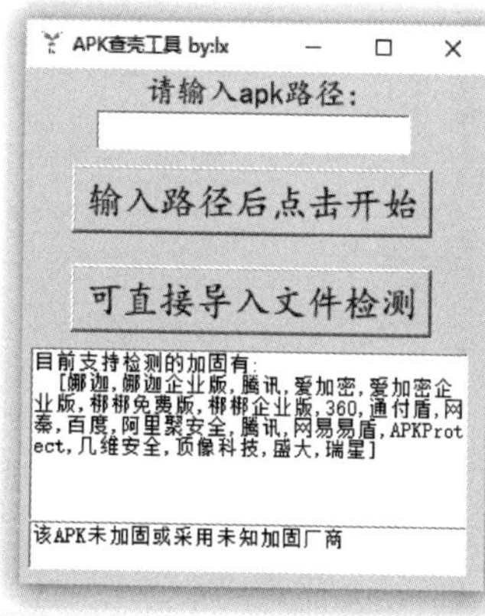

● 图 9-12

9.2.3 静态分析参数

反编译成功后，可在整个文件中对加密参数进行静态分析，最简单的检索方法是使用 Ctrl+F 快捷键搜关键词，如图 9-13 所示。

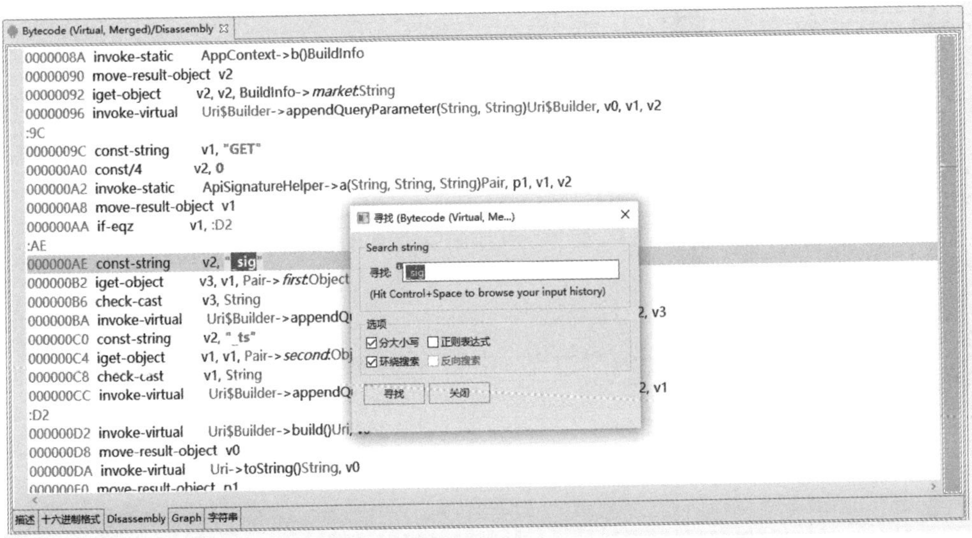

● 图 9-13

搜到很多结果后，先找到一个有_sig 的地方，然后使用鼠标右键单击解析查看 Java 代码。

到 Java 代码中继续搜索 sig，好在搜出来的结果不多，找到了一个比较像的地方，这里的代码是把 sig 添加到 FormData 中，如图 9-14 所示。

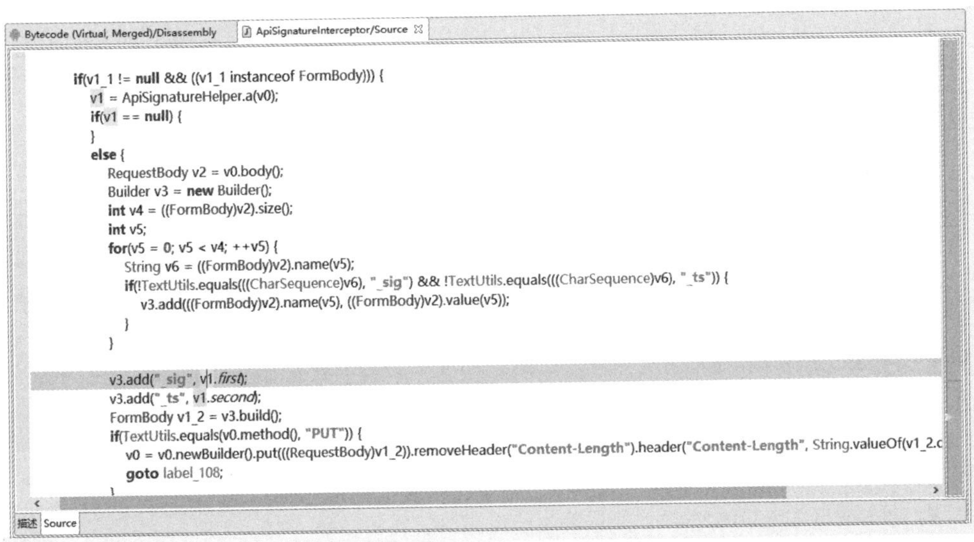

Bytecode (Virtual, Merged)/Disassembly
ApiSignatureInterceptor/Source
if(v1_1 != null && ((v1_1 instanceof FormBody))) {
v1 = ApiSignatureHelper.a(v0);
if(v1 == null) {
}
else {
RequestBody v2 = v0.body();
Builder v3 = new Builder();
int v4 = ((FormBody)v2).size();
int v5;
for(v5 = 0; v5 < v4; ++v5) {
String v6 = ((FormBody)v2).name(v5);
if(!TextUtils.equals(((CharSequence)v6), "_sig") && !TextUtils.equals(((CharSequence)v6), "_ts")) {
v3.add(((FormBody)v2).name(v5), ((FormBody)v2).value(v5));
}
}
v3.add("_sig", v1.first);
v3.add("_ts", v1.second);
FormBody v1_2 = v3.build();
if(TextUtils.equals(v0.method(), "PUT")) {
v0 = v0.newBuilder().put(((RequestBody)v1_2)).removeHeader("Content-Length").header("Content-Length", String.valueOf(v1_2.c
goto label_108;
描述
Source

● 图 9-14

找到参数位置之后，要对该参数的生成和调用进行逻辑分析。可以看到 sig 等于 v1. first。

先找 v1，注意到该段代码 v1 = ApiSignatureHelper. a （v0）；

双击 ApiSignatureHelper 查看，这个类的实现并不复杂，如图 9-15 所示。

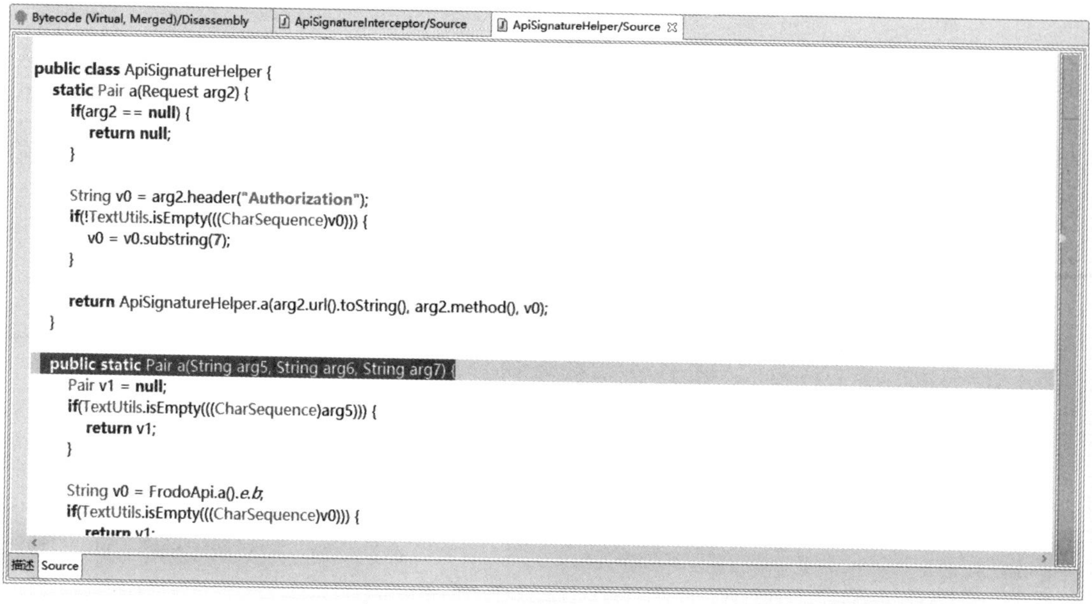

● 图 9-15

这里返回的 ApiSignatureHelper. a （arg2. url( ). toString( )， arg2. method( )， v0)；应该就是_sig 了。接下来把该段 Java 代码完整地复制出来查看，简单分析就能知道只要有 arg5、arg6、arg7 就能实现加密了。

```
// 为了方便阅读，代码有很多删减。
public class ApiSignatureHelper {
    static Pair a(Request arg2) {
        if (arg2 == null) {
            return null;
        }

        String v0 = arg2.header("Authorization");
        return ApiSignatureHelper.a(arg2.url().toString(), arg2.method(), v0);
    }

    public static Pair a(String arg5, String arg6, String arg7) {
        String v0 = FrodoApi.a().e.b;

        StringBuilder v2 = new StringBuilder();
        v2.Append(arg6);

        arg5 =HttpUrl.parse(arg5).encodedPath();
        v2.Append("&");
        v2.Append(Uri.encode(arg5));
```

```
        long v5 = System.currentTimeMillis () / 1000;
        v2.Append("&");
        v2.Append(v5);
        return new Pair(HMACHash1.a (v0, v2.toString()), String.valueOf (v5));
    }
}
```

在静态方法"static Pair a()" 中：

arg2 是一个 Request 对象。

arg5 = arg2. url(). toString()是完整的 url 字符串。

arg6 =aarg2. method() 是我们的请求类型。

再看公共静态方法"public static Pair a()" 中的代码：

新的 v0 = FrodoApi. a(). e. b；先不管 v0，接着往下分析源码。

定义了一个 StringBuilder 类型的 v2 字符串。

先添加了 arg6，arg6 = arg2. method()。

arg5 在传进来之后，又进行了一系列处理。

arg5 =HttpUrl. parse （arg5） . encodedPath()；

arg5 = Uri. decode （arg5）；

arg5 = arg5. substring （0，arg5. length() - 1）；

然后把处理完的 arg5 添加到了 v2 中。v2. Append （arg5）；

接下来把 arg7 也加了进去。v2. Append （arg7）；

最后把时间戳 v5 加了进去。v2. Append （v5）；

另外每次 Append 之后，都会再添加一个 & 符号。

最后结尾是 return new Pair （HMACHash1. a （v0，v2. toString()），String. valueOf （v5） ）；，如图 9-16 所示。

双击进去查看 HMACHash1，实现了一个 HMAC 加密，如图 9-17 所示。

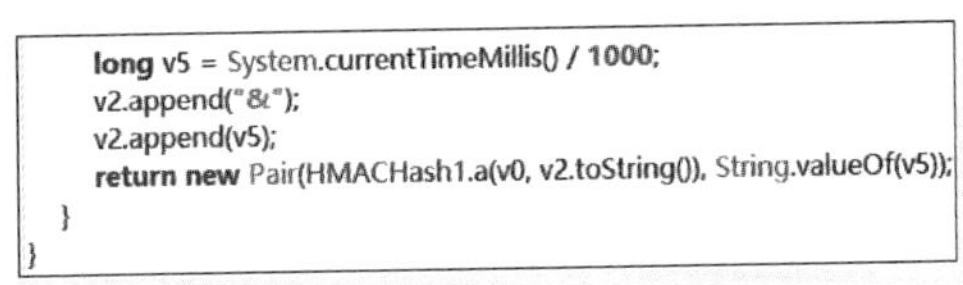

● 图 9-16

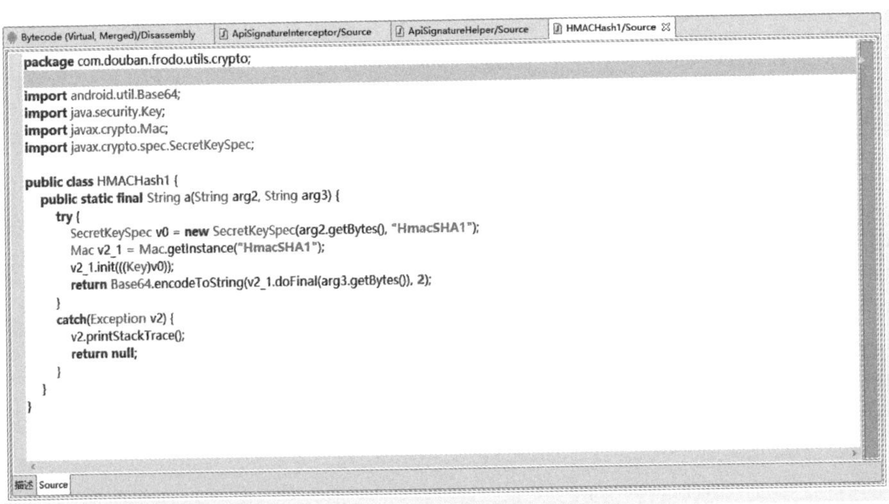

● 图 9-17

结合源码可以看出来 v0 是 key，v2 是加密的内容。

我们已经分析过 v2 了，v2. toString 是 StringBuilder( ) 被各种 Append 拼接后的字符串。

接下来回头看一下 v0 的具体实现，v0 = FrodoApi. a( ). e. b;，如图 9-18 所示。

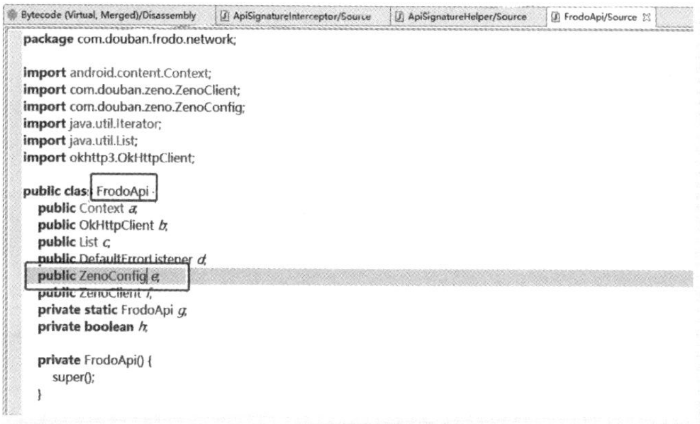

● 图 9-18

查看 FrodoApi 类，可以发现 e 来自 import com. zeno. ZenoConfig;， e. b 是 arg15，如图 9-19 所示。

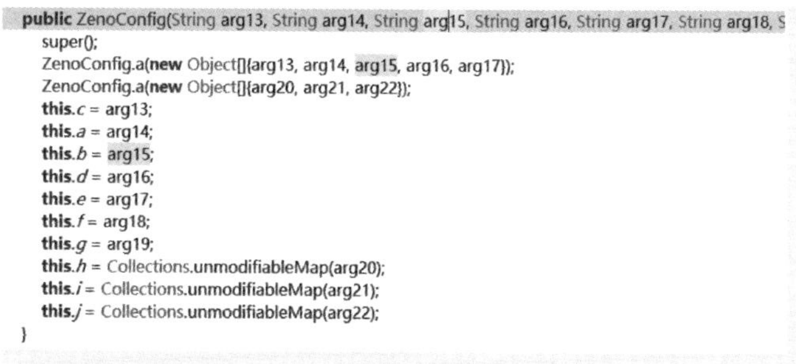

● 图 9-19

这里要追 arg15，只能调用这个 ZenoConfig，全局搜 ZenoConfig，但是结果太多了。用 Jeb 在 Smali 中搜索着实有些不方便，增加条件搜索 ZenoConfig $ Builder，结果发现还是不方便，再增加一下条件，通过正则表达式找 init 的位置，如图 9-20 所示。

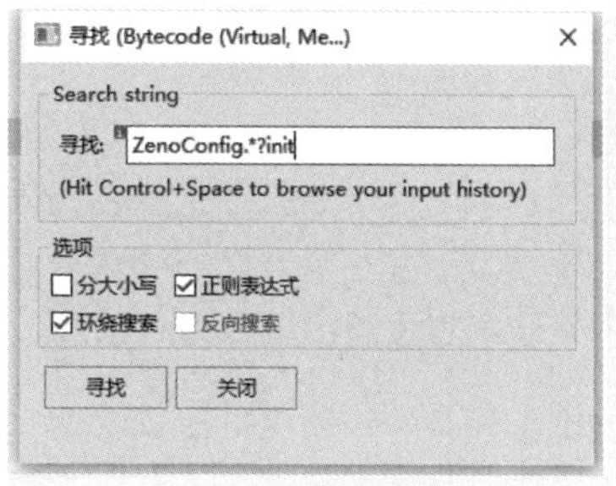

● 图 9-20

最后在 000003D2 的地址找到了。使用鼠标右键点进去，发现位置是在 com. frodo. BaseProjectModuleApplication。进去后继续搜 ZenoConfig，如图 9-21 所示。

往上找可以发现 v4_2. c = v12; String v12 = FrodoUtils. d ( );。

d = FrodoUtils. c，继续点进去，如图 9-22 所示。

最后得出 FrodoUtils. c = "bHUvfbiVZUmm2sQRKwiAcw = = ";

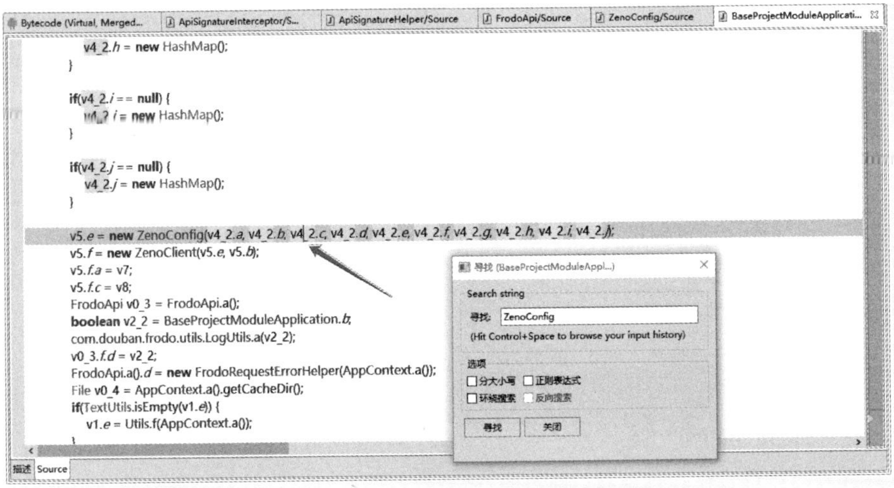

● 图 9-21

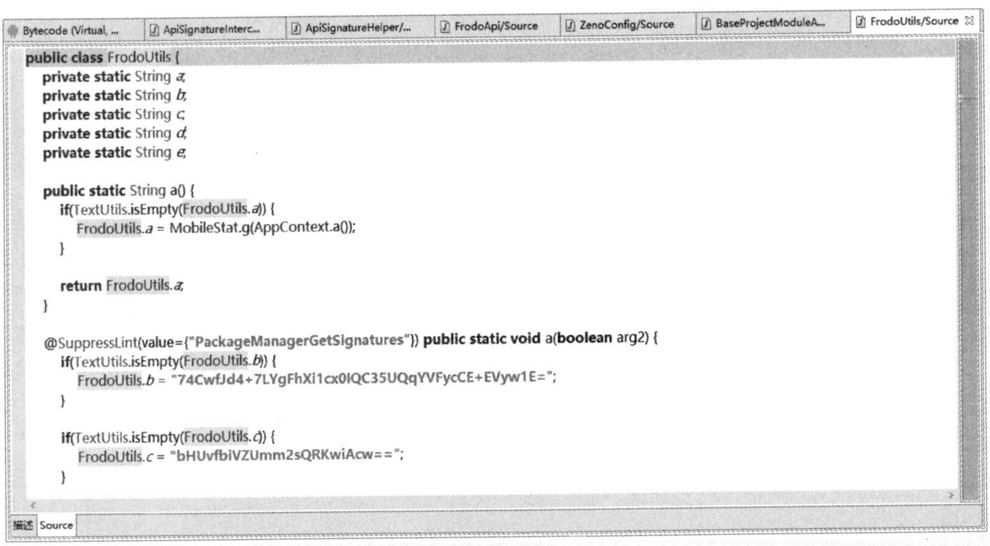

Bytecode (Virtual, ...
ApiSignatureInterc...
ApiSignatureHelper/...
FrodoApi/Source
ZenoConfig/Source
BaseProjectModuleA...
FrodoUtils/Source
public class FrodoUtils {
private static String a;
private static String b;
private static String c;
private static String d;
private static String e;
public static String a() {
if(TextUtils.isEmpty(FrodoUtils.a)) {
FrodoUtils.a = MobileStat.g(AppContext.a());
}
return FrodoUtils.a;
}
@SuppressLint(value={"PackageManagerGetSignatures"}) public static void a(boolean arg2) {
if(TextUtils.isEmpty(FrodoUtils.b)) {
FrodoUtils.b = "74CwfJd4+7LYgFhXi1cx0IQC35UQqYVFycCE+EVyw1E=";
}
if(TextUtils.isEmpty(FrodoUtils.c)) {
FrodoUtils.c = "bHUvfbiVZUmm2sQRKwiAcw==";
}
描述
Source

● 图 9-22

但是这个方法到这里并没有结束，下面还有 FrodoUtils. c = AES. a （FrodoUtils. c， v2_1）;，如图 9-23 所示。

最后要用的 FrodoUtils. c 是 AES 把" bHUvfbiVZUmm2sQRKwiAcw = = " 加密之后的结果。AES 密钥是 Base64. encodeToString （ AppContext. a （ ） . getPackageManager （ ） . getPackageInfo （ AppContext. a （ ） . getPackageName( )， 0x40） . signatures ［0］ . toByteArray( )， 0）;。

分析一下，getPackageInfo 是获取应用信息，getPackageName 是包名，PackageInfo. signatures 是 App 的签名。所以最后的密钥是把 App 签名通过 toByteArray( )转换为字节数组流，然后 Base64 一下。

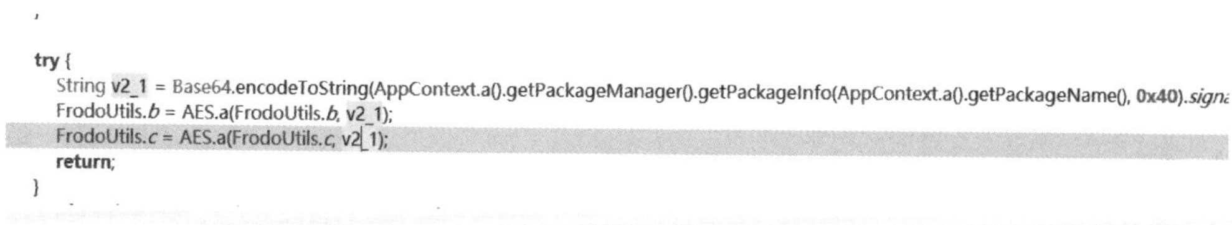

```
try {
    String v2_1 = Base64.encodeToString(AppContext.a().getPackageManager().getPackageInfo(AppContext.a().getPackageName(), 0x40).signa
    FrodoUtils.b = AES.a(FrodoUtils.b, v2_1);
    FrodoUtils.c = AES.a(FrodoUtils.c, v2_1);
    return;
}
```

● 图 9-23

9.2.4 动态获取签名

结合之前的静态分析，正常流程是先获取应用的签名，拿到签名后，按照它的 AES 方式对签名进行加密，就能获取 FrodoUtils. c 了，如图 9-24 所示。

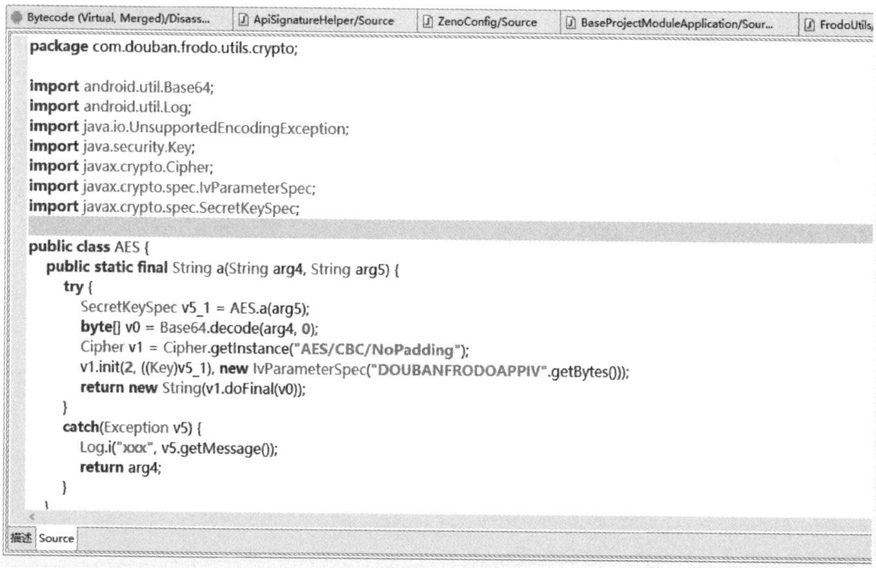

```
Bytecode (Virtual, Merged)/Disass... | ApiSignatureHelper/Source | ZenoConfig/Source | BaseProjectModuleApplication/Sour... | FrodoUtils

package com.douban.frodo.utils.crypto;

import android.util.Base64;
import android.util.Log;
import java.io.UnsupportedEncodingException;
import java.security.Key;
import javax.crypto.Cipher;
import javax.crypto.spec.IvParameterSpec;
import javax.crypto.spec.SecretKeySpec;

public class AES {
    public static final String a(String arg4, String arg5) {
        try {
            SecretKeySpec v5_1 = AES.a(arg5);
            byte[] v0 = Base64.decode(arg4, 0);
            Cipher v1 = Cipher.getInstance("AES/CBC/NoPadding");
            v1.init(2, ((Key)v5_1), new IvParameterSpec("DOUBANFRODOAPPIV".getBytes()));
            return new String(v1.doFinal(v0));
        }
        catch(Exception v5) {
            Log.i("xxx", v5.getMessage());
            return arg4;
        }
    }

描述 Source
```

● 图 9-24

但是这个签名笔者尝试过用工具获取，也用过命令获取，但是感觉跟 getPackageName( ). signatures [0] . toByteArray( )获取的不一样，测了几次就放弃了。还是使用 Frida 来 Hook 比较好，因为不对原 APK 进行修改的话，它的签名是不会变的。

选择一个 Hook 点也是非常重要的事情，按照之前的分析流程多调试分析，在 ApiSignatureHelper 类中没有捕获到，最后在 HMACHash1 中成功捕获到已经 toByteArray 和 Base64 后的签名。

开始 Hook HMACHash1。Frida 代码如下：

```
import Frida, sys

def on_message(message, data):
    if message['type'] == 'send':
        print("[* ] {0}".format(message['payload']))
```

```
    else :
        print(message)

jscode_hook = """
Java.perform(
    function(){
            console.log("1. start hook");
            var ba = Java.use("com.douban.frodo.utils.crypto.HMACHash1");
            if (ba != undefined) {
                console.log("2. find class");
                ba.a.overload('java.lang.String',
'java.lang.String').implementation = function (a1,a2) {
                    console.log("3. find function");
                    console.log(a1);
                    console.log(a2);
                    var res = ba.a(a1,a2);
                    console.log("计算result:" + res);
                    return res;
                }
            }
    }
)
"""

process = Frida.get_usb_device().attach('应用包名')
script = process.create_script(jscode_hook)
script.on('message', on_message)
print('[*] Hook Start Running')
script.load()
sys.stdin.read()
```

运行文件查看结果:

```
[*] Hook Start Running
1. start hook
2. find class
3. find function
bf7dddc7c9cfe6f7
GET&%2Fapi%2Fv2%2Fstatus%2F3662723561&1638436119
计算result:5lz2CAFDbTDUi5h1DL5YqJIdzTs=
3. find function
bf7dddc7c9cfe6f7
GET&%2Fapi%2Fv2%2Fstatus%2F3662723561%2Fcomments&1638436119
计算result:i3IFKjEVkr8ftBkC9N5OsMng5YA=
```

可以发现 Hook 到了加密后的 App 签名和最后返回的_sig。

加密后的值是 bf7dddc7c9cfe6f7，也就是说最终的 FrodoUtils. c 是 bf7dddc7c9cfe6f7。

9.2.5 加密算法还原

拿到 FrodoUtils. c 后，再结合处理后的 v2 进行 hmac 加密，即可生成_sig，如图 9-25 所示。

```
        long v5 = System.currentTimeMillis() / 1000;
        v2.append("&");
        v2.append(v5);
        return new Pair(HMACHash1.a(v0, v2.toString()), String.valueOf(v5));
    }
}
```

图 9-25

点进去查看 HMACHash1，发现是 HMAC 的 Hash1 加密。源码中没有特别的东西，完全可以用 Python 还原，如图 9-26 所示。

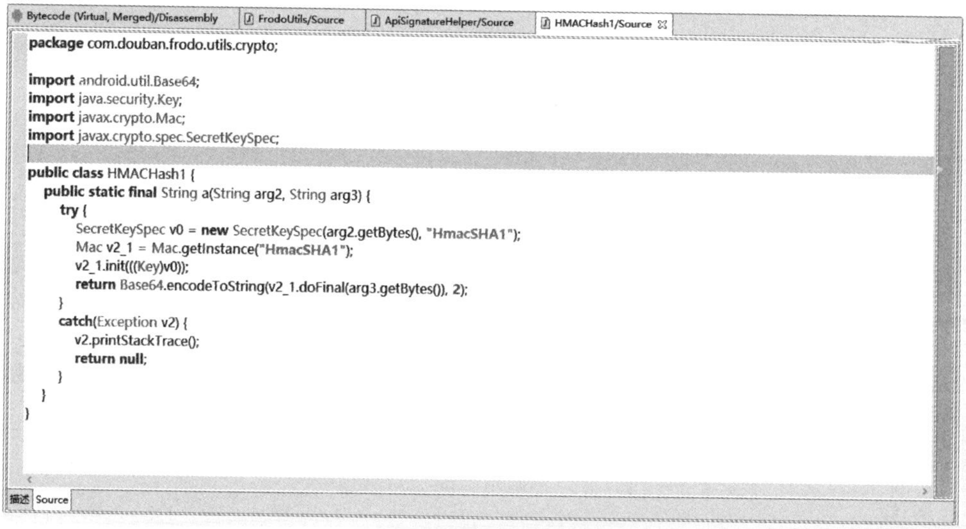

Bytecode (Virtual, Merged)/Disassembly
FrodoUtils/Source
ApiSignatureHelper/Source
HMACHash1/Source
package com.douban.frodo.utils.crypto;
import android.util.Base64;
import java.security.Key;
import javax.crypto.Mac;
import javax.crypto.spec.SecretKeySpec;
public class HMACHash1 {
public static final String a(String arg2, String arg3) {
try {
SecretKeySpec v0 = new SecretKeySpec(arg2.getBytes(), "HmacSHA1");
Mac v2_1 = Mac.getInstance("HmacSHA1");
v2_1.init(((Key)v0));
return Base64.encodeToString(v2_1.doFinal(arg3.getBytes()), 2);
}
catch(Exception v2) {
v2.printStackTrace();
return null;
}
}
}
描述
Source

● 图 9-26

最后还原和调用的代码示例如下：

```
import requests,time
from urllib.parse import quote,urlparse
import hashlib,base64,hmac

def get_sig(url,ts):
    urlpath = urlparse(url).path
    sign = '&'.join(['GET', quote(urlpath,safe=''), ts])
    sig = hmac.new("bf7dddc7c9cfe6f7".encode(), sign.encode(), hashlib.sha1).digest()
    _sig = base64.b64encode(sig).decode()
    return _sig
```

本节的案例到此结束，内容总体来说有点长，希望大家可以跟着流程操作一遍，这会对之后的逆向分析有不小的帮助。

9.3 某 App 加密参数 Xposed 调用

本节的案例是分析某 App 的接口参数 X-Gorgon，通过静态分析找到 Hook 点并搭建本地服务进行调用。本节内容没有 9.1 节那么详细，省去了一些步骤，重点让大家学习逆向过程。

案例环境：某 App11.8.0，Android Killer。

9.3.1 静态分析源码

已知接口中有加密参数 X-Gorgon，在准备好 APK 文件之后，使用 Android Killer 进行反编译。可能需要升级 APKtools 到 2.3.4 版本。

在工程搜索中全局搜索 X-gorgon，找到比较像的位置，转换成 Java 代码进行查看，如图 9-27 所示。

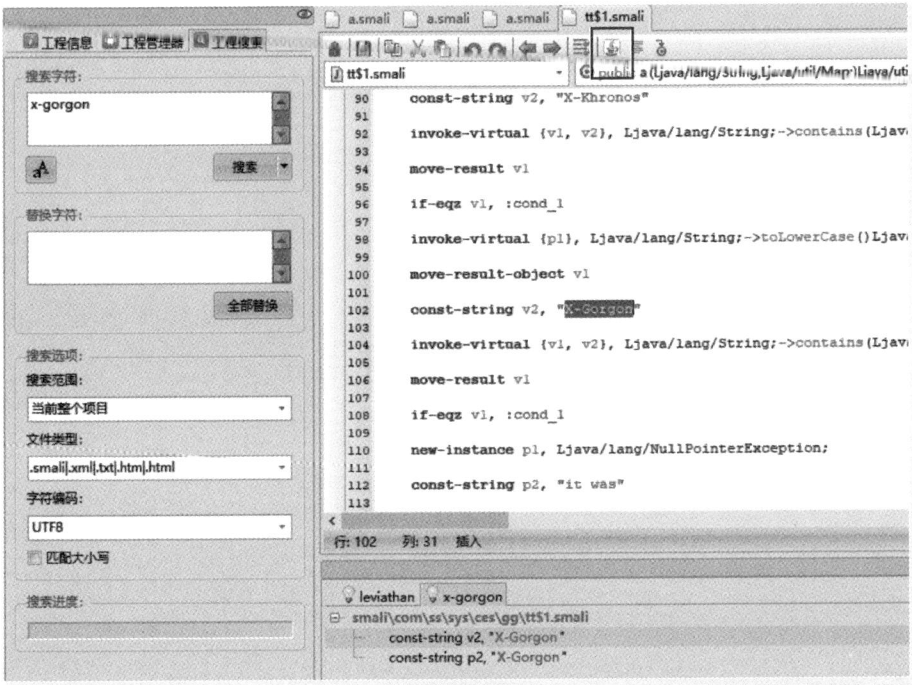

● 图 9-27

在源码中可以看到 localHashMap.put（"X-Gorgon"，com.ss.a.b.a.c（com.ss.sys.ces.a.leviathan（i，com.ss.a.b.a.b（paramString.toString()）））；，如图 9-28 所示。

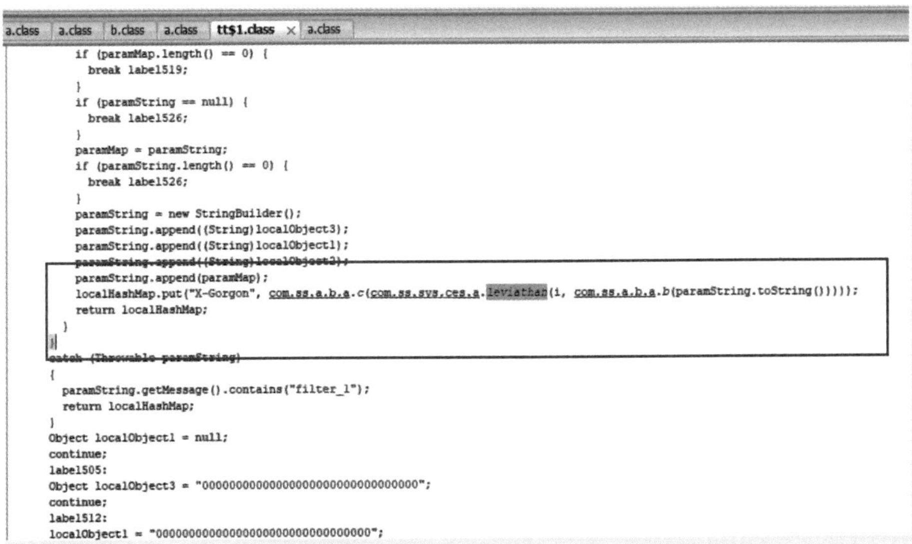

● 图 9-28

可以发现 X-gorgon 是经过这些方法处理后生成的。逐层分析 com. ss. a. b. a( )是对 URL 的参数进行处理。com. ss. sys. ces. a 中的 leviathan 是本地化方法，它不是在 Java 层实现的，来源于 so 文件中，如图 9-29 所示。

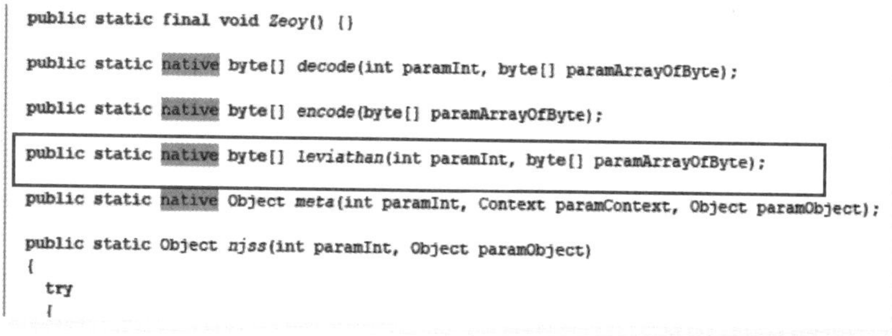
```
public static final void Zeoy() {}

public static native byte[] decode(int paramInt, byte[] paramArrayOfByte);

public static native byte[] encode(byte[] paramArrayOfByte);

public static native byte[] leviathan(int paramInt, byte[] paramArrayOfByte);

public static native Object meta(int paramInt, Context paramContext, Object paramObject);

public static Object njss(int paramInt, Object paramObject)
{
  try
  {
```

● 图 9-29

对大家来说并没有深追的必要，找到参数生成的位置，就可以通过编写 Xpostd Hook 脚本调用该方法。

9. 3. 2 编写 Hook 脚本

根据之前的分析，通过 Xposed 来调用 leviathan 方法。具体的项目创建和环境配置这里就不再重述了，详细内容可以到 Xposed 章节中查看。

Hook 脚本核心代码如下：

```
import de.robv.android.xposed.callbacks.XC_LoadPackage;

public byte[] hook_leviathan(int i,int time, byte[] s){
        return (byte[]) XposedHelpers.callStaticMethod(XposedHelpers.findClass("com.ss.
sys.ces.a", lpparam classLoader),"", i, s);
        }
```

hook_ leviathan 方法中传入的参数是经过处理的，com. ss. a. b. a. b （paramString. toString( )。贴出部分 com. ss. a. b 的源码。

```
package com.ss.a.b;
public final class a
public static byte[] b(String paramString)
{
    int j = paramString.length();
    byte[] arrayOfByte = new byte[j / 2];
    int i = 0;
    while (i < j)
    {
        arrayOfByte[(i / 2)] = ((byte)((Character.digit (paramString.charAt(i), 16) << 4) +
Character.digit (paramString.charAt(i + 1), 16)));
        i += 2;
    }
    return arrayOfByte;
}
```

大家照着源码复现一个就行。

```
public static byte[] lx(String str) {
    int length = str.length();
    byte[] bArr = new byte[(length / 2)];
    for (int i = 0; i < length; i += 2) {
        bArr[i / 2] = (byte) ((Character.digit (str.charAt(i), 16) << 4) + Character.digit
(str.charAt(i + 1), 16));
    }
    return bArr;
}
```

在调用 so 文件之后并没有结束，还有其他的方法需要调用。

```
public String get_fed(String fed) throws Exception{
    return (String) XposedHelpers.callStaticMethod(XposedHelpers.findClass("com.ss.a.b.d", lpp.
classLoader), "a", fed);
}
```

还有一个方法 com. ss. a. b. a. c 也需要去实现。

```
public static String lx2(byte[] bArr) {
    if (bArr == null) {
        return null;
    }
    char[] charArray = "0123456789abcdef".toCharArray();
    char[] cArr = new char[(bArr.length * 2)];
    for (int i = 0; i < bArr.length; i++) {
        int b2 = bArr[i] & 255;
        int i2 = i * 2;
        cArr[i2] = charArray[b2 >>> 4];
        cArr[i2 + 1] = charArray[b2 & 15];
    }
    return new String(cArr);
}
```

再结合整段源码就能模拟 X-gorgon 的生成了。先将请求的 URL 进行分割，取出参数进行处理，然后通过 so 进行加密返回 gon，再次转换后返回字符串 X-gorgon。

```
String NULL_MD5_STRING = "00000000000000000000000000000000";
int inDexOf = url.inDexOf("?");
String fed = url.substring(inDexOf + 1);
String x = get_fed(fed);byte[] s = lx (x + x + NULL_MD5_STRING + NULL_MD5_STRING);
int i = -1;
byte[] gon = get_leviathan(i,s);
String x_gon = lx2(gon);
```

9.3.3 搭建 http 服务

将 Hook 脚本梳理清晰后，写一个 NanoHTTPD 服务结合 Xposed 使用，来返回生成出来的参数。

```
    public NanoHTTPD.Response HttpServer(NanoHTTPD.IHTTPSession session) {
        Map<String, String> parms = session.getParms();
```

```
    String url = URLDecoder.decode (parms.get ("url"), "utf-8");
    // 调用方法处理 url
    return newFixedLengthResponse ("");
}
```

如果模块在模拟器环境中，本地访问模拟器服务需要与其建立通信，假设服务端端口为 18989，那么可以通过 adb 命令转发 tcp 端口的数据，计算机上所有 18989 端口通信数据将被重定向到手机端 18989 端口 server 上，如图 9-30 所示。

`adb forwardtcp：18989 tcp：18989`

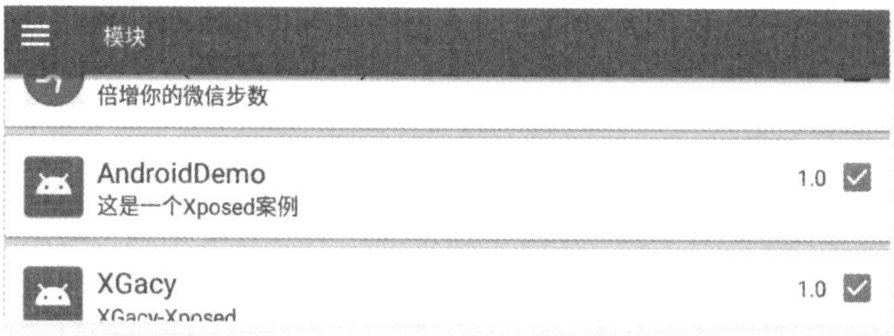

● 图 9-30

这样本地就可以访问在模拟器上运行的服务了，如图 9-31 所示。本地请求 127.0.0.1：18989，提交需要获取 X-gorgon 的链接即可收到响应内容。

{
    "X-SS-STUB":"FD94A4AB057C3267272A8594222EDD[redacted]",
    "X-SS-REQ-TICKET":1594877188065,
    "X-Gorgon":"040180f540051e9136698026ae0751fbd144d052be42a772[redacted]47",
    "X-Khronos":1594877188
}

● 图 9-31

笔者会把做的模块上传到代码库中，需要注意的是，不同版本和环境下可能很难兼容。

9.4 某 App 参数 Frida+Flask RPC

Android 逆向也可以实现 RPC 方式的 Hook，即通过注入一段代码至目标 App 中来将目标 Api 暴露，以供外调用，例如通过 Xposed 插件在对方 App 中启动一个 HTTP 服务，通过反射执行对方 App 中的方法来获取结果并返回。而一般用 Frida 来分析时，在手动触发 Api 后，才会执行 Hook 脚本。这导致不能主动和持久调用方法。本节就结合实战来进行 Frida+Flask 的远程调用。

本节案例是对某 App 的 sig 参数生成分析，案例所需环境是 App 9.3.5 版本、工具 Jadx、Frida、夜神 Android 7 模拟器。

9.4.1 反编译 APK

抓包分析接口的过程笔者就省略掉了，触发搜索接口的请求，可以看到 sig 是接口中的加密参数，如图 9-32 所示。顺便提一下，笔者抓包用的是夜神 Android 5 系统，Frida 是在夜神 Android 7 系统上。

接口分析完成后，接下来进行源码分析，反编译前先进行查壳。

结果发现 APK 使用了阿里聚安全加固，这个壳目前没有好的处理方法，所以不脱了，直接丢入 Jadx 中反编译，看看能不能看到和加密相关的代码。这里要提醒一下，对大家来说并不是所有的壳都需要去破掉并修复，只是为了分析源码，不需要在反编译之后重打包签名，所以如果壳不影响查看关键代码，可以不去理会，当然隐藏了 Dex 文件的话就只能硬脱了。

Jadx 虽然检索一流，但是太占内存，一般 100MB 的 APK 需要 8GB 左右的内存。这里把默认内存修改成了 12GB，如果计算机没有这么多内存，就换其他工具，用 APKtools 或者 JEB 来反编译。等 Jadx 内存加载完成之后，共占了 8.2GB。

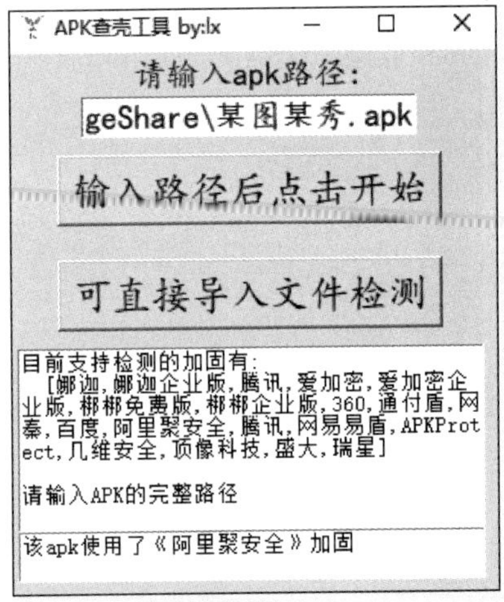

● 图 9-32

9.4.2 静态分析 Sig

接下来开始静态搜索加密参数，和 sig 相关的搜索词有很多，如图 9-33 所示。

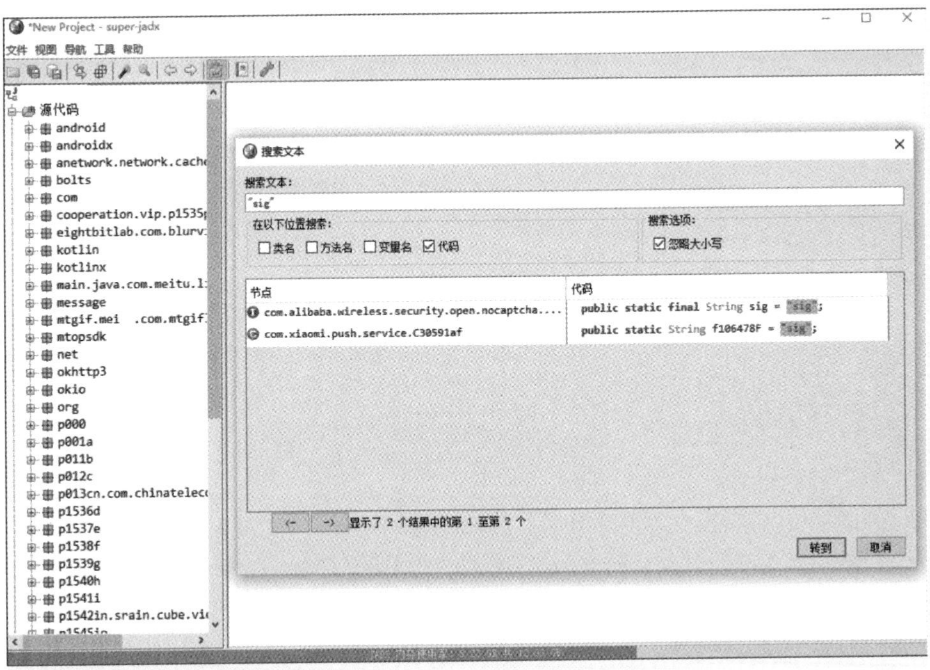

● 图 9-33

经过多次查看，最后在 com. meitu. secret. SigEntity 中找到了比较符合的位置，如图 9-34 所示。

进去之后，观察文件内容，发现有很多 SigEntity 重载方法，如图 9-35 所示。

那么如何知道生成 sig 的是哪一个方法呢，这里最好是通过 Hook 查看。

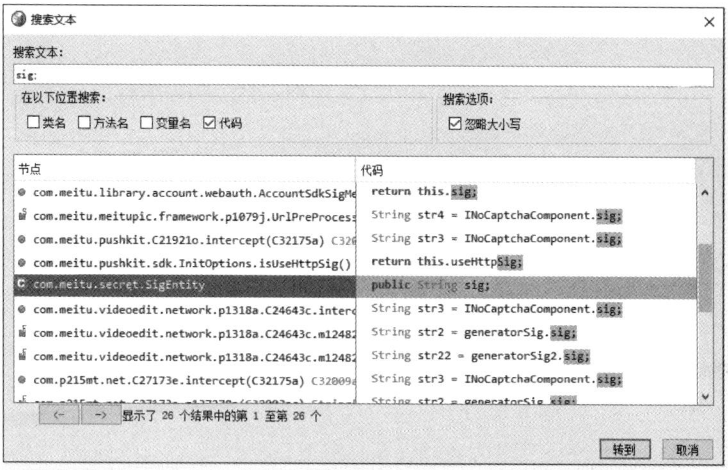

● 图 9-34

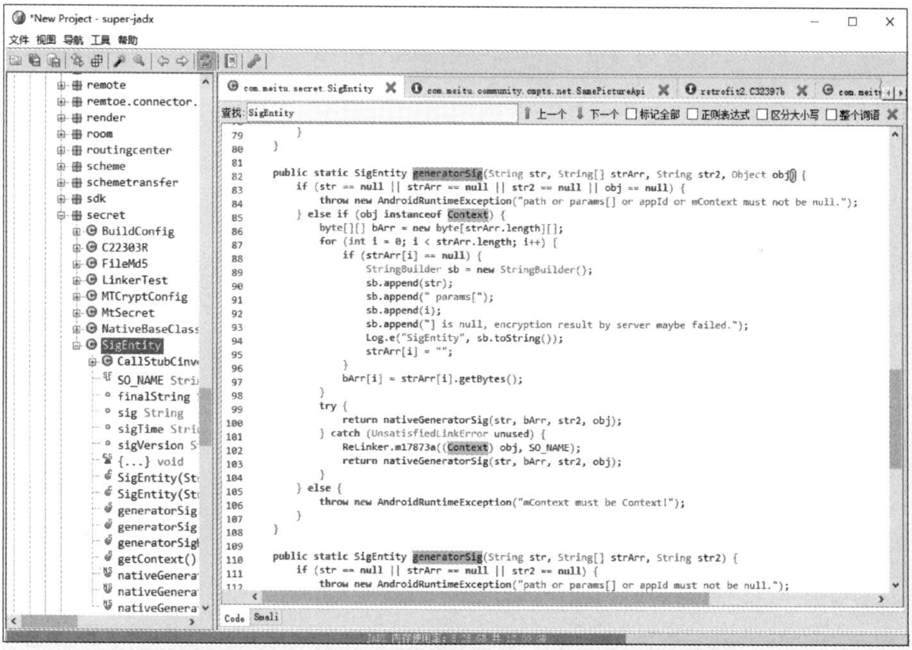

● 图 9-35

9.4.3 调试和 RPC

启动 Frida，准备 Hook SigEntity 类中的 generatorSig。如果不知道参数名该怎么写，就先随便写两个，然后根据 Frida 的报错提示进行修改。

```
{
    'type':'error', 'description':"Error: generatorSig(): specified argument types do not
match any of:
    overload('java.lang.String', '[Ljava.lang.String;', 'java.lang.String')
    overload('java.lang.String', '[Ljava.lang.String;', 'java.lang.String', 'java.lang.Ob-
ject')",}
```

这是报错信息中给出的参数类型，可以直接拿来用。每个都测一下就知道哪个是生成 sig 的方法了。

Frida Hook 代码如下：

```
import Frida, sys

def on_message(message, data):
    print("[% s] => % s" % (message, data))

jscode_hook = """
Java.perform(
    function(){
            console.log("1. start hook");
            var ba = Java.use("com.meitu.secret.SigEntity");
            if (ba != undefined) {
                console.log("2. find class");
                ba.generatorSig.overload('java.lang.String',
'[Ljava.lang.String;', 'java.lang.String', 'java.lang.Object').implementation = function
(a1,a2,a3,a4) {
                    console.log("3. find function");
                    console.log(a1);
                    console.log(a2);
                    console.log(a3);
                    console.log(a4);
                    var res = ba.generatorSig(a1,a2,a3,a4);
                    console.log("计算 result:" + res);
                    return res;
                }
            }
    }
)
"""

process = Frida.get_usb_device().attach('应用包名')
script = process.create_script(jscode_hook)
script.on('message', on_message)
print('[* ] Hook Start Running')
script.load()
sys.stdin.read()
```

触发请求，查看 Frida 打印内容，如图 9-36 所示。

第一个参数是：search/feeds. json。

第二个参数是：提交的参数，包括设备环境。

第三个参数是：6184556633574670337。

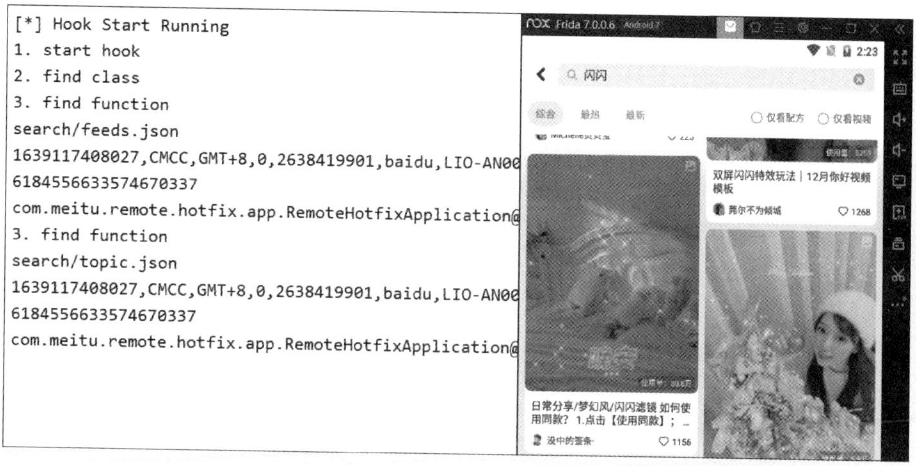

● 图 9-36

第四个参数是：com. meitu. remote. hotfix. app. RemoteHotfixApplication@ 3fbe8c4。

经过多次测试，除了提交的参数，比如搜索词之外，其他都是定值。需要注意的是第四个参数是 Object 对象，如图 9-37 所示。

```java
public static SigEntity generatorSig(String str, String[] strArr, String str2, Object obj) {
    if (str == null || strArr == null || str2 == null || obj == null) {
        throw new AndroidRuntimeException("path or params[] or appId or mContext must not be null.");
    } else if (obj instanceof Context) {
        byte[][] bArr = new byte[strArr.length][];
        for (int i = 0; i < strArr.length; i++) {
            if (strArr[i] == null) {
                StringBuilder sb = new StringBuilder();
                sb.append(str);
                sb.append(" params[");
                sb.append(i);
                sb.append("] is null, encryption result by server maybe failed.");
                Log.e("SigEntity", sb.toString());
                strArr[i] = "";
            }
            bArr[i] = strArr[i].getBytes();
        }
        try {
            return nativeGeneratorSig(str, bArr, str2, obj);
        } catch (UnsatisfiedLinkError unused) {
            ReLinker.m17873a((Context) obj, SO_NAME);
            return nativeGeneratorSig(str, bArr, str2, obj);
        }
    } else {
        throw new AndroidRuntimeException("mContext must be Context!");
    }
}
```

● 图 9-37

根据代码逻辑判断，只有 obj 符合 Context 类型时，才会生成 sig，可以笃定 obj 是一个 Context 对象。

现在已经把参数分析清楚，可以根据方法去编写加密算法了，但是查看了一下加密函数的逻辑，其调用了 native 中的方法，如图 9-38 所示。

```java
public static native SigEntity nativeGeneratorSig(String str, byte[][] bArr, String str2, Object obj);

public static native SigEntity nativeGeneratorSigFinal(String str, byte[][] bArr, String str2, Object obj)

public static native SigEntity nativeGeneratorSigOld(String str, byte[][] bArr, String str2);
```

● 图 9-38

秉承着不分析 so 的思路，此时有两种解决方法。通过 unidbg 去模拟调用 so 中的方法；或者依旧通过 Frida 来 RPC 导出函数生成 sig。

正常的 RPC 导出函数代码如下：

```
import Frida

def on_message(message, data):
    print("[% s] => % s" % (message, data))

def start_hook():
    session = Frida.get_usb_device().attach('应用包名')
    print("[* ] start hook")
    js_code = '''
    rpc.exports = {
        "a":function (kw) {
            var ret = {};
            Java.perform(function(){
                    var SigEntity = Java.use("com.meitu.secret.SigEntity");
                    var BaseApplication = Java.use('com.meitu.library.Application.BaseApplication');
                        var str1 = "search/feeds.json";
                        var str3 = "6184556633574670337";
                        var content = BaseApplication.getApplication();
                    var result = SigEntity.generatorSig(str1, kw, str3, content);
                    ret["result"]=result.sig.value;
                    console.log("[* ] Sig:",result.sig.value);
                    }
            )
            return ret;
            }
        }
    '''
    script = session.create_script(js_code)
    script.on('message', on_message)
    script.load()
    return script

kw = '搜索词'
params = ['1639127762948', 'CMCC', 'GMT+8', kw, ...]
result = start_hook().exports.a(params)
print(result)
```

此时已经能通过 RPC 的方式来调用了，但是要结合 Flask 做成服务来进行调用。

9.4.4 搭建 Flask 服务

Flask 的代码开发很简单，只需要十多行，便可以搭建好一个 Web 服务。

```
import Frida
from flask import Flask, jsonify, request
```

```
App = Flask(_name_)

def on_message(message, data):
    print("[% s] => % s" % (message, data))


def start_hook():
    session = Frida.get_usb_device().attach('应用包名')
    js_code = '''
    rpc.exports = {
        "a":function (kw) {
            var ret = {};
            Java.perform(function(){
                    var SigEntity = Java.use("com.meitu.secret.SigEntity");
                    var BaseApplication =
Java.use('com.meitu.library.Application.BaseApplication');
                        var str1 = "search/feeds.json";
                        var str3 = "6184556633574670337";
                        var content = BaseApplication.getApplication();
                    var result = SigEntity.generatorSig(str1, kw, str3, content);
                    ret["result"]=result.sig.value;
                    console.log("[* ] Sig:",result.sig.value);
                    }
            )
        return ret;
            }
        }
    '''
    script = session.create_script(js_code)
    script.on('message', on_message)
    script.load()
    return script


@ App.route("/hook")
def search():
    kw = request.args.get("kw")
    # 因参数过长,此处代码中的 params 不完整
    params = ['1639127762948', 'CMCC', 'GMT+8',kw, ...]
    result = start_hook().exports.a(params)
    return jsonify({'result':result})


if _name_ == '_main_':
    App.run()
```

通过浏览器请求示例，如图 9-39 所示。

● 图 9-39

参数中还有一个简单的 client_session 参数，留给大家分析一下。

9.5 某 App 加密参数 Unidbg 生成

本节案例是对某 App 的 sign 参数分析和通过 Unidbg 模拟调用，本部分的完整代码和相关环境可在代码库中下载。

案例环境：某 App（Android 10.1.4 版本）、夜神模拟器、Frida、Unidbg（0.9.5）。

9.5.1 接口分析

通过 Android 5 系统的模拟器可以配合抓包工具正常抓包，如图 9-40 所示。

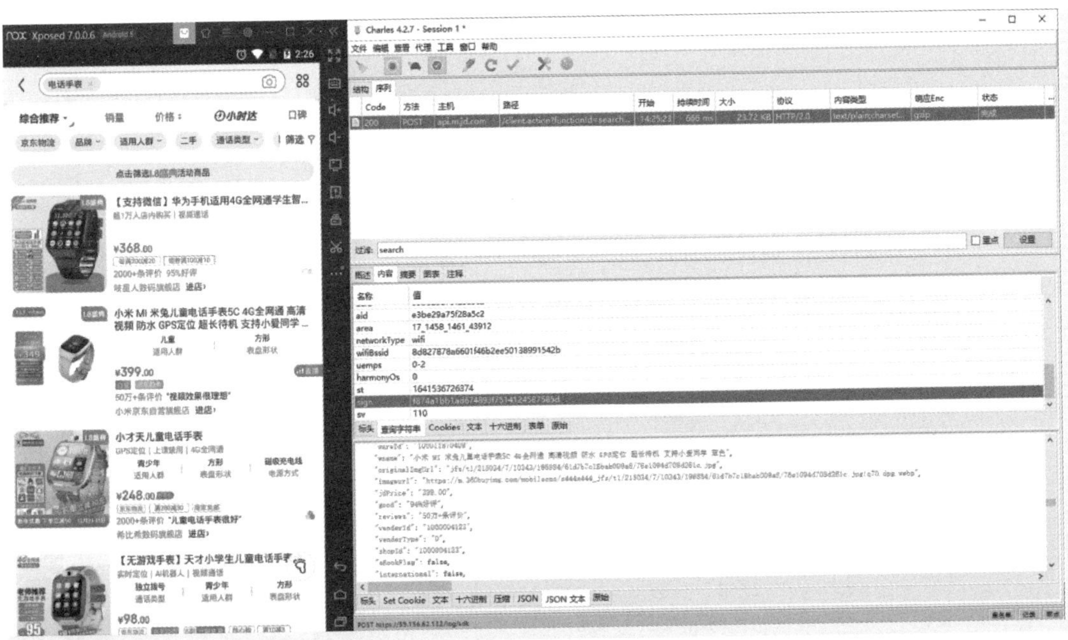

● 图 9-40

分析搜索接口/client.action，可以发现有动态加密参数 Sign，笔者省略了一些 Params 参数，在 Formdata 表单中提交了搜索词 keyword。

```
params = {
    "functionId":"search",
    "clientVersion":"10.1.4",
    "st":"1641536726374",
    "sign":"f874a1bb1ad674893f7514124587585d",
}
```

Sign 是 32 位的，可以先认为是 MD5 加密。

9.5.2 Frida 调试

准备分析源码的时候发现 APK 并未加固，但大小超过了 100MB，以 Jadx 来说，很难在内存中把所有代码加载出来。所以此时可以先用 Frida 去 Hook 所有加密算法，以查看调用栈的方式去定位加密参数的位置。

先用 Jadx 打开，查看一下包名和版本，但是不要触发搜索。

接下来通过 adb shell 连接设备后启动 Frida，如图 9-41 所示。

```
LIO-AN00:/ # ./data/local/tmp/frida-server
```

● 图 9-41

开始 Hook 所有算法，由于代码特别长，就不往这里贴了。执行后可以发现搜索接口在调用的时候触发了很多加密，有 MD5、AES、SHA、Hmac，如图 9-42 所示。

```
[*] 算法名: MD5
[*] java.lang.Exception
    at java.security.MessageDigest.update(Native Method)
    at com.        .jdexreport.common.a.c.a(Md5Encrypt.java:21)
    at com.        .jdexreport.d.b.a(CommonInfoModel.java:73)
[*] ======================================
[*] 模式填充:AES/CBC/PKCS5Padding
[*] java.lang.Exception
    at javax.crypto.Cipher.doFinal(Native Method)
    at com.   .jdsdk.security.a.decrypt(AesCbcCrypto.java:63)
    at com.        .jdsdk.utils.JDSharedPreferences.decrypt
[*] ======================================
[*] 算法名: SHA
[*] java.lang.Exception
    at java.security.MessageDigest.digest(Native Method)
[*] ======================================
[*] 算法名: HmacSHA256
[*] java.lang.Exception
    at javax.crypto.Mac.doFinal(Native Method)
    at com.        .sdk.jdcrashreport.a.z.a(JDCrashReportFile:63)
```

● 图 9-42

此时可以通过 Frida 根据打印出来的堆栈信息进行 Hook 调试，先 Hook 一下 MD5，如图 9-43 所示。

```
1 start hook
2 find class
3 successfully
/client.action?functionId=backupKeywords&clientVersion=10.1.4&build=90060&client=
99940ab8417aee84c35d3c7dd846e86f
3 successfully
/client.action?functionId=search&clientVersion=10.1.4&build=90060&client=android&
0a33b11154ac9914e82918cfa227df7c
```

● 图 9-43

确实能 Hook 到，但是测了一下并不是要找的 Sign。经过几次测试，发现打印出的信息都不是要找的 Sign。虽然通过 Hook 所有加密方法没找到和 Sign 相关的调用，但这也是参数定位的技巧，所以希望大家也练习一下，掌握一下方法。

此时可以得出结论，Sign 的生成不在 Java 层，或者是通过了自定义的算法，现在需要到源码中进行查找了。当 APK 过大导致 Jadx 内存不够时，可以把 Dex 文件分批反编译，经过检索后，发现 Sign 的生成在 com. common. utils. common. utils 的 BitmapkitUtils 类中，如图 9-44 所示。

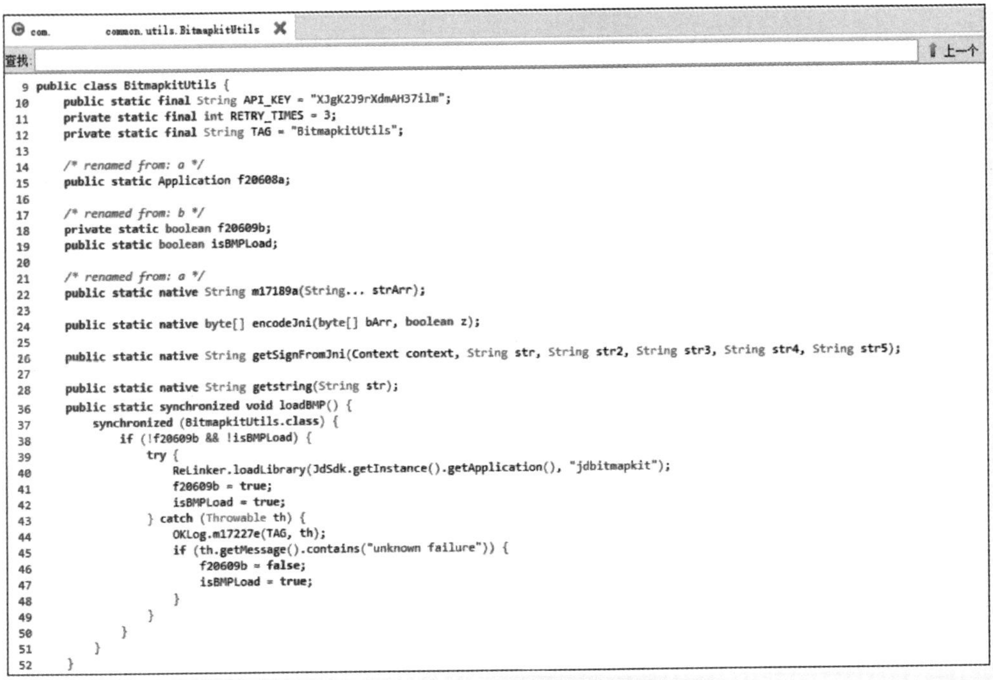

com.   common.utils.BitmapkitUtils
查找:
上一个
public class BitmapkitUtils {
public static final String API_KEY = "XJgK2J9rXdmAH37ilm";
private static final int RETRY_TIMES = 3;
private static final String TAG = "BitmapkitUtils";
/* renamed from: a */
public static Application f20608a;
/* renamed from: b */
private static boolean f20609b;
public static boolean isBMPLoad;
/* renamed from: a */
public static native String m17189a(String... strArr);
public static native byte[] encodeJni(byte[] bArr, boolean z);
public static native String getSignFromJni(Context context, String str, String str2, String str3, String str4, String str5);
public static native String getstring(String str);
public static synchronized void loadBMP() {
synchronized (BitmapkitUtils.class) {
if (!f20609b && !isBMPLoad) {
try {
ReLinker.loadLibrary(JdSdk.getInstance().getApplication(), "jdbitmapkit");
f20609b = true;
isBMPLoad = true;
} catch (Throwable th) {
OKLog.m17227e(TAG, th);
if (th.getMessage().contains("unknown failure")) {
f20609b = false;
isBMPLoad = true;
}
}
}
}
}

● 图 9-44

通过分析源码可以得知，Sign 是通过 Native 方法 getSignFromJni 生成的，加载的 jdbitmapkit. so 文件有 6 个参数，且静态方法可以直接调用。

接下来编写 Frida hook 代码：

```
import Frida, sys
def on_message(message, data):
    print("[% s] => % s" % (message, data))

session = Frida.get_usb_device().attach('App 包名')

js_code = """
Java.perform(function(){
    console.log("1 start hook");
    var ba = Java.use('com.自行补充.common.utils.BitmAPKitUtils');
    if (ba){
        console.log("2 find class");
        ba.getSignFromJni.overload('android.content.Context', 'java.lang.String', 'java.lang.
String', 'java.lang.String', 'java.lang.String', 'java.lang.String').implementation= func-
tion(a1,a2,a3,a4,a5,a6){
```

```
            console.log("3 successfully");
            console.log(a1);
            console.log(a2);
            console.log(a3);
            console.log(a4);
            console.log(a5);
            console.log(a6);
            var res = this.getSignFromJni(a1,a2,a3,a4,a5,a6)
            console.log(res);
            return res;
            }
        }
    })
"""

script = session.create_script(js_code)
script.on('message', on_message)
script.load()
sys.stdin.read()
```

启动并查看打印内容，如图 9-45 所示。

```
3 successfully
com.jingdong.app.mall.JDApp@4ffbec8
search
{"addrFilter":"1","addressId":"0","articleEssay":"1","deviceidTail":"54","exposedCount":"0"
1ed2c3eaa237283d
android
10.1.4
st=1641547209508&sign=c657e31c280bf16015a41fdbc8df9d08&sv=120
```

● 图 9-45

参数一是 context 上下文，参数二是 search，参数三是 Params，参数四是定值 1ed2c3eaa237283d，参数五是 android，参数六是 APK 版本 10. 1. 4。

此时已经可以根据调试结果进行 RPC 调用了，本节使用 Unidbg 进行调用。

9. 5. 3　Unidbg 调用

Unidbg 在之前的章节中有过介绍，需要准备好 APK 和 so 文件，然后编写调用代码，通过虚拟机去执行 so 中的函数，所以先提取出 APK 中的 so 文件，如图 9-46 所示。

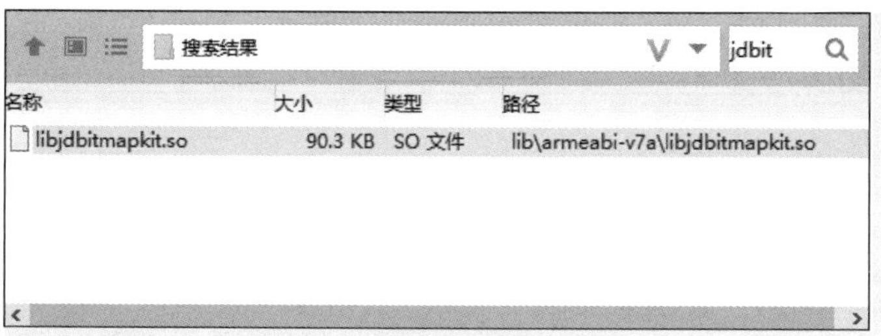

● 图 9-46

然后搭一个通用的 Unidbg 架子，并修改相关配置。笔者在 Github 下载了 0. 9. 5 版本源码，在源码的 unidbg-android/src/test/java/com 目录下创建一个名为 jingdong. sign 的 class 文件。

```
packagecom.jingdong;
import com.Github.unidbg.AndroidEmulator;
import com.Github.unidbg.Module;
import com.Github.unidbg.linux.android.AndroidEmulatorBuilder;
import com.Github.unidbg.linux.android.AndroidResolver;
import com.Github.unidbg.linux.android.dvm.* ;
import com.Github.unidbg.memory.Memory;
import java.io.File;
import java.io.IOException;


public class sign extends AbstractJni {
    private final AndroidEmulator emulator;
    private final VM vm;
    private Module module;
    String rootPath = "C:\\Users\\lx\\Desktop\\App\\";
    File APKFile = new File(rootPath+"某电商.APK");
    File soFile = new File(rootPath+"libjdbitmAPKit.so");

    public sign() {
        emulator = AndroidEmulatorBuilder.for32Bit().build();
        final Memory memory = emulator.getMemory();
        memory.setLibraryResolver(new AndroidResolver(23));
        vm = emulator.createDalvikVM(APKFile);
        vm.setVerbose(false);
        vm.setJni(this);
        DalvikModule dm = vm.loadLibrary(soFile, true);
        module = dm.getModule();
        dm.callJNI_OnLoad(emulator);
        Runtime.getRuntime().addShutdownHook(new Thread(new Runnable() {
            @ Override
            public void run() {
                try {
                    emulator.close();
                } catch (IOException e) {
                    e.printStackTrace();
                }
            }
        }));
    }

    public String get_sign(){
        return "";
    }

    public static void main(String[] args) {
        com.jingdong.sign b = new com.jingdong.sign();
```

```
        System.out.println(b.get_sign());
    }
}
```

代码大意是创建虚拟机，加载 APK 和 so 文件，get_sign 方法为具体的调用逻辑，main 方法进行调用和测试。

9.5.4 Unidbg 补环境

搭好架子后，先运行看看是否需要补环境，补环境就是根据 so 加载时的报错信息来补充相应的 Java 层 Api（笔者编辑器中默认的背景主题是黑色，因为贴代码时黑色阅读不便，所以都以白色为底色），如图 9-47 所示。

运行报错：getStaticObjectField（AbstractJni. java：84）

报错信息：com/jingdong/common/utils/BitmAPKitUtils->a：Landroid/App/Application；

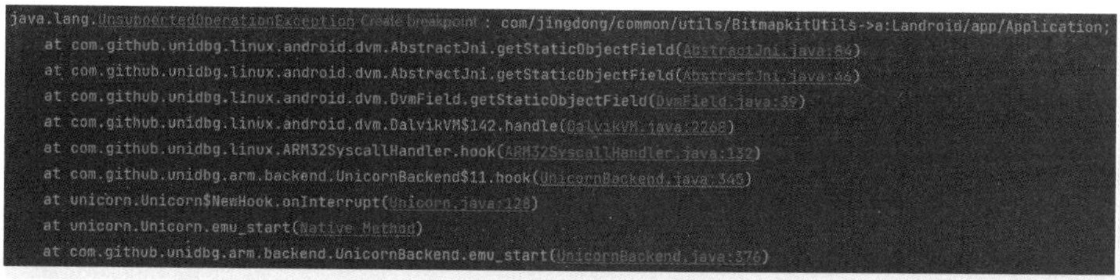

```
java.lang.UnsupportedOperationException Create breakpoint : com/jingdong/common/utils/BitmapkitUtils->a:Landroid/app/Application;
    at com.github.unidbg.linux.android.dvm.AbstractJni.getStaticObjectField(AbstractJni.java:84)
    at com.github.unidbg.linux.android.dvm.AbstractJni.getStaticObjectField(AbstractJni.java:46)
    at com.github.unidbg.linux.android.dvm.DvmField.getStaticObjectField(DvmField.java:39)
    at com.github.unidbg.linux.android.dvm.DalvikVM$142.handle(DalvikVM.java:2268)
    at com.github.unidbg.linux.ARM32SyscallHandler.hook(ARM32SyscallHandler.java:132)
    at com.github.unidbg.arm.backend.UnicornBackend$11.hook(UnicornBackend.java:345)
    at unicorn.Unicorn$NewHook.onInterrupt(Unicorn.java:128)
    at unicorn.Unicorn.emu_start(Native Method)
    at com.github.unidbg.arm.backend.UnicornBackend.emu_start(UnicornBackend.java:376)
```

● 图 9-47

此时可以点进去查看该方法的参数，然后通过@ override 注解修改方法和属性，根据报错内容中的类型进行返回，比如 getStaticObjectField 的参数是下面的三个，报错中的类型是 Object，如图 9-48 所示。

```
@Override
public DvmObject<?> getStaticObjectField(BaseVM vm, DvmClass dvmClass, String signature) {
    switch (signature) {
```

● 图 9-48

补充内容如下：

```
@ Override
public DvmObject<? > getStaticObjectField(BaseVM vm, DvmClass dvmClass, String signature) {
    switch (signature) {
        case "com/jingdong/common/utils/BitmAPKitUtils->a:Landroid/App/Application;":{
            return vm.resolveClass("android/App/Activity", vm.resolveClass("android/con-
tent/ContextWrApper", vm. resolveClass ( " android/content/Context"))). newObject (signa-
ture);
        }
    }
    return super.getStaticObjectField(vm, dvmClass, signature);
}
```

此时再次运行，可以发现报错信息已经发生了变化，说明 getStaticObjectField 补充成功，接下来继续运行，如图 9-49 所示。

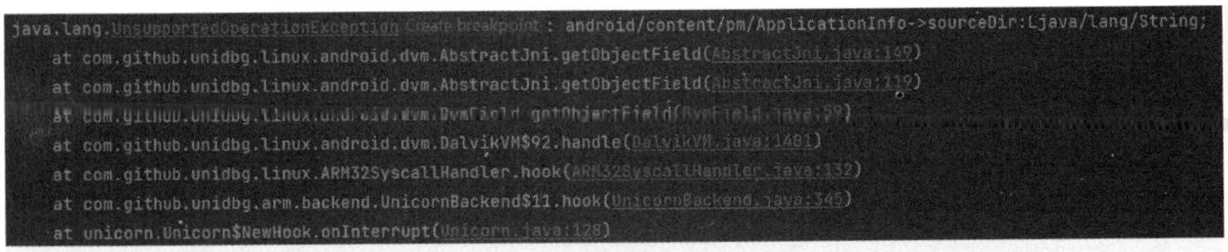

● 图 9-49

运行报错：getObjectField（AbstractJni. java：149）

报错信息：android/content/pm/ApplicationInfo->sourceDir：Ljava/lang/String;

补充内容如下：

```
@ Override
public DvmObject<? > getObjectField(BaseVM vm, DvmObject<? > dvmObject, String signature) {
    if ("android/App/ApplicationInfo->sourceDir:Ljava/lang/String;".equals(signature)) {
        return new StringObject(vm, soFile.toString());
    }
    if ("android/content/pm/ApplicationInfo->sourceDir:Ljava/lang/String;".equals(signa-
ture)) {
        return new StringObject(vm, soFile.toString());
    }
    return super.getObjectField(vm, dvmObject, signature);
}
```

运行报错：callStaticObjectMethod（AbstractJni. java：383）

报错信息：com/jingdong/common/utils/BitmAPKitZip-> unZip（Ljava/lang/String；Ljava/lang/String；Ljava/lang/String；）[B，如图 9-50 所示。

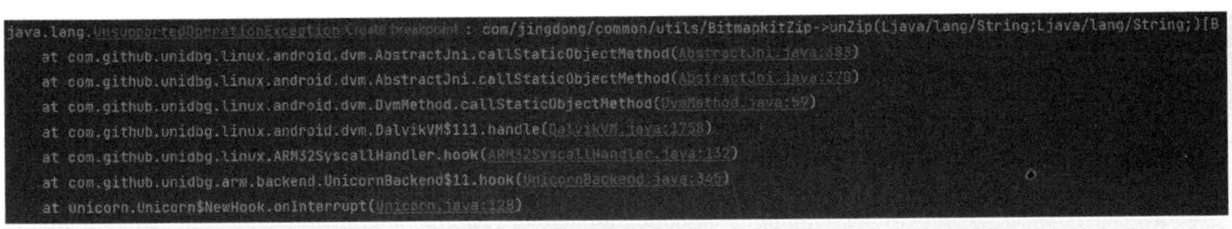

● 图 9-50

这里返回的是 [B 类型，即 ByteArray 数组，点进去看一下参数，如图 9-51 所示。

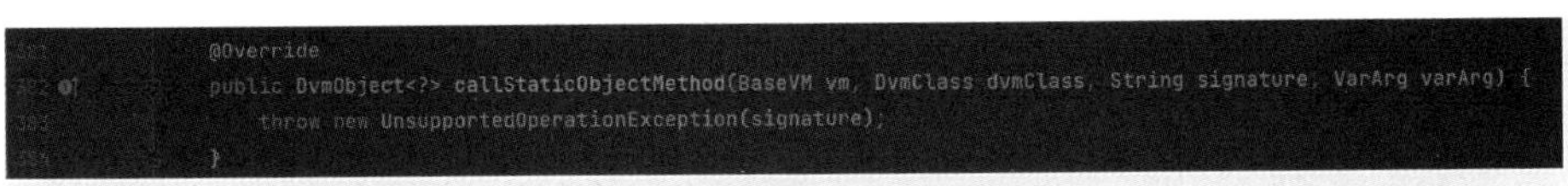

● 图 9-51

继续补环境，补充内容：

```
@ Override
public DvmObject<? > callStaticObjectMethod(BaseVM vm, DvmClass dvmClass, String signature,
VarArg varArg) {
```

```
    switch (signature) {
        case "com/jingdong/common/utils/BitmAPKitZip->unZip(Ljava/lang/String;Ljava/lang/
String;Ljava/lang/String;)[B":
            String APKPath = APKFile.toString();
            StringObject directory = varArg.getObjectArg(1);
            StringObject filename = varArg.getObjectArg(2);
            if (APKPath.equals(APKPath) && "META-INF/".equals(directory.getValue()) && ".
RSA".equals(filename.getValue())) {
                byte[] data = vm.unzip("META-INF/JINGDONG.RSA");
                return new ByteArray(vm, data);
            }
    }
    return super.callStaticObjectMethod(vm, dvmClass, signature, varArg);
}
```

运行报错：newObject（AbstractJni. java：656）

报错信息：sun/security/pkcs/PKCS7-><init>（［B）V，如图 9-52 所示。

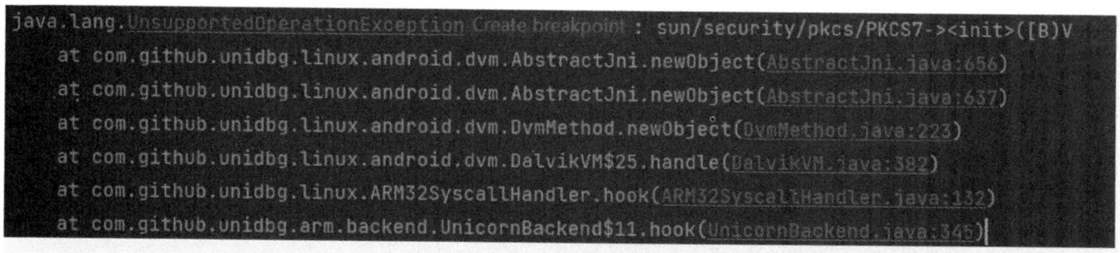

● 图 9-52

补充内容如下：

```
@ Override
public DvmObject<? > newObject(BaseVM vm, DvmClass dvmClass, String signature, VarArg
varArg) {
    if ("sun/security/pkcs/PKCS7-><init>([B)V".equals(signature)) {
        ByteArray array = varArg.getObjectArg(0);
        try {
            return vm.resolveClass("sun/security/pkcs/PKCS7").newObject(new PKCS7(array.
getValue()));
        } catch (ParsingException e) {
            throw new IllegalStateException(e);
        }
    }

    return super.newObject(vm, dvmClass, signature, varArg);
}
```

运行报错：callObjectMethod（AbstractJni. java：818）

报错信息：sun/security/pkcs/PKCS7-> getCertificates（ ）［Ljava/security/cert/X509Certificate;，如图 9-53 所示。

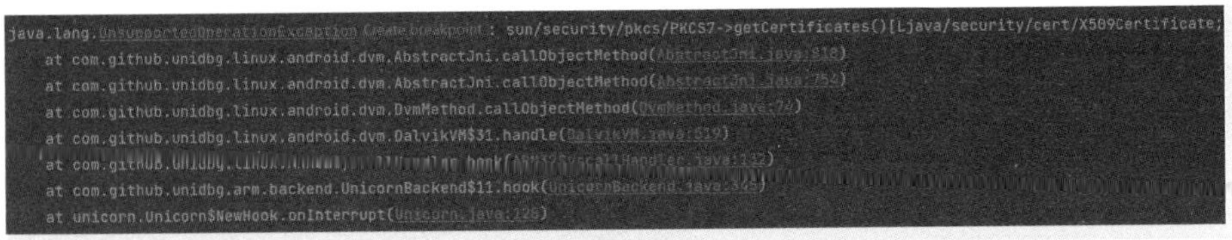

```
java.lang.UnsupportedOperationException Create breakpoint : sun/security/pkcs/PKCS7->getCertificates()[Ljava/security/cert/X509Certificate;
    at com.github.unidbg.linux.android.dvm.AbstractJni.callObjectMethod(AbstractJni.java:818)
    at com.github.unidbg.linux.android.dvm.AbstractJni.callObjectMethod(AbstractJni.java:754)
    at com.github.unidbg.linux.android.dvm.DvmMethod.callObjectMethod(DvmMethod.java:74)
    at com.github.unidbg.linux.android.dvm.DalvikVM$31.handle(DalvikVM.java:519)
    at com.github.unidbg.linux.ARM32SyscallHandler.hook(ARM32SyscallHandler.java:132)
    at com.github.unidbg.arm.backend.UnicornBackend$11.hook(UnicornBackend.java:345)
    at unicorn.Unicorn$NewHook.onInterrupt(Unicorn.java:128)
```

• 图 9-53

补充内容如下：

```
@ Override
public DvmObject<? > callObjectMethod(BaseVM vm, DvmObject<? > dvmObject, String signature, VarArg varArg) {
    if ("sun/security/pkcs/PKCS7->getCertificates()[Ljava/security/cert/X509Certificate;".equals(signature)) {
        PKCS7 pkcs7 = (PKCS7) dvmObject.getValue();
        X509Certificate[] certificates = pkcs7.getCertificates();
        return ProxyDvmObject.createObject (vm, certificates);
    }
    return super.callObjectMethod(vm, dvmObject, signature, varArg);
}
```

运行报错：callStaticObjectMethod（AbstractJni. java：383）

报错信息：com/jingdong/common/utils/BitmapkitZip->objectToBytes（Ljava/lang/Object;）［B，如图 9-54 所示。

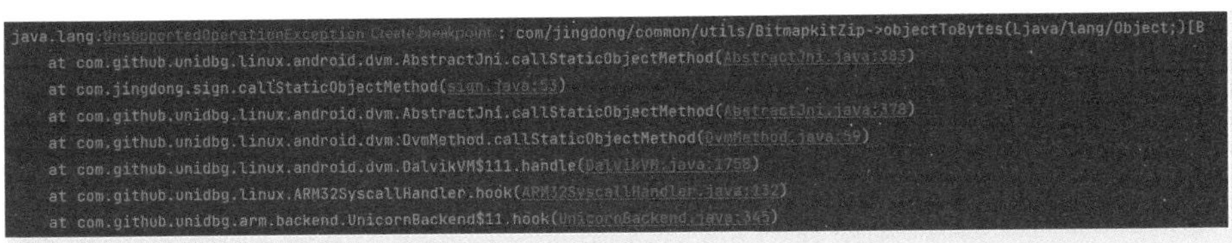

```
java.lang.UnsupportedOperationException Create breakpoint : com/jingdong/common/utils/BitmapkitZip->objectToBytes(Ljava/lang/Object;)[B
    at com.github.unidbg.linux.android.dvm.AbstractJni.callStaticObjectMethod(AbstractJni.java:383)
    at com.jingdong.sign.callStaticObjectMethod(sign.java:53)
    at com.github.unidbg.linux.android.dvm.AbstractJni.callStaticObjectMethod(AbstractJni.java:378)
    at com.github.unidbg.linux.android.dvm.DvmMethod.callStaticObjectMethod(DvmMethod.java:59)
    at com.github.unidbg.linux.android.dvm.DalvikVM$111.handle(DalvikVM.java:1758)
    at com.github.unidbg.linux.ARM32SyscallHandler.hook(ARM32SyscallHandler.java:132)
    at com.github.unidbg.arm.backend.UnicornBackend$11.hook(UnicornBackend.java:345)
```

• 图 9-54

之前已经补充过 callStaticObjectMethod 方法，此时在之前的方法中继续添加内容即可。注意这里报错信息中的内容是 BitmapkitZip->objectToBytes，所以需要把 Object 转成 bytes 后再返回。

补充内容如下：

```
//OtoB:Object to Bytes;
private static byte[] OtoB(Object obj){
    try {
        ByteArrayOutputStream ByteStream = new ByteArrayOutputStream();
        ObjectOutputStream ObjectStream = new ObjectOutputStream(ByteStream);
        ObjectStream.writeObject(obj);
        ObjectStream.flush();
        byte[] newArray = ByteStream.toByteArray();
        ObjectStream.close();
        ByteStream.close();
        return newArray;
```

```
    } catch (IOException e) {
        throw new IllegalStateException(e);
    }
}

@ Override
public DvmObject<? > callStaticObjectMethod(BaseVM vm, DvmClass dvmClass, String signature,
VarArg varArg) {
    switch (signature) {
        case "com/jingdong/common/utils/BitmAPKitZip->unZip(Ljava/lang/String;Ljava/lang/
String;Ljava/lang/String;)[B":
            String APKPath = APKFile.toString();
            StringObject directory = varArg.getObjectArg(1);
            StringObject filename = varArg.getObjectArg(2);
            if (APKPath.equals(APKPath) && "META-INF/".equals(directory.getValue()) && ".
RSA".equals(filename.getValue())) {
                byte[] data = vm.unzip("META-INF/JINGDONG.RSA");
                return new ByteArray(vm, data);
            }
        case "com/jingdong/common/utils/BitmAPKitZip->objectToBytes(Ljava/lang/Object;)[B":
            DvmObject<? > obj = varArg.getObjectArg(0);
            byte[] bytes = OtoB(obj.getValue());
            return new ByteArray(vm, bytes);
    }
    return super.callStaticObjectMethod(vm, dvmClass, signature, varArg);
}
```

此时再次运行，发现已经没有异常了。接下来可以开始编写 get_sign 调用方法，在编写后还是需要继续测试，查看是否需要补环境。

上文中对调用函数和参数有过分析，BitmAPKitUtils 类中的 getSignFromJni 方法一共有 6 个，一个 Context 对象和 5 个 String。

调用方法如下：

```
publicString get_sign(){
    DvmClass BitmAPKitUtils = vm.resolveClass("com/jingdong/common/utils/BitmAPKitUtils");
    StringObject signs= BitmAPKitUtils.callStaticJniMethodObject(emulator,"getSignFromJni()
(Landroid/content/Context; Ljava/lang/String; Ljava/lang/String; Ljava/lang/String; Ljava/
lang/String;Ljava/lang/String;)Ljava/lang/String;",
            vm.resolveClass("android/App/Activity").newObject(null),
            "search","提交的 Params 参数",
            "1ed2c3eaa237283d",
            "android","10.1.4");
    String sign = signs.getValue();
    System.out .println(sign);
    return sign;
}
```

运行报错：newObjectV（AbstractJni. java：690）

报错信息：java/lang/StringBuffer-><init>()V，如图 9-55 所示。

```
java.lang.UnsupportedOperationException Create breakpoint : java/lang/StringBuffer-><init>()V
    at com.github.unidbg.linux.android.dvm.AbstractJni.newObjectV(AbstractJni.java:690)
    at com.github.unidbg.linux.android.dvm.AbstractJni.newObjectV(AbstractJni.java:661)
    at com.github.unidbg.linux.android.dvm.DvmMethod.newObjectV(DvmMethod.java:213)
    at com.github.unidbg.linux.android.dvm.DalvikVM$26.handle(DalvikVM.java:407)
    at com.github.unidbg.linux.ARM32SyscallHandler.hook(ARM32SyscallHandler.java:132)
    at com.github.unidbg.arm.backend.UnicornBackend$11.hook(UnicornBackend.java:[illegible])
```

● 图 9-55

还是环境问题，继续补充：

```
@ Override
public DvmObject<? > newObjectV(BaseVM vm, DvmClass dvmClass, String signature, VaList vaList) {
    switch (signature) {
        case "java/lang/StringBuffer-><init>()V":
            return vm.resolveClass("java/lang/StringBuffer").newObject(new StringBuffer());
    }
    return super.newObjectV(vm, dvmClass, signature, vaList);
}
```

运行报错：callObjectMethodV（AbstractJni. java：373）

报错信息：java/lang/StringBuffer-> append （Ljava/lang/String;） Ljava/lang/StringBuffer;，如图 9-56 所示。

```
java.lang.UnsupportedOperationException Create breakpoint : java/lang/StringBuffer->append(Ljava/lang/String;)Ljava/lang/StringBuffer;
    at com.github.unidbg.linux.android.dvm.AbstractJni.callObjectMethodV(AbstractJni.java:373)
    at com.github.unidbg.linux.android.dvm.AbstractJni.callObjectMethodV(AbstractJni.java:240)
    at com.github.unidbg.linux.android.dvm.DvmMethod.callObjectMethodV(DvmMethod.java:89)
    at com.github.unidbg.linux.android.dvm.DalvikVM$32.handle(DalvikVM.java:545)
    at com.github.unidbg.linux.ARM32SyscallHandler.hook(ARM32SyscallHandler.java:132)
    at com.github.unidbg.arm.backend.UnicornBackend$11.hook(UnicornBackend.java:345)
```

● 图 9-56

补充内容如下：

```
@ Override
public DvmObject<? > callObjectMethodV(BaseVM vm, DvmObject<? > dvmObject, String signature, Va-
List vaList) {
    switch (signature) {
        case "java/lang/StringBuffer->Append(Ljava/lang/String;)Ljava/lang/StringBuffer;":{
            StringBuffer buffer = (StringBuffer) dvmObject.getValue();
            StringObject str = vaList.getObjectArg(0);
            buffer.Append(str.getValue());
            return dvmObject;
        }
    }
    return super.callObjectMethodV(vm, dvmObject, signature, vaList);
}
```

运行报错：newObjectV（AbstractJni. java：690）

报错信息：java/lang/Integer-><init>（I）V

在之前补充的 newObjectV 中继续添加：

```
@ Override
public DvmObject<? > newObjectV(BaseVM vm, DvmClass dvmClass, String signature, VaList vaList) {
    switch (signature) {
        case "java/lang/StringBuffer-><init>()V":
            return vm.resolveClass("java/lang/StringBuffer").newObject(new StringBuffer());
        case "java/lang/Integer-><init>(I)V":
            int value = vaList.getIntArg(0);
            return DvmInteger.valueOf (vm, value);
    }
    return super.newObjectV(vm, dvmClass, signature, vaList);
}
```

运行报错：callObjectMethodV （AbstractJni. java：373）

报错信息：java/lang/Integer->toString( ) Ljava/lang/String;

在之前定义过的 callObjectMethodV 中继续添加 Integer->toString( )

```
@ Override
public DvmObject <? > callObjectMethodV (BaseVM vm, DvmObject <? > dvmObject, String
signature, VaList vaList) {
    switch (signature) {
        case "java/lang/StringBuffer->Append(Ljava/lang/String;)Ljava/lang/StringBuffer;":{
            StringBuffer buffer = (StringBuffer) dvmObject.getValue();
            StringObject str = vaList.getObjectArg(0);
            buffer.Append(str.getValue());
            return dvmObject;
        }
        case "java/lang/Integer->toString()Ljava/lang/String;":
            Integer it = (Integer) dvmObject.getValue();
            return new StringObject(vm, it.toString());
        case "java/lang/StringBuffer->toString()Ljava/lang/String;":
            StringBuffer buffer = (StringBuffer) dvmObject.getValue();
            return new StringObject(vm, buffer.toString());
    }
    return super.callObjectMethodV(vm, dvmObject, signature, vaList);
}
```

再次运行又是 callObjectMethodV 报错，callObjectMethodV （AbstractJni. java：373）

报错信息：java/lang/StringBuffer->toString( ) Ljava/lang/String;，如图 9-57 所示。

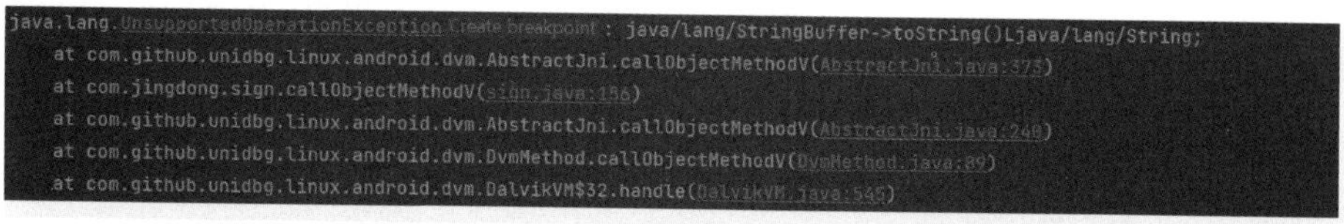

● 图 9-57

补充内容如下：

```
@ Override
public DvmObject <? > callObjectMethodV (BaseVM vm, DvmObject <? > dvmObject, String
signature, VaList vaList) {
```

```
    switch (signature) {
        case "java/lang/StringBuffer->Append(Ljava/lang/String;)Ljava/lang/StringBuffer;":{
            StringBuffer buffer = (StringBuffer) dvmObject.getValue();
            StringObject str = vaList.getObjectArg(0);
            buffer.Append(str.getValue());
            return dvmObject;
        }
        case "java/lang/Integer->toString()Ljava/lang/String;":
            Integer it = (Integer) dvmObject.getValue();
            return new StringObject(vm, it.toString());
        case "java/lang/StringBuffer->toString()Ljava/lang/String;":
            StringBuffer buffer = (StringBuffer) dvmObject.getValue();
            return new StringObject(vm, buffer.toString());
    }
    return super.callObjectMethodV(vm, dvmObject, signature, vaList);
}
```

再次运行后，终于没有异常，成功返回 Sign 值，如图 9-58 所示。

● 图 9-58

本节案例中 Unidbg 的使用部分其实很简单，搭架子写调用逻辑，但是对环境补充了 10 次，笔者把每次的补充内容都贴了进来，代码有些多，但是方便大家补充时进行查看和对比。

9.5.5 Web 服务搭建

Unidbg 是一个标准的 Maven 项目，可以很便捷地通过 Springboot 开发 Web 接口进行远程调用。最简单的搭建方式是到 Github 中找一些 unidbg-server 的源码来自己改改，或者自己建一个 Springboot 项目来搭一套 Web 服务，如图 9-59 所示。

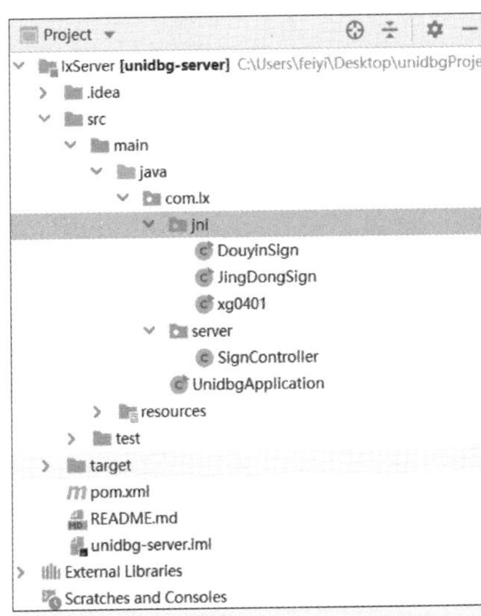

● 图 9-59

项目已经准备好了，这块具体的搭建和部署就不再讲解了，案例的完整代码可到代码库中查看。大家跟着流程做一做，本书后续的逆向案例中不再使用 Unidbg 了，因为代码量太多，不适合在书中粘贴，但是 Unidbg 对逆向分析非常有帮助，它不仅提供了模拟调用，更多的是可以对 so 进行分析和调试。

9.6 某资讯加固脱壳和参数分析

本节案例是对某资讯 App 的 signature 参数分析，通过对《360》加固的脱壳获取 APK 源代码，然后静态分析获取加密参数位置，最后通过 Frida hook 生成 signature 参数。

案例环境：夜神模拟器（Android 5 和 Android 7）、App（Android 6.0.4.4）、Jadx、Frida、Frida-Dex-dump。

9.6.1 抓包分析接口

通过 Android 5 系统的模拟器配合 Charles 进行抓包，可正常抓包，先分析接口，如图 9-60 所示。

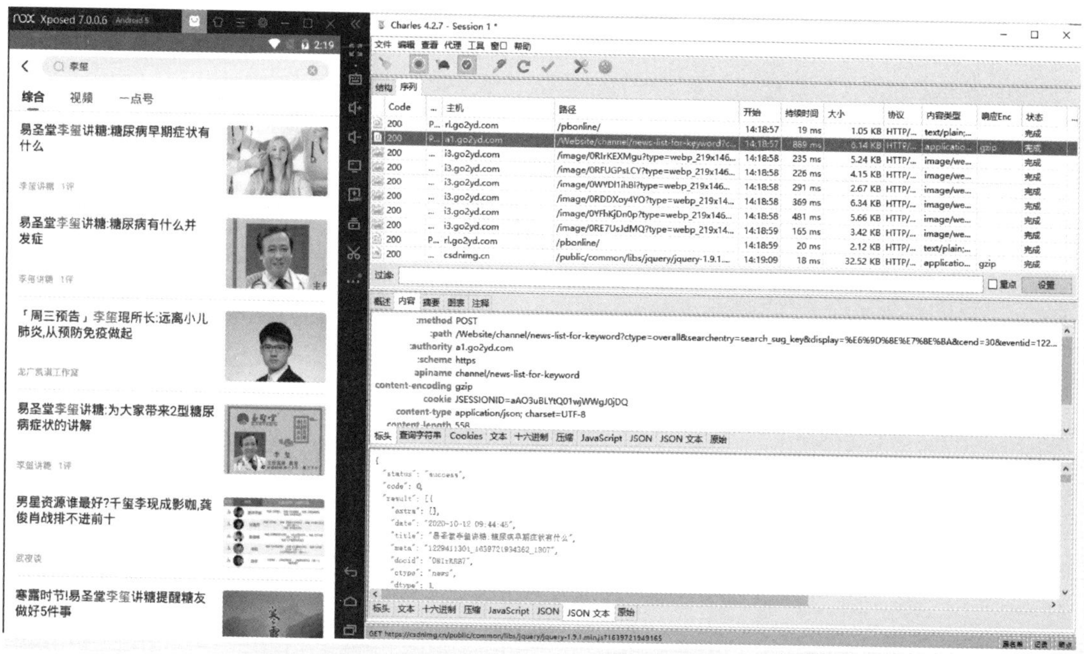

● 图 9-60

捕获到一个 POST 接口，后缀为 news-list-for-keyword。接口 Params 中有一个 signature 加密参数，这是本节要分析的目标。Params 参数如下，笔者省略了部分内容，下面的一些参数对后续分析会有帮助。

```
params = {
    "ctype":"overall",
    "display":"检索词",
    "cend":"30",
    "eventid":"1229411301949bcb37-4299-44d0-8382-2200c297942b",
    "group_id":"104006230661",
    "yd_device_id":"070297f16f0adc30971aa7a4a84b27d5e622",
    "signature":"u44xgc_DCFGgZqg6m ...... QNLITttGL_dMvO9s4aTL96Zw",
    "reqid":"kbyjtxsc_1639721933518_709",
    "personalRec":"1",
```

```
    "distribution":"weixiazai30",
    "net":"wifi",
}
```

提交的 FormData 中是固定的环境信息，包括设备信息和应用信息，这个就不贴了。确定了加密参数后，就开始反编译，进行源码分析。

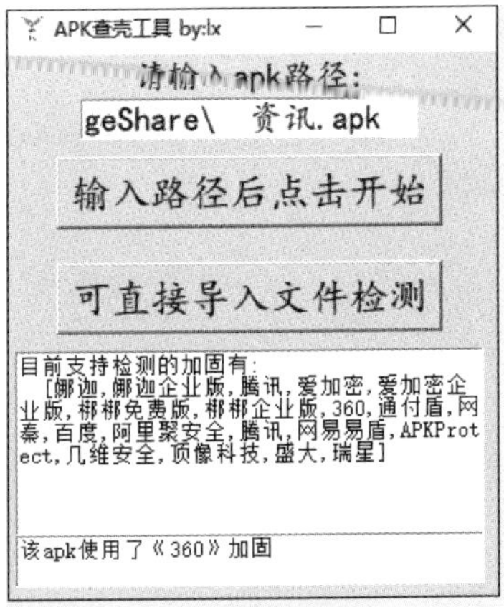

● 图 9-61

9.6.2 360 加固脱壳和反编译

反编译之前先查壳，通过查壳工具发现用了 360 加固，如图 9-61 所示。

先用 Android Killer 反编译，看看是否能找到关键位置的代码，很遗憾反编译后已经找不到 Dex 文件，如图 9-62 所示。

现在只能动手脱壳了，直接用工具进行尝试。笔者测了反射大师，导出多个 Dex 文件时会导致软件崩溃，所以用 Frida-Dexdump。

具体使用方法：启动 Frida，打开应用，再启动 Frida-dexdump -d。先启动 Frida，如图 9-63 所示。

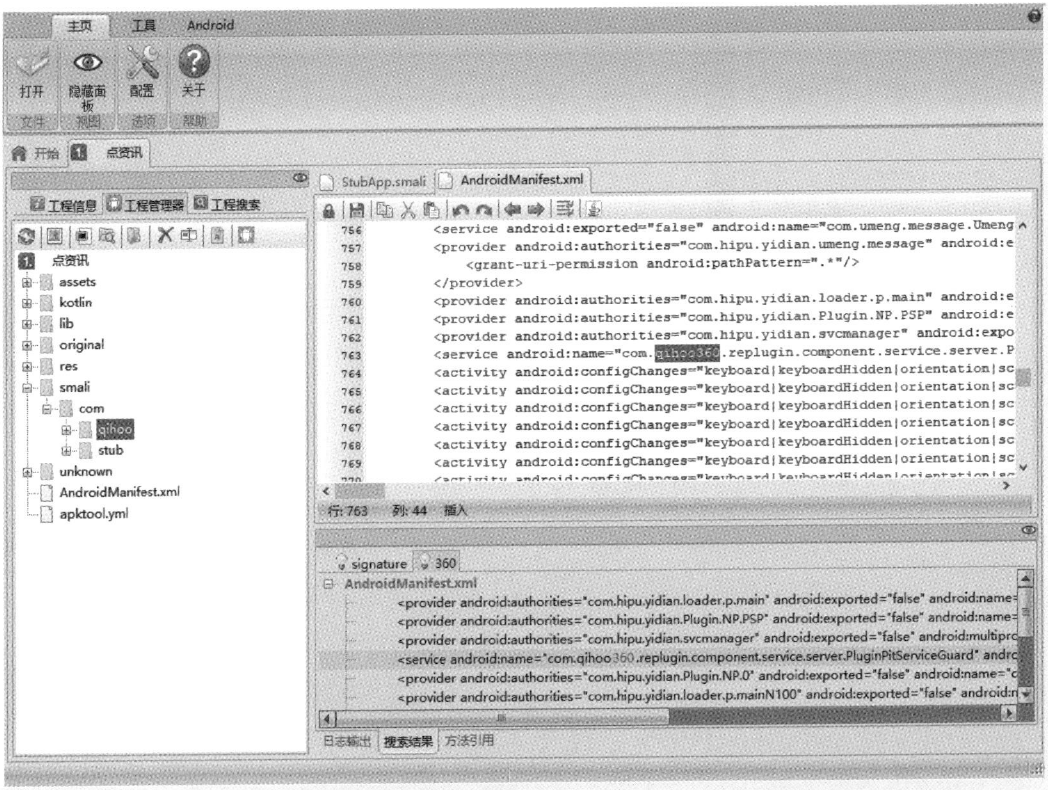

● 图 9-62

● 图 9-63

打开应用，在命令行输入 Frida-dexdump - d，如图 9-64 所示。

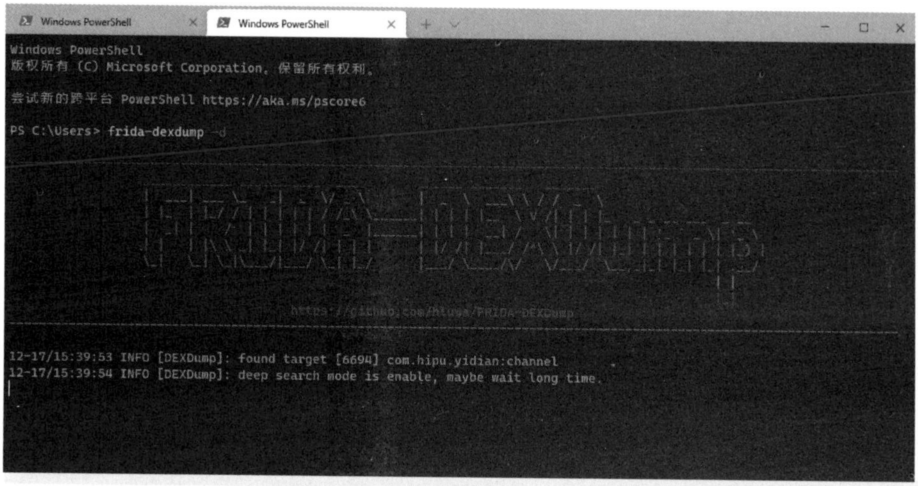

● 图 9-64

等待脱壳完成即可。脱壳后的文件在命令行的同级目录下，如图 9-65 所示。

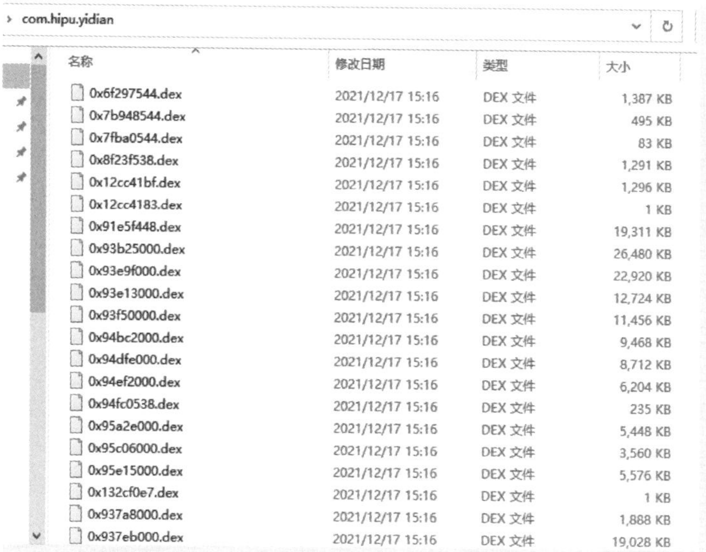
com.hipu.yidian

名称	修改日期	类型	大小
0x6f297544.dex	2021/12/17 15:16	DEX 文件	1,387 KB
0x7b948544.dex	2021/12/17 15:16	DEX 文件	495 KB
0x7fba0544.dex	2021/12/17 15:16	DEX 文件	83 KB
0x8f23f538.dex	2021/12/17 15:16	DEX 文件	1,291 KB
0x12cc41bf.dex	2021/12/17 15:16	DEX 文件	1,296 KB
0x12cc4183.dex	2021/12/17 15:16	DEX 文件	1 KB
0x91e5f448.dex	2021/12/17 15:16	DEX 文件	19,311 KB
0x93b25000.dex	2021/12/17 15:16	DEX 文件	26,480 KB
0x93e9f000.dex	2021/12/17 15:16	DEX 文件	22,920 KB
0x93e13000.dex	2021/12/17 15:16	DEX 文件	12,724 KB
0x93f50000.dex	2021/12/17 15:16	DEX 文件	11,456 KB
0x94bc2000.dex	2021/12/17 15:16	DEX 文件	9,468 KB
0x94dfe000.dex	2021/12/17 15:16	DEX 文件	8,712 KB
0x94ef2000.dex	2021/12/17 15:16	DEX 文件	6,204 KB
0x94fc0538.dex	2021/12/17 15:16	DEX 文件	235 KB
0x95a2e000.dex	2021/12/17 15:16	DEX 文件	5,448 KB
0x95c06000.dex	2021/12/17 15:16	DEX 文件	3,560 KB
0x95e15000.dex	2021/12/17 15:16	DEX 文件	5,576 KB
0x132cf0e7.dex	2021/12/17 15:16	DEX 文件	1 KB
0x937a8000.dex	2021/12/17 15:16	DEX 文件	1,888 KB
0x937eb000.dex	2021/12/17 15:16	DEX 文件	19,028 KB

● 图 9-65

现在可以把 Dex 进行合并，也可以按文件大小单独分析。最好还是合并后分析起来方便一些，合并的方式有很多种，比如手动嵌入到 APK 中、通过 Jadx 合并、通过 MT 管理器合并、通过 NP 管理器合并。不过通过软件合并时经常会出问题，一般都是根据错误原因对症下药，比如一些壳的 Dex 文件肯定不是大家需要的。

笔者尝试了多种方法，最终选择手动合并，先把 Dex 文件名改名为 classes * Dex，然后把 APK 改为 rar，把改名后的 Dex 复制到原 rar 中，然后改成 APK，最后放到 Jadx 中反编译，如图 9-66 所示。

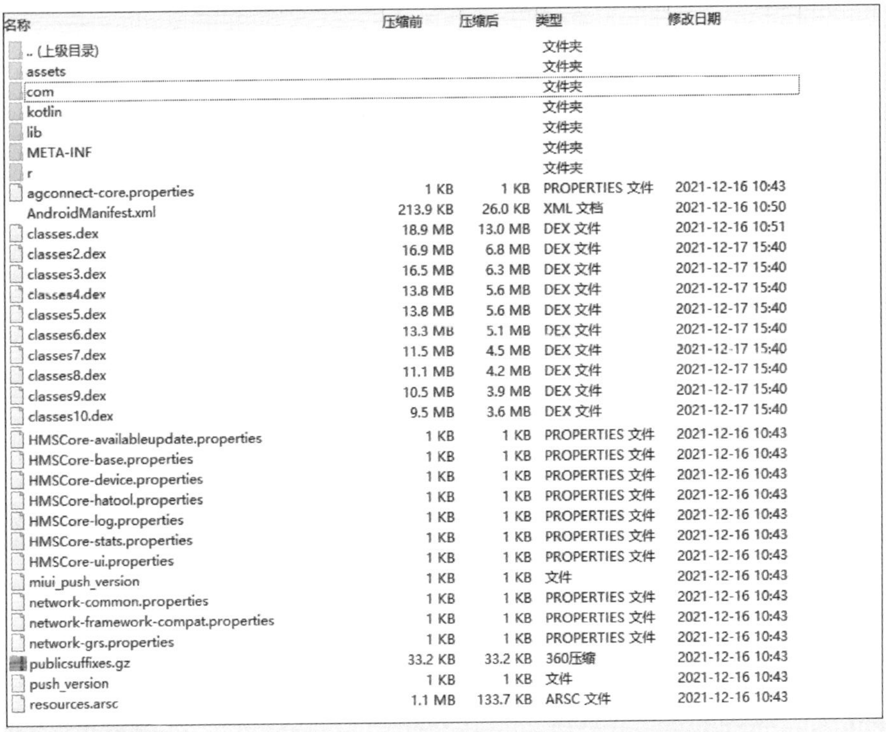

名称 压缩前 压缩后 类型 修改日期
.. (上级目录) 文件夹
assets 文件夹
com 文件夹
kotlin 文件夹
lib 文件夹
META-INF 文件夹
r 文件夹
agconnect-core.properties 1 KB 1 KB PROPERTIES 文件 2021-12-16 10:43
AndroidManifest.xml 213.9 KB 26.0 KB XML 文档 2021-12-16 10:50
classes.dex 18.9 MB 13.0 MB DEX 文件 2021-12-16 10:51
classes2.dex 16.9 MB 6.8 MB DEX 文件 2021-12-17 15:40
classes3.dex 16.5 MB 6.3 MB DEX 文件 2021-12-17 15:40
classes4.dex 13.8 MB 5.6 MB DEX 文件 2021-12-17 15:40
classes5.dex 13.8 MB 5.6 MB DEX 文件 2021-12-17 15:40
classes6.dex 13.3 MB 5.1 MB DEX 文件 2021-12-17 15:40
classes7.dex 11.5 MB 4.5 MB DEX 文件 2021-12-17 15:40
classes8.dex 11.1 MB 4.2 MB DEX 文件 2021-12-17 15:40
classes9.dex 10.5 MB 3.9 MB DEX 文件 2021-12-17 15:40
classes10.dex 9.5 MB 3.6 MB DEX 文件 2021-12-17 15:40
HMSCore-availableupdate.properties 1 KB 1 KB PROPERTIES 文件 2021-12-16 10:43
HMSCore-base.properties 1 KB 1 KB PROPERTIES 文件 2021-12-16 10:43
HMSCore-device.properties 1 KB 1 KB PROPERTIES 文件 2021-12-16 10:43
HMSCore-hatool.properties 1 KB 1 KB PROPERTIES 文件 2021-12-16 10:43
HMSCore-log.properties 1 KB 1 KB PROPERTIES 文件 2021-12-16 10:43
HMSCore-stats.properties 1 KB 1 KB PROPERTIES 文件 2021-12-16 10:43
HMSCore-ui.properties 1 KB 1 KB PROPERTIES 文件 2021-12-16 10:43
miui_push_version 1 KB 1 KB 文件 2021-12-16 10:43
network-common.properties 1 KB 1 KB PROPERTIES 文件 2021-12-16 10:43
network-framework-compat.properties 1 KB 1 KB PROPERTIES 文件 2021-12-16 10:43
network-grs.properties 1 KB 1 KB PROPERTIES 文件 2021-12-16 10:43
publicsuffixes.gz 33.2 KB 33.2 KB 360压缩 2021-12-16 10:43
push_version 1 KB 1 KB 文件 2021-12-16 10:43
resources.arsc 1.1 MB 133.7 KB ARSC 文件 2021-12-16 10:43

● 图 9-66

把全部的 Dex 放一起会增加很多的内存消耗，如果内存不够，可以分多次操作。比如分两次，每次放 10 个 Dex 进去，一些非常小的 Dex 文件也可以进行舍弃。

9.6.3 源码静态分析

把修改后的 APK 放到 Jadx 中反编译，最好还是保留一下 APK 原始的 classes. Dex，如图 9-67 所示。

等待加载完成之后，开始静态分析，全局搜索关键词。很快会发现一个比较符合的，点进去查看，如图 9-68 所示。

点进去之后发现是一个 MD5，跟大家看到的 signature 并不是一回事，所以继续搜索。其实有快速判断的技巧，因为自定义的加密参数一般都在自己写的包里面，所以一些通用的包名不用点进去看，先去掉即可。另外也没必要在检索结果非常多的时候执着于单个查找，可以搜索接口中的其他参数名，接口参数往往都是在同一文件中进行添加的。

所以更换关键词，搜索接口中的参数 yd_device_id，如图 9-69 所示。

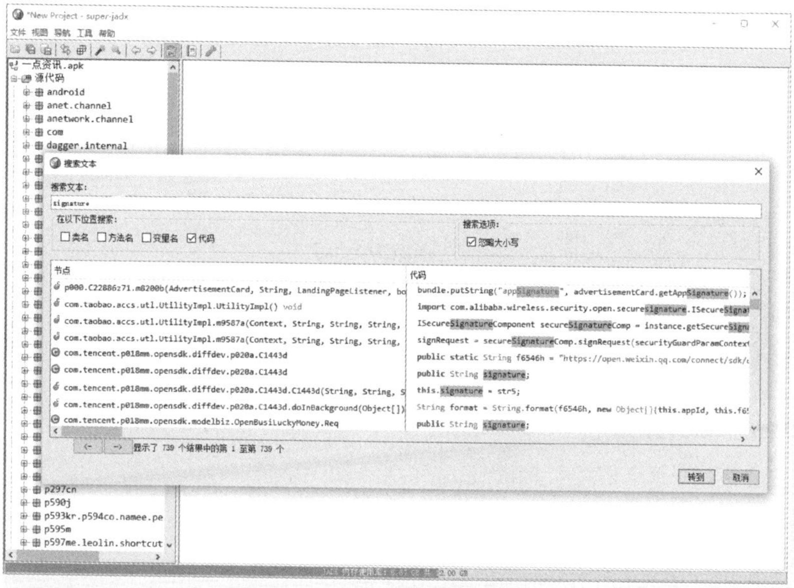

• 图 9-67

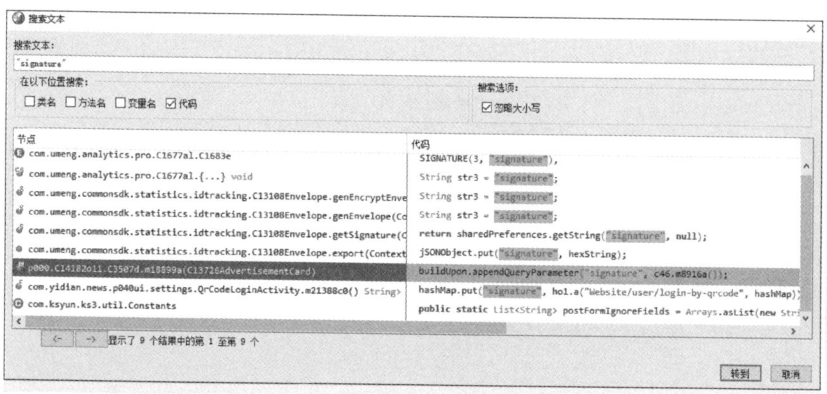

• 图 9-68

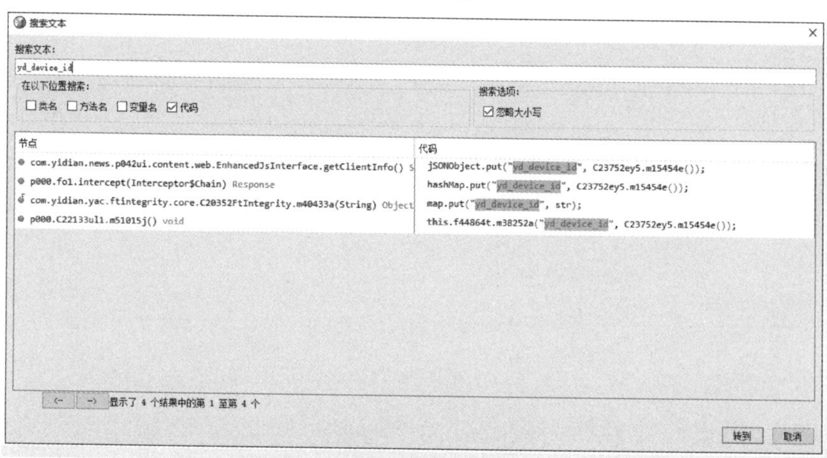

• 图 9-69

进到第二个的时候，发现页面中有接口中的其他参数，也包括了 signature 参数，所以此处大概率是要找的位置，"signature"，ho1. m31791a （url. url( ). toString( )， hashMap）；如图 9-70 所示。

```java
        }
        HttpUrl url = request.url();
        HashMap hashMap = new HashMap();
        String str = "appid";
        if (url.queryParameter(str) == null) {
            hashMap.put(str, m30694a(mk1.m34524A().m34551j()));
        }
        hashMap.put("androidId", C23752ey5.m15459j());
        hashMap.put("cv", m30694a(C23798g06.m15824b()));
        hashMap.put("platform", m30694a(String.valueOf(1)));
        hashMap.put("reqid", m30694a(m30696b()));
        hashMap.put("version", m30694a("030300"));
        hashMap.put("signature", ho1.m31791a(url.url().toString(), hashMap));
        hashMap.put("distribution", m30693a());
        hashMap.put("apk_meta_channel", C23798g06.m15822a());
        hashMap.put("os", String.valueOf(VERSION.SDK_INT));
        hashMap.put("brand", String.valueOf(Build.BRAND));
        hashMap.put("net", C24237pz5.m18076e());
        hashMap.put("origin", mk1.m34524A().m34553l());
        hashMap.put("personalRec", String.valueOf(r62.m37727Y0().m37779Y()));
        hashMap.put("yd_device_id", C23752ey5.m15454e());
        m30695a(url, hashMap);
        HttpUrl.Builder newBuilder2 = url.newBuilder();
        for (Entry entry : hashMap.entrySet()) {
            if (entry.getValue() != null) {
                newBuilder2.addQueryParameter((String) entry.getKey(), (String) entry.getValue());
            }
        }
        return chain.proceed(request.newBuilder().url(newBuilder2.build()).build());
    }
```

● 图 9-70

先看一下函数 m31791a，如图 9-71 所示。

```java
/* renamed from: ho1 */
public class ho1 {

    /* renamed from: a */
    public static final String[] f25518a = {"/Website/channel/news-list-for-best-channel", "/\

    /* renamed from: a */
    public static String m31791a(String str, Map<String, String> map) {
        StringBuilder sb = new StringBuilder();
        sb.append((String) map.get("appid"));
        sb.append((String) map.get("cv"));
        sb.append((String) map.get("platform"));
        sb.append((String) map.get("reqid"));
        sb.append((String) map.get("version"));
        String[] strArr = f25518a;
        int length = strArr.length;
        int i = 0;
        while (i < length) {
            if (str.contains(strArr[i])) {
                try {
                    return SignUtil.a(C24673zx5.m20418a(), sb.toString());
                } catch (Throwable th) {
                    C23885hz5.m16267a(th);
                }
            } else {
                i++;
            }
        }
        return "fake_signature";
    }
}
```

● 图 9-71

阅读 Java 代码可以大概明白，最后的 signature 是通过 SignUtil 的 a 方法，把几个接口参数加密之后生成的。分析 SignUtil 可以发现，SignUtil 是 com. yidian. news. util. sign. SignUtil 类，类中的计算最终指向了

native 中的 signInternal 方法，如图 9-72 所示。

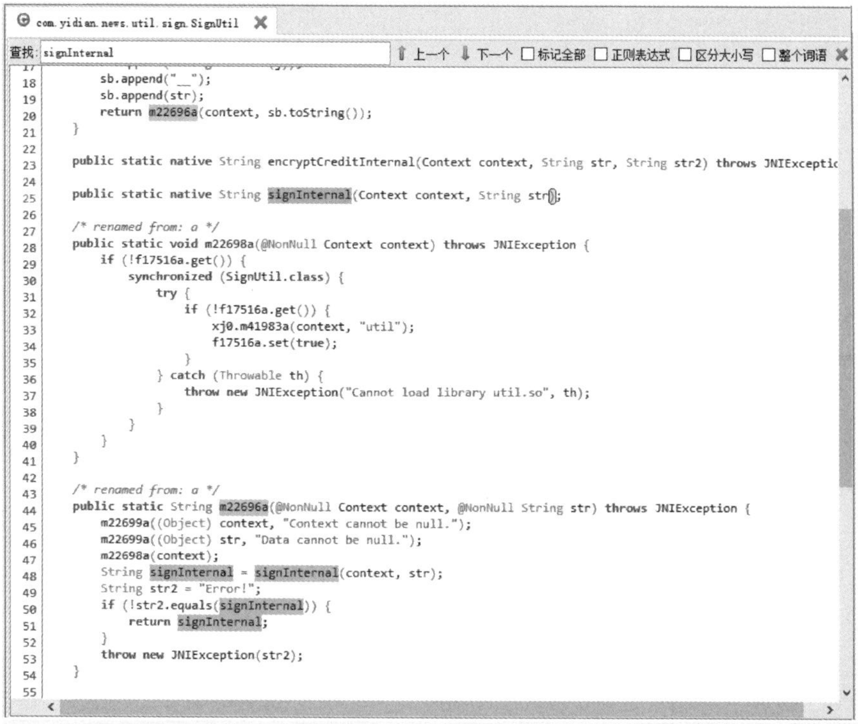
com.yidian.news.util.sign.SignUtil

查找: signInternal 上一个 下一个 标记全部 正则表达式 区分大小写 整个词语

```
        sb.append("__");
        sb.append(str);
        return m22696a(context, sb.toString());
    }

    public static native String encryptCreditInternal(Context context, String str, String str2) throws JNIExceptic

    public static native String signInternal(Context context, String str);

    /* renamed from: a */
    public static void m22698a(@NonNull Context context) throws JNIException {
        if (!f17516a.get()) {
            synchronized (SignUtil.class) {
                try {
                    if (!f17516a.get()) {
                        xj0.m41983a(context, "util");
                        f17516a.set(true);
                    }
                } catch (Throwable th) {
                    throw new JNIException("Cannot load library util.so", th);
                }
            }
        }
    }

    /* renamed from: a */
    public static String m22696a(@NonNull Context context, @NonNull String str) throws JNIException {
        m22699a((Object) context, "Context cannot be null.");
        m22699a((Object) str, "Data cannot be null.");
        m22698a(context);
        String signInternal = signInternal(context, str);
        String str2 = "Error!";
        if (!str2.equals(signInternal)) {
            return signInternal;
        }
        throw new JNIException(str2);
    }
```

● 图 9-72

到这里已经定位到 signature 的位置了。SignUtil 中引用了 natice 层的方法，所以不再往下追了。

大家按照案例做的时候不要着急，笔者在这里花了很长的时间去静态分析，因为计算机的内存不够，无法把脱壳下来的所有 Dex 一同反编译，所以从 40 个 Dex 中不断筛选、测试、查看，最终找到了参数生成的代码位置。

另外当时找 sign 位置的 p000. fo1 和 com. yidian. news. util. sign. SignUtil 不是在同一批 Dex 中。笔者删除特别小的 Dex 后，还剩余 20 个 Dex 文件，按照文件大小排序，p000. fo1 在前 10 个 Dex 中，sign. SignUtil 在后 10 个 Dex 中。

9.6.4 通过 Hook 调用

先启动 Frida，静态分析后要 Hook 一下，看看之前分析的是否有问题。需要补充一点的是，逆向分析并不是只有静态分析一种方法，案例中这么做是为了给大家增加静态分析的经验，后期可以参考 Android 逆向中的“加密参数定位方法”进行动态分析，会让整个过程更加愉悦。

SignUtil 中的 navtive 函数 signInternal 有 static 关键字，所以静态方法可直接调用，调用格式就是类名.方法名。

Hook 代码：

```
import Frida, sys
def on_message(message, data):
```

```
    print("[%s] => %s" % (message, data))

session = Frida.get_usb_device().attach('App包名')

jscode_hook = """
    Java.perform(
        function(){
                console.log("1. start hook");
                var ba = Java.use("com.yidian.news.util.sign.SignUtil");
                if (ba != undefined) {
                    console.log("2. find class");
                    ba.signInternal.implementation = function (a1,a2) {
                        console.log("3. find function");
                        console.log(a1);
                        console.log(a2);
                        var res = ba.signInternal(a1,a2);
                        console.log("计算Sign:" + res);
                        return res;
                }
            }
        }
)
"""

script = session.create_script(jscode_hook)
script.on('message', on_message)
script.load()
sys.stdin.read()
```

查看打印内容：

```
1. start hook
2. find class
3. find function
com.yidian.news.YidianApplication@fdb63
yidian6.0.4.41kbylz0sj_1640076503362_231030300
计算Sign:T0ZlxLs2JfAweICnQfdjmCvp-H_wVMdASfVo6H3a-oMp7AmIjeMuRv6MzmNYZWjC5e4dd-9UBDR2XqKri
3. find function
com.yidian.news.YidianApplication@fdb63
yidian6.0.4.41kbylz0sj_1640076503792_231030300
计算Sign:bOqeeawnZDpCXTDZjOkMzBoRSMvk5d6o59JbSxay3tJdlbwv5QT6IHzOjGwzcQXpI5rOu--6NOGeyhRv7
```

可以发现生成加密的参数如下：

yidian6.0.4.41kbylz0sj_ 1640076503362_ 231030300

yidian6.0.4.41kbylz0sj_ 1640076503792_ 231030300

参数就是 m31791a 中的 Appid、cv、platform、reqid、version 等。reqid 是时间戳，从整体看起来改一下时间戳就可以生成 sign。

不过想要调用的话还需要构建第一个 context 参数，可以在 YidianApplication 中查看具体是哪一个方法。看了一下是环境自身的 context，要从 App 中获取当前的 context 上下文。具体方法是在主线程中执行代码，通过 getApplicationContext 获取 context。

```
var currentApplication = Java.use("android.App.ActivityThread").currentApplication();
var context = currentApplication .getApplicationContext ();
```

Frida RPC 代码：

```
import Frida

def on_message(message, data):
    print("[% s] => % s" % (message, data))

def start_hook():
    session = Frida.get_usb_device().attach('应用包名')
    print("[* ] start hook")

    js_code = '''
    rpc.exports = {
        "a":function (params) {
                var ret = {};
                Java.perform(function(){
                    console.log("1. start hook");
                    var ba = Java.use("com.yidian.news.util.sign.SignUtil");

                    var current_Application = Java.use('android.App.ActivityThread').currentApp-
lication();
                    var a1 = current_Application.getApplicationContext();

                    if (ba != undefined) {
                        console.log("2. find class");
                        var a2 = params;
                        var res = ba.signInternal(a1,a2);
                        console.log("计算 Sign:" + res);
                        console.log(res)
                        ret["result"]=res;
                        console.log(ret)
                        }
                    }
                )
            return ret;
            }
        }
    '''
    script = session.create_script(js_code)
    script.on('message', on_message)
    script.load()
    return script

import time
stimec = str(int(time.time()* 1000))
params = f'yidian6.0.4.41kbylz0sj_{stimec}_207030300'
result = start_hook().exports.a(params)
print(result)
```

运行测试，发现已经成功调用，大家也可以自己搭一个 Flask 接口来进行 RPC 调用。

```
[*] start hook
1. start hook
2. find class
计算Sign:hKUXwSa0gtQDiWb1bAjDpRGMYP6N87Bw-5Ui50C1IvtOArClUDvYrk-ofS6-4E0qimBzwF4_1a9xFWbttFL8NvI
hKUXwSa0gtQDiWb1bAjDpRGMYP6N87Bw-5Ui50C1IvtOArClUDvYrk-ofS6-4E0qimBzwF4_1a9xFWbttFL8NvI8kToBNSh
[object Object]
{'result': 'hKUXwSa0gtQDiWb1bAjDpRGMYP6N87Bw-5Ui50C1IvtOArClUDvYrk-ofS6-4E0qimBzwF4_1a9xFWbttFL
```

本节案例到这里就结束了，主要是分享对加固的 APK 获取 Dex 的方法和 Dex 合并分析的思路。感兴趣的读者可以继续去追一下 so 中的 signInter，解压 APK 可以找到 lib 目录，so 在 lib 目录中，找到 libutil. so 后，用 IDA 打开，直接在函数窗口搜索 signInter 关键词，第一个就是 signInter。

9.7 某新闻加固脱壳和参数分析

案例的逆向难度在随着大家的学习逐渐提升，每节内容都会有新的知识点等待我们去掌握。本节案例是对某新闻 App 接口中的 sn 参数分析。

案例环境：某新闻 App （Android 7. 38. 0）、Frida、Charles、MT、Jadx、IDA。

9. 7. 1 抓包分析接口

首先是抓包分析接口，笔者用的还是夜神模拟器的 Android 5 系统抓包，可以避免 ssl 校验，能节省一部分分析时间，如图 9-73 所示。

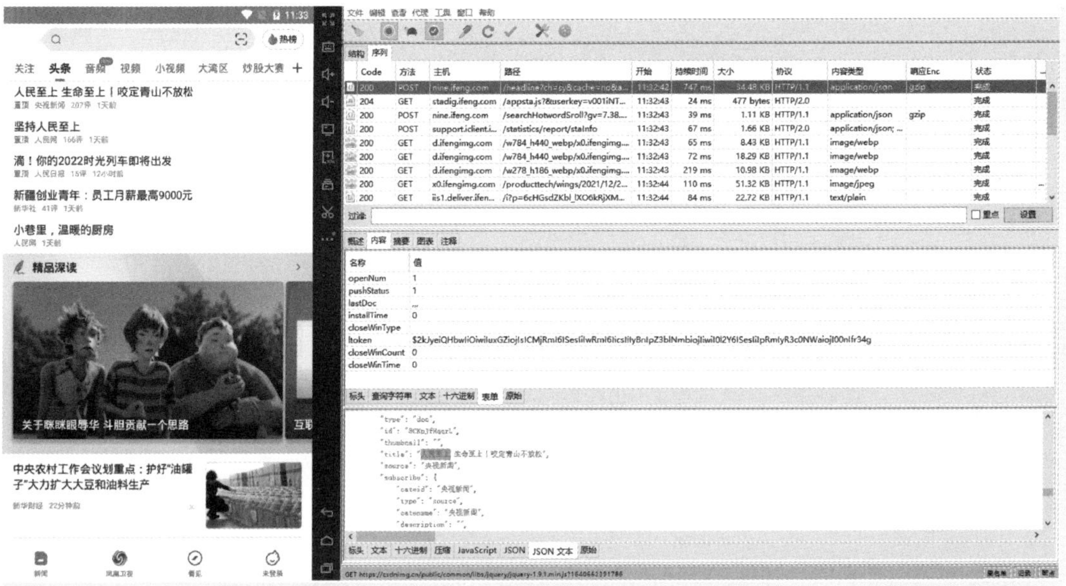

• 图 9-73

POST 接口：/headline。

Params 参数（为了减少阅读量，笔者删除了一些和后续分析无关的参数）。

```
{
    "gv":"7.38.0",
    "av":"7.38.0",
    "uid":"v001iNTZ5ITZ1cTY4IjZjVTY40gMgfr3r340gf",
    "deviceid":"v001iNTZ5ITZ1cTY4IjZjVTY40gMgfr3r340gf",
    "proid":"ifengnews",
    "publishid":"2899",
    "st":"16406624302529",
    "sn":"0be13f679eddae009722aa30e2188d67"
}
```

表单数据如图 9-74 所示。

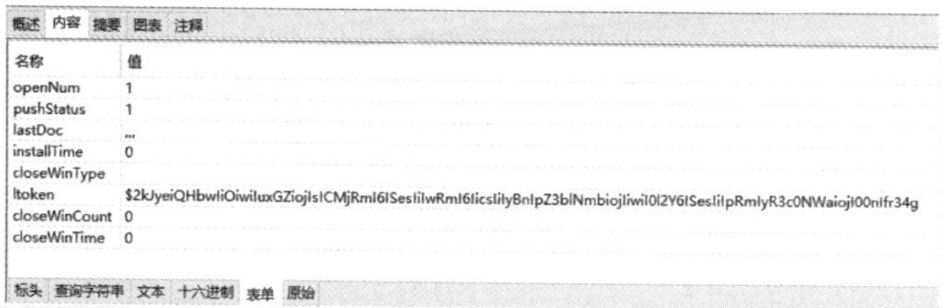

● 图 9-74

经过测试，表单数据是固定的，Params 中有动态参数 st 和 sn。st 像是时间戳，但是有 14 位。sn 是加密参数，需要具体分析。接下来准备反编译 APK。

9.7.2 腾讯加固脱壳和反编译

反编译的第一步永远是查壳，最好不要去分析带壳的源代码。

通过特征并没有查到壳，如图 9-75 所示。

放到 Jadx 中反编译，这个明显不对，并没有多少文件，而且 com. tencent. StubShell 是腾讯加固，如图 9-76 所示。

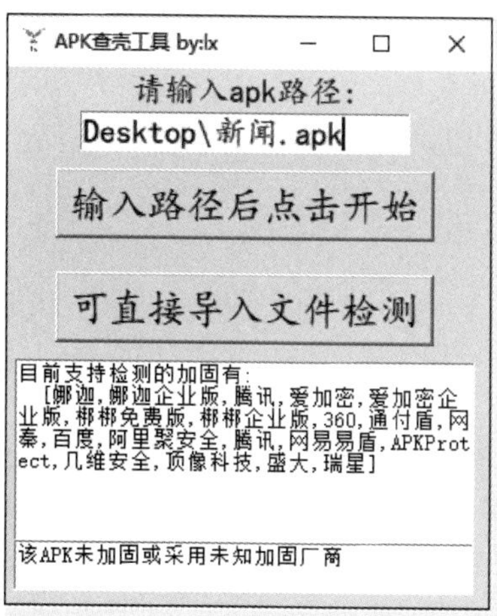

● 图 9-75

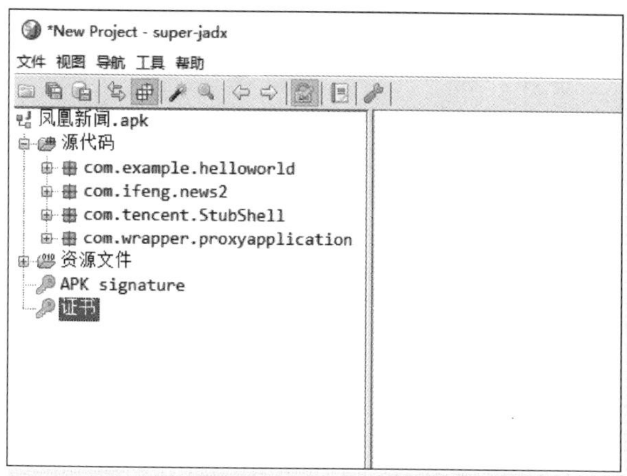

● 图 9-76

那么先在资源文件的 AndroidMainfest. xml 确认一下包名和 App 版本，如图 9-77 所示。

Android：versionName="7. 38. 0"、package="com. ifeng. news2"。

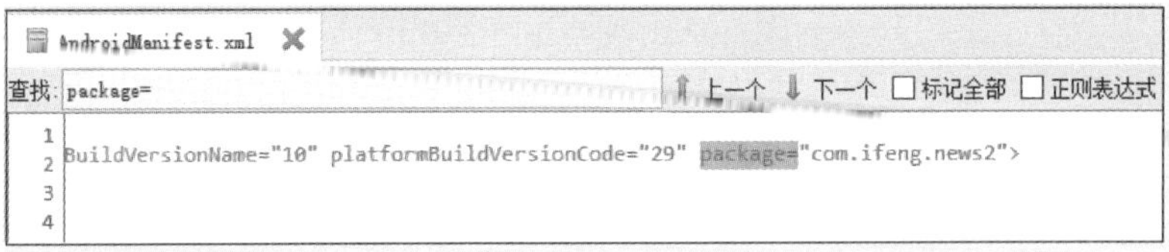

● 图 9-77

APK 本身是没有问题的，接下来准备脱壳，最好是断掉网络再脱壳。

本节使用的脱壳工具是基于 Xposed 的反射大师，在之前的脱壳工具中有过介绍。大家准备好环境，通过反射大师选择 App 并启动，如图 9-78 所示。

搜索界面比较简洁，方便截图，并且和首页推荐接口使用相同的 sn 参数，所以通过搜索接口进行分析。

启动 App 后，点击到搜索接口，然后长按"写出 DEX"按钮，等待自动脱壳，如图 9-79 所示。

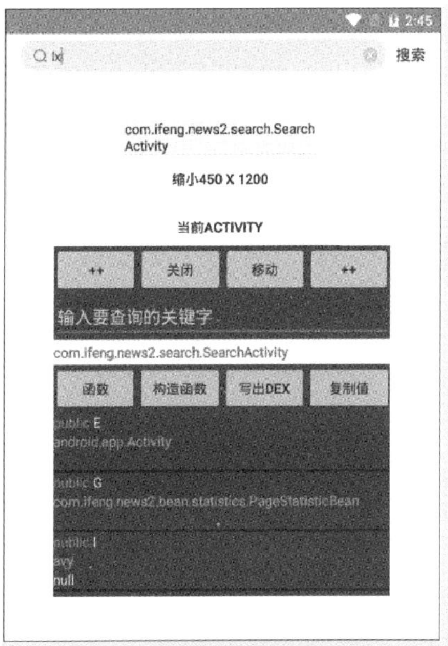

● 图 9-78

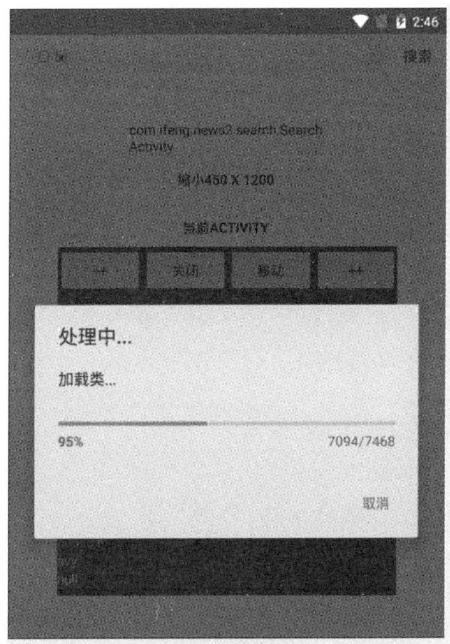

● 图 9-79

脱壳成功后一共写出了 6 个 Dex 文件，Dex 文件在/storage/emulated/0 目录中，如图 9-80 所示。

通过 MT 管理器把 Dex 文件移动到夜神模拟器的共享文件夹（/sdcard/Pictures）中，如图 9-81 所示。

从计算机上把 APK 改为 rar 格式，然后删除原有的 Dex 文件，替换为脱壳后的 Dex 文件，如图 9-82 所示。

替换后，再把 rar 后缀修改为 APK，此时等于是一个脱壳后的 APK 了，用 Jadx 重新反编译，如图 9-83 所示。

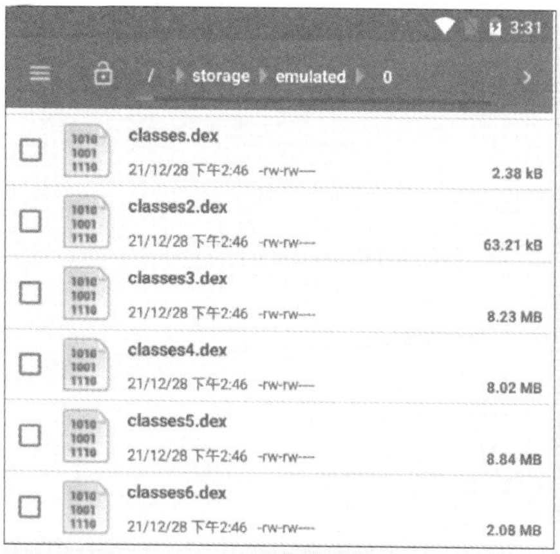

● 图 9-80

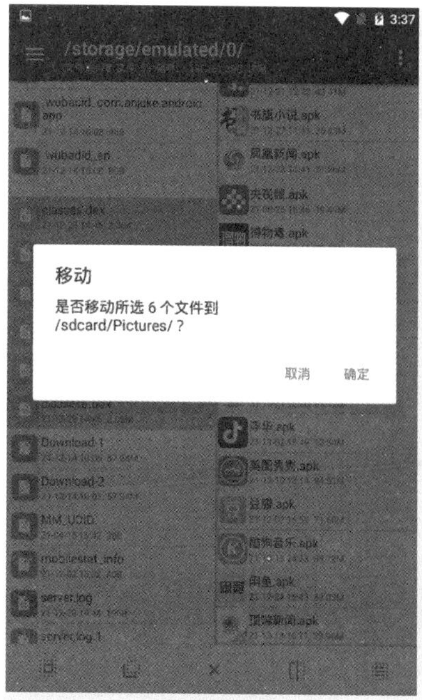

● 图 9-81

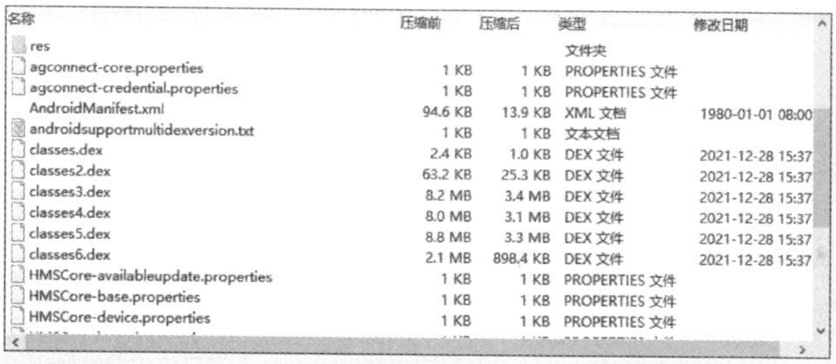

● 图 9-82

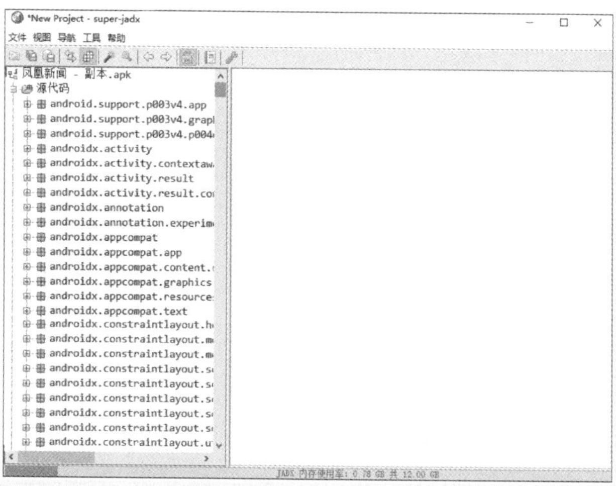

● 图 9-83

现在已经能看到非常多的 class 文件了，证明已经完成脱壳。

9.7.3 源码静态分析

静态分析的第一步：搜索关键词"sn"，如图 9-84 所示。

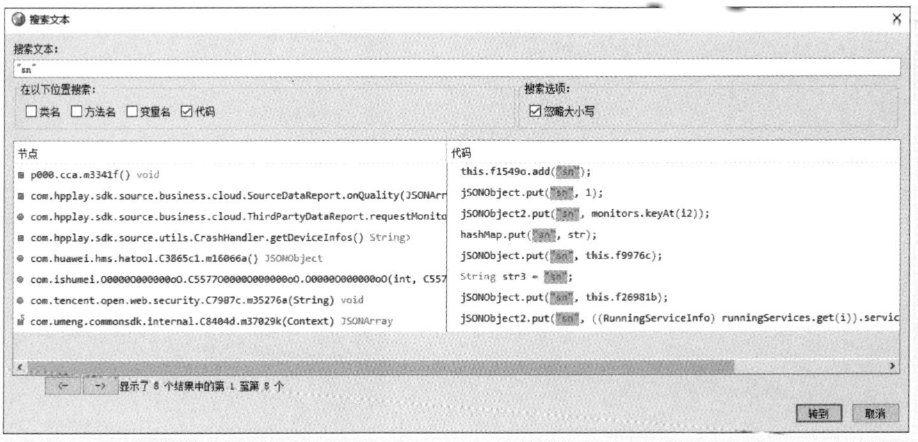

● 图 9-84

检索出的接口并不多，可以单独进行查看，但是并没有发现比较符合的。此时最好更换检索词，搜索"sn="，如图 9-85 所示。

● 图 9-85

从第一个点进去查看，因为此处有接口中其他参数的处理，如图 9-86 所示。

通过查看源码，可以发现 st 等于 sb2。往上查看 sb2，发现它是由 10 位时间戳和一个 4 位的随机数拼接出来的，所以长度为 14。此处很重要，后续还原会用到，如图 9-87 所示。

st 下面的 sn 等于 m2663a（sb2，z），点进去发现 m2663a 方法是 a 方法，如图 9-88 所示。

```java
        sb3.append(sb14.toString());
        StringBuilder sb15 = new StringBuilder();
        sb15.append("&loginid=");
        sb15.append(this.f1335l);
        sb3.append(sb15.toString());
        if (z) {
            StringBuilder sb16 = new StringBuilder();
            sb16.append("&token=");
            sb16.append(this.f1336m);
            sb3.append(sb16.toString());
        }
        StringBuilder sb17 = new StringBuilder();
        sb17.append("&adAid=");
        sb17.append(this.f1337n);
        sb3.append(sb17.toString());
        StringBuilder sb18 = new StringBuilder();
        sb18.append("&hw=");
        sb18.append(this.f1338o);
        sb3.append(sb18.toString());
        StringBuilder sb19 = new StringBuilder();
        sb19.append("&ps=");
        sb19.append(this.f1339p);
        sb3.append(sb19.toString());
        StringBuilder sb20 = new StringBuilder();
        sb20.append("&es=");
        sb20.append(this.f1340q);
        sb3.append(sb20.toString());
        StringBuilder sb21 = new StringBuilder();
        sb21.append("&uid2=");
        sb21.append(this.f1341r);
        sb3.append(sb21.toString());
        StringBuilder sb22 = new StringBuilder();
        sb22.append("&st=");
        sb22.append(sb2);
        sb3.append(sb22.toString());
        StringBuilder sb23 = new StringBuilder();
        sb23.append("&sn=");
        sb23.append(m2663a(sb2, z));
        sb3.append(sb23.toString());
        if ("1".equals(alu.f644dK)) {
            sb3.append(ContainerUtils.FIELD_DELIMITER);
            sb3.append("clear");
```

● 图 9-86

```java
    /* renamed from: a */
    public String m2664a(boolean z) {
        Long valueOf = Long.valueOf(System.currentTimeMillis() / 1000);
        int random = (int) ((Math.random() * 8999.0d) + 1000.0d);
        StringBuilder sb = new StringBuilder();
        sb.append(String.valueOf(valueOf));
        sb.append(random);
        String sb2 = sb.toString();
```

● 图 9-87

```java

    /* renamed from: a */
    public String m2663a(String str, boolean z) {
        String str2;
        String str3 = z ? this.f1336m : "";
        try {
            StringBuilder sb = new StringBuilder();
            sb.append(this.f1324a);
            sb.append(this.f1328e);
            sb.append(this.f1333j);
            sb.append(this.f1326c);
            sb.append(this.f1335l);
            sb.append(str3);
            sb.append(str);
            sb.append(NativeSecureparam.readMD5Key());
            str2 = sb.toString();
        } catch (Throwable unused) {
            StringBuilder sb2 = new StringBuilder();
            sb2.append(this.f1324a);
            sb2.append(this.f1328e);
            sb2.append(this.f1333j);
            sb2.append(this.f1326c);
            sb2.append(this.f1335l);
            sb2.append(str3);
            sb2.append(str);
            str2 = sb2.toString();
        }
        return ces.m3609b(str2).toLowerCase();
    }
```

● 图 9-88

通过这一段代码可以看出来，m2663a 是把各种请求参数进行拼接和组合，其中还和 readMD5Key( ) 进行了拼接，最后通过 m3609b( ) 方法加密。

m3609b( ) 方法是一个标准的 MD5 实现，后续可以进行测试校验，如图 9-89 所示。

```
p000.bmz  p000.ces
import com.umeng.analytics.pro.C8275bz;
import java.io.File;
import java.io.FileInputStream;
import java.io.UnsupportedEncodingException;
import java.security.MessageDigest;
import java.security.NoSuchAlgorithmException;
import kotlin.UByte;
import p007cn.jiguang.internal.JConstants;

/* renamed from: ces */
public class ces {
    /* renamed from: a */
    public static String m3607a(String str) {
        return m3611c(str).substring(8, 24);
    }

    /* renamed from: b */
    public static String m3609b(String str) {
        StringBuffer stringBuffer;
        StringBuffer stringBuffer2 = new StringBuffer();
        byte[] bytes = str.getBytes();
        try {
            MessageDigest instance = MessageDigest.getInstance("MD5");
            instance.reset();
            instance.update(bytes);
            byte[] digest = instance.digest();
            stringBuffer = new StringBuffer();
            int i = 0;
            while (i < digest.length) {
                try {
                    if (Integer.toHexString(digest[i] & UByte.MAX_VALUE).length() == 1) {
                        stringBuffer.append(0);
                    }
                    stringBuffer.append(Integer.toHexString(digest[i] & UByte.MAX_VALUE));
                    i++;
                } catch (NoSuchAlgorithmException e) {
                    e = e;
                    e.printStackTrace();
                    return stringBuffer.toString().toUpperCase();
                }
```

● 图 9-89

现在需要分析的是 NativeSecureparam. readMD5Key( ) 方法，如图 9-90 所示。

```
com.ifeng.daemon.facade.NativeSecureparam
package com.ifeng.daemon.facade;

public class NativeSecureparam {
    public static native String readMD5Key() throws Throwable;

    public static native String readPacketPublicKey() throws Throwable;

    public static native String readPacketSalt() throws Throwable;

    public static native String readUserCreditPublicKey() throws Throwable;

    public static native String readUserCreditSalt() throws Throwable;

    static {
        try {
            System.loadLibrary("ifeng_secure");
        } catch (Throwable unused) {
        }
    }
}
```

● 图 9-90

readMD5Key 是一个 native 方法。具体是什么内容现在还不知道，但可以看到加载的是 lib ifeng_secure. so 文件。

9.7.4 so 文件分析

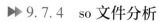

将 APK 转为 rar 文件，即可看到 lib 目录，然后在 lib 目录中找到 lib ifeng_secure. so 文件，并拖入 IDA 中反汇编，如图 9-91 所示。

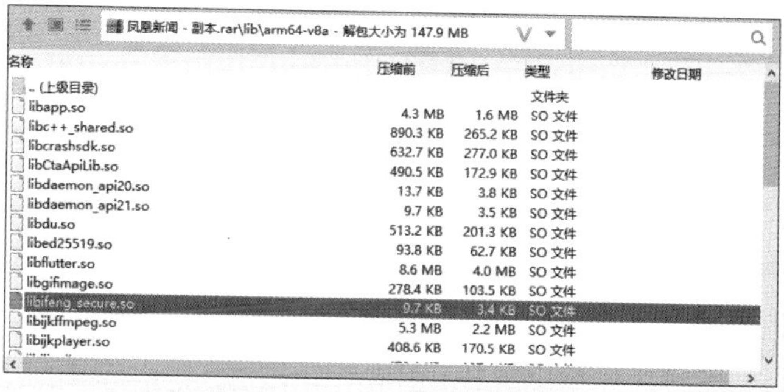

● 图 9-91

在 IDA 的窗口函数（Function name）中按 Ctrl+F 快捷键搜索 readMD5Key，并点进去，如图 9-92 所示。

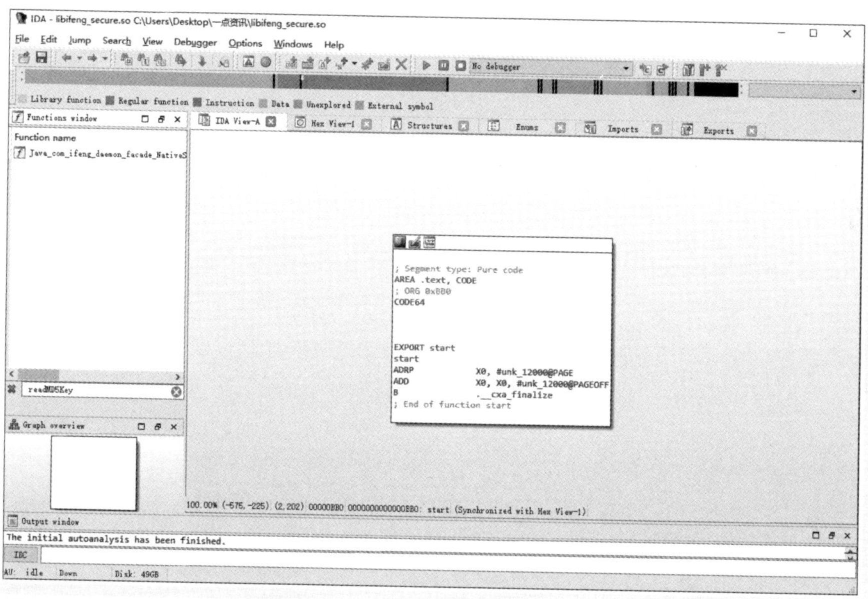

● 图 9-92

单击鼠标右键，选择"Text view"命令，切换阅读模式，如图 9-93 所示。

在跳转行中按 F5 键查看 C 语言伪代码，如图 9-94 所示。

再次通过鼠标右键，单击"Hide casts"，把代码转成方便阅读的格式，如图 9-95 所示。

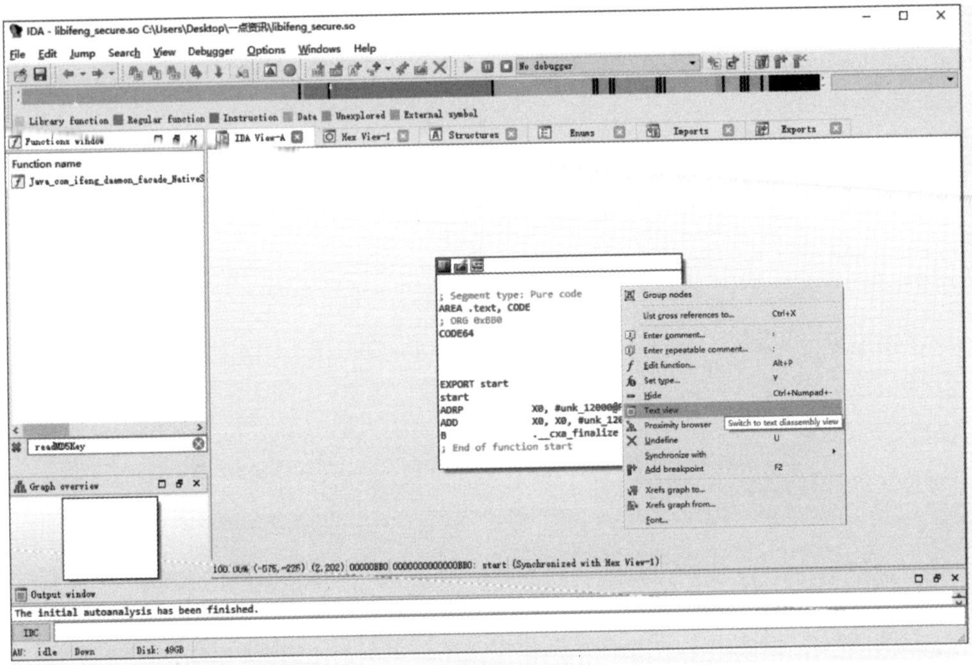

● 图 9-93

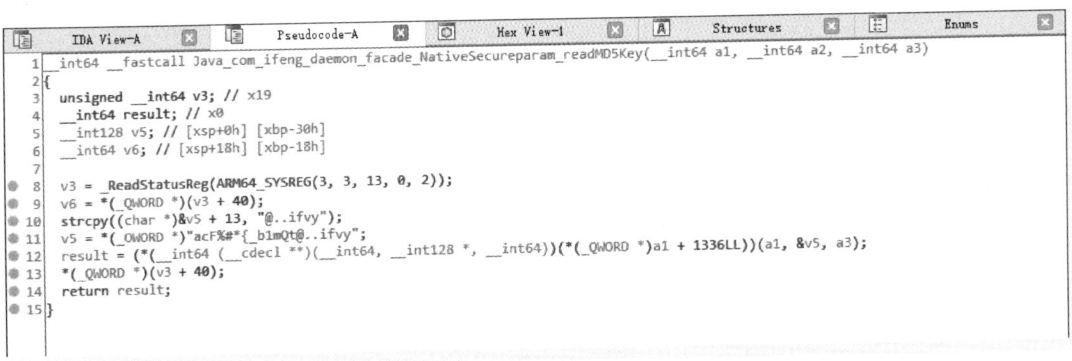

● 图 9-94

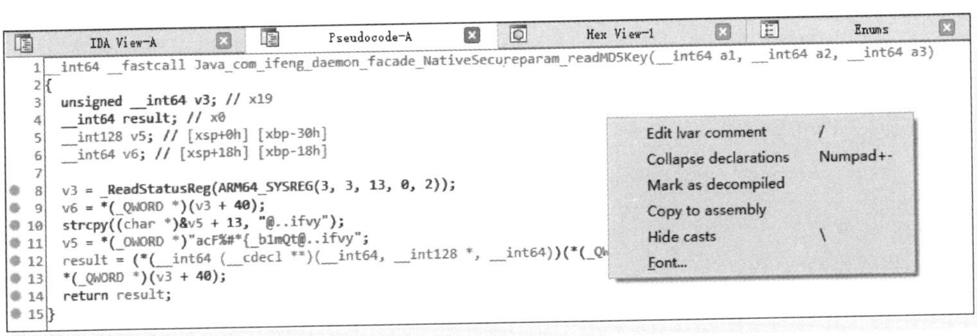

● 图 9-95

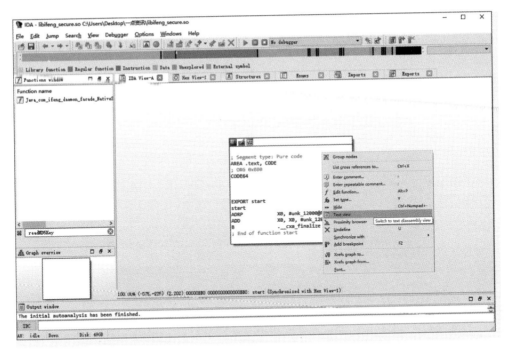

阅读下面这段代码。

_ReadStatusReg（ARM64_SYSREG（3，3，13，0，2）），是读取寄存器的指令状态。

strcpy 是给 v5 赋值为"acF%#*{_b1mQt@..ifvy"，该字符串和加密相关。

这里其实没有多少内容，该方法大体只是把一些参数和字符串拼到了一起，返回一个新的字符串，想要进一步分析就需要动态调试。

9.7.5 Frida 动态调试

要通过 Frida 看一下加密时传递的参数和返回值是什么。启动 Frida 后，要先确认一下准备 Hook 的类名是什么，根据 Jadx 中的结果只知道类名叫作"bmz"。

通过 Frida 查看所有已加载的类。

```
import Frida, sys

enumerateLoadedClasses_jsCode = """
Java.perform(function(){
    Java.enumerateLoadedClasses({
        onMatch:function(className) {
            send(className);},
        onComplete:function(){
            send("done");
        }
    });
});
"""

def on_message(message, data):
    print("[%s] => %s" % (message, data))

process = Frida.get_usb_device().attach("com.ifeng.news2")
script = process.create_script(enumerateLoadedClasses_jsCode)
script.on("message", on_message)
script.load()
sys.stdin.read()
```

运行后发现，完整的类名确实是"bmz"，如图 9-96 所示。

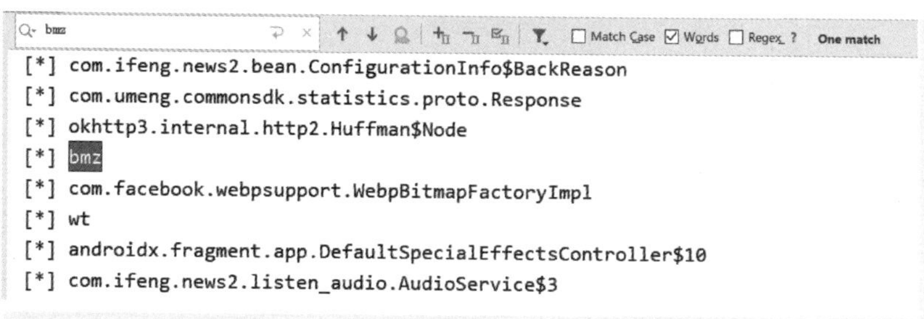

● 图 9-96

编写 Hook 代码：

```
js_code ='''
    Java.perform(
```

```
        function(){
            console.log("1. start hook");
            var ba = Java.use("bmz");
            if (ba != undefined) {
                console.log("2. find class");
                ba.a.overload('java.lang.String').implementation = function(a1){
                    console.log("3. hook method");
                    console.log(a1);
                    var res = ba.a(a1);
                    console.log(res);
                    return res
                    }
            }
        }
    )
'''
```

打印结果如图 9-97 所示：

```
3. hook method
https://nine.ifeng.com/searchList?k=lx&page=1
https://nine.ifeng.com/searchList?k=lx&page=1&gv=7.38.0&av=7.38.0&uid=v001iZGO4c
```

● 图 9-97

可以发现 bmz. a 方法中输入的参数是请求 URL，返回的结果是加了 params 参数并包含了 sn 的链接。但是这个 Hook 的地方是不对的，要找的是加密时的参数和返回的加密结果。

回头看一下，最后的加密是用 ces. m3609b( )方法实现的，所以要在此处进行 Hook。

Hook 代码：

```
import Frida, sys
def on_message(message, data):
    print("[%s] => %s" % (message, data))

session = Frida.get_usb_device().attach('应用包名')

js_code = '''
    Java.perform(
        function(){
            console.log("1. start hook");
            var ba = Java.use("ces");
            if (ba != undefined) {
                console.log("2. find class");
                ba.b.overload('java.lang.String').implementation = function(a1){
                    console.log("3. hook method");
                    var res = ba.b(a1);
                    console.log(a1);
                    console.log(res);
                    return res
                    }
            }
        }
```

```
    )
'''
script = session.create_script(js_code)
script.on('message', on_message)
script.load()
sys.stdin.read()
```

打印结果如图 9-98 所示。

```
1. start hook
2. find class
3. hook method
7.38.0ifengnews2899v001iZGO4cjZhV2Y4ITOkZWO40QMgfr3r340gf16406879041604acF%#*{_b1mQt@..ifvy
6D80C07476D360498F42C381F01DC233
3. hook method
7.38.0ifengnews2899v001iZGO4cjZhV2Y4ITOkZWO40QMgfr3r340gf16406879066658acF%#*{_b1mQt@..ifvy
617545DF7891F6FCE38A7BA4F046633D
```

● 图 9-98

此时可以看到加密前的参数，把字符串拆分后可知：

- 7.38.0 是 App 版本。
- ifengnews 是包名。
- 2899 是请求参数的 publishid。
- v001iZGO4cjZhV2Y4ITOkZWO40QMgfr3r340gf 是 deviceid。
- 16406879041604 是 st。
- acF%#＊{_b1mQt@..ifvy 是 so 中的字符串。

接下来把字符串放到 MD5 在线加密网站中查看，看一下是否和打印出的加密结果一致，如图 9-99 所示。

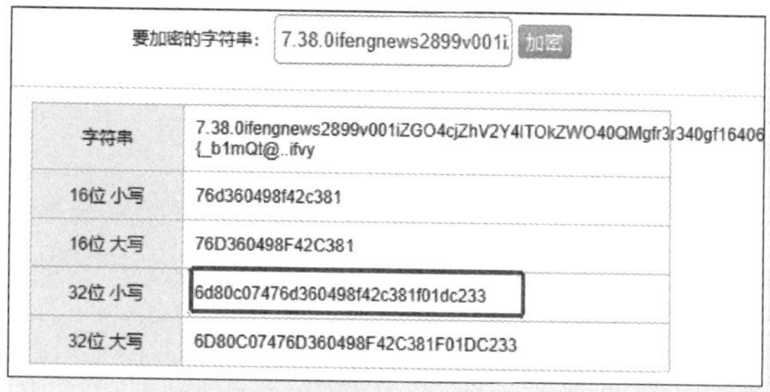

● 图 9-99

经过对比，结果是一致的，说明最后是进行了一次正常的 MD5 加密。

sn 参数的分析到这里已经完成了。

sn 生成方法：MD5（版本+包名+publishid+deviceid+st+so 字符串）。

9.7.6 加密算法还原

当然是还原成 Python 代码了，按照分析的流程进行编写即可。

```
import random
import time
import hashlib

r = int((random.random() * 8999) + 1000)
device_id = 'v001iZGO4cjZhV2Y4ITOkZWO40QMgfr3r340gf'
publishid = '2899'
timec = str(int(time.time()))
so = 'acF% #* {_b1mQt@ ..ifvy'
```

```
sn_str = f'7.38.0ifengnews{publishid}{device_id}{timec}{r}{so}'
sn = hashlib.md5(sn_str.encode(encoding='utf-8')).hexdigest()
print(sn)
```

本节案例到这里就结束了，使用了一个新的脱壳工具，在 Java 层代码静态分析的过程中，通过 IDA 简单分析了 so 文件，并通过 Frida 调试分析加密参数，总结出了加密参数的生成流程，最后根据分析结果进行算法还原。这是一节关键的逆向案例，大家可以按照流程来实操一遍。

9.8 某监管 Root 检测绕过

本节案例是通过 Frida 绕过某监管 App 的 Root 检测，逆向过程中使用到了一些之前没有出现的工具，比如会通过 BlackDex32 进行脱壳。

案例环境：某监管 App（Android 2.0.5）、Jadx、Frida、BlackDex32、夜神模拟器。

9.8.1 梆梆加固脱壳和反编译

在模拟器上启动该应用时，发现应用不能在 Root 的设备上使用。此时一般的解决方法是使用一些隐藏 Root 特征的 Xposed 插件，简单测试了一下发现没什么效果，所以需要分析一下源码中的检测点，如图 9-100 所示。

● 图 9-100

先查壳，发现使用了《梆梆企业版》加固，如图 9-101 所示。

先用 Jadx 查看一下，发现代码都被隐藏了。根据 AndroidMainifest.xml 文件记录一下包名和版本，版本是 2.0.5。

最好不要在 App 未启动时进行脱壳，因为一些模块没有加载，可能无法获取到完整的 Dex 文件。所以先开一个没有 Root 的模拟器，正常启动应用，把能点的模块都点一下。

然后使用 BlackDex32 脱壳工具对该应用进行脱壳。因为 BlackDex32 可以在未 Root 的设备上使用，正好适用于当前的场景，如图 9-102 所示。

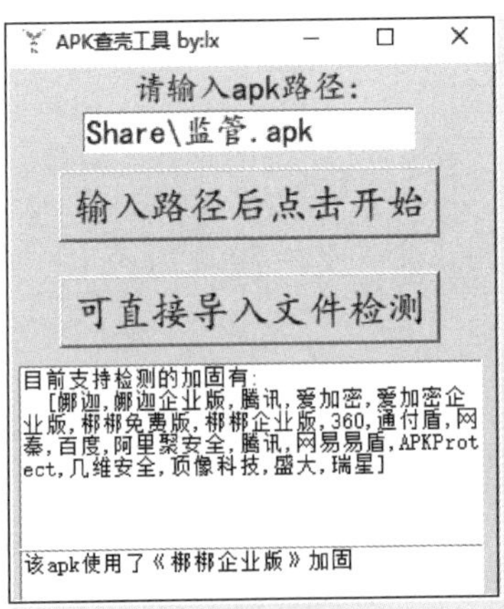

● 图 9-101

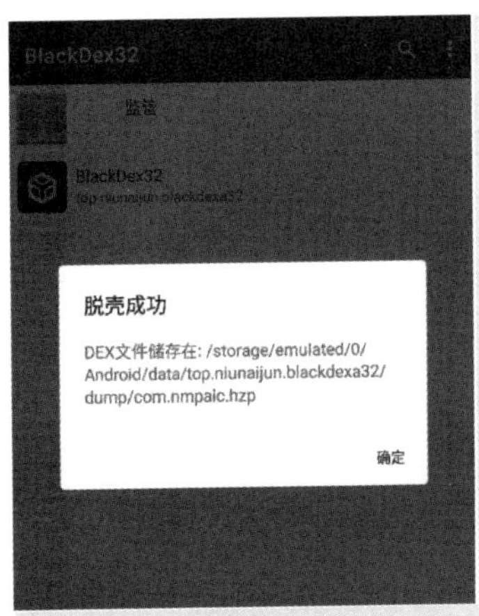

● 图 9-102

脱壳成功后，把 Dex 文件打包复制到模拟器的共享文件夹中，然后复制到本地处理。修改所有的 Dex 文件名，修改为 classes * . dex，如图 9-103 所示。

● 图 9-103

然后把原 APK 改为 rar 格式，把修改后的 Dex 文件都复制到 rar 的文件中，如 9-104 图所示。

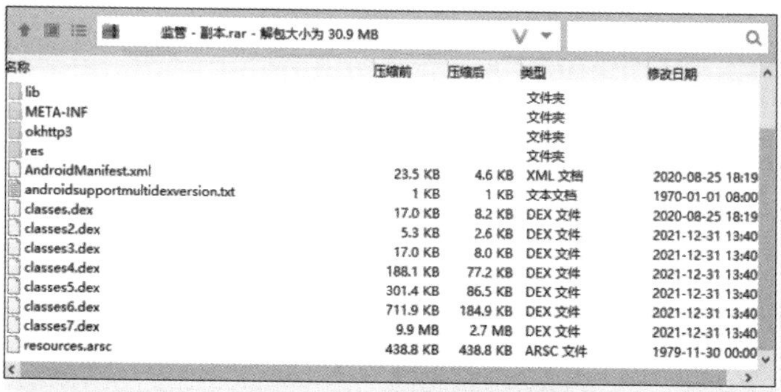

● 图 9-104

然后把 rar 文件再改为 APK 格式，放进 Jadx 中反编译，如图 9-105 所示。

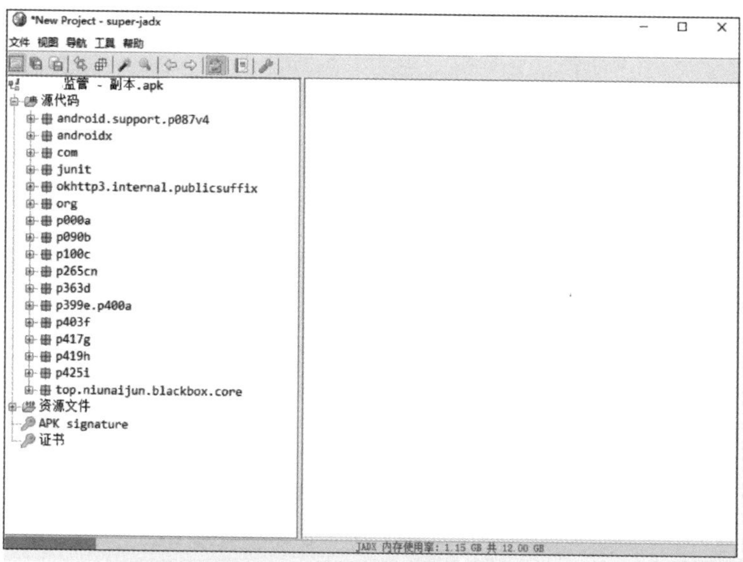

● 图 9-105

可以看到已经完成了脱壳和反编译。

9.8.2 源码静态分析

反编译成功后，全局搜索关键词 su。因为目前对 Root 的检测基本都是基于 su 的，如图 9-106 所示。

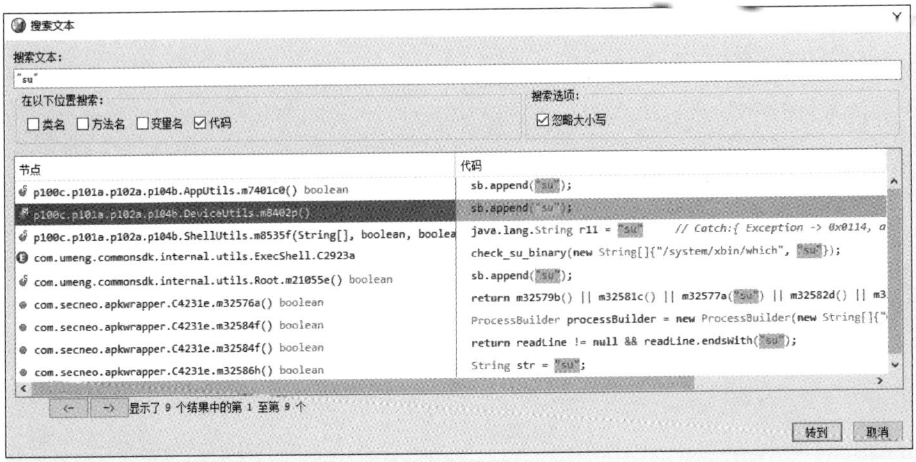

● 图 9-106

发现了 9 个相关的结果，第三个 check_su_binary 挺像的，但是笔者已经对这几个函数进行过调试，发现并不是这个函数负责检测，所以直接讲需要 Hook 的函数。

进入第二个方法 m8402p()中，分析源码可以发现该方法把系统目录中的文件遍历了一遍，检测是否有 su，如果有则返回 true，如图 9-107 所示。

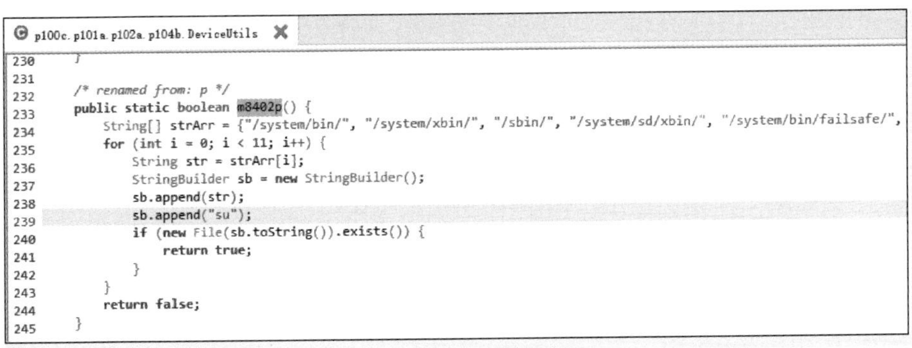

● 图 9-107

9.8.3 Frida 绕过 Root 检测

编写 Hook 代码的时候需要注意 Jadx 上的注释，比如 m8402p 的真实名字是 p。该类的真实类名是 c.a.a.b.t。按照代码逻辑，在拦截到 p 方法后，需要让它返回 false。

Hook 代码:

```
import Frida, sys
def on_message(message, data):
    print("[%s] => %s" % (message, data))

session = Frida.get_usb_device().attach('应用包名')

js_code = """
Java.perform(function(){
    console.log("1 start hook");
    var ba = Java.use('c.a.a.b.t');
    if (ba){
        console.log("2 find class");
        ba.p.overload().implementation = function(){
            console.log("3 successfully");
            return false;
            }
        }
    })
"""

script = session.create_script(js_code)
script.on('message', on_message)
script.load()
sys.stdin.read()
```

运行之后进入了主界面，成功绕过了 Root 检测，如图 9-108 所示。

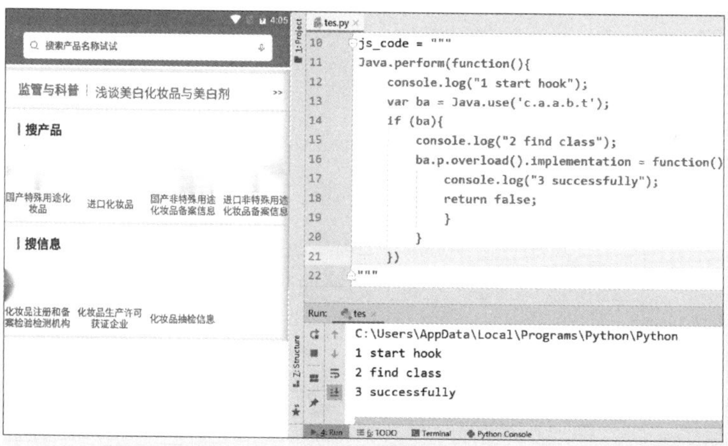

● 图 9-108

因为 Frida 没有用 spawn 的方式启动，所以在启动 Frida 后，要关闭 App 再重新打开，才能让 Hook 生效。

本章案例中有各种逆向工具和常用 Hook 工具的使用案例，有 360 加固、腾讯加固、梆梆加固的脱壳实战，还有多种分析和定位方法，大家融会贯通后，定能向前迈出一大步。

本章内容到这里就结束了，书中的案例终究有限，更多实战会持续更新在博客中。

第10章 验证码识别技术

随着互联网的高速发展，验证码已经成为一项广泛使用且成熟的验证手段。爬虫开发过程中往往会因为提交表单或者高频采集触发验证码，而不同网站的验证码又有不同的检验方式，比如复杂的图文验证码、滑块验证码、语义验证码、点触验证码等，所以验证码也成为爬虫的一个壁垒，并且不同类型的验证码需要定制专属的解决方案。

尽管网上有很多专注于验证码识别服务的打码平台，但是昂贵的识别费用无法支持爬虫大规模的采集。本章主要针对验证码识别技术做出讲解和案例分享，教大家从容应对验证码。

10.1 图文验证码

图文验证码是最常见的一种，大多由数字、字母组成，复杂的图文验证码有字符粘连、重叠、透视变形、模糊、噪声等各种干扰情况。

10.1.1 利用开源库识别

一些简单的图文验证码可以直接使用 Python 开源的 OCR 库进行识别，比如 pytesseract，它是基于 Google 的 Tesseract-OCR，可惜识别率并不高，只能识别简单的验证码。

本小节推荐的开源库是 EasyOCR 和 ddddocr，这两个开源库都是即用型的，pip 安装即可使用。

EasyOCR 使用代码示例：

```
import easyocr
reader = easyocr.Reader(['ch_sim','en'])
result = reader.readtext('test.jpg')
```

ddddocr 使用代码示例：

```
import ddddocr
ocr = ddddocr.DdddOcr()
with open("test.jpg", 'rb') as f:
    image = f.read()
res = ocr.classification(image)
```

EasyOCR 和 ddddocr 的通用识别性很高，对爬虫开发者来说非常实用，但是识别某些包含特殊符号或特殊样式的图片准确率并不高。所以在使用这些开源库时，最好需要懂得一些验证码的基础处理，比如去边、去线、降噪等。

10.1.2 验证码图像处理

本节讲解如何用 opencv 对验证码图片进行二值化、去边、去线、降噪。opencv 是开源且高效的跨平台计算机视觉和机器学习软件库，可以运行在 Linux、Windows、Android 和 Mac OS 操作系统上。

因为本节是案例讲解，所以笔者用画图工具画了一个验证码图片。图片名为 1. png，可以观察到现在的验证码具有边框、干扰线、噪点，如图 10-1 所示。

首先使用 opencv 读入图片 1. png，如图 10-2 所示。

• 图 10-1

• 图 10-2

```
import cv2
im = cv2.imread('1.png')
```

使用 cvtColor 方法进行颜色空间转换，把图片二值化处理，并把像素转成黑白的。

```
im = cv2.cvtColor(im, cv2.COLOR_BGR2GRAY)
```

然后开始去除边框，原理是把边框范围所有坐标的像素都变成 255 白色。具体数据要看图片的边框值是多少。

```
defclear_border(img):
  h, w =img.shape[:2]   #h高、w宽
  for y in range(0, w):
    for x in range(0, h):
      if y < 50 or y > w - 61:   #把50以内的像素坐标[0,0]到[高,50],[0,宽-50]到[高,宽],都变成255
白色
        img[x, y] = 255
      if x < 60 or x > h - 60:
        img[x, y] = 255
  cv2.imwrite('2.png',img)
  return img
```

然后查看去除边框后的图片 2. png，如果边框格式整齐，也可以通过剪裁来去除边框，但是会影响图片本身的大小，一般不推荐使用，如图 10-3 所示。

边框已经去除，现在去除图片中的线，也就是干扰线降噪。这个处理原理是判断某个像素点周围的像素是不是白的，如果是白的，说明它是干扰线，就把它也变成白的。

```
def interference_line(img):
  h, w =img.shape[:2]
```

```
    # opencv 矩阵点是反的
    #img[1,2] 1:图片的高度,2:图片的宽度
    for y in range(1, w - 1):
      for x in range(1, h - 1):
        count =0
        if img[x, y - 1] > 245:
          count = count +1
        if img[x, y + 1] > 245:
          count = count +1
        if img[x - 1, y] > 245:
          count = count +1
        if img[x + 1, y] > 245:
          count = count +1
        if count > 2:
          img[x, y] = 255          #判断一圈有多少白的,超过 2,就转成白的
    cv2.imwrite('3.png',img)
    return img
```

查看处理并保存好的 3. png，如图 10-4 所示。

● 图 10-3

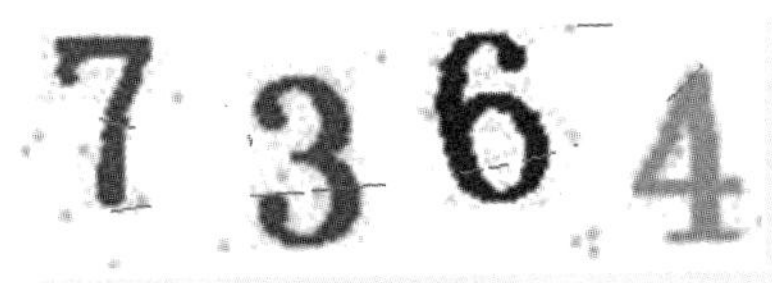

● 图 10-4

可以观察到干扰线已经去除很多，目前图片中有很多干扰点。点降噪的方法可以看情况仿照去线来写，也可以利用 opencv 中已经封装好的方法。下面笔者来演示一下中值滤波和高斯滤波的降噪效果。

读入上一步处理好的 3. png，使用 cv2. medianBlur( ) 中值滤波方法，并保存新图为 4. png。中值滤波基本思想是用像素点邻域灰度值的中值来代替该像素点的灰度值，让周围的像素值接近真实的值，从而消除孤立的噪声点。

```
import numpy
image = cv2.imread('3.png')
result =numpy.array(image)
ss = cv2.medianBlur(result,5)
cv2.imwrite('4.png',ss)
```

查看 4. png 图片，如图 10-5 所示。

相对于之前的图片看起来要干净多了，最好使用高斯滤波来测试一下效果。高斯滤波是需要对一个像素周围的像素给予更多的重视，通过分配权重来重新计算这些周围点的值。

```
# 将每个像素替换为该像素周围像素的均值
image1 = cv2.imread('4.png')
result = cv2.blur(image1,(5,5))
gaussianResult = cv2.GaussianBlur(result,(5,5),1.5)
cv2.imwrite('5.png',gaussianResult)
```

查看 5. png，如图 10-6 所示。

● 图 10-5

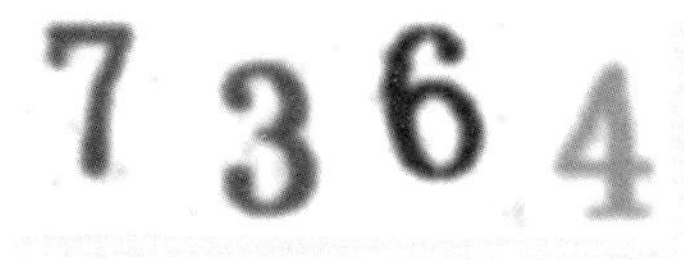

● 图 10-6

当前的图片看起来仅有需要识别的数字了，但是图片的像素经过处理也变得模糊了。所以对于使用通用 OCR 开源库来说，需要不断测试才能找到提高识别效率的方法。

10.1.3 机器学习识别验证码

本节内容将从 0 制作图文验证码并利用机器学习识别出验证码结果。

利用机器学习识别验证码的思路是让计算机经过大量数据和相应标签的训练，计算机学习了各种不同标签之间的差别与关系，形成分类器。此时再向这个分类器输入一张图片，分类器将输出这个图片的标签，这样图片识别过程就完成了。

1. 生成验证码

这里生成验证码的方式是使用了 Python 的 PIL 库。它是 Python 平台的图像处理标准库。PIL 功能非常强大，Api 也非常简单易用。

```
import random,time
import os
fromPIL import ImageFont,Image,ImageDraw,ImageFilter
def auth_code():
    size = (140,40)                                          #图片大小
    font_list = list("0123456789")                           #验证码范围
    c_chars = "  ".join(random.sample(font_list,4))          # 4 个+中间加个俩空格
    print(c_chars)
    img = Image.new("RGB",size,(33,33,34))                   #RGB 颜色
    draw = ImageDraw.Draw(img)
    font = ImageFont.truetype("arial.ttf", 23)               #字体
    draw.text((5,4),c_chars,font=font,fill="white")          #字颜色
    params = [1 - float(random.randint(1, 2)) / 100,
              0,
              0,
              0,
              1 - float(random.randint(1, 10)) / 100,
              float(random.randint(1, 2)) / 500,
              0.001,
              float(random.randint(1, 2)) / 500
              ]
    img = img.transform(size, Image.PERSPECTIVE, params)
    img = img.filter(ImageFilter.EDGE_ENHANCE_MORE)
    img.save(f'./test_img/{c_chars}.png')
if_name_ == '_main_':
    if not os.path.exists('./test_img'):
        os.mkdir('./test_img')
```

```
    while True:
        auth_code()
        if len(os.listdir('./test_img'))>=3000:
            break
```

运行之后，就在 test_img 生成了 3000 张验证码图片。笔者在生成图片的时候，把图片名称设置为了验证码对应的数字，以做标注，如图 10-7 所示。

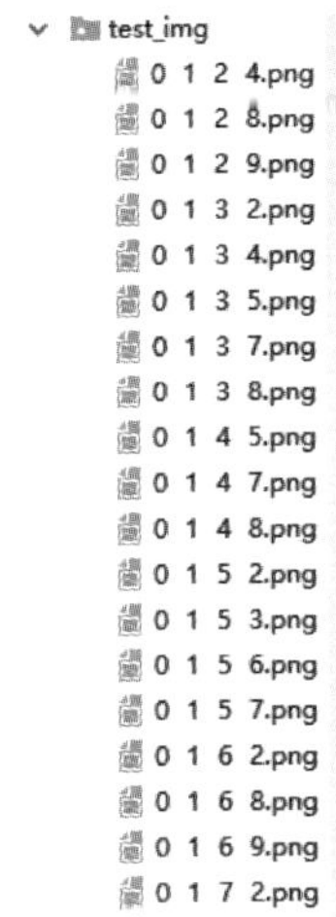

● 图 10-7

查看一张图片 0124. png，如图 10-8 所示。

这里生成的图片还是很干净的，因为本节以案例为主，所以没有加噪点。如果是比较复杂的图片，就参照 10. 1. 2 节的验证码图像处理对图片预处理。

2. 验证码分割

在识别一张验证码图片时，首先需要对图片进行处理，把图中每个需要识别的字母、数字分割出来，然后单独进行识别。

第一步生成的是 4 位验证码，所以为了做训练集样本和后续的识别，需要先把图片的每个数字分割成 4 份，按照不同的标注，放到 train_data_img 目录下 0~9 的文件夹里面。每个文件夹代表了该数字的训练集样本，如图 10-9 所示。

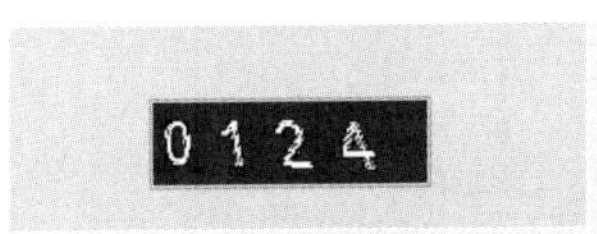

● 图 10-8

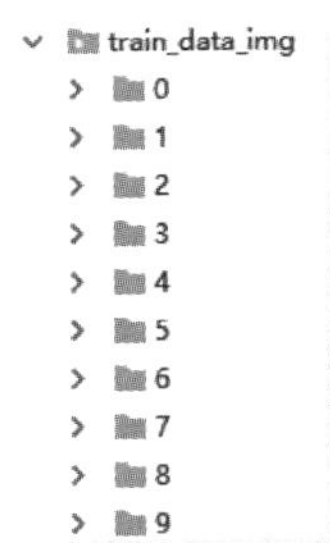

● 图 10-9

这里分割也是处理得比较简单，按照宽度直接除以 4。

```
import os
from PIL import Image
from sklearn.externals import joblib
import time
def read_img():
    img_array = []
    img_lable = []
    file_list = os.listdir('./test_img')
    for file in file_list:
        try:
            image = file
            img_array.Append(image)
        except:
            print(f'{file}:图像已损坏')
```

```
            os.remove('./test_img/'+file)
    return img_array

def sliceImg(img_path, count = 4):
    if not os.path.exists('train_data_img'):
        os.mkdir('train_data_img')
    for i in range(10):
        if not os.path.exists(f'train_data_img/{i}'):
            os.mkdir(f'train_data_img/{i}')
    img = Image.open('./test_img/'+img_path)
    w, h =img.size
    eachWidth = int((w - 17) / count)
    img_path = img_path.replace('', '').split('.')[0]

    for i in range(count):
        box = (i * eachWidth, 0, (i + 1) *  eachWidth, h)
        img.crop(box).save(f'./train_data_img/{img_path[i]}/'+img_path[i]+ str(time.time
()) + ".png")

if_name_ == '_main_':
    img_array = read_img()
    for i in img_array:
        print(i)
        sliceImg(i)
```

程序运行完毕之后，每个文件夹下面都会有对应的验证码图片，并且图片名的首字母就是对应标注，如图 10-10 所示。

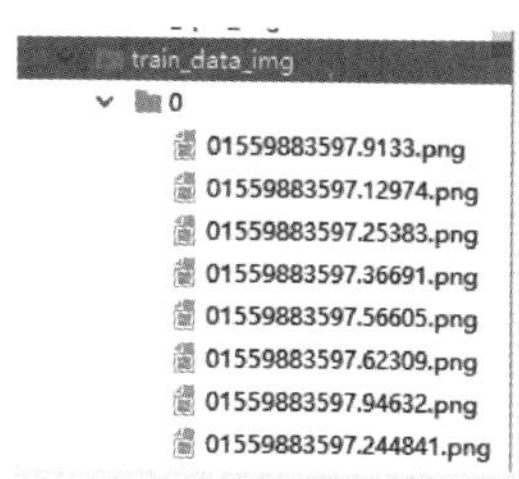

● 图 10-10

3. 验证码特征提取

这里的思路是：利用 numpy 先把 train_data_img 文件夹下的图片转换成向量。

```
from PIL import Image
import numpy as np
def img2vec(fname):
    '''将图片转为向量'''
    im = Image.open(fname).convert('L')
    im = im.resize((30,30))
    tmp = np.array(im)
    vec = tmp.ravel()
    return vec
```

然后利用标注好的标签，来做特征提取。

```
import os
tarin_img_path = 'train_data_img'
defsplit_data():
    X = []
    y = []
    for i in os.listdir(tarin_img_path):
        path = os.path.join(tarin_img_path, i)
        fn_list = os.listdir(path)
```

```
        for name in fn_list:
            y.Append(name[0])
            X.Append(img2vec(os.path.join(path,name)))
    return X, y                    # x 向量、y 标签
```

构建一个分类器，这里使用的是 sklearn 中的 knn 方法。

```
from sklearn.neighbors import KNeighborsClassifier as knn
def knn_clf(X_train,label):
    '''构建分类器'''
    clf = knn()
    clf.fit(X_train,label)
    return clf
```

构建完分类器后，就可以把上面的结合起来，做一个识别函数。

```
def knn_shib(test_img):
    X_train,y_label = split_data(tarin_img_path)
    clf = knn_clf(X_train,y_label)
    result =clf.predict([img2vec(test_img)])
    return result
```

4. 验证码识别

按照步骤一的方式生成一批验证码当作测试集。

测试集图片保存在 test_data_img 中，但是现在的图片是完整的，想要识别就要按照之前的方法先进行图片切割，分成 4 份放到 test_split_img 目录中，然后用识别函数来识别。

```
if_name_ == '_main_':
    test_data_img = r'test_data_img\.059682.png'
    sliceImg(test_data_img)
    result = []
    for img in os.listdir('test_split_img'):
        result.Append(knn_shib('test_split_img/'+img)[0])
    print(result)
```

取一张名为 059682. png 的图片为例，调用 sliceImg 方法分割，然后读取分割后的图片来识别，如图 10-11 所示。

运行程序，识别结果和图片内容一致，识别成功，实现代码如图 10-12 所示。

这节的代码主要还是以案例为主，大家需要掌握处理流程和方法，以便于设计自己的识别算法。如果运行程序，可以看到识别速度很慢，因为目前完全是基于程序计算的识别，没有生成可供映射的模型。下一节教大家如何训练和部署识别模型。

● 图 10-11

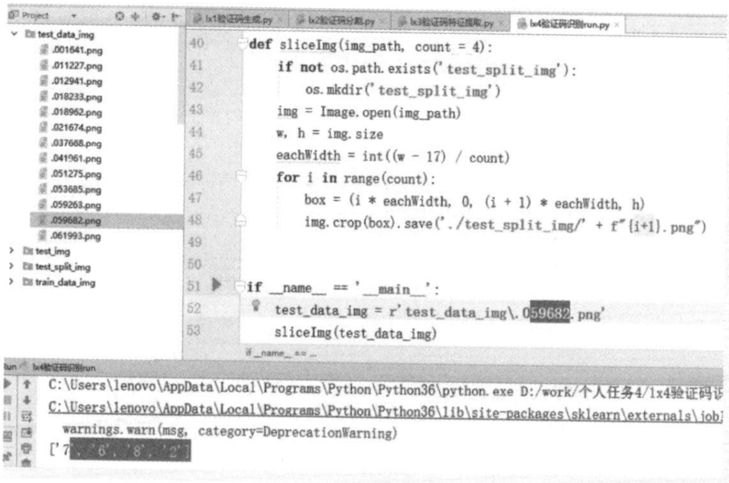

• 图 10-12

10.1.4 深度学习识别验证码

本节教大家使用基于开源深度学习框架的验证码训练工具训练自己的识别模型。

工具学习难度并不高，只要懂得如何配置和使用就可以。目前 GitHub 有多种基于深度学习的验证码识别工具，比如基于 TensorFlow 的 captcha_trainer、基于 Keras 的 CNN_keras，也有基于 PYTorch 的 pytorch-captcha-recognition。这里只是举例说明，还有很多优秀的开源库等待大家自己挖掘。本节的重点是使用 captcha_trainer 训练和使用 captcha_platform 部署。

captcha_trainer 是基于深度学习的图片验证码的解决方案，该项目足以解决市面上绝大多数复杂的验证码场景，目前也被用于其他 OCR 场景。captcha_platform 是针对 captcha_trainer 训练后的模型部署，可以在 Linux、Windows 部署。

captcha_trainer 下载地址：https：//Github. com/kerlomz/captcha_trainer。

captcha_platform 下载地址：https：//Github. com/kerlomz/captcha_platform。

跟随 requirements. txt 文件一键安装或者自行安装。安装完成之后，在 App. py 文件启动 captcha_traine 界面。

1. GUI 界面中的功能介绍

GUI 界面中的功能介绍如图 10-13 所示。

2. 准备数据

验证码数据集：https：//pan. baidu. com/s/12iH5lpoXLAOTEiaQpoz7jg；提取码：r5ux，如图 10-14 所示。

3. 开始训练

在功能区输入项目名字，选择训练集、标签数、样本大小、结束条件等，如图 10-15 所示。

然后单击“Start Training”按钮开始训练。

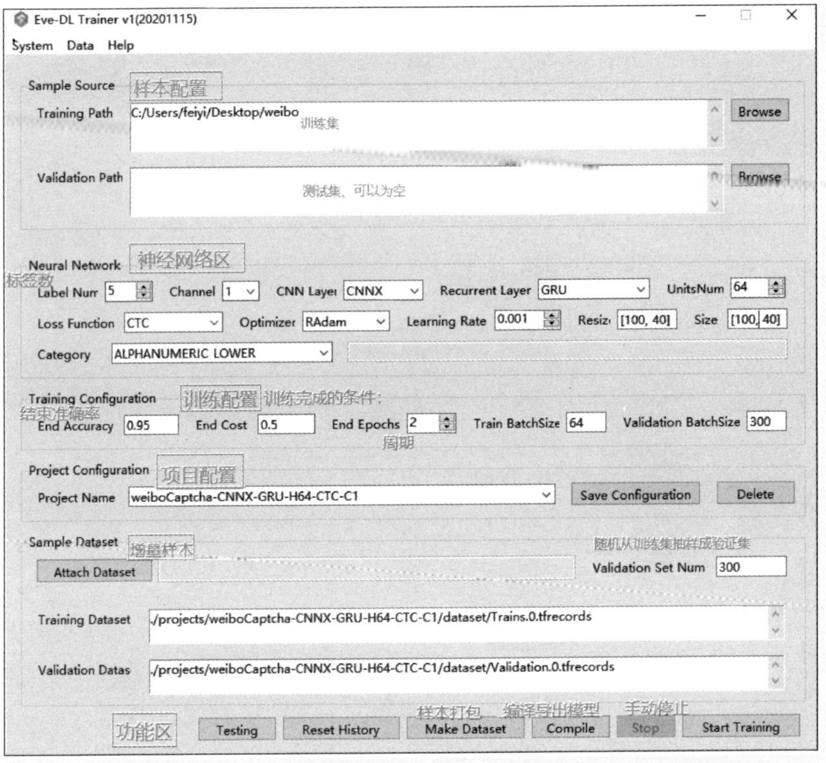
Eve-DL Trainer v1(20201115)
System Data Help
Sample Source 样本配置
Training Path C:/Users/feiyi/Desktop/weibo 训练集 Browse
Validation Path 测试集、可以为空 Browse
Neural Network 神经网络区
标签数 Label Num 5 Channel 1 CNN Layer CNNX Recurrent Layer GRU UnitsNum 64
Loss Function CTC Optimizer RAdam Learning Rate 0.001 Resize [100, 40] Size [100, 40]
Category ALPHANUMERIC LOWER
Training Configuration 训练配置 训练完成的条件:
结束准确率 End Accuracy 0.95 End Cost 0.5 End Epochs 2 周期 Train BatchSize 64 Validation BatchSize 300
Project Configuration 项目配置
Project Name weiboCaptcha-CNNX-GRU-H64-CTC-C1 Save Configuration Delete
Sample Dataset 增量样本 随机从训练集抽样成验证集
Attach Dataset Validation Set Num 300
Training Dataset ./projects/weiboCaptcha-CNNX-GRU-H64-CTC-C1/dataset/Trains.0.tfrecords
Validation Datas ./projects/weiboCaptcha-CNNX-GRU-H64-CTC-C1/dataset/Validation.0.tfrecords
功能区 Testing Reset History 样本打包 Make Dataset 编译导出模型 Compile 手动停止 Stop Start Training

● 图 10-13

● 图 10-14

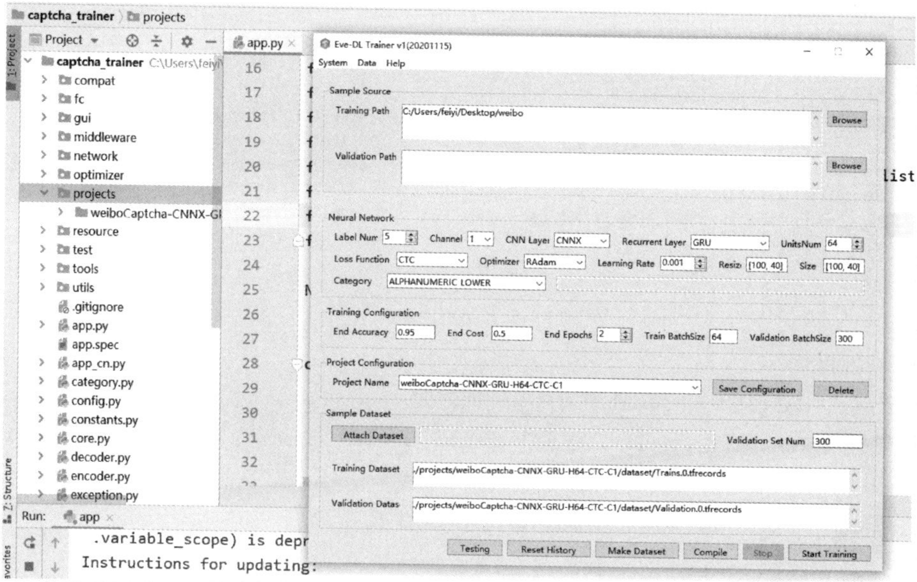

● 图 10-15

笔者之前安装的是 tensorflow 2. 0. 0，所以使用 CPU 来进行训练，训练速度较为缓慢。建议读者按照笔者的推荐使用 tensorflow-gpu = = 1. 14. 0，如图 10-16 所示。

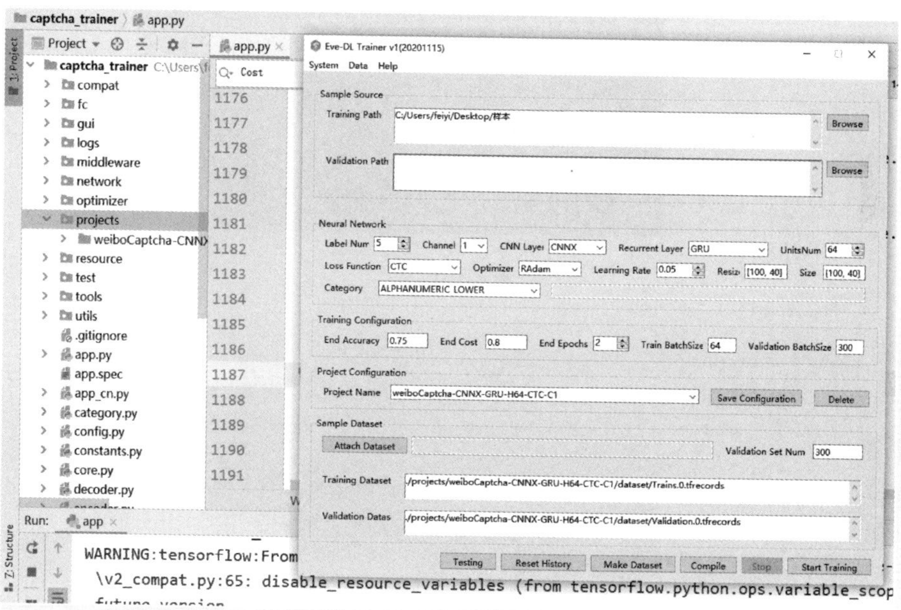

● 图 10-16

另外，为了减少训练时间，一些参数可以自行修改，End Accuracy 可以低一点。End Cost 可以高一点，如图 10-17 所示。

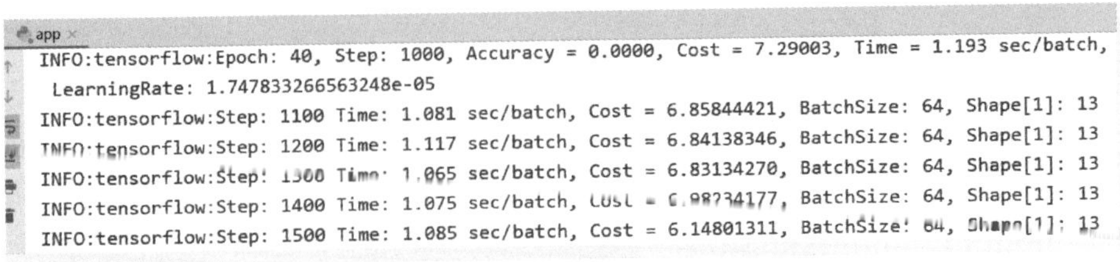

```
INFO:tensorflow:Epoch: 40, Step: 1000, Accuracy = 0.0000, Cost = 7.29003, Time = 1.193 sec/batch,
 LearningRate: 1.747833266563248e-05
INFO:tensorflow:Step: 1100 Time: 1.081 sec/batch, Cost = 6.85844421, BatchSize: 64, Shape[1]: 13
INFO:tensorflow:Step: 1200 Time: 1.117 sec/batch, Cost = 6.84138346, BatchSize: 64, Shape[1]: 13
INFO:tensorflow:Step: 1300 Time: 1.065 sec/batch, Cost = 6.83134270, BatchSize: 64, Shape[1]: 13
INFO:tensorflow:Step: 1400 Time: 1.075 sec/batch, Cost = 6.98234177, BatchSize: 64, Shape[1]: 13
INFO:tensorflow:Step: 1500 Time: 1.085 sec/batch, Cost = 6.14801311, BatchSize: 64, Shape[1]: 13
```

● 图 10-17

4. 查看训练过程

如果感兴趣，可以使用 tensorBoard 库来查看训练过程。

在 cmd 中输入 tensorboard --logdir \ 路径 \ captcha_trainer \ projects \ weiboCaptcha-CNNX-GRU-H64-CTC-C1 \ model。

然后访问 http：//localhost：6006/，如图 10-18 所示。

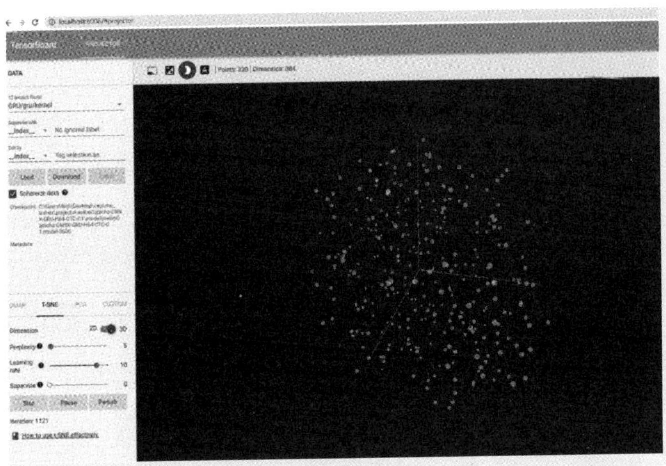

● 图 10-18

其实通过 model \ checkpoint 文件也可以查看当前的训练进度。

训练结束后，会在项目路径的 out 下看到以下结构的文件，pb 为模型，yaml 为模型配置文件。

5. 项目部署

先安装好 captcha_platform，然后将训练好的 model. yaml 放在模型文件夹中，并将 model. pb 放在图形文件夹中（如果不存在则创建），然后启动 server 文件即可调用，代码如下。

Windows Deploy（Windows）：Python xxx_server. py。

Linux Deploy（Linux/Mac）：Python flask_server. py。

10.2 滑块验证码

处理滑块验证码有很两种方法。第一种是通过自动化工具进行行为模拟，生成轨迹把滑块拖动到验证码图片的缺口处完成验证，这种方式适合一次性登录时使用，登录之后获取 Cookie 再通过协议完成请求。第二种方式是分析滑块验证成功时所请求的接口，一般请求成功会携带滑块验证的坐标和一些加密参数，通过构造请求完成滑块验证，这种效率很高，适合处理频繁访问时的验证。下面用案例来讲解这两种不同的处理方法和一些特殊情况下的验证码缺口识别方法。

10.2.1 邮箱滑块验证码

QQ 邮箱在登录时输入正确的账号和错误的密码时会出现滑块验证。本案例用 opencv+selenium 来对 QQ 邮箱的滑块验证进行模拟登录，如图 10-19 所示。

QQ 邮箱链接：https：//mail. qq. com/

通过链接访问以后，看到的是一个如图 10-19 所示的页面。单击“账号密码登录”按钮才能进行模拟操作。

刚开始笔者直接用 selenium 获取元素 ID，然后单击“账号密码登录”按钮，发现没有作用。

仔细看这是一个 iframe 框，不能直接单击，要用 selenium 进行 frame 切换。Python 的 selenium 中有这样的操作，如图 10-20 所示。

● 图 10-19

driver. switch_to. frame("login_frame")# login_frame 是登录窗口的 id。

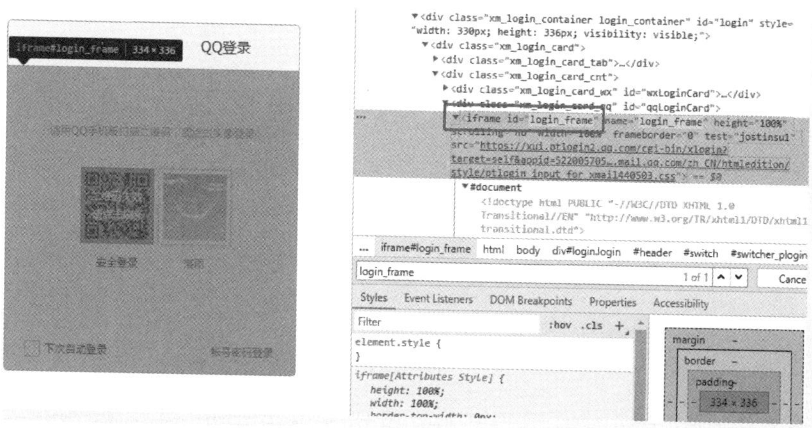

● 图 10-20

切换窗口之后才能进行接下来的单击操作。

```
driver.get('https://mail.qq.com')
driver.switch_to.frame("login_frame")                         # 切换 frame
driver.find_element_by_id('switcher_plogin').click()          # 单击“账号密码登录”按钮
username='1234567{}@ qq.com'.format(random.randint(0,99))     # 随机获取一个账号
driver.find_element_by_id("u").send_keys(username)            # 输入账号
driver.find_element_by_id("p").send_keys('wwwwwwwww')         # 输入一个密码
driver.find_element_by_id("login_button").click()             # 单击登录
```

在正常出现滑块验证后，需要进行缺口位置识别。首先需要把两张图片保存到本地，一张是滑块图片，一张是验证背景图，如图 10-21 所示。

通过 selenium 中的 xpath 把图片的 src 获取到，然后下载保存到本地。先获取两个图片（滑块和验证图）的 src：

```
src_big= driver.find_element_by_xpath('//div[@ id="slideBg-
Wrap"]/img').get_attribute('src')
src_small = driver.find_element_by_xpath('//div[@ id="
slideBlockWrap"]/img').get_attribute('src')
```

● 图 10-21

根据 src 下载图片并保存到本地：

```
img_big = requests.get(src_big).content
img_small = requests.get(src_small).content
with open('yanzhengtu.jpg','wb') as f:
    f.write(img_big)
with open('huakuai.png','wb') as f:
    f.write(img_small)
```

开始识别图片缺口位置，通过 opencv 实现一个识别方法：

```
def shibie():
    otemp = 'huakuai.png'                                    # 滑块
    oblk = 'yanzhengtu.jpg'                                  # 验证图
    target= cv2.imread(otemp, 0)                             # 读入图片
    template= cv2.imread(oblk, 0)
    w, h = target.shape[::-1]                                # 获取数组转置后的结构
    temp= 'temp.jpg'
    targ = 'targ.jpg'
    cv2.imwrite(temp, template)
    cv2.imwrite(targ, target)
    target= cv2.imread(targ)
    target= cv2.cvtColor(target, cv2.COLOR_BGR2GRAY)         # 图像颜色空间转换
    target= abs(255 - target)
    cv2.imwrite(targ, target)
    target= cv2.imread(targ)
    template= cv2.imread(temp)
    result= cv2.matchTemplate(target, template, cv2.TM_CCOEFF_NORMED)
    x, y = np.unravel_inDex(result.argmax(), result.shape)
    cv2.rectangle(template, (y, x), (y + w, x + h), (7, 249, 151), 3)
    return y
```

调用写好的识别方法，计算保存在本地的图片中 0 坐标到缺口位置的距离 y，如图 10-22 所示。

本地图片的宽是 680 像素，而 QQ 邮箱给的验证图的宽为 280 像素，如图 10-23 所示。

那么移动的距离是：y=y/(680/280)。

但是在浏览器上显示的滑块起始位置不为 0，如图 10-24 所示。

所以移动的距离应该是：y=(y+22.5)/(680/280)+k。

当然可能存在一些误差 k，需要再观察并补充。

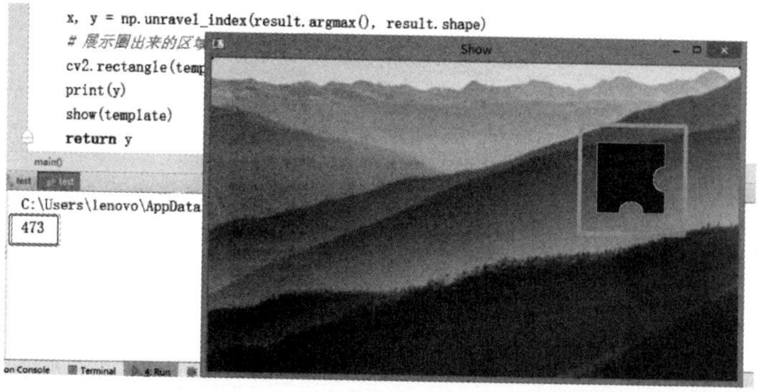

● 图 10-22

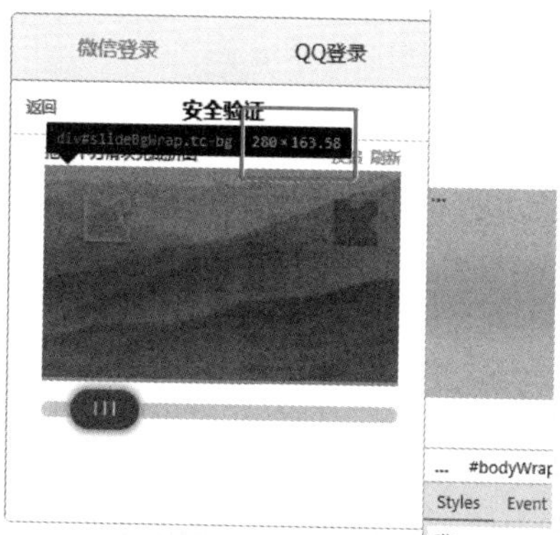

● 图 10-23

● 图 10-24

现在就可以使用 selenium 中的 ActionChains 来进行移动操作。

```
huakuai = driver.find_element_by_id('tcaptcha_drag_thumb')
action= ActionChains(driver)
action.click_and_hold(huakuai).perform()
y= (y+20)/(680/280)-27                          # 根据计算机的分辨率,此处计算参数可能需要微调
action.move_by_offset(y,0).perform()
time.sleep(0.5)
action.release(on_element=huakuai).perform()    # 松开鼠标左键,完成操作
time.sleep(1)
```

这样就可以自动完成验证了。

本案例完整代码:

```
from selenium import webdriver
import cv2,numpy as np, random, requests, time
from selenium.webdriver import ActionChains

'''识别缺口位置、计算偏移值'''
def shibie():
```

```
    otemp = 'huakuai.png'
    oblk = 'yanzhengtu.jpg'
    target = cv2.imread(otemp, 0)
    template = cv2.imread(oblk, 0)
    w, h = target.shape[ : :-1]
    temp = 'temp.jpg'
    targ = 'targ.jpg'
    cv2.imwrite(temp, template)
    cv2.imwrite(targ, target)
    target = cv2.imread(targ)
    target = cv2.cvtColor(target, cv2.COLOR_BGR2GRAY)
    target = abs(255 - target)
    cv2.imwrite(targ, target)
    target = cv2.imread(targ)
    template = cv2.imread(temp)
    result = cv2.matchTemplate(target, template, cv2.TM_CCOEFF_NORMED)
    x, y = np.unravel_inDex(result.argmax(), result.shape)
    cv2.rectangle(template, (y, x), (y + w, x + h), (7, 249, 151), 3)
    return y

'''模拟验证行为'''
def main():
    driver = webdriver.Chrome(executable_path=r'填写你的驱动文件地址')
    driver.get('https://mail.qq.com')
    time.sleep(2)
    driver.switch_to.frame("login_frame")
    try:
        driver.find_element_by_id('switcher_plogin').click()
    except:
        pass
    username = '1234567{}@ qq.com'.format(random.randint(0, 99))
    driver.find_element_by_id("u").send_keys(username)
    driver.find_element_by_id("p").send_keys('wwwwwwwww')
    driver.find_element_by_id("login_button").click()

    driver.switch_to.frame("tcaptcha_iframe")
    time.sleep(1)
    if driver.find_element_by_id('slideBgWrap'):
        time.sleep(0.5)
    src_big = driver.find_element_by_xpath('//div[@ id="slideBgWrap"]/img').get_attribute('src')
    src_small = driver.find_element_by_xpath('//div[@ id="slideBlockWrap"]/img').get_at-
tribute('src')
    img_big = requests.get(src_big).content
    img_small = requests.get(src_small).content
    with open('yanzhengtu.jpg', 'wb') as f:
        f.write(img_big)
    with open('huakuai.png', 'wb') as f:
        f.write(img_small)
    y = shibie()
    time.sleep(2)
```

```
    huakuai = driver.find_element_by_id('tcaptcha_drag_thumb')
    action = ActionChains(driver)
    action.click_and_hold(huakuai).perform()
    y = (y + 20) / (680 / 280) - 27  #此处参数可能需要微调
    action.move_by_offset(y, 0).perform()
    action.release(on_element=huakuai).perform()
    time.sleep(3)
    driver.close()

if __name__ == '__main__':
    main()
```

如果不是以 Python 为主语言的读者，对代码语法等都不太熟悉，可以自行学习一下 Puppeteer 或者 touchRobot。touchRobot 也是一款基于 Node. Js 开发的机器模拟触碰滑动库，二者都可以替代 selenium 完成拖动工作。

10.2.2 数美滑块验证码

小红书、蘑菇街、脉脉、斗鱼等很多网站和 App 都用了数美的验证码。本案例以数美官网的浮动式滑块验证码为例，分析验证过程，完成模拟验证，如图 10-25 所示。

数美验证码官网：https：//www. ishumei. com/trial/captcha. html

● 图 10-25

1. 验证码申请

打开控制台仔细阅读请求过程，如图 10-26 所示。

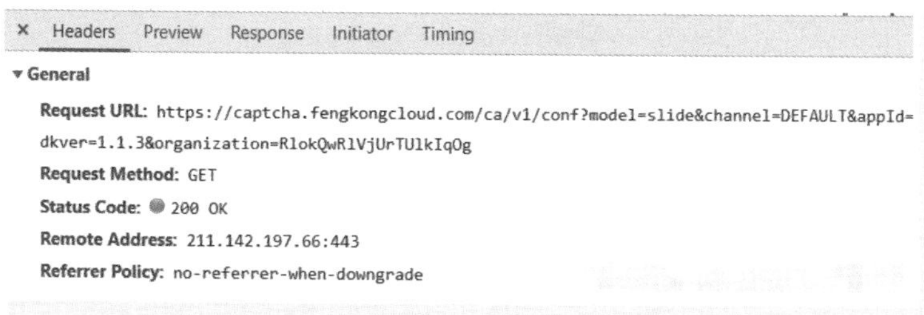

● 图 10-26

Api:"https://captcha. fengkongcloud. com/ca/v1/conf?"

```
params= {
        'organization':'RlokQwRlVjUrTUlkIqOg',
        'model':'slide',
        'sdkver':'1.1.3',
        'rversion':'1.0.3',
        'AppId':'default',
        'lang':'zh-cn',
```

```
        'channel':'YingYongBao',
        'callback':'sm_{}'.format(int(time.time() * 1000))
    }
```

该接口返回的 Js 参数，是下一步需要请求的目标，如图 10-27 所示。

2. 提取 Js 参数

Js 地址：https：//castatic. fengkongcloud. com/pr/auto-build/v1. 0. 3-70/captcha-sdk. min. js

需要提取该 Js 中的参数名，会在最后验证的时候使用，如图 10-28 所示。

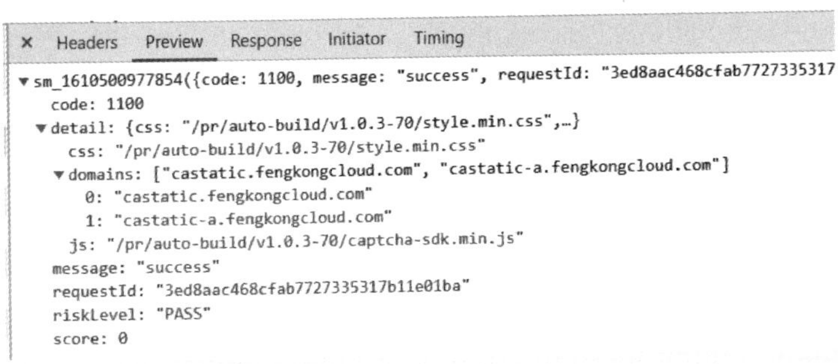

● 图 10-27

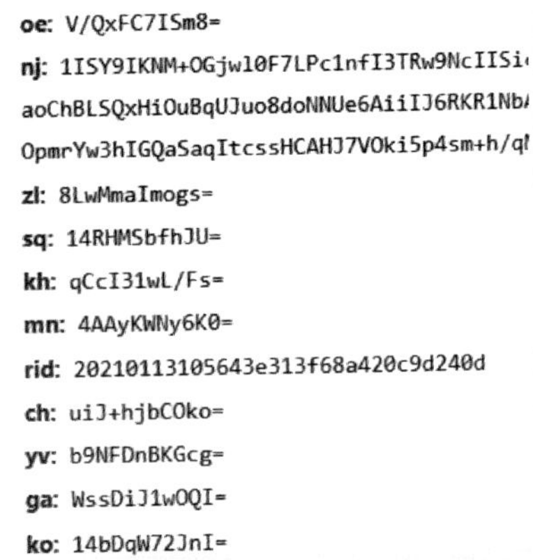

● 图 10-28

在该 Js 文件中的参数是倒序的，如图 10-29 所示。

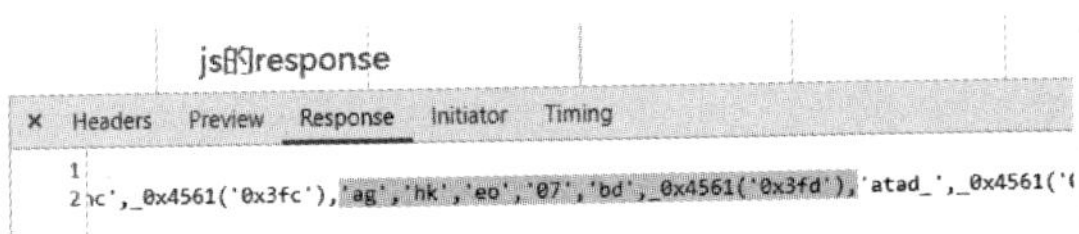

● 图 10-29

3. 验证码注册

Api：https：//captcha. fengkongcloud. com/ca/v1/register?，如图 10-30 所示。

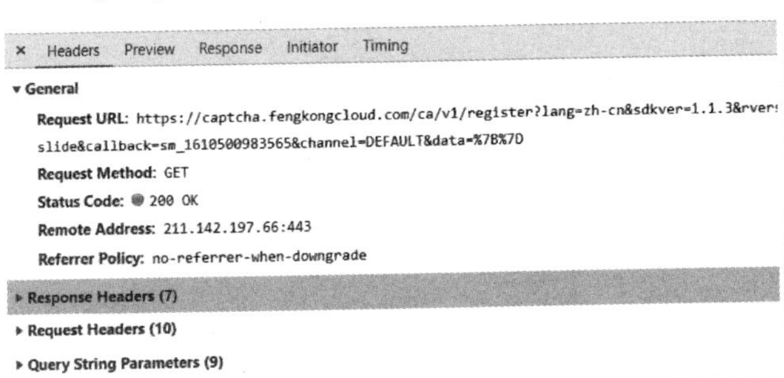

● 图 10-30

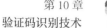

bg 和 fg 是验证码图片地址。https：//castatic. fengkongcloud. com/crb/+bg，如图 10-31 所示。

× Headers Preview Response Initiator Timing
sm_1610500983565({code: 1100, message: "success", requestId: "c798add8987f7c3ecdcd82180d87df01", riskLevel: "PASS",…})
code: 1100
detail: {bg: "/crb/set-000006/v2/857a6ce54e60e633059a506fb3a03b1c_bg.jpg", bg_height: 300, bg_width: 600,…}
bg: "/crb/set-000006/v2/857a6ce54e60e633059a506fb3a03b1c_bg.jpg"
bg_height: 300
bg_width: 600
domains: ["castatic.fengkongcloud.com", "castatic-a.fengkongcloud.com"]
0: "castatic.fengkongcloud.com"
1: "castatic-a.fengkongcloud.com"
fg: "/crb/set-000006/v2/857a6ce54e60e633059a506fb3a03b1c_fg.png"
k: "Sb3WreWLRCk="
l: 8
rid: "20210113092253d4701ec62803742111"
message: "success"
requestId: "c798add8987f7c3ecdcd82180d87df01"
riskLevel: "PASS"
score: 0

● 图 10-31

4. 计算滑块位置

根据上一步可以得到验证图片的地址。验证码图片 bg. jpg，滑块图片 fg. png，如图 10-32 所示。

● 图 10-32

使用 opencv 查找并匹配图像模板中的滑块。需要注意的是，这里是以原图计算的，而页面上的图片大小只有（300，150）（应用不同的产品可能大小也不同），所以需要按比例进行缩小。

5. 验证

Api：https：//captcha. fengkongcloud. com/ca/v2/fverify?。

```
params = {
        'protocol':'70',
        'organization':'RlokQwRlVjUrTUlkIqOg',
        'rversion':'1.0.3',
        'oe':'V/QxFC7ISm1=',
        'nj':'1ISY9IKNM+OGjwl0F7LP...省略...7VOki5p4sm+h/qMX2QAhN/4w',
        'zl':'8LwMmaImogs=',
        'sq':'14RHMSbfhJU=',
```

```
        'kh':'qCcI31wL/Fs=',
        'mn':'4AAyKWNy6K0=',
        'rid':'20210113105643e313f68a420c9d240d',
        'ch':'uiJ+hjbCOka=',
        'yv':'b9NFDsBKGCg=',
        'ga':'WssDiJ1wOQI=',
        'ko':'14bDqW72JnI=',
        'callback':'sm_1610506618948',
        'act.os':'web_pc',
        'vj':'IFXKu8Pjb3k=',
        'ostype':'web',
        'sdkver':'1.1.3'
}
```

params 参数里的 oe，mn，kh 等，都经过了 DES 加密，Js 文件就不具体分析了。

最后模拟请求并提交验证，返回 message："success"，riskLevel："PASS" 说明验证通过，如图 10-33 所示。

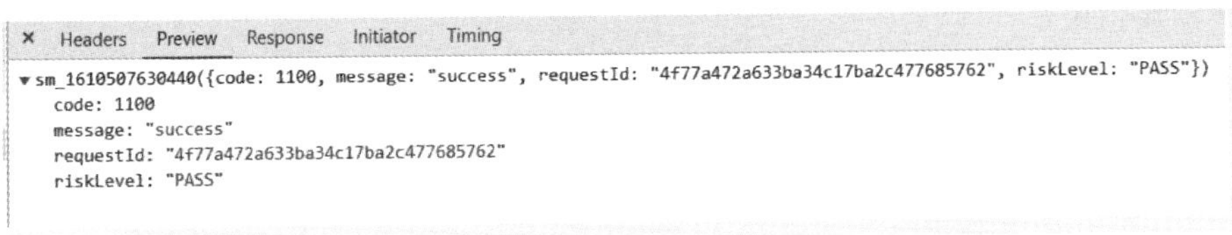

● 图 10-33

6. 整体代码

由于代码较长不便阅读，笔者只贴出方法介绍和运行流程，完整版可在代码库中查看。

```
""" 数美滑块验证码模拟验证学习案例 """

def find_arg_names(script):
    """ 通过 js 解析出参数名 """

def get_encrypt_content(message, key, flag):
    """ 接口参数的加密、解密 """

def get_random_ge(distance):
    """ 生成随机的轨迹 """

def make_mouse_action_args(distance):
    """ 生成鼠标行为相关的参数 """

def get_distance(fg, bg):
    """ 计算滑动距离 """

def update_protocol(protocol_num, js_uri):
    """ 更新协议 """

def conf_captcha(organization):
    """ 获取验证码设置 """
```

```
def register_captcha(organization):
    """ 注册验证码 """

def verify_captcha(organization, rid, key, distance):
    """ 提交验证 """

def get_verify(organization):
    """
    1、获取验证码设置
    2、注册验证码
    3、下载验证图片
    4、计算滑动距离
    5、生成随机的轨迹
    6、提交验证
    7、接口参数的加解密
    8、进行验证
    """
```

10.2.3 极验滑块验证码

极验滑块验证一直是爬虫难题，很多信息公示系统和直播网站在验证上使用的都是极验滑块验证码，比如斗鱼、战旗、企鹅等。极验在注册、登录、找回密码等众多交互环节部署验证服务，大幅度增加了爬虫的开发难度，如图 10-34 所示。

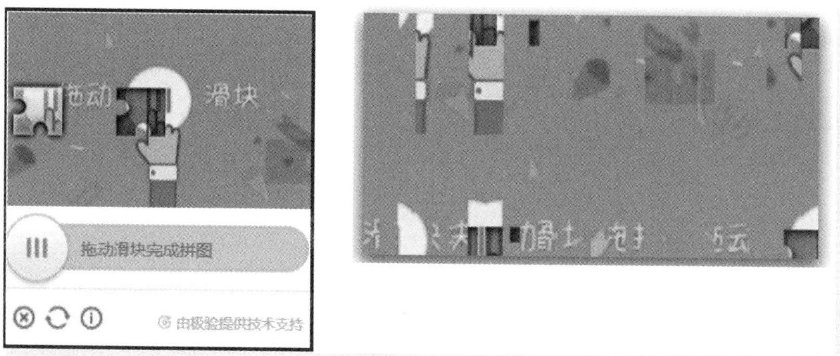

● 图 10-34

案例地址：https：//www.geetest.com/Register。

为什么要重点说极验呢？从上图可以看出，上图左侧为验证时所见的图片，而右侧则是通过抓包找到的原始图片，两幅图的模样差距很大，其中肯定执行了某段 Js，简单观察也发现不了规律。

遇到这种情况时，如果验证频率不高，并且想减少开发难度和时间，可以选择使用自动化工具。先通过截图把验证码整体保存下来，然后通过固定的坐标裁剪，保留图中的验证图片，此时再去识别缺口进行下一步的验证。

如果验证频率很高，对采集速度也有一定要求，那么只能通过还原 Js 的方式来进行协议验证。首先需要找到 Js 中的图片坐标偏移代码来还原验证码图片，再找到滑动轨迹的算法，然后进行缺口识别，最后根据验证接口进行数据提交。当然完成这个过程需要找到每个请求中的加密参数的生成方法，这个过程会非常熬人。

Github 中有很多相关开源项目，比如 geetest-crack、geeEtacsufbo 等，大家自己找一找，这里就不具体分析了。

10.2.4 利用 AI 平台识别缺口

目前有很多面向企业和个人开发者的 AI 平台，它们提供可配置的算法和高性能的算力。比如百度云的 EasyDL 或者华为云的 ModelArts，本节内容以百度 EasyDL 为例，训练可以识别滑块验证码缺口的模型。

EasyDL 地址：https：//ai. baidu. com/easydl/

EasyDL 是基于飞桨开源深度学习平台，面向企业 AI 应用开发者提供零门槛 AI 开发平台，为了实现零算法基础定制高精度 AI 模型。EasyDL 提供一站式的智能标注、模型训练、服务部署等全流程功能，内置丰富的预训练模型，支持公有云、设备端、私有服务器、软硬一体方案等灵活的部署方式。

也就是说使用者并不需要懂算法原理，也能够驾驭零门槛的 AI 开发平台使用深度学习来训练、部署模型，如图 10-35 所示。

● 图 10-35

先到 EasyDL 创建一个物体检测的模型，然后在数据总览中创建数据集，准备添加数据。当然添加数据需要先收集一批验证码图片。笔者选择从某 Q 邮箱的登录验证来采集，在输入错误的账号登录时，会出现滑块验证码验证。因为该邮箱的验证图片只有十几张，所以不贴采集代码了。

收集完图片后，把图片上传到数据集中，大家在开发时最好有 100 张以上来做训练集，如图 10-36 所示。

然后点击查看和标注，进行手工标注。只需要用鼠标拖曳形成轮廓就可以了，如图 10-37 缺口阴影部分所示。

标注完就可以开始训练了，点击“训练模型”，选择标注过的训练数据，再添加上测试数据，如图 10-38 所示。

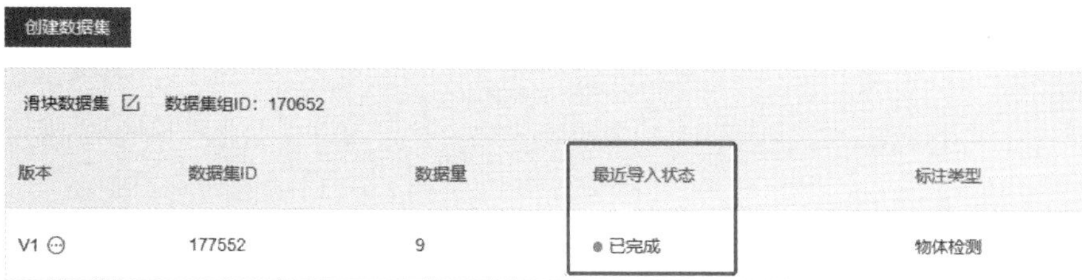

● 图 10-36

● 图 10-37

● 图 10-38

选择好后，单击页面最下方的“开始训练”按钮，等待模型训练，如图 10-39 所示。

• 图 10-39

因为数据量很小，十分钟左右就训练完成了。训练完成之后，点击校验模型，上传图片进行测试，如图 10-40 所示。

• 图 10-40

识别结果还是很不错的，在确认模型可靠后，可以发布模型进行远程调用，如图 10-41 所示。

在申请通过之后，可以参考官方提供的《定制化模型发布 Api 使用规则》来调用服务了。

该训练过程非常简单，没有使用任何代码，只需要标注好数据集，对于爬虫的快速开发起到了一定的帮助作用，所以能合理利用资源是一件很重要的事。

● 图 10-41

10.3 点选验证码

点选是一种新型的验证码，根据验证规则，通过点击完成验证，常见的有文字点选、图标点选、语序点选、空间推理点选。图 10-42 是网易易盾的点选验证码截图。

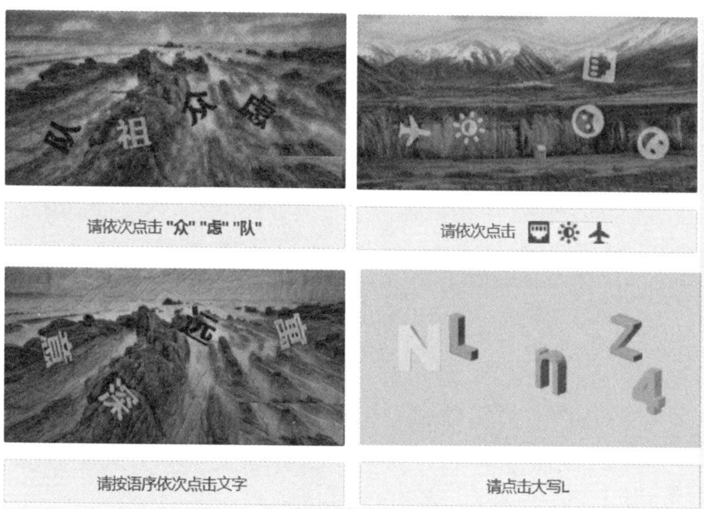

● 图 10-42

测试地址：https：//dun. 163. com/trial/picture-click

一般来说，要完成一个文字点选验证的逻辑前，应先找到目标文件，然后确定点击内容，最后在图片符合的位置上进行点击。所以通过程序实现文字点选，则需要有目标检测、文字定位、文字识别。

该过程的具体讲解过于烦琐，大家也不是专业的图像识别人员，所以笔者推荐两个开源项目给大家参考，有设备的读者可以按项目要求做一做，如果遇到非常复杂的点选，还是建议选择专业的图像识别平台。

项目一：https：//Github. com/nickliqian/darknet_captcha

darknet_captcha 项目基于 darknet 开发了一系列的快速启动脚本，旨在让图像识别新手或者开发人员能够快速启动一个目标检测（定位）的项目。

项目二：https：//Github. com/Joedidi/Text_select_captcha

Text_select_captcha 项目基于 Pytorch 实现 bilibili 网站的文字点选验证码识别。操作步骤是首先通过 yolo 框选图中出现的文字，然后使用 cnn 识别图中文字，最后通过 n_gram 计算语序，获得正确的词语。

10.4 短信验证码

短信验证码也是目前很常见的一种验证方式，相对于其他验证类型更能够确保用户的真实性和安全性，虽然目前有很多接码平台利用虚拟手机号接收短信和语音，但是接码平台属于灰色产业，不推荐大家使用。

那么该如何处理短信验证码呢？可以使用 Xposed 等工具拦截短信内容，或者使用 Gsm 模块读取短信内容。在读取到新短信时，通过消息队列把短信内容推送或者存入数据库中，爬虫程序去读取短信并进行验证。

同理，如果是需要用户主动发送验证码到服务端验证，也可以使用上面两种方法发送短信完成验证。

10.4.1 Xposed 拦截短信

Xposed 拦截时首先要根据手机型号来查看其对应的 Gsm 短信包名或者方法名，其次要注意双卡和单卡的问题，有的第二卡槽可能不支持 Gsm，另外不同运营商的不同手机卡可能也会导致无法拦截。

```
Class<? > mSmsMessageClass = XposedHelpers.findClass("com.android.internal.telephony.gsm.Sms-
Message", classLoader);

XposedHelpers.findAndHookMethod(mSmsMessageClass, "createFromPdu", byte[].class,
    new XC_MethodHook() {
        @ Override
        protected voidafterHookedMethod(MethodHookParam param)
                throws Throwable {
        try {
                ObjectsmsMessage = param.getResult();
                if (null != smsMessage) {
                    String from = (String) XposedHelpers.callMethod(smsMessage, "getOrigi-
natingAddress");
                    String msgBody = (String) XposedHelpers.callMethod(smsMessage, "getMes-
sageBody");
                    XLog.e("test_sms", "有新短信:"  + from + "短信内容:" + msgBody);
                }
            }catch (Exception e) {
                e.printStackTrace();
```

```
                XLog.e("SMS listen error", e.getMessage());
            }
        }
    }
);
```

10.4.2 GsmModem 接收短信

Python-GsmModem 可以轻松控制连接到系统的 Gsm 调制解调器。通过它可以发送短信、处理来电和收到的短信。

Pypi 地址：https：//pypi.org/project/Python-GsmModem/

Python 短信接收和回复代码示例：

```
PORT ='/dev/ttyUSB2'
BAUDRATE =115200
PIN =None

from GsmModem.modem import GsmModem

def handleSms(sms):
    print(sms.number, sms.time, sms.text)
    sms.reply(u'SMS received:success')

def main():
    modem =GsmModem(PORT, BAUDRATE, smsReceivedCallbackFunc=handleSms)
    modem.smsTextMode = False
    modem.connect(PIN)
    print('Waiting for message...')
    try:
        modem.rxThread.join(2* * 31)
    finally:
        modem.close()
```

10.4.3 太极验证码提取器

太极官网模块中有一个名叫验证码提取器的插件，可以通过正则表达式自定义验证码短信关键字，自定义短信验证码匹配规则，并支持导入导出，收到验证码短信后，将验证码复制到系统剪贴板，也可以自动输入验证码，如图 10-43 所示。

该模块只能在太极阳中使用，类似这样的插件还有很多，可以基于这种插件进行二次开发，这在处理短信验证码时，也是一个不错的方法。

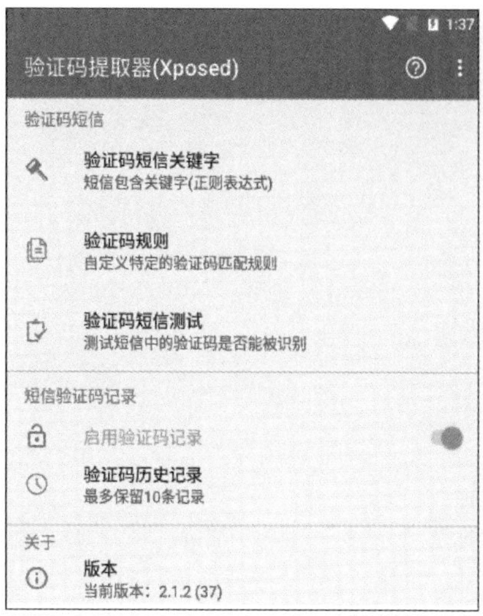

• 图 10-43

10.4.4 批量短信处理

前面两小节是对于一部手机来接收短信的方式，如果量很多时，可以通过群控来处理短信，比如统一安装短信接收软件，统一配置相同的转发规则，从而实现批量短信验证码的接收和处理。还有更专业的解决方案，比如专业的手机猫池、卡池，配合专业的软件设备实现短信的监听。

图 10-44 是一个 128 路 3G 卡池第六代 SIM 卡池设备，但对于爬虫数据采集来说，购买这种硬件的性价比可能不如使用接码平台高。具体就不多介绍了，大家可以自行查询。

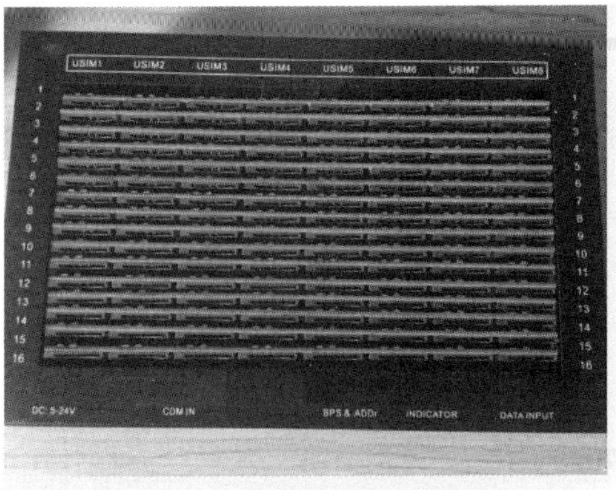

● 图 10-44